U0338257

THE 9TH
NATIONAL EXHIBITION
OF BOOK DESIGN
IN CHINA
EXCELLENT WORKS

# 第九届
# 全国书籍设计
# 艺术展览
# 优秀作品集

南京出版传媒集团
南京出版社

目录 CONTENTS

# 序

# PREFACE

序

时隔5年的第九届全国书籍设计艺术展览在溢满书香之韵的文化古都南京隆重举行。2018年正值改革开放40周年之际，回顾中国书籍艺术与时俱进的发展历程，展现中国所有做书人为大众阅读付出的辛苦和心力所取得的丰硕成果，我们为这个行业的同仁们持之以恒的努力和奉献感到自豪，因为书籍出版业为国家软实力的提升做出了贡献，而书籍设计让读者通过阅读得到文人气质和审美素质的熏陶，意义非凡。

多年来中国书籍出版物的设计已不局限于装帧，设计师们既关注外在的封面设计，也悉心投入内在的文本设计，尤其对文本介入编辑设计的思考，完成艺术与工学相结合的书籍设计系统工程，创作出一本本内外兼顾、形神兼备的作品。这一观念的改变对中国出版物取得进步和走向世界起到积极的推动作用。

本届展览评选出的作品与以往相比有很大的进步，分别具备以下10个特征：1. 设计的整体形态即外在形式和内页图文构成一定与文本内涵相吻合，与内容相统一；2. 设计不是为书做装饰打扮，要对内容有一定的认知和想法，对图文叙述注入驾驭信息时间与空间传递的编辑设计的思路，为读者创造更好的阅读体验，为文本增添阅读的价值；3. 准确把握字体、字号、行距、空白、灰度……体现文本的性格和阅读的美感，并清楚地读到内容；4. 图像印刷的高质量把控，设计者对色彩管理和图像印刷的优质还原有一定的诉求；5. 图文的处理富有创想的构成和灵动的演绎，关注图像与文字的叙述式，让读者得到意外的感受与惊喜；6. 设计重视物化纸张材料的准确应用，增添了书籍内容以外的语言，丰富了书籍的表情，为读者带来阅读的互动欲望；7. 严格把控书籍装帧工艺的每一个环节，关注细节，不放弃作品最终的“材美”“工巧”呈现，并不仅仅停留在前期案头设计的阶段；8. 好的书籍设计在于度的把握，无论是庄重富丽，还是简约优雅，取决于对内容格调的把握，淡泊的设计也能在读者的心中读出高大来；9. 艺术的生命来自于个性，创造力出自于异他性，不跟风、不山寨，展现自己鲜明的设计语言和语法。不管作为方寸艺术的外在封面，还是层层叠叠的每一页面，独到的创想让读者感受产生无穷的丰富想象力；10. 汉字是中国文化的DNA，以汉字为基本信息表达载体的书籍艺术是展现给世界的中国文化符号，本届的入选的书籍既很好地体现自身民族文化的特征，保留了东方书卷文化的特质，又符合与世界同步的时代审美精神。对于当代中国书籍设计者来说既要看到进步，也要意识到与世界先进设计的差距与不足，而不盲目自满自足，这样才有提升的空间，使中国设计更上一层楼。突破固有模式的惯性思维是当今电子时代维系书籍阅读魅力的催化剂。

本届展览是历届展事送交作品最多的一届，共3108种，跨越了28个省市自治区，展示了338家出版社和诸多艺术院校师生的优秀作品，参与者近千人。尽管获奖的设计不能涵盖所有送交的作品，没入选的作品未必不优秀。尽管由于种种原因，不少设计师只能从事封面的设计工作，但他们并不放弃对书籍整体设计的认知和追求，哪怕只有一丝机会。本届展事中，我们欣喜地看到一大批设计新人脱颖而出。我们对所有给予中国的出版事业和书籍艺术的进步而付出智慧和辛苦的同行们致以由衷的敬意。

感谢中共南京市委宣传部、南京出版传媒集团、南京市文化广电新闻出版局以及金陵美术馆、金陵图书馆、江宁博物馆的大力支持，感谢为第九届全国书籍设计艺术展览付出辛苦和心力的所有中外评委与参与展事的工作人员；感谢一直以来支持各届展事的雅昌文化集团；金华盛纸业和康戴里纸业也给本届展事给予全力的支援；感谢赵清率领下的南京瀚清堂设计公司为展事所有的设计工作不分昼夜地精心付出，还有吴勇为展事竭力用心打造的展陈空间……还要感谢国家新闻出版署和中国出版协会的领导几十年来给予的热情支持和专业指导。最后感谢全国所有提交作品的同行们、艺术院校的师生们，因为你们的参与为中国书籍设计全景中添上了精彩的一笔。

金秋十月是收获的季节，值此时节举办的第九届全国书籍设计艺术展览，预示着中国的书籍设计一定会硕果累累。

祝第九届全国书籍设计艺术展览圆满成功！愿“书籍之美”中外设计师论坛为中国书籍艺术拓展视野、提升理念、推动设计进步做出贡献！

中国出版协会装帧艺术工作委员会

2018.10.18

## INFORMATION ON THE 1ST-8TH NATIONAL EXHIBITION OF BOOK DESIGN

## 第 1 - 8 届信息

第一届全国书籍装帧艺术展览

1

1959.4

北京

1200

中华人民共和国文化部
中国美术家协会

为展示新中国成立以来出版业的成就，由中华人民共和国文化部、中国美术家协会联合举办了第一届全国书籍装帧艺术展览。本届展览共收到送选图书设计艺术作品等1200余件，并从中评选出500余件书籍设计艺术作品和60余件插图艺术作品参加同年在德国莱比锡举办的国际书籍艺术博览会的比赛。其中4件书籍设计艺术作品荣获德国莱比锡国际书籍艺术博览会比赛的金质奖章。

500

60

4

第二届全国书籍装帧艺术展览

1979.3

北京

国家出版事业管理局
中国美术家协会

2

本届展览有来自 82 家出版社的书籍和设计图稿参与展出，共 1100 余件。1976 年以来出版（包括重版）的书籍占整个参展书籍的绝大部分。在本届展览中，有 61 件展品分别被评选为整体设计、封面设计、插图、印刷装订的优秀作品。

1100

82

61

第 三 届 全 国 书 籍 装 帧 艺 术 展 览

1986.3

北京

中国出版工作者协会
中国美术家协会

本届全国书籍装帧艺术展览，中国出版工作者协会和中国美术家协会联合举办。共评出获奖作品 129 件，其中整体设计奖 2 件，封面设计奖 110 件，版式设计奖 3 件，插图创作奖 14 件，荣誉奖 10 件。

3

129

110

2

3

14

10

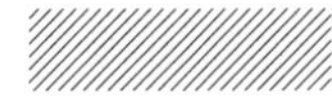

# 4

第四届全国书籍装帧艺术展览

## 1995.11

北京

**1500**

中国新闻出版署主管
中国出版工作者协会
中国美术家协会

**28**

**92**

本届展览汇集了从1986年至1995年近10年的优秀作品，展示了我国当时书籍装帧艺术的最新水平。共有1500件作品参加展出，其中包括书籍封面、版式、整体设计、插图。从这些作品中评出一等奖28件、二等奖92件、三等奖180件。从本届展览开始，以《老房子》《动物园的内幕》《民间剪纸精品赏析》以及《接骨学》等为代表的书籍整体设计作品受到广泛关注，设计者所提出的书籍整体设计理念逐步为人们所接受，并开始影响到之后的书籍设计发展潮流。

**180**

1999.10

5

北京

31

中国新闻出版署主管
中国出版工作者协会
中国美术家协会

本届展览的作品是从全国各省市自治区，中央各部门装帧艺术委员会、全国大学装帧艺术委员会等31个分展场选送的优秀作品共1200件。经评选，评出金奖16件、银奖42件、铜奖71件。本届展览书籍整体设计作品数量比上届展览明显增多，在16件金奖作品中，整体设计占10件之多，超越了往届，显示出书籍整体设计理念正在不断得到人们认可。

16

1200

42

71

10

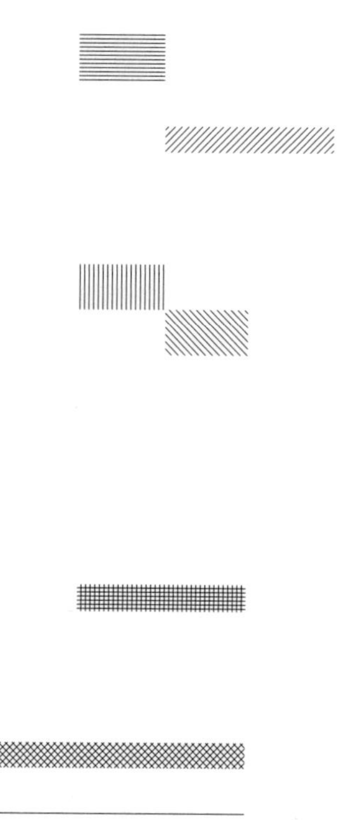

第六届全国书籍装帧艺术展览

# 2004.12

北京

中国新闻出版总署主管
中国出版工作者协会
中国美术家协会

2500

248

6

24

第六届全国书籍装帧艺术展览共收到作品2500余件，包括大专院校师生送来近百件教学作品，部分印刷企业也送来了参评“印刷工艺奖”的书籍成品。终评工作按组委会规定以收件作品数量的10%的比例评出金银铜奖。奖项按国家图书奖的分类方法评选出整体设计，封面设计，版式设计，插图等项目；并对非正规出版物、教学成果作品评出“探索奖”，对优异的印刷品评出“工艺奖”。本届展览共评出金银铜奖248件，工艺奖24件和探索奖31件。评出论文金、银、铜奖55篇。期间，在北京人民大会堂举行了隆重的颁奖仪式。全国书籍装帧艺术展览经中共中央办公厅、国务院办公厅正式批准为国家级综合性艺术大展。

本届展览体现出中国的书籍设计艺术整体水平有了很大提高。表现在以下几个方面：书籍整体设计概念增强；观念创新开拓思路；尊重书卷文化和中国本土审美意识的回归；阅读是书籍设计的终极目的，强化功能中体现书籍美感；关注物化书籍的纸材，工艺之美；设计体制多元化，推动中国书籍设计艺术发展。

31

55

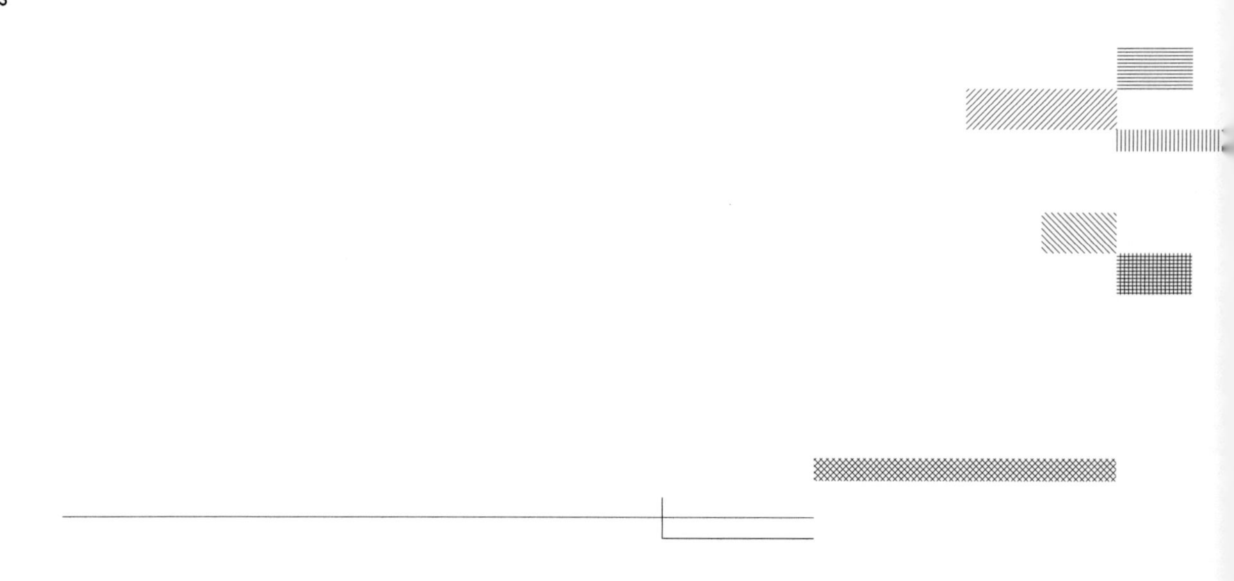

## 第七届全国书籍设计艺术展览

# 2009.10

北京

2009 年 5 月，第三届中国出版工作者协会装帧艺术工作委员会成立，并承办了第七届全国书籍设计艺术展。为适应书籍艺术的发展趋势，体现书籍设计理念的更新及内涵的扩展，从本届展览起，全国书籍装帧展正式更名为：全国书籍设计艺术展览。

第七届展事受到全国各地出版单位、美术编辑、书籍设计师、设计工作室、印刷业、纸业等的踊跃参与和大力支持。在短短的几个月收到参评的设计作品 2000 余件，论文 100 余篇。评审来自全国业内著名书籍设计家、资深出版人、理论研究学者印制专家，经过初评和终评两个阶段认真严格的评审，根据不同门类（社科、文学、科技、少儿、艺术、教材、辞书、民族等出版物，插图、探索、印装、用材等选项），评出最佳设计 97 件，优秀设计 382 件，入选设计 477 件。评出最佳论文 8 篇，优秀论文 36 篇和百家优秀书籍设计出版单位。

中国出版工作者协会
中国出版协会装帧艺术工作委员会
国家大剧院
雅昌企业集团

“开拓创新”是本届展览的核心追求，在展览组织和评判方面有新的视点。

过去对装帧过多地关注封面设计而忽略了整体的概念，在判断方面把封面和版式进行了切割。如今，要求设计师要注重内容的传达和整体的视觉表现，那就是应该将书籍设计看作一个整体来判断良莠好坏。

通过展评活动，对设计师在市场与文化需求方面探求阅读功能与艺术表现的切入点，关心艺术与技术的结合，认识纸张特性和印制工艺的表现力有了新的思考。对提倡“书籍设计”的概念，要求设计者通过书籍整体设计过程，掌握信息传递的主导性认识，学会从装帧到排版设计的过程，再掌握信息编辑的控制能力，对将书籍设计建设成为一个独立的造型艺术门类或体系有了一个全新的认知，这确实是时代和专业发展的需要。

**2000**

提倡“书籍设计”概念，推进人们对书籍艺术的特质和功能以及书籍设计语言的认知，改变出版观念相对滞后的现状，并由此观念延伸到社会，传达给作者、出版者、编辑者、售书者以及读者，从而提升受众对书籍艺术的欣赏品位和价值认知，对于设计者来说在原装帧概念上扩大了设计范围，增加了工作强度和责任，更要求设计师提升自身学识、修养以及综合艺术学科的全方位水平，这正是举办七展活动的宗旨。

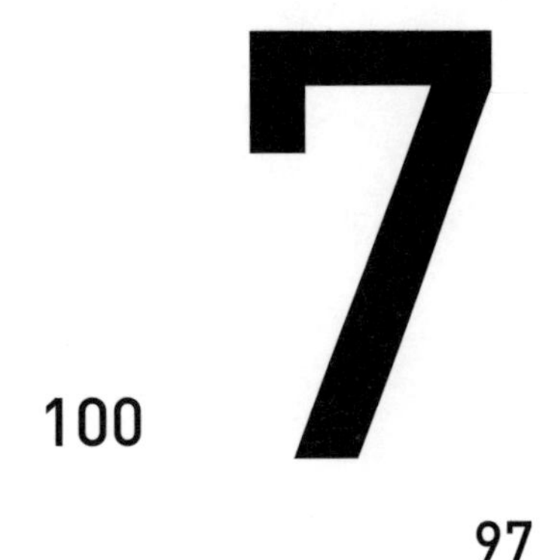


**382**

**477**

**8**

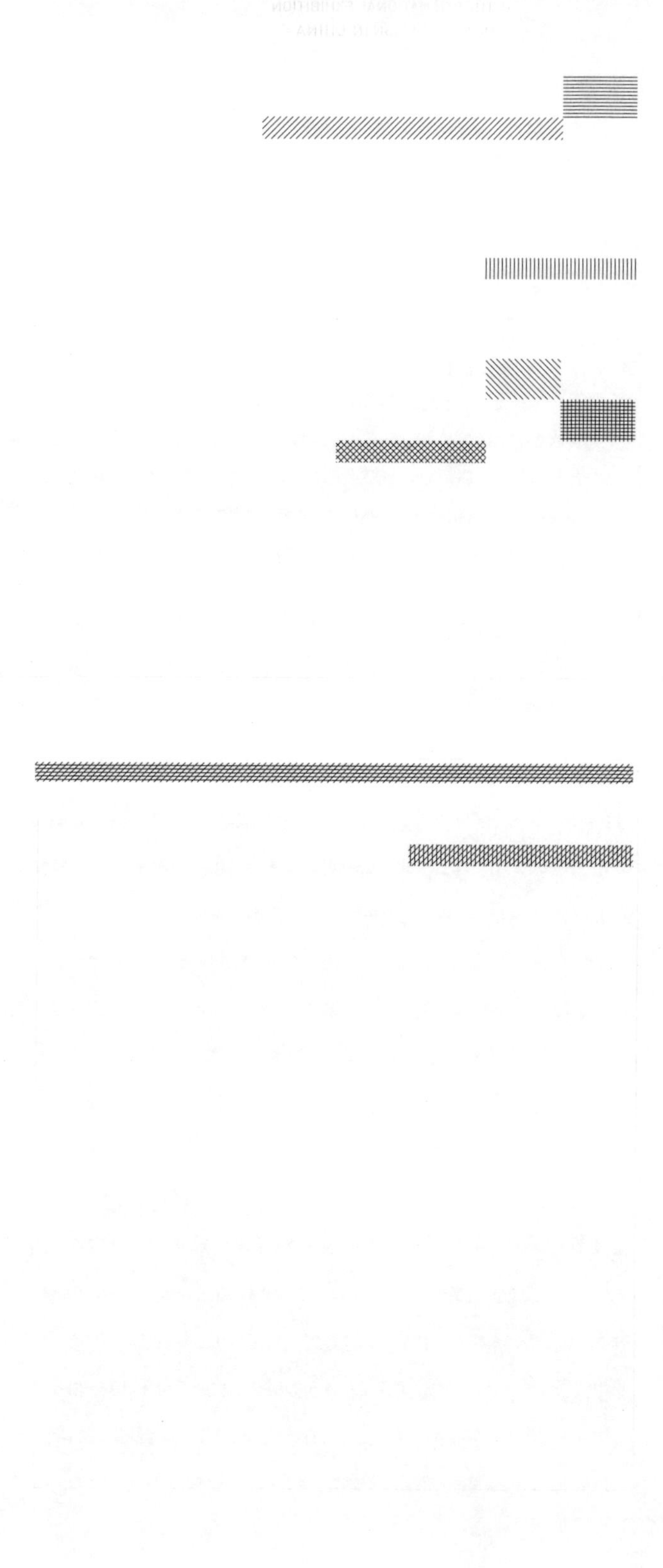

# 2013.12

深圳

中国新闻出版总署主管
中国出版协会
中国美术家协会
中共深圳市委宣传部

2013 年岁末迎新之际，第八届全国书籍设计艺术展览经过数年的努力，终于在美丽的南国书香之城——深圳的关山月美术馆如期举行。书籍设计从业者带着对书籍艺术的一份爱汇聚在一起。这是一次做书人、读书人、爱书人书韵华风的盛会，是同行们珍视的又一次相互切磋沟通的机会，热衷的又一回观念、技艺交流竞研的聚会。本届展览总参赛作品共计 3051 件，总入围作品有 716 件，共评出优异奖 270 件、佳作 46 件和最佳 15 件，参评量超过以往的任何一届，显现出中国书籍设计人的创作热情和设计的温度。

3051

716

15

纵观本次参评书，水平有了新的提升，许多设计者以编辑设计观念注入书的整体设计，既赋予文本更生动的传达力，又体现阅读性的设计本质；设计语言既饱含东方韵味的中国风，又吻合时代特征的当下性语境，设计工学既关注内容叙述的逻辑合理性，又强调印制工艺的功能性和物化细节……其中不乏可圈可点的优秀佳作。而以往的弱项，如科技类、教育类、少儿类，还有插图均有打动人的好作品，令人欣喜的是更多的新人和年轻设计者的参与。 不同的门类都可视为一个不同的“世界”，然而其间的知识语言、视觉语言、设计语言是一个休戚相关、密不可分的广垠世界。设计师们已意识到将装帧、插图、书衣、版面等孤立地运作已远远脱离信息传媒的时代需求，深得学会各类跨界知识的交互应用，必须提升本人专业层面的认知维度，并大大扩展创意的广度与深度的重要意义，不然无法面对书籍的未来。

46

270

# INFORMATION ON THE 9TH NATIONAL EXHIBITION OF BOOK DESIGN

## 第9届信息

# 第九届全国书籍设计艺术展览

## 2018.10

南京

中国出版协会
中国出版协会装帧艺术工作委员会
中共南京市委宣传部
南京出版传媒集团
南京市文化广电新闻出版局

全国书籍设计艺术展览从1959年一路走来至2013年已连续举办了八届。今年，我们又迎来第九届全国书籍设计艺术展览。

变化

设立全国书籍设计艺术展全场大奖 / 鼓励个性与原创
设立评审奖 / 将评委的喜好与评价标准晒出来
首次引入国际评委 / 设计无界，彻底融入书籍设计的国际潮流
开办国际评委讲座 / 听到不同文化背景的设计师对书籍设计未来的思考，看到他们的设计实践

“全国书籍设计艺术展览”是书籍设计的国家级专业赛事。回溯这八届展览，我们即可以大致看到中国书籍设计近60年来所走过的历程，又可以感受到一代又一代书籍设计师对书籍形态、阅读功能、设计语汇所进行的不懈探索，还可以从中管窥中国书籍设计的发展路径与未来方向。

全场大奖、金、银、铜奖、评审奖必须是整体设计

形态与设计语言创新

形式和内容结合

材质与工艺选择

设计与书籍类型

## JUDGING CRITERIA

## 评选标准

## AWARD SETTING

## 奖项设置

| | |
|---|---|
| 全场大奖 | 1 |
| 评审奖 | 10 |
| 金奖 | 19 |
| 银奖 | 28 |
| 铜奖 | 58 |
| 优秀奖 | 183 |
| 入围奖 | 476 |
| 总计 | 775 |

| | |
|---|---|
| 社科类 | A |
| 艺术类 | B |
| 文学类 | C |
| 科技类 | D |
| 教育类 | E |
| 儿童类 | F |
| 民族类 | G |
| 插图类 | H |
| 印制类 | I |
| 探索类 | J |

| 优秀奖 | 25 | 入围奖 | 69 |
|---|---|---|---|
| 优秀奖 | 24 | 入围奖 | 72 |
| 优秀奖 | 25 | 入围奖 | 50 |
| 优秀奖 | 15 | 入围奖 | 55 |
| 优秀奖 | 11 | 入围奖 | 46 |
| 优秀奖 | 15 | 入围奖 | 40 |
| 优秀奖 | 4 | 入围奖 | 5 |
| 优秀奖 | 27 | 入围奖 | 52 |
| 优秀奖 | 6 | 入围奖 | 18 |
| 优秀奖 | 31 | 入围奖 | 69 |

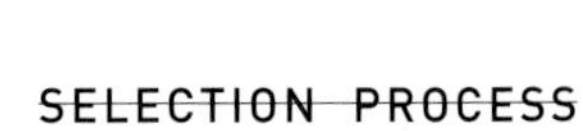

## SELECTION PROCESS

## 评选过程

评选

## PROVINCIAL AND MUNICIPAL AWARD STATISTICS

## 省市获奖统计

北京

江苏

四川

广东

天津

上海

重庆

山东

河南

湖北

辽宁

云南

广西

## THE TOP THREE WINNERS

### 省市获奖总数前三

| | |
|---|---|
| 北京 | 40 |
| 江苏 | 21 |
| 上海 | 11 |

# PUBLISHER'S AWARD STATISTICS

## 出版单位获奖统计

江苏凤凰美术出版社

高等教育出版社

中国建筑工业出版社

成都时代出版社

江苏凤凰教育出版社

南京大学出版社

江苏凤凰文艺出版社

化学工业出版社

广东教育出版社

天津古籍出版社

同济大学出版社

中国市场出版社

中央编译出版社

生活·读书·新知三联书店

北京联合出版公司

译林出版社

大象出版社

江苏凤凰少年儿童出版社

江苏人民出版社

岭南美术出版社

山东美术出版社

商务印书馆

四川美术出版社

天津人民美术出版社

中国摄影出版社

重庆出版社

上海人民美术出版社

上海人民出版社

广西师范大学出版社

上海三联书店

人民教育出版社

THE TOP THREE WINNERS

## 出版单位获奖总数前三

| | |
|---|---|
| 高等教育出版社 | 9 |
| 江苏凤凰美术出版社 | 9 |
| 中国建筑工业出版社 | 4 |

中国青年出版社

中信出版社

新星出版社

崇文书局

青年与社会杂志社

人民卫生出版社

上海社会科学院出版社

沈阳出版社

外语教学与研究出版社

文物出版社

武汉出版社

西南师范大学出版社

新时代出版社

中国民族摄影艺术出版社

中国日报社

中国少年儿童出版社

中山大学出版社

中西书局

人民文学出版社

清华大学出版社

## INDIVIDUAL AWARD STATISTICS

## 个人获奖统计

周伟伟

潘焰荣

曲闵民＋蒋茜

张志奇 / 张志奇工作室

许天琪

张申申

张悟静

typo_d 打错设计

周晨

尹琳琳

梅数植

联合设计实验室（United Design Lab）

北京雅昌艺术印刷有限公司

计珍芹

刘莹莹

齐鑫

姜嵩
吴绮虹
连杰 + 部凡
杨家豪
赵天
蒋可欣
敬人设计工作室 / 吕旻
冷冰川
西安零一工坊 / 李瑾 + 伍子杰
李璐 + 柏艺
李云川
深圳市国际彩印有限公司
谭璜
谢宇
刘羽欣
赵芳廷 + 段殳
钟晓彤

孙晓曦
奇文云海 · 设计顾问
WJ-STUDIO
北京博图彩色印刷有限公司
蔡立国
陈钧
陈佩涵
高山
顾瀚允
墨鸣设计 / 郭萌 + 任悦
胡香香
纪玉洁
赖虹宇 + 邹毅杰
李晨 + 查家伍
李旻
晓笛设计工作室 / 任毅
邵年 + 虞琼洁
陶雷
汪泓
王萌
王鹏

吴婧
夏渊
萧翱子 + 孙亚楠 + 刘培培
萧睿子
徐汉鑫
杨绍谆 + 高晴
尹岩 + 白亚萍 + 水长流
友雅（李让）
钟山
袁小山 + 陈辉
廖梓轩
林林
晓笛设计工作室 /
刘清霞 + 贺伟 + 张悟静
莫广平 + 曾斌 + 林锦华
聂博梁
彭伟哲 + 李赫
朱愉琳
鲁明静
顾欣
吕旻 + 杜晓燕 + 黄晓飞 + 李顺

## THE TOP THREE WINNERS

## 个人获奖总数前三

| | |
|---|---|
| 张志奇 / 张志奇工作室 | 8 |
| 周伟伟 | 7 |
| 潘焰荣 | 6 |

## JURY

## 评选委员会

| | |
|---|---|
| 蔡仕伟 | Cai Shiwei |
| 陈 楠 | Chen Nan |
| 符晓笛 | Fu Xiaodi |
| 韩家英 | Han Jiaying |
| 何 君 | He Jun |
| 何 明 | He Ming |
| 洪 卫 | Hong Wei |
| 何见平 | Jumping He |
| 刘春杰 | Liu Chunjie |
| 刘晓翔 | Liu Xiaoxiang |
| 刘运来 | Liu Yunlai |
| 吕敬人 | Lü Jingren |
| 帕特里克·托马斯 | Patrick Thomas |
| 里克·贝斯·贝克 | Rik Bas Backer |
| 宋协伟 | Song Xiewei |
| 汪家明 | Wang Jiaming |
| 吴 勇 | Wu Yong |
| 项晓宁 | Xiang Xiaoning |
| 小马哥 | Xiaomage |
| 张志伟 | Zhang Zhiwei |
| 赵 清 | Zhao Qing |
| 朱赢椿 | Zhu Yingchun |

CAI SHIWEI

## 蔡仕伟

汕头大学长江艺术与设计学院副教授
中国出版协会装帧艺术委员会副主任
美国专业设计协会（AIGA）会员
纽约 One Club 会员
纽约国际艺术指导协会（ADC）会员
纽约字体指导俱乐部（TDC）会员
英国设计与艺术指导协会（D&AD）会员
深圳平面设计师协会（SGDA）会员

蔡仕伟从业 20 余年，曾先后在奥美广告、电通广告担任创意总监，成立设计事务所后更专注于品牌设计与实践工作，并在全国各地院校授课、开讲座，致力于设计教育的推广工作。作品至今已获得 150 余项广告和设计奖项，涵盖了全球各地重要的设计竞赛与海报展，尤其所荣获的纽约 One Show 设计奖之金铅笔奖，使他成为全球第一位获此殊荣的华人设计师。

由于对传统民间手工艺、民间美术的热爱，蔡仕伟在 2012 年以独立出版人身份创办了关注、记录、推介濒临消亡的珍贵民间手工艺的《首抄本》《守艺人》，以及关注传统美学文化的《集物志》等，获得了社会各界的一致好评与肯定。近年来专事于民国时期的装帧设计、字体设计和出版史之收藏、研究与梳理工作，并以策展人、收藏者身份举办参与了 2016 年“美育——民国美术期刊典藏展”、2017 年“CHINA TDC——中国近现代字体应用文献展”和 2018 年在清华大学艺术博物馆举办的“走向大众的美——中国现代设计期刊展文献展览”等活动，在专业领域和社会各界都引起极大的关注与热烈反响。

## CHEN NAN

## 陈 楠

南房间设计工作室设计总监
上海立信出版社艺术总监
上海美术家协会会员
上海版协装帧艺术委员会委员

1993 年毕业进入上海人民出版社任美术编辑，现任南房间设计工作室设计总监、上海立信出版社艺术总监、上海美术家协会会员、上海版协装帧艺术委员会委员、英国斯特灵大学书籍设计访问学者，2015 年起受聘为上海出版印刷高等专科学校兼职教授。设计作品 9 次获选“中国最美的书”奖，多部作品获华东地区设计双年展一等奖、上海书籍设计一等奖，并在全国书籍装帧艺术展览第六届、第七届、第八届评选中分别获得银奖、最佳奖等多个奖项。作品还荣获香港印制大奖封套设计冠军。

FU XIAODI

## 符晓笛

晓笛设计工作室艺术总监
中国出版工作者协会装帧艺术工作委员会副主任兼秘书长
中国美术家协会会员
第一届、第二届、第三届、第四届中国出版政府奖（装帧设计奖）评委

1995年，《林凡书艺》获第四届全国书籍装帧艺术展览二等奖，《辉煌古中华》获第四届书籍装帧艺术展览（中央展区）一等奖；1999年，《世界军事名人邮票800枚》获第五届全国书籍装帧艺术展览整体设计金奖；2004年，《中国藏书票》获第六届全国书籍装帧艺术展览铜奖；2007年，《铁观音》《说什么怎么说》获“中国最美的书”奖；2009年，《周剑初五体书法》《理性与悲情》获第七届全国书籍装帧艺术展览最佳设计奖，《周剑初五体书法》《文化策划学》入选第十一届全国美术作品展；2010年，《刘洪彪文墨》获“中国最美的书”奖；2013年，《去过生活》获第八届全国书籍设计艺术展览佳作奖；2016年，《刘洪彪文墨》《周剑初五体书法》获首届全国新闻出版行业平面设计大赛一等奖；2017年，《中国出版政府奖 装帧设计奖 获奖作品集》获第四届中国出版政府奖装帧设计奖。

2012 年首届中国设计大展平面策展人，2014 年第一届深港设计双年展视觉创意总监，2016 年德国红点设计大奖评审。曾荣获亚洲最具影响力设计大奖金奖、福布斯中国最具影响力的设计师，以及日本富山国际海报三年展等众多国际奖项。多项优秀作品收藏于英国、法国、德国、丹麦、日本等地的博物馆及艺术机构。

## HAN JIAYING

## 韩 家 英

韩家英设计公司创办人
中央美术学院城市设计学院客座教授
国际平面设计联盟（AGI）会员

HE JUN

## 何君

中央美术学院设计学院视觉传达设计专业教研室主任、副教授、硕士生导师
中国出版协会装帧艺术委员会常务委员
国际平面设计联盟（AGI）会员
北京市青联委员

作品多次获得“世界最美的书”奖，“中国最美的书”奖，纽约ADC年度奖特别优异奖，英国D&AD年度奖，东京TDC（东京字体指导俱乐部）金奖提名，亚太设计展金奖，GDC（平面设计在中国）金奖，第10届全国美展铜奖，国际商标标志双年奖CCII（创意中国产业研究院）全场大奖、金奖，全国书籍装帧设计艺术展一等奖等多个奖项。多次受邀参加英国、美国、日本、韩国及中国举办的设计展。

多件作品被英国维多利亚与艾伯特博物馆、关山月美术馆、中央美术学院美术馆等收藏。

2011年担任“靳棣强设计奖”2011全球华人设计比赛评委，2017年担任GDC2017国际评委工作，2018年担任2022年第19届亚运会会徽评审委员会委员。

## HE MING

## 何明

平面设计师

策展人

多年来以设计师身份渗透到书籍、期刊的图片、文字及采访、编辑工作之中，不断尝试出版物的设计创作与发行。参与编辑设计的作品有《360 观念与设计》《1314》《同上》《原创力》《纸能》《或》《从小到大》《想念亚美尼亚》《宽窄少城》等。

2005 年开始介入展览策划工作，通过展览媒介推动设计、艺术、产品与生活、与社会、与人之间的导向传播。参与策划的展览有：随意摄影展，疾风迅雷——杉浦康平设计展（成都站），高兹·格拉里奇海报展，对话与视觉——李永铨与设计二十年巡展，社会能量——荷兰设计展（成都站），想念亚美尼亚——阮义忠摄影展，手不释卷——赵清书籍设计展，纵目摄影双年展，NU ART 艺术节等。

个人作品获国际设计大奖 200 余项：亚洲最具影响力设计奖金、银、铜奖，中国香港 HKDA 评审奖和银、铜奖，中国台湾金点设计奖，“中国最美的书”奖 3 项，中国设计智造大奖，深圳环球设计大奖，深圳 GDC 银奖、提名奖，日本 JTA 全场大奖及 4 项 Best Work 奖，东京 TDC 奖，日本富山国际海报三年展奖，纽约 TDC 奖，美国 One Show 银铅笔奖，美国 CA 奖，美国 ADC 奖，德国红点设计奖，德国国家设计奖特别提名奖等。

HONG WEI

洪 卫

天天向上广告设计顾问创作总监
国际平面设计联盟（AGI）会员
日本字体设计协会（JTA）会员

## JUMPING HE

## 何见平

中国美术学院视觉中国协同创新中心
教授、博士生导师
国际平面设计联盟 (AGI) 会员

1973 年出生于中国浙江，现居德国柏林。平面设计师、教授和自由出版人。

曾就读于中国美术学院、柏林艺术大学，2011 年获柏林自由大学文化史博士学位。曾任教于柏林艺术大学，现受聘为中国美术学院教授和博士生导师。

设计作品曾获波兰华沙国际海报双年展金奖和银奖、日本富山国际海报三年展金奖、芬兰拉赫蒂国际海报双年展全场大奖、斯洛伐克特纳瓦国际海报三年展全场大奖、纽约 ADC 银奖和铜奖、墨西哥国际海报双年展银奖、中国香港国际海报三年展银奖和中国香港 HKDA 铜奖、俄罗斯金蜜蜂奖、德国国家设计奖金奖、德国红点设计奖、奥地利 Joseph  Binder 金奖和银奖、纽约 TDC 优秀奖和东京 TDC 等奖项。2006 荣获德国 Rüttenscheid 年度海报成就奖。

他的个展曾在德国、中国、日本、斯洛文尼亚、波兰和马来西亚等地举办。曾担任德语百佳海报、德国红点设计奖、波兰华沙国际海报双年展、芬兰拉赫蒂国际海报三年展、日本富山国际海报三年展、中国香港国际海报三年展、中国香港“亚洲最具影响力设计大奖”和中国澳门设计双年展等活动的国际评委工作，现国际平面设计联盟会员。

LIU CHUNJIE

## 刘春杰

南京市政协常委
金陵美术馆馆长
南京市艺术研究院院长
中央美术学院版画系客座教授
中央美术学院国际学院版画联盟
执行委员会副主任
中国艺术研究院特聘研究员
全国艺术基金专家评委
中国美术家协会会员
国家一级美术师

获奖：日本第五届高知县国际版画三年展佳作奖、日本国际版画会金奖、鲁迅版画奖、第二十届全国版画展优秀奖、首届全国丝网版画精品展优秀奖、中国出版政府奖、“中国最美的书”奖、第八届全国书籍设计艺术大展优秀奖。2017年，作品《南京不屈》入选第三届江苏省文华美术奖·优秀美术作品展；作品《千年一梦·和平》入选第二届江苏美术奖作品展；入选2017年度南京市百名优秀文化人才培养资助对象。

出版:《刘春杰版画集》《刘春杰的版画世界》《私想的力量·刘春杰水墨作品集》《私想者》《私想者中英文版》《私想着》《新私想》《酷隆司堡·一个中国画家的写生日记》《私想者·刘言飞语》《私想鲁迅》《私想十年——一个画家的异乡收获》《私想者·我贵姓》《想想鲁迅》《壶说天下》，长篇小说《猴票》，传记《丹青记》。

策展：第一至第八届“实践的力量”中国当代版画文献展，第八届获得2016年国家艺术基金；2014年“心寻MH370——祈福行动在金陵”展；2015年“历史的温度：中央美术学院与中国具象油画”展巡展南京站获文化部2015年度全国美术馆优秀公共教育项目奖；2016年“观众也是艺术家系列展”获2017江苏艺术基金，“观众也是艺术家——金陵美术馆观众版画初体验”获2016年全国美术馆优秀公共教育项目提名奖。

获奖：2010年、2012年、2014年3次获得德国莱比锡“世界最美的书”奖；2005-2017年17次获“中国最美的书”奖；2013年获韩国坡州出版奖书籍设计奖（成就奖）；2013年（第三届）、2016年（第五届）2次获中国出版政府奖装帧设计奖；1999年（第五届）、2004年（第六届）2次获全国书籍装帧艺术展览暨评奖金奖；2017年获中国台湾金点设计奖；2018年获东京TDC Annual Awards（年度奖），同年获纽约第97届ADC Bronze Cubes Awards（铜方块奖），纽约第64届TDC Best in Show（全场大奖）、Communication Design Winners（传达设计大奖）。

著作：《由一个字到一本书 汉字排版》《11×16 XXL Studio》

LIU XIAOXIANG

## 刘晓翔

刘晓翔工作室（XXL Studio）艺术总监
高等教育出版社编审、首席设计
中国出版协会装帧艺术委员会主任委员
国际平面设计联盟（AGI）会员

LIU YUNLAI

## 刘运来

河南文艺出版社美编室主任、副编审
中国出版协会装帧艺术工作委员会常务委员

部分作品获奖情况：《看草》获2008年度"中国最美的书"奖；《张笑尘作品》获2010年度"中国最美的书"奖；《杂花生树》获2010年度"中国最美的书"奖；《我们就这样听歌长大》获2011年"中国最美的书"奖；《笺谱日历2018》获2017年度"中国最美的书"奖；《中国社会的一千个细节》获第七届全国书籍装帧设计艺术展览社科类最佳书籍设计奖。

## LÜ JINGREN

## 吕 敬 人

清华大学美术学院教授
中国出版协会装帧艺术委员会副主任
中国美术家协会平面设计艺术委员会副主任
中国艺术研究院设计研究院研究员
敬人书籍设计工作室艺术总监
《书籍设计》杂志主编
国际平面设计联盟（AGI）会员

曾被评为“对中国书籍装帧 50 年产生影响的 10 位设计家”“亚洲十大设计师”“对新中国书籍 60 年有杰出贡献的 60 位编辑”，获首届华人艺术成就大奖、中国设计事业功勋奖。

作品曾获国内外多项大奖，其中有德国莱比锡“世界最美的书”奖、全国书籍装帧艺术展览金奖、中国出版装帧设计政府奖，13 次获得“中国最美的书”奖，有编著、译著多部。

2012 年在德国奥芬巴赫的克林斯波字体设计和书籍艺术博物馆举办“韵——吕敬人书籍设计艺术”展；2014 年担任德国莱比锡“世界最美的书”奖评委；2016 年在韩国坡州举办“法古创新——吕敬人书籍设计与他的十个弟子”展；2017 年、2018 年在美国旧金山、北京、上海先后举办“吕敬人的书籍设计展”“书艺问道——吕敬人书籍设计 40 年展”。

## PATRICK THOMAS

## 帕特里克·托马斯

德国斯图加特国立造型艺术学院教授
国际平面设计联盟（AGI）会员

帕特里克·托马斯（1965年生于利物浦）是一名平面设计师、作家和教育家。他曾在位于英国伦敦的中央圣马丁艺术学院（Central Saint Martins School of Art）和皇家艺术学院（Royal College of Art）学习。

1991年移居西班牙巴塞罗那，并于1997年在那里成立了多领域工作室laVista。工作室跨越多个艺术领域，服务于国内和国外的客户，迅速成为西班牙视觉传播领域影响力最高、最受尊崇的工作室。其作品已斩获无数国际大奖。

2007年，他在巴塞罗那建立了他的第一个丝网印刷工作坊，使他得以专注于创作个人和非委托作品。此后，他在五大洲展出了限量版印刷作品，其中许多作品都在私人和公共收藏中展出。2016年他在德国柏林建立了第二个丝网印刷工作坊。

2005年，他经由国际出版社出版了一部作品集——《黑与白》（Black & White）。该书被英国五角设计联盟（Pentagram）的安格斯·黑兰德评为年度最喜爱的书籍之一。2011年，伦敦劳伦斯·金出版社出版了他的第二部作品《抗议模板工具包》（Protest Stencil Toolkit），已售出两万余册。目前他正在进行后续工作，预计将于2018年秋季发布。

他曾在世界范围内举办讲座，讲述他的创作方法，在英国、西班牙和德国等地广泛举办研讨会。2013年10月，他（又名克拉塞·托马斯）被聘任为德国斯图加特国立造型艺术学院（Stuttgart State Academy of Art and Design）视觉传播系教授。自2011年开始，他居住在柏林，在柏林、伦敦、巴塞罗那、斯图加特等地工作。他是国际平面设计联盟的成员。

## RIK BAS BACKER

## 里克 · 贝斯 · 贝克

国际平面设计联盟 (AGI) 会员
AGI 法国联合主席

里克 · 贝斯 · 贝克，1967 年生于阿姆斯特丹，曾在荷兰阿纳姆艺术学院学习。1989 年在巴黎格拉普斯设计集团实习，1991 年毕业后返回巴黎。1995 年，他开始从事平面设计自由职业。与此同时，他在 1995 年至 1997 年间执教于皮卡第大学，2010 年至 2014 年间执教于亚眠国立设计学院。

2000 年，里克·贝斯·贝克与何塞阿尔贝加里亚结识，并最终决定合作完成项目。2003 年他们共同成立了“Change is good”工作室。

里克 · 贝斯 · 贝克曾参加过多次会议，多次担任评委，并参与过三届展览，现于巴黎生活和工作。

从 1994 年起曾与以下机构合作：巴黎 A. P. C.、巴黎 A. P. C. 音乐部门、巴黎荷兰研究院、尼斯阿尔松别墅、巴黎蓬皮杜中心、巴黎现代艺术博物馆、阿姆斯特丹沃尔特·斯托克曼（荷兰 VPRO 电视台）、巴黎菲利普·苏波协会、比利时督威白熊啤酒、巴黎东京宫、巴黎路易威登艺术空间、巴黎卡地亚、巴黎玛格南图片社、纽约菲登出版社、里尔圣索沃尔展览馆、巴黎 / 鹿特丹 Currency、巴黎爱乐音乐厅、凡尔赛宫、巴黎法国国家自然历史博物馆。

目前合作机构：巴黎菲利普 · 苏波协会、巴黎 104 艺术中心（Centquatre）、巴黎《电影手册》、巴黎多米尼克 · 卡尔出版社、蒙特勒伊新剧院、巴黎保罗 · 舍梅托夫、马拉加毕加索博物馆、巴黎塞纳河岸、巴黎富兰克林 · 阿齐建筑事务所、巴黎卡洛斯特 · 古本江基金会、巴黎法国国家自然历史博物馆、巴黎建筑与遗产博物馆、巴黎维莱特公园、巴黎 Fooding 指南。

## SONG XIEWEI

## 宋协伟

中央美术学院设计学院院长、教授，博士生导师
中央美术学院学术委员会委员
中央美术学院研究生院副院长
中国美术馆特聘专家
中国美术家协会会员
国家留学基金委艺术类评审委员
文化部职称评审专家
国际平面设计联盟（AGI）会员

中央美术学院设计学院院长、教授，博士生导师，中央美术学院学术委员会委员，中央美术学院研究生院副院长，国际平面设计师联盟成员，中国美术馆特聘专家，中国美术家协会会员，国家留学基金委艺术类评审委员，文化部职称评审专家。宋协伟致力于支持持续更新的艺术实践者和设计推动者，关注设计新学科、启迪学术新思想的创新教育者，始终以全球化的思维视角、国家的顶层战略和社会化问题的系统研究推进着艺术设计的可持续发展。

## WANG JIAMING

## 汪家明

中国美术家协会理事
连环画艺委会副主任

汪家明，笔名汪稼明、吴禾，青岛人。曾在部队文艺团体画过6年舞台布景；1978年入大学读书；1982年毕业后做过两年中学教师；1984年到山东画报社工作，后任山东画报出版社总编辑；2002年任三联书店副总编辑；2011年任人民美术出版社社长。现已退休。策划出版《图片中国百年史》《老照片》《中学图书馆文库》《小艾，爸爸特别特别想你》《给孩子的汉字王国》等图书。中国美术家协会理事、连环画艺委会副主任。出版《难忘的书与插图》《难忘的书与人》《丰子恺传》等著作。

## WU YONG

## 吴 勇

中国出版协会书籍装帧艺术委员会副主任
中国美术家协会平面设计艺术委员会委员
汕头大学长江艺术与设计学院教授、硕导
国际平面设计联盟（AGI）会员

曾任联合国儿童基金会驻华办事处艺术顾问，中国青年出版社美编室副主任等职。1998年建立北京吴勇设计事务所，致力于平面、产品、空间、数媒的设计与研究。获邀设计发行："中国电影诞生一百周年"等邮票，《画魂》《无尽的航程》《书筑·介入》等书籍设计；建筑作品"北京顺诚文化中心"入选《2015中国建筑艺术年鉴》；作品曾获中国香港设计师协会金奖及中国香港国际海报三年展商业类金奖、国家图书奖、中国出版政府奖、东京TDC奖、"中国最美的书"奖、上海设计奖、深圳GDC07展海报类银奖等。

主要出版物：《书籍设计四人说》《＋－2000吴勇平面设计》《有事没事——与当代艺术对话》《书筑·介入》。日本《IDEA》等多家媒体多次采访、介绍其作品及设计理念。曾获邀在东亚书籍论坛、塞万提斯学院、中国美院等论坛及院校做演讲；并获邀在中央美院、清华美院、广州美院、德国奥芬巴赫国立艺术与设计大学、韩国ACA设计学院等院校开设课程及工作坊。

项晓宁，男，1966 年 4 月出生，中共党员，主任编辑职称，中国新闻学院第二学士学位。

工作简历：1990 年 8 月 - 2000 年 12 月，在南京日报社历任编辑、记者、部门主任；2000 年 12 月 - 2002 年 12 月，金陵晚报副总编辑；2002 年 12 月 - 2012 年 7 月，南京报业传媒集团党委委员、金陵晚报总编辑；2012 年 7 月 - 2014 年 12 月，南京报业传媒集团副总经理、党委委员；2014 年 12 月 - 2018 年 2 月，南京出版传媒集团总经理，党委副书记；2018 年 2 月至今，南京出版传媒集团党委书记、董事长、总经理。

## XIANG XIAONING

## 项 晓 宁

南京出版传媒集团党委书记、董事长、总经理

XIAOMAGE

## 小马哥

设计师
国际平面设计联盟 (AGI) 会员
中国青年出版社编辑

1996 - 2000 年，就读于清华大学美术学院平面设计系。

获得奖项：2004 年，北京第六届全国书籍装帧设计展览金奖；2007 年，深圳 GDC 全场大奖、形象识别类金奖、出版物类金奖；2008 年，纽约第 87 届 ADC 银方块奖；2009 年，北京第七届全国书籍装帧设计展最佳设计奖（两项），中国香港设计师协会亚洲设计大奖银奖，深圳 GDC 金奖；2010 年，纽约第 89 届 ADC 铜方块奖（两项）；2011 年，莱比锡“世界最美的书”奖；2014 年，莱比锡“世界最美的书”奖；2015 年，纽约 The One Show 铜铅笔奖；2006 - 2016 年，上海“中国最美的书”奖（多项）；2017 年，纽约 The One Show 金铅笔奖，纽约第 96 届 ADC 银方块奖，北京第 4 届中国出版政府奖设计奖。

参加展览：2007 年，北京、上海“大声展”，深圳“X 提名展”；2008 年，中国香港、广州、成都“70/80 设计展”；2009 年，伦敦 AA 建筑学院“形式调查：建筑与平面设计”邀请展，北京“ICOGRADA（国际平面设计协会联合会）世界平面设计大会——文字北京 09 展”；2011 年，首尔国际设计双年展，北京国际设计三年展；2012 年，东京“书・筑——中日韩三国建筑设计师＋平面设计师联合创作邀请展”，首尔“纸张想象之路”设计展；2013 年，首尔国际设计双年展，广州设计个展“制书者”；2013 - 2014 年，日本大阪、中国香港“字之旅——亚洲新锐设计师邀请展”；2016 年，第 27 届捷克布尔诺双年展“研究室项目”，埃森“图文——中国当代平面设计德国展”；2018 年，京都《IDEA》“GRAPHIC WEST”主题展。

## ZHANG ZHIWEI

## 张志伟

中央民族大学美术学院教授、博士生导师，视觉传达设计系主任
中国出版协会书籍设计艺术委员会副主任

设计作品获奖：《梅兰芳藏戏曲史料图画集》书籍设计获 2004 年德国莱比锡“世界最美的书”金奖；《汉藏交融：金铜佛像集萃》获第二届中国出版政府奖装帧设计奖；《7+2 登山日记》《静静的山》书籍设计分获第三届、第四届中国出版政府奖装帧设计提名奖；《诸子精华集成》书籍设计获第四届全国装帧设计展银奖；《世界名画家全集》《女作家影记》书籍设计获第五届全国装帧设计展铜奖；《散花》书籍设计获第七届全国装帧设计展文学类最佳设计奖；《中国民间剪纸集成——蔚县卷》书籍设计获第十八届香港印制大奖全场金奖，《天朝衣冠》《绣珍》分获第二十届、第二十八届中国香港印制大奖精装书设计印制冠军奖；书籍设计多次获得“中国最美的书”奖；海报设计和文创产品设计曾多次参加国内外展览。

ZHAO QING

## 赵清

瀚清堂设计有限公司设计总监
国际平面设计联盟（AGI）会员
中国出版协会书籍装帧艺术委员会副主任
深圳平面设计师协会（SGDA）会员
江苏平面设计师协会理事会员
南京文化创意产业协会理事会员

1988 年毕业于南京艺术学院设计系，任职凤凰科技出版社有限公司美术编辑。1996 年创办“梵”设计工作室。2000 年创办“瀚清堂设计有限公司”并任设计总监。2007 年受邀举办壁上观“07/70”个人海报展。2010 年组织 ADC 对话南京设计展，2012 年、2014 年在北京、南京、成都等地举办“清平乐 · 手不释卷赵清设计展”。担任南京艺术学院设计学院硕士生导师并在各地进行设计教育推广。十几年来坚持致力于平面设计各个领域的实践与研究推广，并担任平面设计在中国 GDC13、白金创意大赛、靳埭强设计奖、刚古设计大赛评委，个人设计作品获奖或入选于世界范围内几乎所有重要的平面设计竞赛和展览，并获得了美国纽约 ADC 奖、TDC 奖、One Show 设计奖，英国 D&AD 奖，德国红点设计奖、IF 奖，俄罗斯 Golden Bee 奖，日本 JTA 奖、东京 TDC 奖，深圳 GDC 奖、中国香港 GDA（香港设计师协会环球设计大奖）、DFA 奖，中国台湾 Gold 奖等众多国际设计奖项。

主要从事书籍设计、选题策划及创作工作。由其策划并设计的图书《不裁》被评为2007年“世界最美的书”铜奖，其首次创作的图书《蚁呓》被联合国教科文组织德国委员会评为“世界最美的书”特别制作奖，绘本《蜗牛慢吞吞》和图文日志《虫子旁》数次加印并输出国外版权。先锋实验文本《设计诗》、观念摄影集《空度》均以独特的视角引起读者的讨论和关注。

历经五年的酝酿和制作，《虫子书》得以出版。因全书无一汉字，皆由虫子们自主创作而成，引起读者和媒体的广泛争议。由该书内容衍发的“虫先生+朱赢椿”书籍与当代艺术展，在英国、德国等国家和地区举办巡回展，同年《虫子书》被大英图书馆永久收藏，并获评“世界最美的书”银奖，《虫子书》英文版已由英国ACC出版发行集团出版发行。最新作品《便形鸟》融合了多种创作手法，书中的“便形鸟”因奇特的外形和炫幻的色彩激发广大读者的好奇心和想象力，也受到了艺术界、出版界，影视界的高度关注。

## ZHU YINGCHUN

## 朱赢椿

南京师范大学书文化研究中心主任
江苏省版协书籍设计艺术委员会主任
全国新闻出版行业领军人才

## GRAND PRIZE

## 全 场 大 奖

GRAND PRIZE

全场大奖

空缺

空城

## JUDGE'S CHOICE AWARD

## 评审奖

FU XIAODI

符晓笛

评审奖

原田进：设计品牌

–

曲闵民 + 蒋茜

。。。。。。。。。《原田进：设计品牌》是日本设计师原田进先生通过他在日本的品牌实战经验整理出来的一本品牌学基础理论书籍。该书的设计师运用编辑设计划分出每篇文章的重点、中文注释、英文翻译等多个信息层级，从视觉上打破了传统理论书籍带给读者的阅读体验。正文使用多种排版方式，通过空间与节奏的变化，使文本阅读产生了多样独特的趣味性。设计者根据书的内容绘制了许多信息图表，更加直观地引导读者了解内容。全书“红与黑”的双色运用既简洁又具现代感。

## HAN JIAYING

## 韩家英

### 评审奖

英韵《三字经》（插图本）

–

张志奇

《英韵〈三字经〉（插图本）》可以成为用当代语境表达中国传统文化的一个不错的路径。设计用了比较干净简洁的手法与排版，给人赏心悦目的感觉，让人一看就能对中国文化产生亲近感。本书的插图运用了非常现代、有创意的手法，用一些碎纸片做成了各种造型，并且跟内容形成了关联。装订、工艺、材料上没有特别夸张的表现，但在用心做每一个插图的时候做出了自己的创作风格，也衬托了文字内容和文学美感。插图的手法以及三字经的内容本身，能够给我带来非常舒适的感觉，给我想去阅读的欲望。希望在未来中国书籍的设计上面大家多做深耕细作的工作，对书的本质、本源做出具有建设性的表达。

赵彦春国学经典英译系列

赵彦春 译·注

英韵《三字经》

Three Word Primer in English Rhyme

（插图本）

With Illustrations

高等教育出版社

汗牛充栋的书店、书山书海的Book Expo，还有这种几千本参赛书籍的大型竞赛，都会令我扼腕，叹息从事平面设计这个专业的难。世界上已经有了那么多的书！好的和坏的，铺天盖地的书啊，物质时代文化不值一张书皮。不会有人阅读那么多的书。事实上，其中能被称为书的，亦仅为一小部分而已。这是一个疯狂的时代，疯狂制造、疯狂拥有、疯狂消耗、疯狂喧嚣、疯狂地一拥而上……“世界太喧嚣，我只想奉献一点点静默。——Bruno Monguzzi”静默的力量虽然不成正比，却令我心驰神往。我，选择这本11.7×18.6cm，只有130页的薄薄的小书。我欣赏它文字的编排、印刷的工艺、纸张的选择等。不矫情，不悲伤，安静而预设了阅读的手感。不吵不闹，设计隐身背后。一卷在手，宛若手握一盏尚有余温、亦有暖香的清茶。

茶书

［日］冈仓天心 著

谷泉 译

新星出版社 NEW STAR PRESS

JUMPING HE

何见平

评审奖

茶书

–

鲁明静

凡平面设计比赛，选择标准是以评委中的多数同意为准，所以在获奖作品中，大量存在并不是全体评委都同意的情况，书籍设计比赛也大抵如此。在此情况下，不同意此件作品获奖的评委，尊重了多数评委的选择。那么，评委们心目中各自的获奖作品应该是哪一件？它和其他奖项有什么不同？当然，也存在有些评委想从某方面推动设计的可能，存在不选择的可能，存在选择阅读为本的可能……我想，这就是设立评委奖的意义，它反映了本届每位评委的态度。

我选择《温·婉——中国古代女性文物大展》为我的评审奖。

《温·婉——中国古代女性文物大展》全书弥漫着淡雅而浓烈的女性气质，烘托出文本与图像所共同描述的氛围，营造了在藏与露之间徘徊的女性心理，它就是做得非常对的设计。好设计在我的理解上要具有排他性，不能一件衣服既可以穿在张三身上也可以穿在李四身上，书籍设计不是商店里的成衣。《温·婉——中国古代女性文物大展》的设计就具备这样的特点，它是只属于这个文本的设计。

LIU XIAOXIANG

**刘晓翔**

**评审奖**

温·婉
——中国古代女性文物大展
–
姜嵩

清华大学艺术博物馆开馆展丛书包括了《竹简上的经典》《对话达·芬奇》《营造中华》《尺素情怀》等多部学术著作，虽诸书分门别类成册，却统一于严谨的整体设计的思路中。从外在的封面到内文版面的处理，从中英文字体字号的应用、网格秩序的驾驭、文本图像布局、空间体例安排、叙述节奏把控，均看得出设计者深思熟虑的编辑设计概念的投入，表面形式的淡泊素静却读出内在表现的生动和丰富来。

封面一贯而至的大空白中置入精致有序的书名字，白色的外文字依据全书构成进行变化，与中文相对应，主次分明，恰到好处。每本书的图形配置考证讲究，不娇饰，不过度，点到为止。

考虑到这是一套公众性阅读的普通读物，设计者强调设计平淡中的跃动、简约中的饱满、细节中的力量、传统中的现代性。作为社科类学术读物，看不到设计者有意地自我表现，却处处体会到让读者得到诗意阅读的用心和个性。我很欣赏这样的设计态度和观念，故作为心仪的作品评选之。

对话达·芬奇

第四届『艺术与科学』国际作品展

Dialogue with Da Vinci

清华大学艺术博物馆开馆展丛书

主编 冯远

FENG Yuan Editor in Chief

清华大学出版社

Tsinghua University Press

LÜ JINGREN

吕敬人

评审奖

清华大学艺术博物馆开馆展丛书——

《营造中华》

《竹简上的经典》

《对话达·芬奇》

《尺素情怀》

–

顾欣

## PATRICK THOMAS

## 帕特里克·托马斯

### 评审奖

隐域——恶之花

–

杨家豪

–

指导教师：吴勇

The moment I set eyes on this highly individual publication I was intrigued and allured by its quiet, understated beauty. Through the use of soft and seductive materials and its highly original, delicate, lavender binding, it feels highly sensual and slightly decadent in the hand. A perfect embodiment of Baudelaire’ s texts contained within. It feels highly personal and intimate and its economic production contrasts with many of the more obviously spectacular books in the selection. I found this both daring and enchanting. Its honesty is refreshing: it is by no means a perfect project and it does it pretend to be one; and there is great beauty in this imperfection.

## RIK BAS BACKER

## 里克 · 贝斯 · 贝克

### 评审奖

穿越火焰

–

周伟伟



I have selected this book, because it captured my attention right away, because it looks straightforward, simple, black. It's not only a book, it's more: it's a black object. Together with a brown object held together. And English and a Mandarin volume back to back. A book design should reflect the feeling of its content. And a book is a 3 dimensional object. What matters is format, volume, colour, print quality, paper quality. When all these are in harmony with the content the result is good. Lou Reed's work is dark. When I think of the work of Lou Reed, I think of a black book. A black object. Even though I had the book only a short moment in my hand, I understood the designer had mastered the subject as well as the object.

《书艺问道——吕敬人书籍设计说》对复杂体例文本、图像信息层级的驾驭给我留下了深刻的印象。这不是一本为了炫酷的效果而设计，而是为了内容而设计的平装书籍，相对于内容和印装质量，它低廉的定价和质朴的材质，以及靠编辑设计组织出的精彩阅读结构，都应该引发我们对书籍设计本质的思考。

书艺问道

吕敬人书籍设计说

Tao of Book Design

吕敬人 著

Lu Jingren

上海人民美术出版社

SONG XIEWEI

宋协伟

评审奖

书艺问道

——吕敬人书籍设计说

-

吕旻＋杜晓燕＋黄晓飞＋李顺

°°°°°°°°° 这本“黑书”有着“书籍黑客”的气质，它打破书籍形态的“定式”：一本不像书的书，它用纸质的媒介做出“互动”的关系，需要一组组被打开才可以阅读。其实这更体现了书籍的本体语言：折叠，翻开，章节，秩序，五感，对照……

°°°°°°°°° 对于缺乏“精致阅读史”的大多数人来说，会惯性反应地“妄议”这类设计过度了、奢华了，似乎有点道理。但西方书籍史上的“圣坛式”“拜占庭式”“法式”等等，不胜枚举的装帧形态，展现了他们辉煌的书籍发展史。当代的半开、全开的豪华画册都是文明社会对书籍敬重与价值认知的一种体现。

°°°°°°°°° 虽不简单推崇奢华，但又应避免过于单一、惯性、廉价、样式化地对待本应有的丰富多样的书籍阅读形态；同质化、粗陋化影响了我们对阅读生活不同层级的品质要求。

WU YONG

吴 勇

评审奖

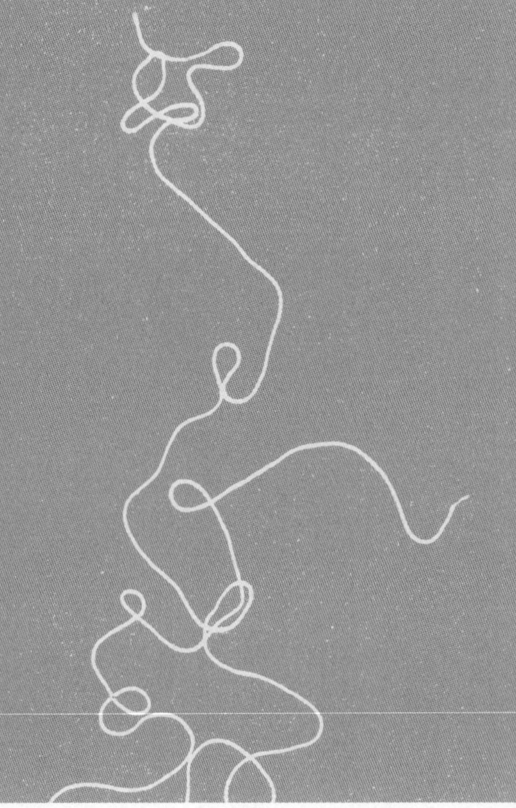

线

–

梅数植

1937 年 12 月 13 日，侵华日军占领了南京，随即对南京民众进行惨绝人寰的大规模屠杀。12 月 13 日也是我父亲的生日，他是经历过南京大屠杀的人，那年他才 6 岁。当我看到这本书时，记忆里父亲描述过的情景便被一幕幕唤醒，恍如重现。这样的题材，相信对于每一个南京人而言都很难不引发共鸣，我也不例外。

所有压抑与悲伤的情绪，一如封面沉重的黑色，书是无声的控诉，循序渐进地揭开时间的伤疤。生在和平年代，历史却不能忘记。这是我作为中国人的初衷，更是作为一个南京设计师的初衷。纸张的意义在于传递，相比较于外在的美学风格，精神与内蕴才是真正的核心。

抛开许多出其不意的设计手法，这本书自有一种洗尽铅华呈素姿的味道。纸张朴实，黑白相照，毛边本的不修边幅，证据确凿的新闻报道历历在目，流露出坚实的精神质感。用一本书见证一段时光，情感永远是人与纸之间最好的桥梁——用痛苦保持清醒，用包容获得新生。

ZHAO QING

赵 清

评审奖

见证：中文报刊中的南京大屠杀报道

–

赵天

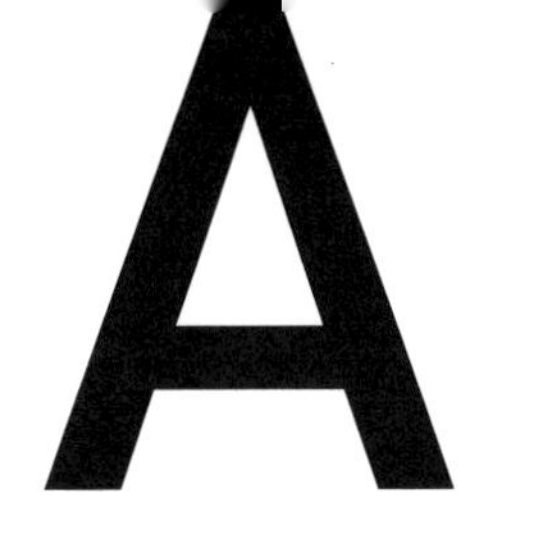

# SOCIAL SCIENCES

# 社科类

# A

GOLD AWARD

金奖

江苏老行当百业写真

周晨

P082

电影史

周伟伟

P088

园冶注释（第二版）重排本

张悟静

P094

SILVER AWARD

银奖

见证：中文报刊中的南京大屠杀报道

赵天

P100

巨擘传世

——近现代中国画大家

张申申

P104

《拉贝日记》影印本

姜嵩

P108

茶典：《四库全书》茶书八种

潘焰荣

P112

BRONZE AWARD

铜 奖

EXCELLENCE AWARD
优秀奖

A SOCIAL SCIENCES

B ARTS

C LITERATURE

D SCIENCE AND TECHNOLOGY

E EDUCATION

F CHILDREN

G NATION

H ILLUSTRATION

I PRINT

J EXPLORATION

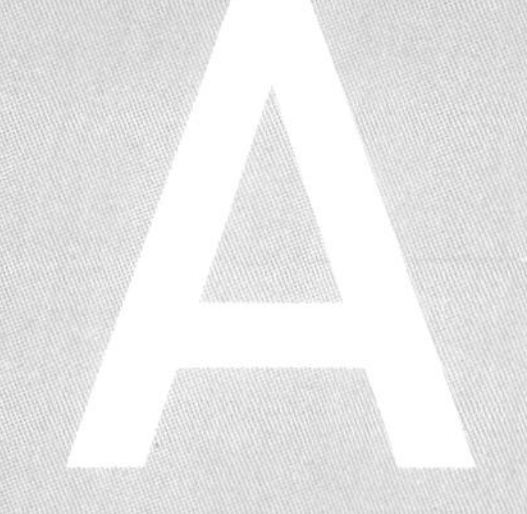

SOCIAL SCIENCES

社科类

# 作　品

设计师就是本书的选题策划者。书稿由长期关注老行当的摄影家与作家合作完成。摄影作者的老行当专题，曾获联合国教科文组织国际民俗摄影“人类贡献奖”。依据行当特点及旧时传统，体例设计将江苏的老行当分为衣饰、饮馔、居室、服侍、修作、坊艺、工艺、游艺八类。受古籍毛装本启示，以纸钉方式敲击固定。四面采用特殊工具拉毛，与毛装本整体相协调。内页纸张选择主次分明，黑白与彩色相间，主体部分为一款仿古土工纸，颜色和质感烘托主题。经史料研究考证，创意重现了逐渐消亡的中国古代数字系统——“苏州码子”。“苏州码子”脱胎于南宋的算筹，简便、快捷、易记，曾在民间各行各业交往中广泛使用。本书以形传神，塑造民间气质，是一部致敬匠心的作品。

江苏老行当百业写真

–

周晨

–

江苏凤凰教育出版社

–

280×285mm

|

648p

|

1846g

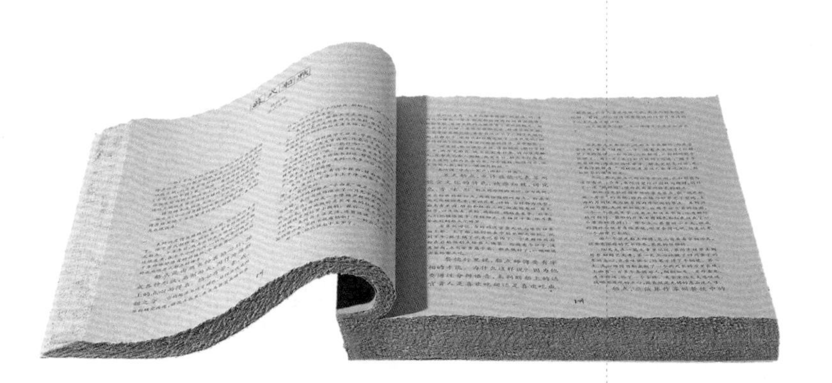

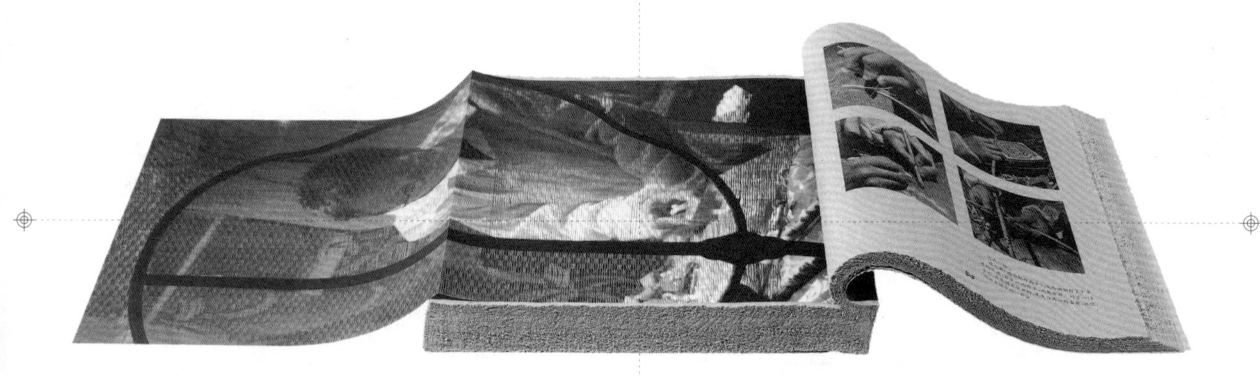

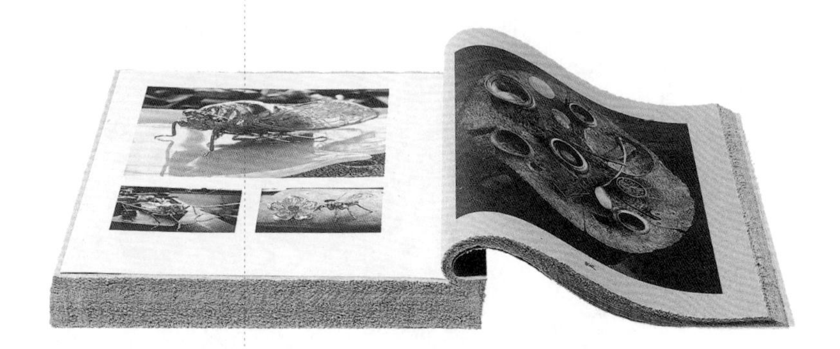

苏州码子

苏州码子，也叫草码、花码、番仔码、商码，是中国早期民间的"商业数字"。它由南宋时期从算筹脱胎而成，产生于中国苏州。

苏州码子，是中国数字文化演变的产物，是阿拉伯数字在我国广泛使用前的一种简便、快捷的记录数码，简单易学，长期在民间流行。

它作为中国数字文化的一个代表，虽已逐渐消亡，但其在中国数目记录历史上所起的作用，具有研究意义。

本书题材取自民间，全书页码使用了这一古老的数字系统，希望能唤起大家对中国数字文化及苏州码子的关注。

| 苏州码子 | 汉字 | 汉字大写 | 罗马数字 | 阿拉伯数字 |
| --- | --- | --- | --- | --- |
| 〡 | 一 | 壹 | I | 1 |
|  | 二 | 贰 | II | 2 |

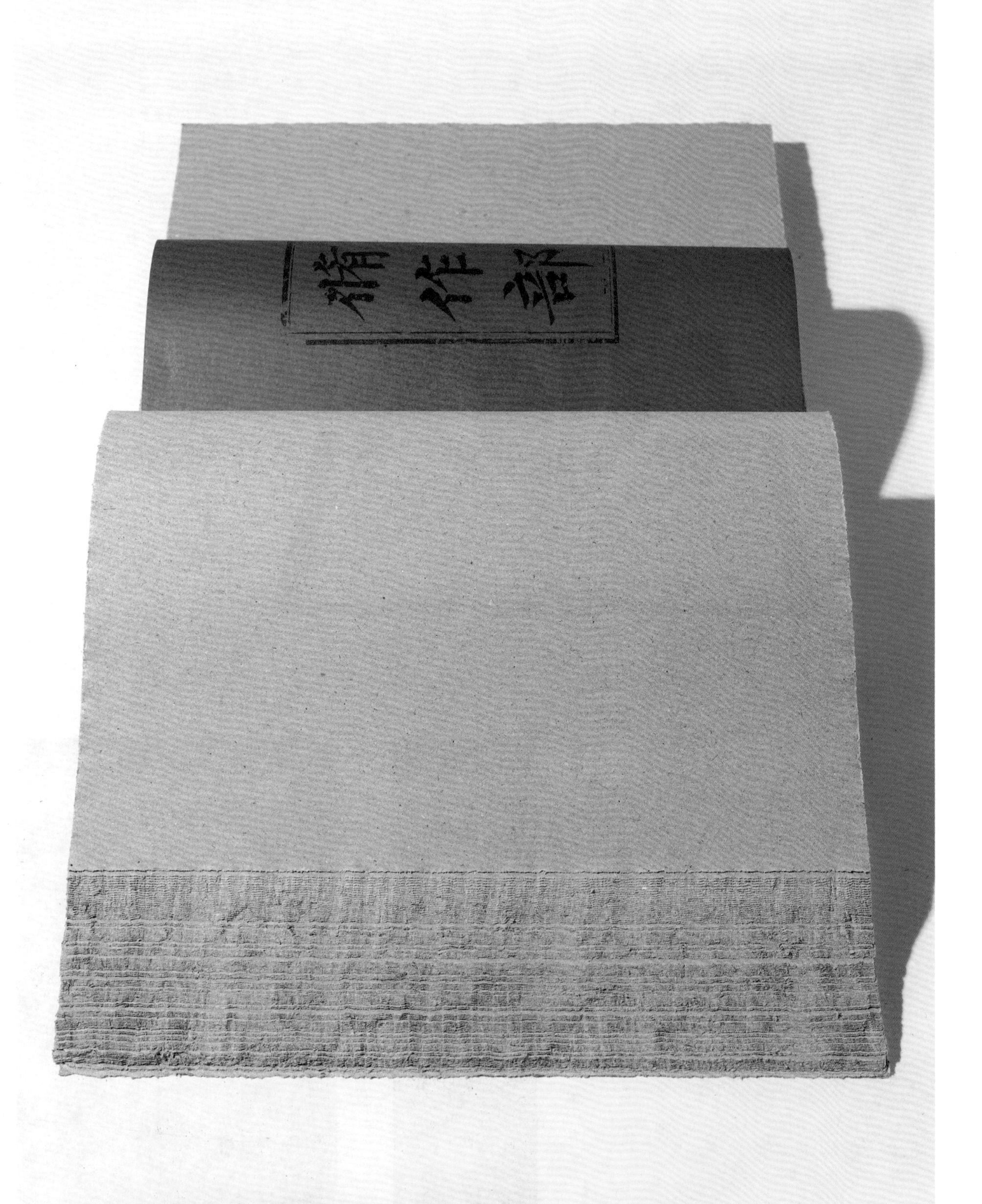

本书在编排上极具匠心，诗行的划分、文图的布局、黑白或彩色的运用，无一不经过精心安排，既保留了原著的基本结构与编排，又在封面与内页的装帧设计上别具匠心。中文版内文分为四章，并且每章起始也都是从页码 1 开始，没有页码连排，因此，中文版内文采用浅黄、浅绿、浅粉、浅蓝四种不同的底色区分四个章节，一目了然。护封采用了大面积的烫印，白色醒目的圆圈由烫白展现，如放映机投射的白色光影，打开书，黑色环衬上有一个模糊的白色圆圈，如同越来越淡的光影。书名、作者名等信息全部采用烫黑，因此给人的视觉效果就是除了白色光影投射的地方清晰之外其余全部黯淡下去。封面的黑白到内文的彩色也象征着电影从早期的黑白到后来的彩色效果。翻阅此书，仿佛进行一段色彩斑斓的人文艺术之旅。

电影史
–
周伟伟
–
南京大学出版社
–
148×218mm
|
980p
|
1365g

那就是
所有一切都触目惊心

唯有电影
致命美丽
2

只有电影
看到
如果每个人
各尽其职
民众就会独自
组织起来
遵循着无懈可击的
平衡
看到光亮投注于
所需之处
而忽略
所需之物
因为这是有用的
光亮
照亮舞台上的
一点
阴影
可以统治其他地方
SEUL
LE
CINEMA

电影史
[法] 让-吕克·戈达尔 著
陈旻乐 译
南京大学出版社
1
所有的故事
单独的历史
2
唯有电影
致命美丽
绝对的货币
全新的浪潮

seul le cinéma
fatale beauté
3
la monnaie de l'absolu
une vague nouvelle
4
le contrôle de l'univers
les signes parmi nous
4
我们中的符号

作 者
王尔德
达内
A. 达郎
佩费
波德莱
里维特
奥维德
伊瓦涅斯
格诺 R.Qu
埃克哈特大师
索莱尔斯 P.Soll
布列松 R.Bresson
MOP

本书是中国著名的造园理论书籍，全书文本繁体竖排，错落有致，节奏富于韵律变化。新增中国著名园林（拙政园、网师园、留园）图片作为隔页以及书法拉页，丰富视觉感受且利于阅读。全书标题采用中国传统的木刻体（文字带有印刷的墨迹）并做了错位设置，通过标题文字的特殊处理可以追溯那个年代，以此展示中国文字魅力。书籍选材考究，正文纸考虑到古籍阅读特点选择了柔软的复古轻型纸，使其翻阅手感舒适，插页用纸则用了宣纸印专色油墨来表现书法和园林的气韵，封面用类似树木纹理的特种纸烫上梅花的窗式，典雅而具有现代气息，最后配上复古的瓦楞纸函套并做了仿古贴签使其具有古韵的特质。书籍整体虽厚但非常轻，整体温文尔雅，呈现出中国古籍古韵、古色、古香的气质。

园冶注释（第二版）重排本

张悟静

中国建筑工业出版社

175×263mm

420p

795g

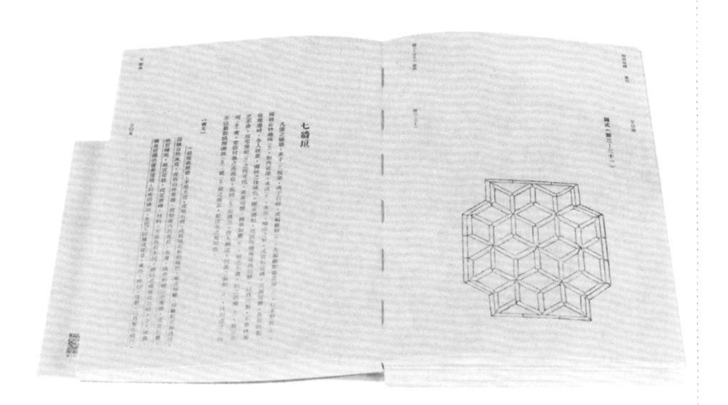

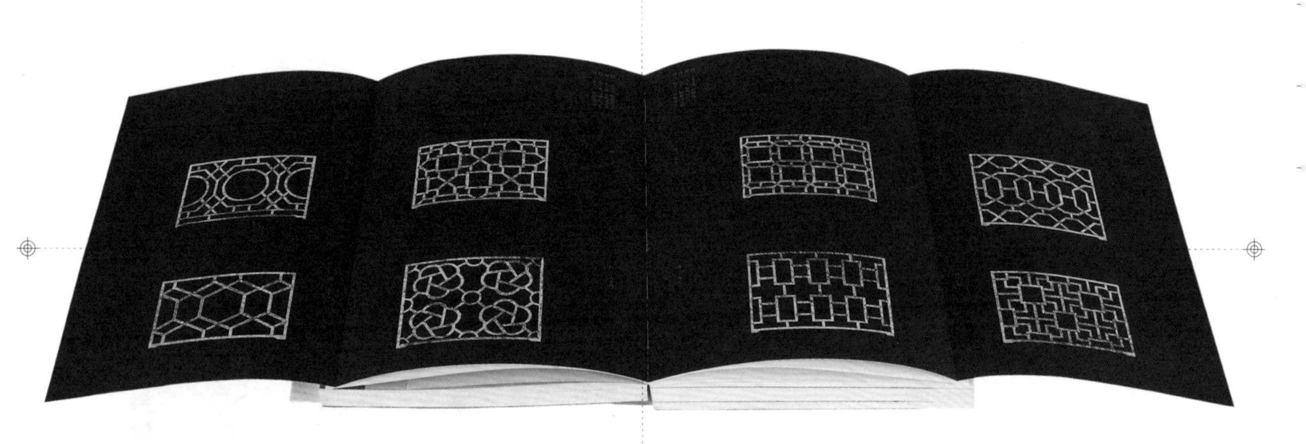

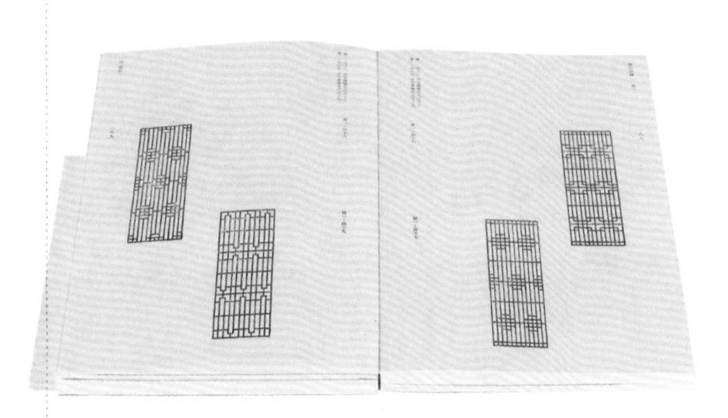

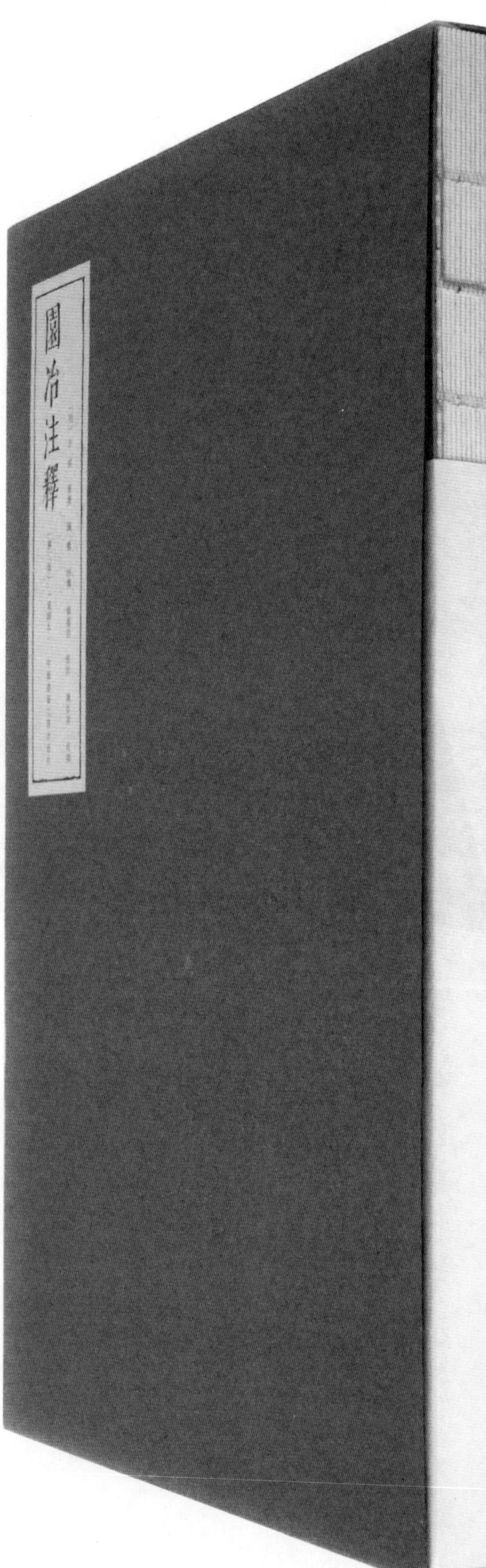
園冶注釋
園冶注釋
（第二版）
（重排本）
中國建築工業出版社

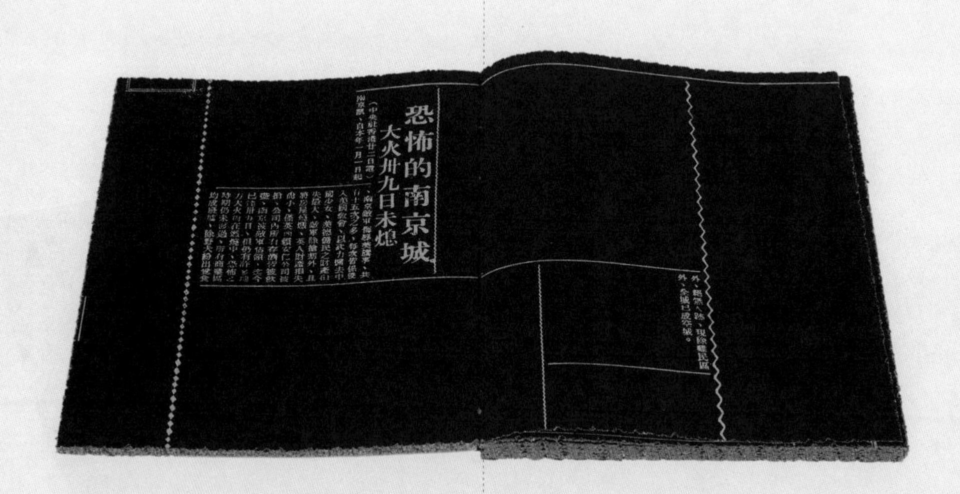


见证：中文报刊中的南京大屠杀报道

–

赵天

–

江苏凤凰美术出版社

–

210×256mm

|

328p

|

531g

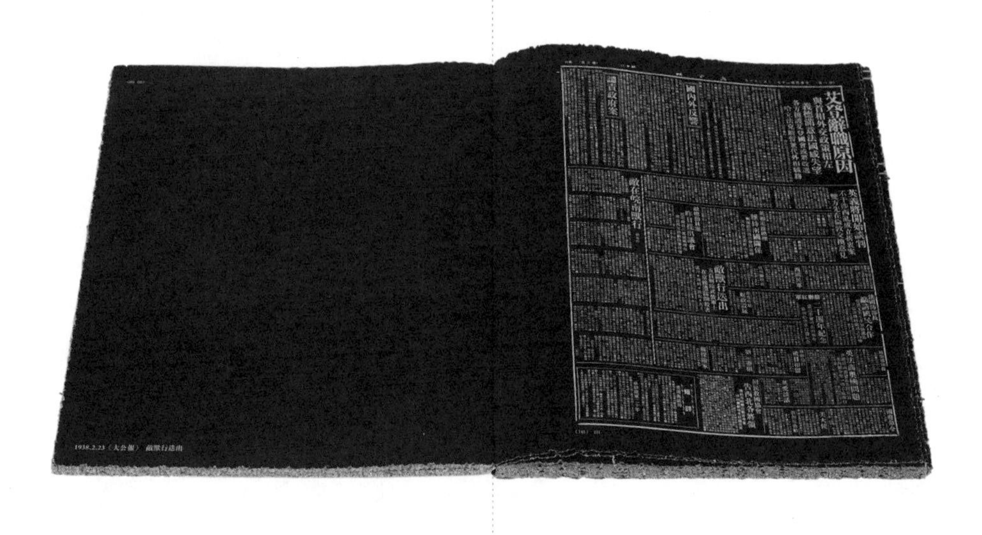
1938.2.23（大公报） 敌兽行迭出

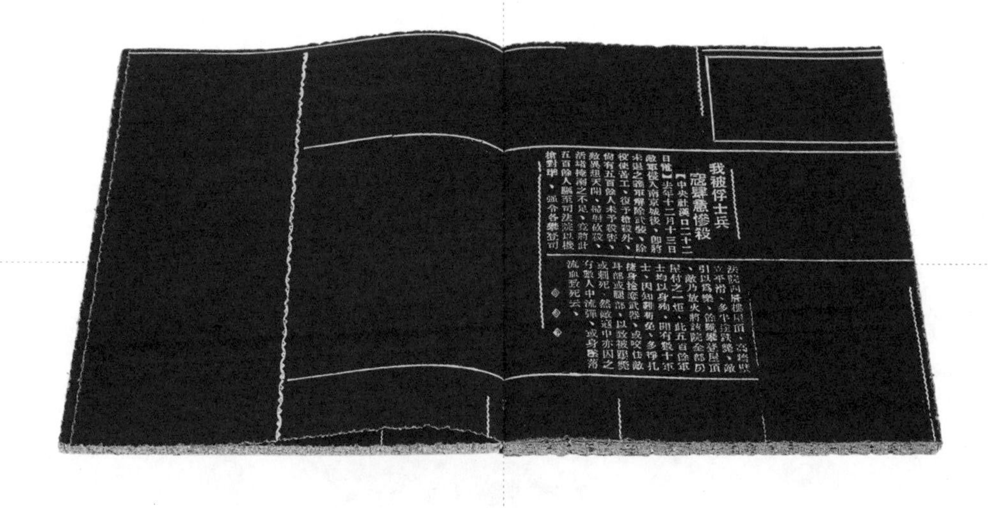
我被俘士兵
寇肆意惨杀
【中央社汉口二十二日电】去年十二月十三日敌军侵入南京城后、即将未退之我军解除武装、除役使当工、复予枪杀外、尚有五百余人未予杀害、

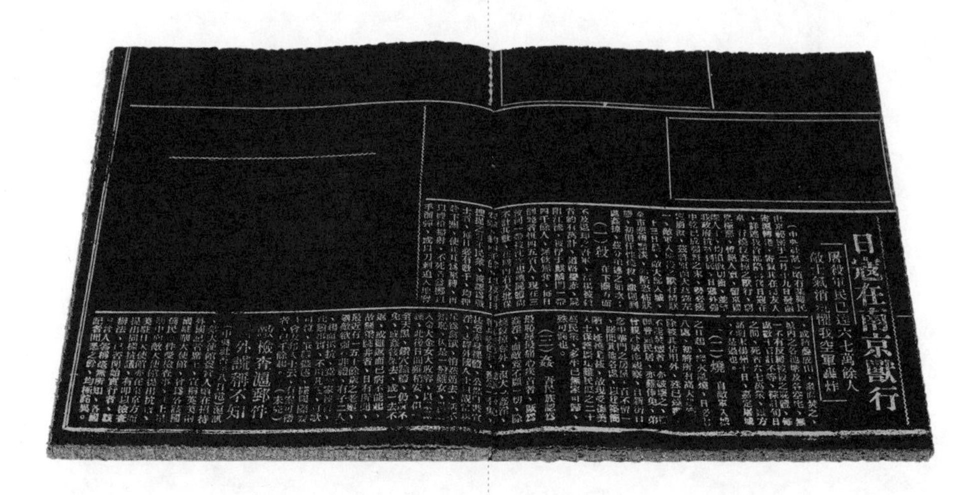
日寇在南京兽行
屠杀市民已达六七万余人
敌士气消沉惧我空军轰炸

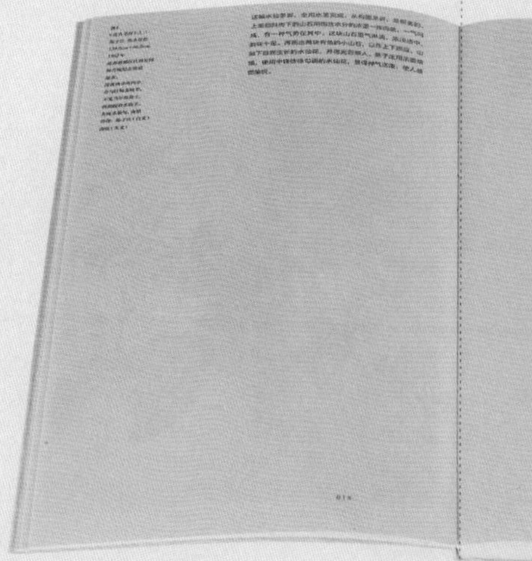

巨擘传世——近现代中国画大家

张申申

高等教育出版社

148×240mm

138p×13

2890g

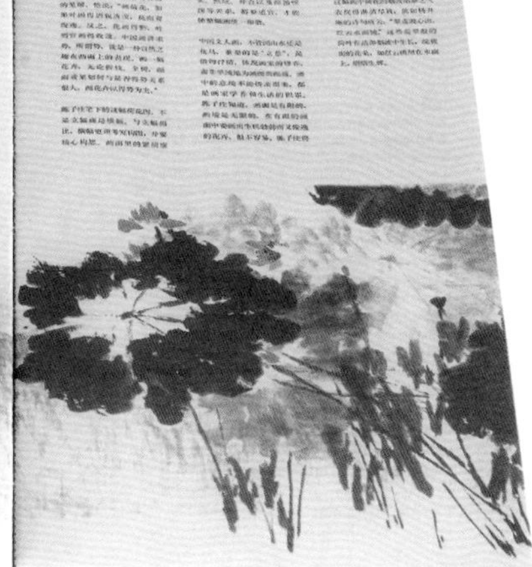

## 负笈东瀛

东渡日本求学，使高剑父有机会走出国门，放眼世界，这成为其艺术道路上又一件具有决定性意义的大事。而结识山本梅涯，则是促成此事的重要契机。

日本画家山本梅涯，1904年来到广州，在述善学堂担任图画教员，次年到两广初级师范简易科馆、时敏学堂、公益女学堂等校担任图画教员。其间他常到伍德彝家的松荫馆雅集，由此结识高剑父。山本梅涯见到高剑父的绘画，对他刮目相看，送劝他到日本深造，闲暇时还教他学习日文。1905年8月，山本梅涯离开广州回日本，临行前推荐高剑父继任两广初级师范简易科馆图画教员，还给他“留下日本地址及介绍函多封，嘱剑父到日本时拜访彼邦汉画大师”。

自认识两位外国画家麦拉和山本梅涯之后，高剑父眼界初开，知道不仅中国有绘画，外国也有绘画，而且与中国绘画完全不同。尤其是与山本梅涯的结缘，更使他萌生了赴日深造、一探日本画艺之秘的愿望。在山本梅涯的鼓励和帮助下，高剑父终于下定决心，先由广州到香港，再登上由香港驶往日本东京的轮船。

关于到达日本的时间，高剑父自述：“翌年（指1896年引者注），即辞职东渡，尽留蓄积作余弟奇峰养病之资，仅携三十余金，只身过港转轮赴日。抵东京之日，值天气严寒，余初以款绌，行装未多备，上岸时仅布衣一袭，高寒难受，几至冻僵。寻留日同乡会，执料适又解散，彷徨疾风大雪之中，饥寒交迫，困苦万状，其后幸遇廖仲恺先生及其夫人何香凝女士，殷

016

吴冠中
黎雄才
吴茀之
程十发
杨之光
陈子庄

丁衍庸
于非闇

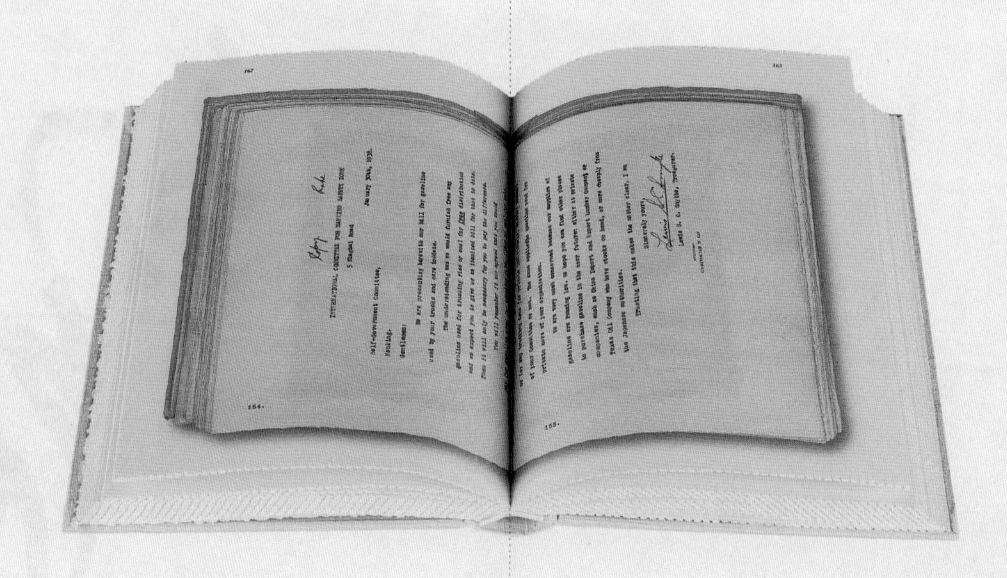

《拉贝日记》影印本

–

姜嵩

–

江苏人民出版社

–

185×248mm

|

1836p

|

4422g

124

Sachen ( ich hatte die Ausstellung früher besucht )
war auch nicht die Spur mehr zu finden. Ich fand in de
total beschmutzten Räumen einige chinesische Uniform-
stücke --Kappe und Jacken -- , woraus ich schliesse, da
das Haus evtl. schon von den sich zurückziehenden chine
sischen Truppen geplündert wurde. Es ist natürlich auch
möglich, dass diese chinesischen Uniformstücke nachträg
lich hineingetragen wurden, um den Eindruck zu erwecken
dass das Haus von Chinesen geplündert wurde --dabei ist
zu bemerken, dass das Haus etwas versteckt liegt , aber
keineswegs in der Route , welche die sich zurückziehend
chinesischen Truppen benutzten.

Soeben kommt die Schreckensbotschaft, dass Mr. M
Callum , der das Kulo HOspital verwaltet, von 2 japani
schen Soldaten, die unerlaubter Weise in das Hospital e
drangen, mit dem Bajonett angegriffen und am Hals verw
det wurde. Die Verletzung scheint glücklicherweise nich
lebensgefährlich zu sein, aber der Fall ist sehr ernst
und wird der amerikanischen und Japanischen Regierung s
fort telegraphisch berichtet werden.

Hempel macht mir wieder Kummer und Sorgen ! Er h
von dem Diener des Panshan Lama ein wunderbares Auto fü
200 Dollar gekauft . Die neue autonome Regierung ( Che
Chi Wei Yuan Wei ) möchte ihm diesen Wagen jetzt abkauf
offeriert aber nur $ 600'-- ( weil ihr Hempels Kaufprei

116-

125

in Höhe von $ 200'-- bekannt ist ) anstatt der von Hem-
pel verlangten 1900 Dollar. Ausserdem lässt uns die Che
Chi Wei Yuan Wei mitteilen, dass der Diener des Pan Shan
Lama kein Recht hatte das Auto , das Eigentum der chinesi-
schen Regierung sei, zu verkaufen. Wenn Hempel in seinen
Schiebergeschäften so weiter macht , werden ihn die japani-
schen Behörden eines Tages mit Schimpf und Schande aus
Nanking ausweisen. Was soll man mit so einem Leichenfled-
derer machen ?

Ich war mit Dr. Smythe auf der japanischen Botschaft,
um Herrn Fukui den auf Seite 118-121 wiedergegebenen Brief
auszuhändigen. Ich würde das in diesem Brief enthaltene
Ansinnen als aussichtslos abgewiesen haben, wenn uns nicht
heute vertraulich von der amerikanischen Botschaft mitge-
teilt worden wäre, dass der Generalkonsul Okazaki, der
vor kurzem nach Tokyo reiste, der amerikanischen Botschaft
in Tokyo erklärte, dass unserm Komitee alle Reisvorräte,
die uns von dem Chinesen vor dem Fall Nankings versprochen
wurden, aber nicht von uns hereingeholt werden konnten ,
ausgeliefert werden sollten. Fukui erklärte zunächst,dass
wir uns an die Che Chi Wei Yuan Wei zu wenden hätten, die
beauftragt sei die Verteilung der Lebensmittel an die
Flüchtlinge vorzunehmen --nach längerem Hin und Her ver-
sprach er aber , auch seinerseits die Frage nochmals mit
den Militärbehörden hier anschneiden zu wollen. Wir warten
Jetzt ab was geschieht, bevor wir die Toky-Nachricht
preisgeben.

117-

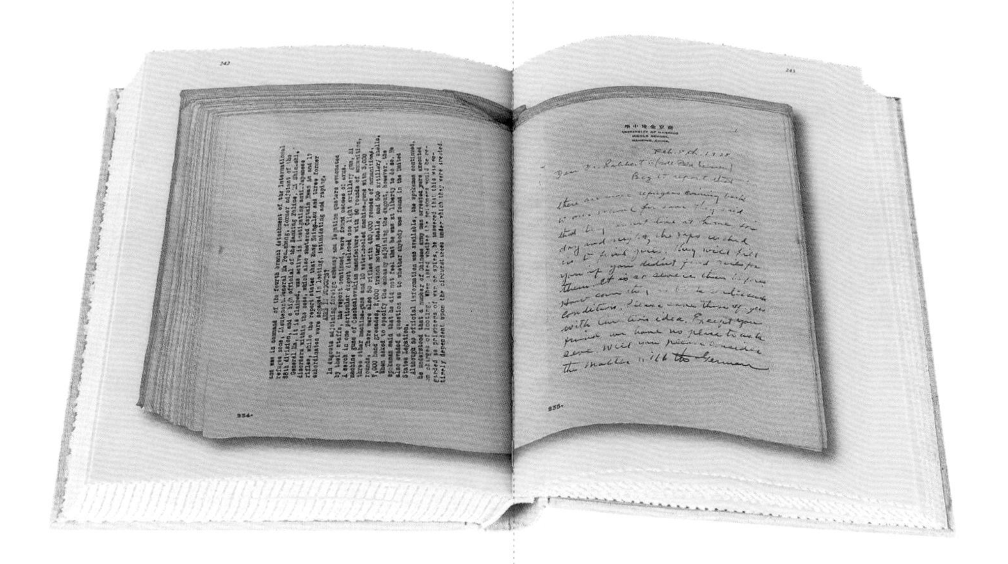

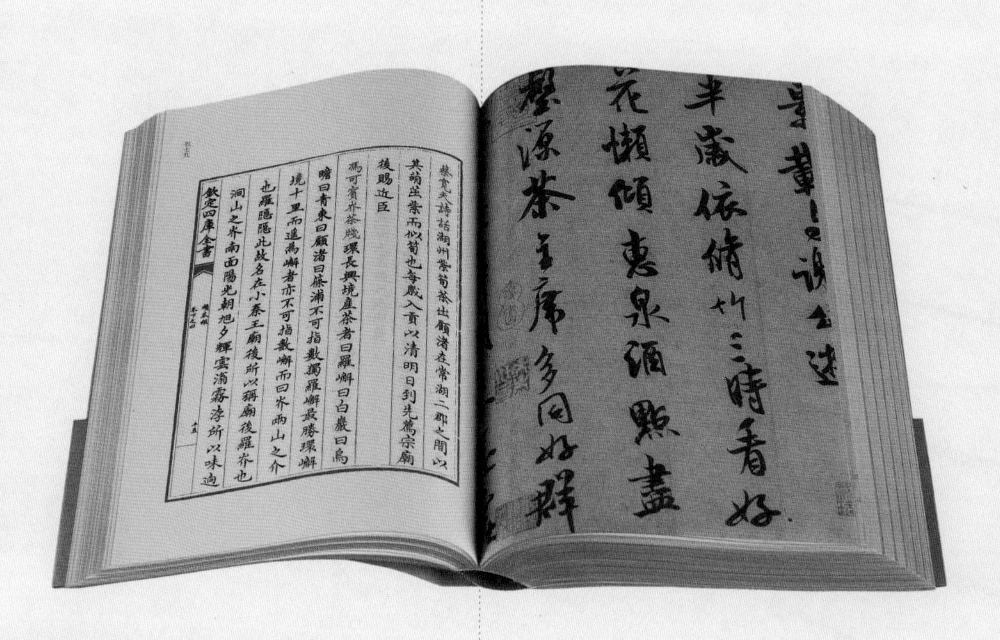

茶典 :《四库全书》茶书八种

–

潘焰荣

–

商务印书馆

–

140×210mm

|

772p

|

685g

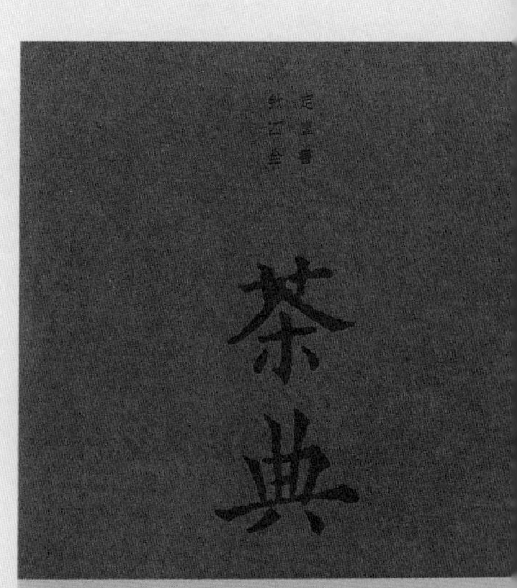

欽定四庫全書

李維楨茶經序　羽所著君臣契三卷源解三十卷江表
四姓譜十卷占夢三卷不盡傳而獨傳茶經豈他書人
所時有此為觭長易於取名耶太史公曰富貴而名磨
滅不可勝數惟俶儻非常之人稱焉鴻漸窮阨終身而
遺書遺跡百世下寶愛之以為山川邑里重其風足以
廉頑立懦胡可少哉
楊慎丹鉛總錄　茶即古荼字也周詩記荼苦春秋書齊
荼漢志書荼陵顔師古陸德明雖已轉入茶音而未易

續茶經　卷上之一　九

字文也至陸羽茶經玉川茶歌趙贊茶禁以後遂以茶
易荼
董其昌茶董題詞　荀子曰其為人也多暇其出入也不
遠矣陶通明曰不為無益之事何以悅有涯之生余謂
茗椀之事足當之蓋幽人高士蟬蛻勢利以耗壯心而
送日月水源之輕重辦若淄澠火候之文武調若丹鼎
非枕漱之侶不親非文字之飲不比者也當今此事惟
許夏卿拈出顧渚陽羨肉食者往焉茂卿亦安能禁壹

欽定四庫全書　續茶經　卷上之一　十

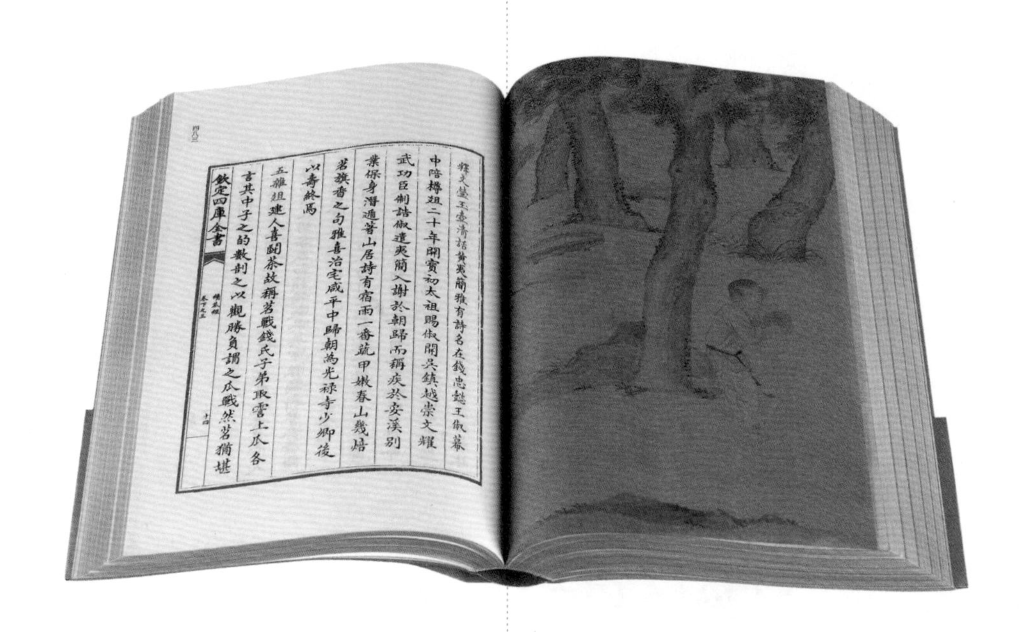
鞾文瑩玉壺清話黄夷簡雅有詩名在錢忠懿王俶幕
中陪樽俎二十年開寶初太祖賜俶開吴鎮越崇文耀
武功臣制誥俶遣夷簡入謝於朝歸而稱疾於安溪别
業保身潛遁著山居詩有宿雨一番蔬甲嫩春山幾焙
茗旗香之句雅喜治宅咸平中歸朝為光禄寺少卿後
以壽終焉
五雜俎建人喜鬬茶故稱茗戰錢氏子弟取霅上瓜各
言其中子之的數剖之以觀勝負謂之瓜戰然茗猶堪

欽定四庫全書　續茶經

茶典

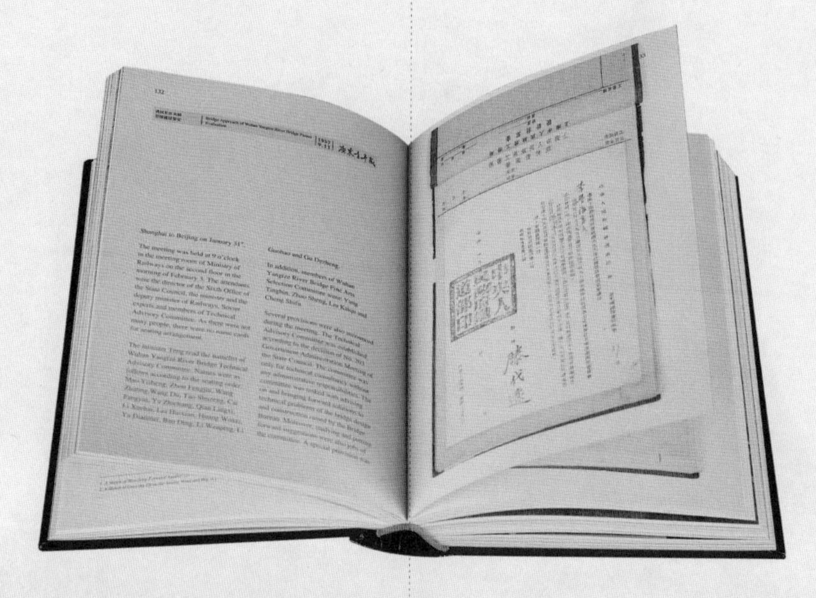

大桥
–
袁小山 + 陈辉
–
武汉出版社
–
130×190mm
|
460p
|
518g

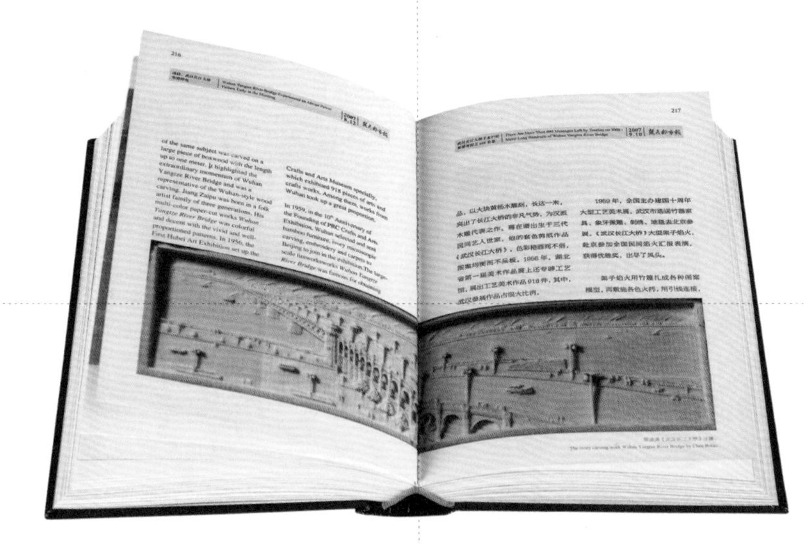

江漢區百貨公司
六渡桥商店
新风绸布商店
xinfeng choubu shangdian
电话：24342

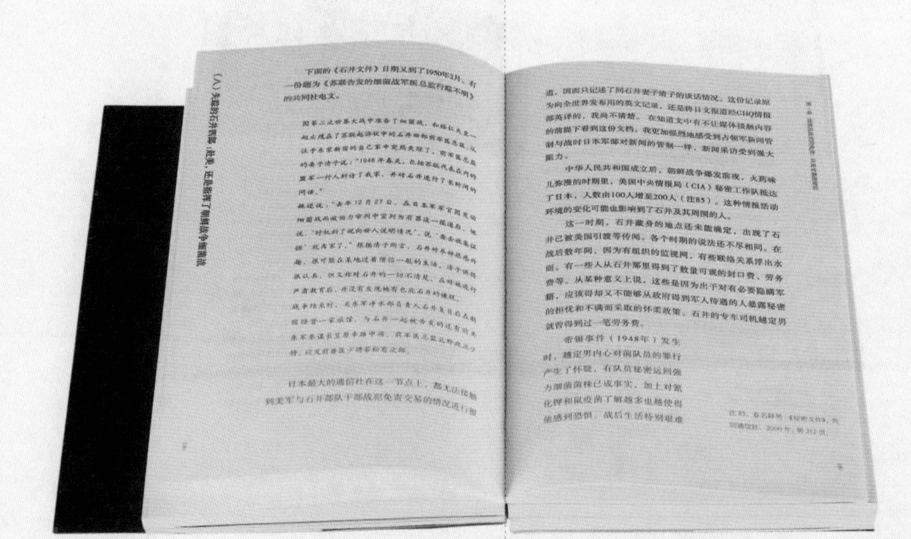
（八）失踪的石井四郎：赴美，还是指挥了朝鲜战争细菌战

下面的《石井文件》日期又到了1950年2月。有一份题为《苏联告发的细菌战军医总监行踪不明》的共同社电文。

因第二次世界大战中准备了细菌战，和裕仁天皇一起出现在了苏联起诉状中的石井四郎前军医总监，从位于东京新宿的自己家中突然失踪了。前军医总监的妻子清子说："1948年春天，包括苏联代表在内的盟军一行人到访了我家，并对石井进行了长时间的问话。"

她还说："去年12月27日，在日本军官因发动细菌战而被伯力审判中宣判为有罪这一报道后，他说，'时机到了就向世人说明情况'，说'要去收集证据'就离家了。"根据清子所言，石井对乡村很感兴趣，很可能在某地过着僧侣一般的生活。清子讲得很认真，但又称对石井的一切不清楚。在对她进行严肃教育后，并没有发现她有包庇石井的嫌疑。

战争结束时，关东军净水部负责人石井复员后在新宿经营一家旅馆，与石井一起被告发的还有前关东军参谋长笠原幸雄中将、前军医总监北野政次少将，以及前兽医少将若松有次郎。

日本最大的通信社在这一节点上，都无法接触到美军与石井部队干部战犯免责交易的情况进行报道，因而只记述了同石井妻子清子的谈话情况。这份记录原为向全世界发布用的英文记录，还是将日文报道经GHQ情报部英译的，我尚不清楚。在知道文中有不让媒体接触内容的前提下看到这份文档，我更加强烈地感受到占领军新闻管制与战时日本军部对新闻的管制一样，新闻采访受到强大阻力。

中华人民共和国成立后，朝鲜战争爆发前夜，火药味儿弥漫的时期里，美国中央情报局（CIA）秘密工作队抵达了日本，人数由100人增至200人（注85）。这种情报活动环境的变化可能也影响到了石井及其周围的人。

这一时期，石井藏身的地点还未能确定，出现了石井已被美国引渡等传闻。各个时期的说法还不尽相同。在战后数年间，因为有组织的监视网，有些联络关系浮出水面。有一些人从石井那里得到了数量可观的封口费、劳务费等。从某种意义上说，这些是因为出于对有必要隐瞒军籍，应该得却又不能够从政府得到军人待遇的人暴露秘密的担忧和不满而采取的怀柔政策。石井的专车司机越定男就曾得到过一笔劳务费。

帝银事件（1948年）发生时，越定男内心对前队员的罪行产生了怀疑，有队员秘密运回强力细菌菌株已成事实，加上对氰化钾和鼠疫菌了解越多也越使得他感到恐惧。战后生活特别艰难

注85. 春名幹男《秘密文件》，共同通信社，2000年，第212页。

在刺刀和藩篱下——日本 731 部队的秘密

-

彭伟哲 + 李赫

-

沈阳出版社

-

120×186mm

-

464p

-

543g

第二章 细菌战部队的内幕
Chapter II
Unit 731 Japan's Biological
Warfare Program
The Report


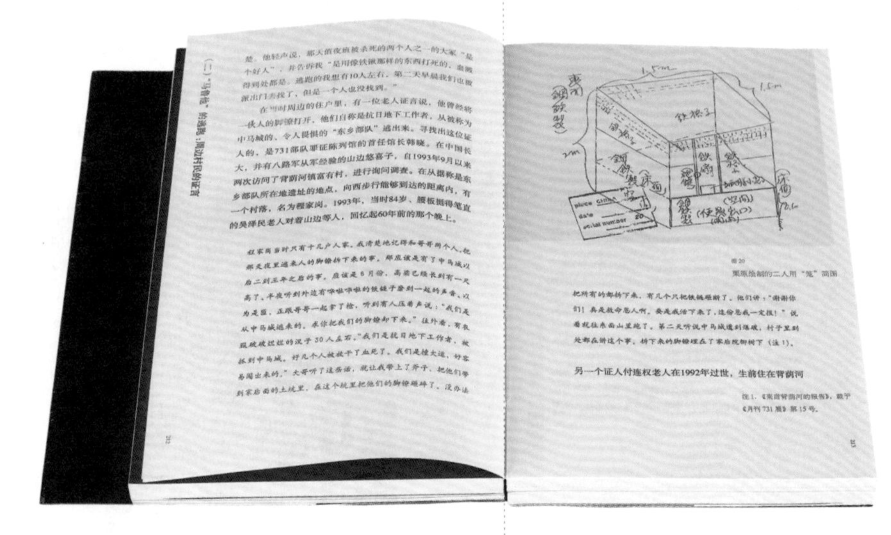

另一个证人付连权老人在1992年过世，生前住在背荫河

导演的控制：从剧本《不法之徒》到电影《烈日灼心》

–

奇文云海 · 设计顾问

–

中国青年出版社

–

170×260mm

|

280p

|

635g

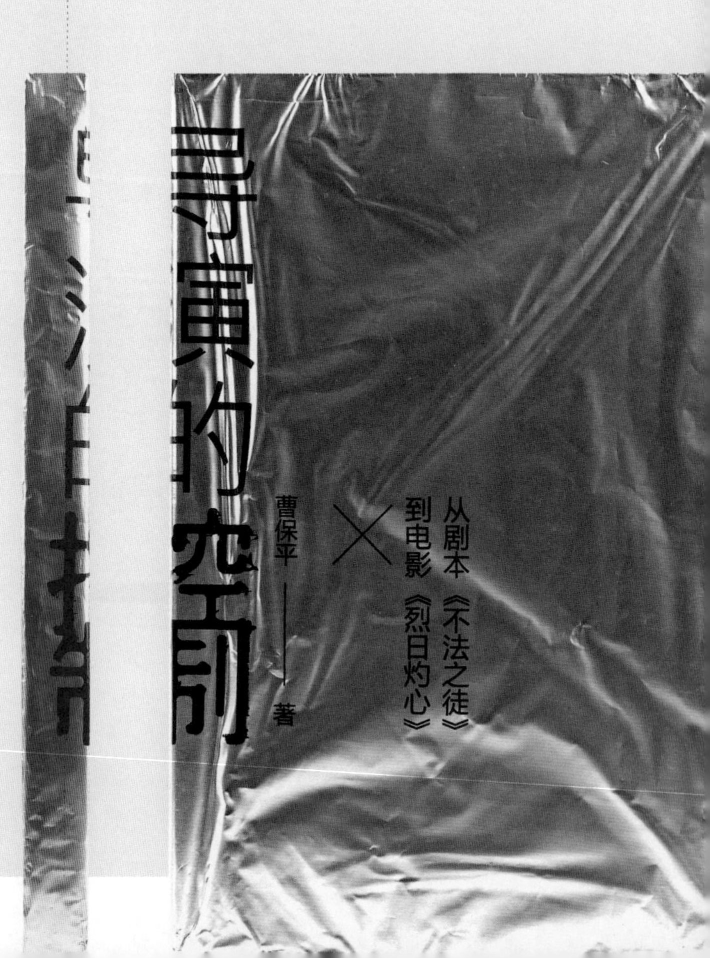

3-3

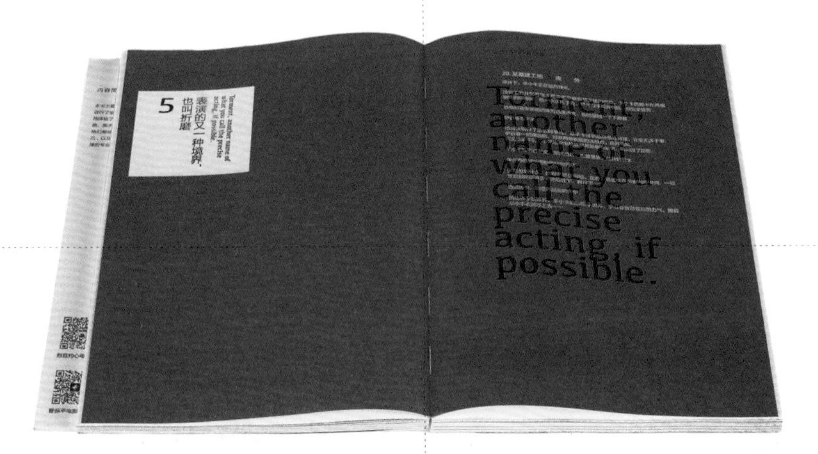
5
表演的又一种境界，
也叫折磨
Torment, another name of what you call the precise acting, if possible.

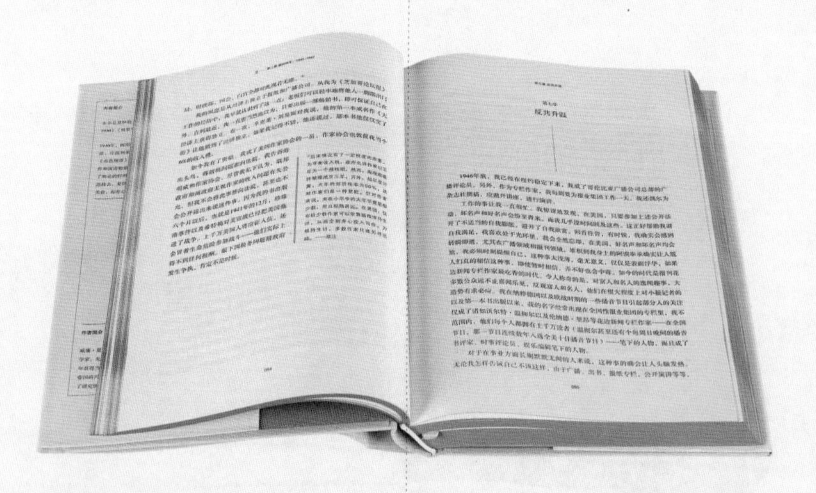

威廉·夏伊勒的二十世纪之旅

–

周伟伟

–

中国青年出版社

–

170×260mm

|

1560p

|

3050g

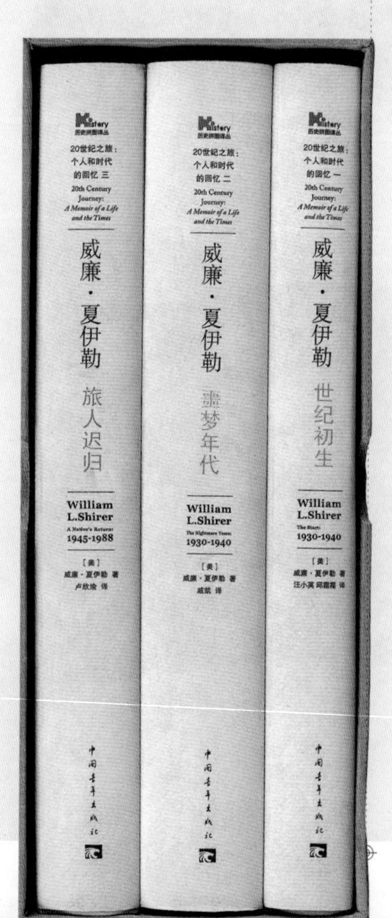


20th Century Journey:

*A Memoir of a Life and the Times*

**William L.Shirer**

The Start:1904-1930 | The Nightmare Years:1930-1940 | A Native's Return:1945-1988

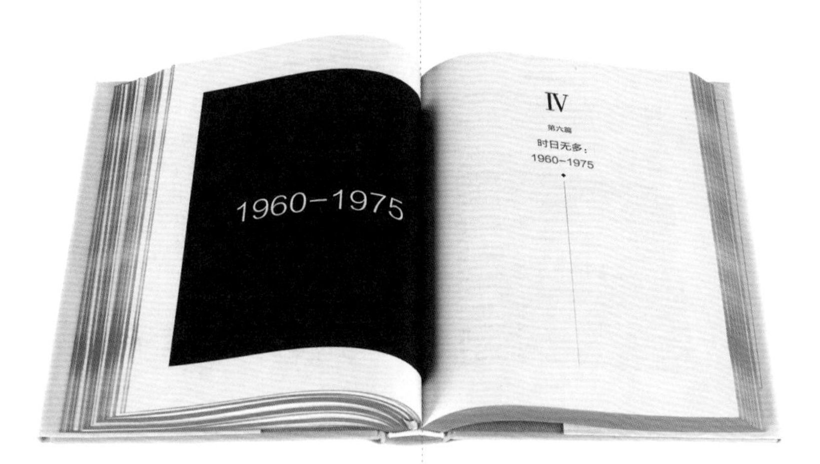
1960–1975
Ⅳ
第六篇
时日无多：
1960–1975

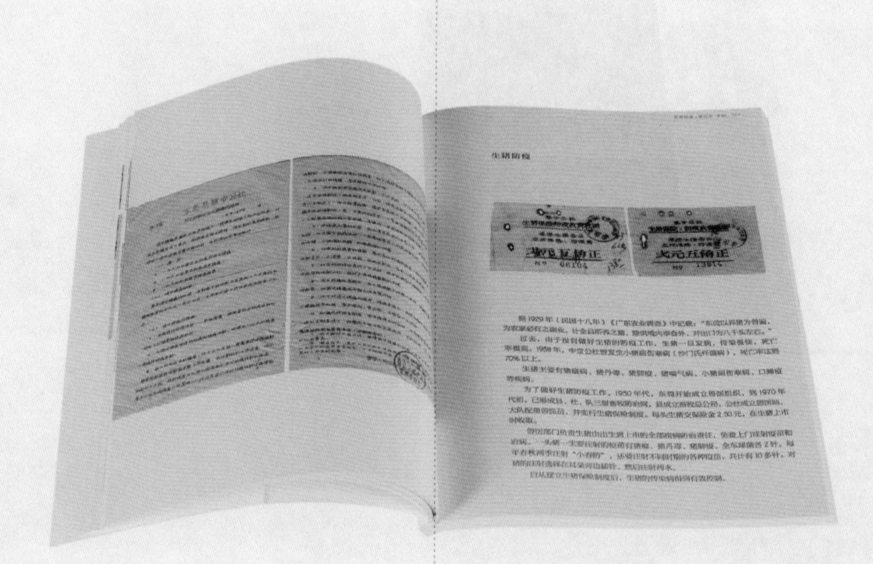

农耕档案——1949-1979 东莞农耕史实

–

莫广平 + 曾斌 + 林锦华

–

中山大学出版社

–

174×244mm

|

460p

|

1092g

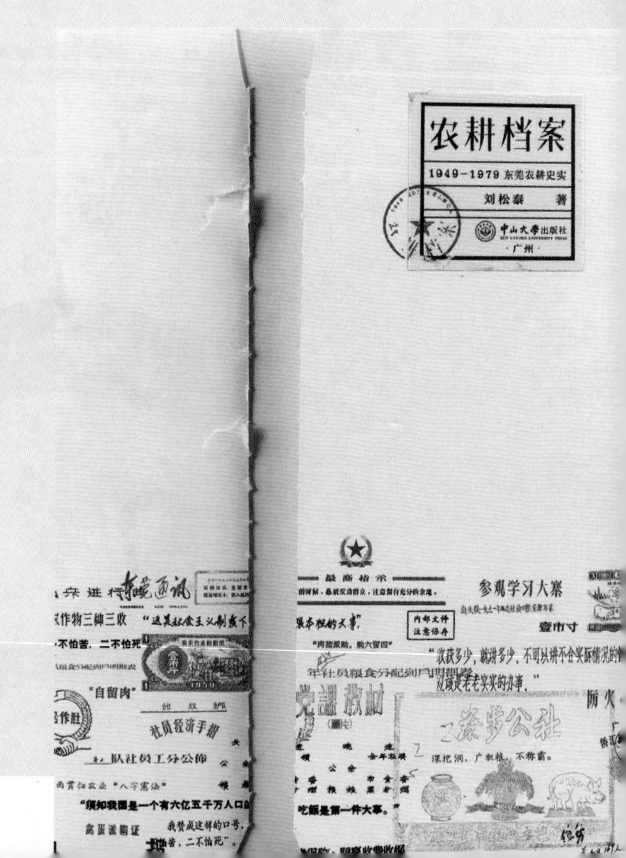

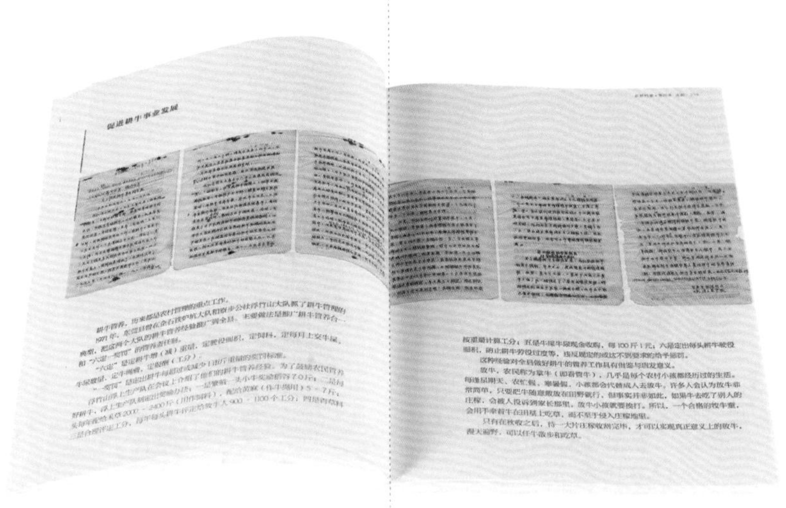
促进耕牛事业发展

按重量计算工分；五是牛屎牛尿现金收购，每100斤1元；六是定出每头耕牛被役面积，防止耕牛劳役过度等。违反规定的或达不到要求的给予惩罚。

这种经验对全县做好耕牛的管养工作具有借鉴与启发意义。

放牛，农民称为掌牛（即看管牛），几乎是每个农村小孩都经历过的生活。每逢星期天、农忙假、寒暑假，小孩都会代替成人去放牛。许多人会认为放牛非常简单，只要把牛随意散放在田野就行。但事实并非如此，如果牛去吃了别人的庄稼，会被人投诉到家长那里，放牛小孩就要挨打。所以，一个合格的牧牛童，会用手牵着牛在田基上吃草，而不至于侵入庄稼地里。

只有在秋收之后，待一大片庄稼收割完毕，才可以实现真正意义上的放牛，漫天遍野，可以任牛散步和吃草。

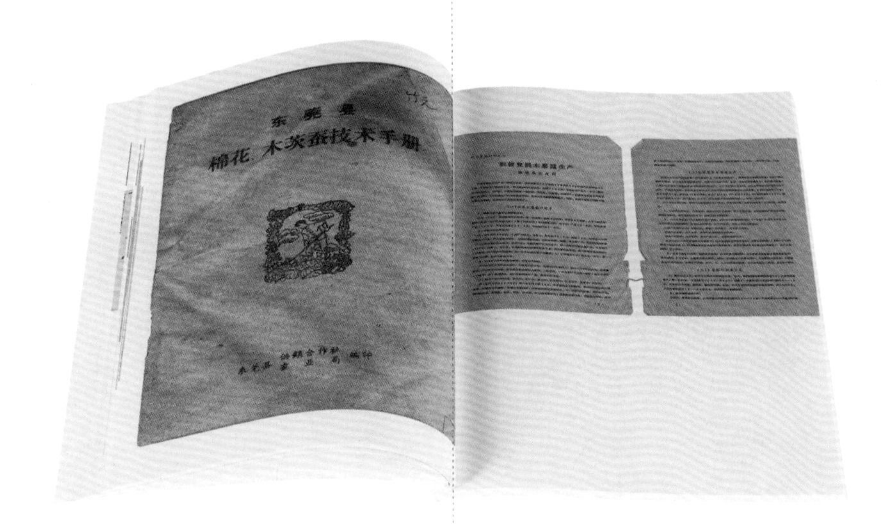

造物：改变世界的万物图典
–
typo_d
–
上海三联书店
–
113×186mm
|
420p
|
368g

服装●历史与民族
Virgo
黄道十二星座●处女座

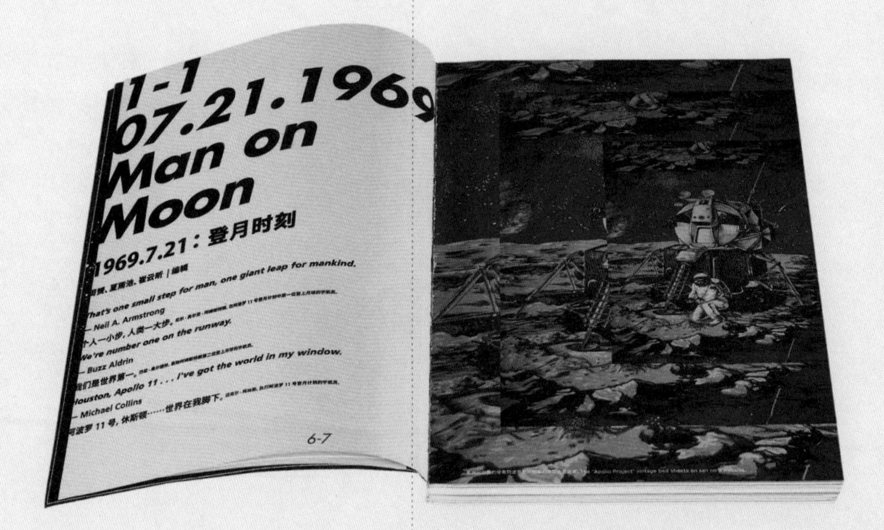


大宇宙
–
typo_d
–
上海社会科学院出版社
–
171×239mm
|
236p
|
455g

COSMOS IS
CALLING
主编 陈坤
行走
06
大宇宙 gogo MOOK
¥ 48.00
大宇宙 行走 06 主编 陈坤 gogo MOOK cosmos is calling
上海社会科学院出版社

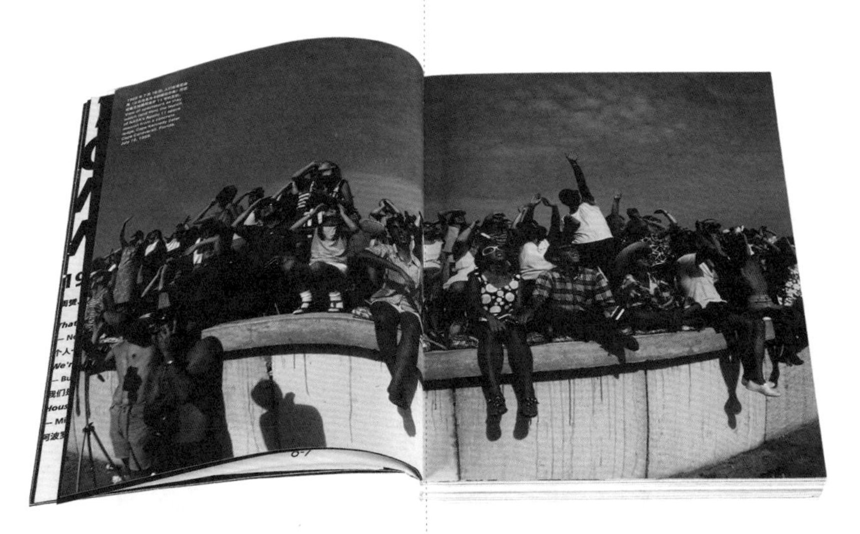

5-1/2
Astrodome: The Space Remain in Resurrection
太空巨蛋：复活中的航天遗迹
[illegible]卡 | 撰文 Urban Land Institute | 图片提供
说到休斯顿，多数人第一个想到的是火箭队，还有近年成绩乏善可陈的太空人棒球队，这些“宇宙系”的名字因休斯顿“太空城”的特征而起。在休斯顿，你时时会撞见这些热血航天时代的精神遗迹，NRG 公园内的太空巨蛋体育馆（Astrodome）就是一个。
78-79

13-2
Hong Tao: My Own R2
洪涛：R2 是我的家庭成员
Coco | 采访、撰文 [illegible] | 摄影
虽然宇航技工机器人 R2-D2 不像“老搭档”礼仪机器人 C-3PO 那样通晓 600 万种语言和社交礼仪，但这个只会讲滴滴嘟嘟的机器人语言的小铁罐，在《星球大战》成百上千的角色里，始终是观众的最爱之一。而世界上真的有一群人在亲手制作一比一还原的 R2-D2，他们的组织叫做“R2-D2 建造者俱乐部（R2-D2 Builders Club）”，洪涛就是北京的一名 R2-D2 制造者。
Astromech droid R2-D2 is an all time Star Wars favourite, and there is a group R2-D2 assemblers called "R2-D2 Builders Club". This article focuses on a young Beijing based R2-D2 builder called Hong Tao, who spent 7 years in the tourism industry after graduation and started his own business. his horoscope is Cancer, A-type blood and his previous hobbies include roller blading and paragliding. In 2012, Hong Tao created his own stormtrooper armour and after joining the 501 Legion, he started hand crafting R2. The most important requirement of R2 Builders Club is to hand craft your own robot with strict specifications. Secondly, sharing and team spirit is essential, members will order parts and material in batches and split the costs, as well as share and exchange techniques and experience. When people try to rush Hong Tao to complete his R2, he insists on maintaining his pace, "at the end of the day, I want to hand craft the ideal R2-D2 in my heart".
158-159

鲁迅藏浮世绘图集（珍藏版）

–

蔡立国

–

生活·读书·新知三联书店

–

400×470mm

|

170p

|

3026g

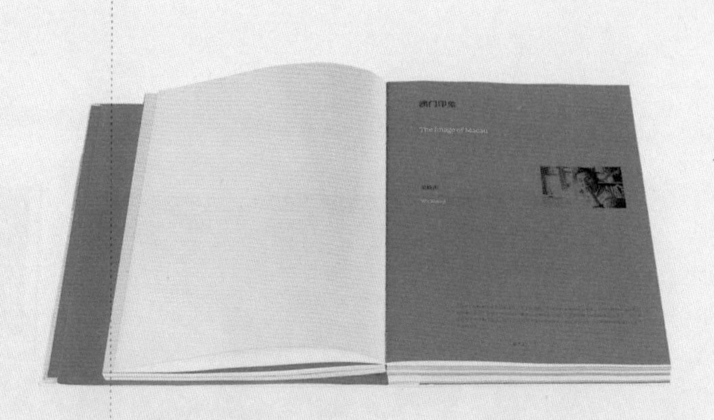

城市发展中的文化记忆
——澳门文化及城市形象研究论文集
–
张志奇
–
高等教育出版社
–
190×258mm

城市发展中的文化记忆
——澳门文化及城市形象研究论文集

张志庆 汪蓝 主编

Cultural Memory
in Urban Development:
the Study of the Culture
and City Image
of Macau

高等教育出版社

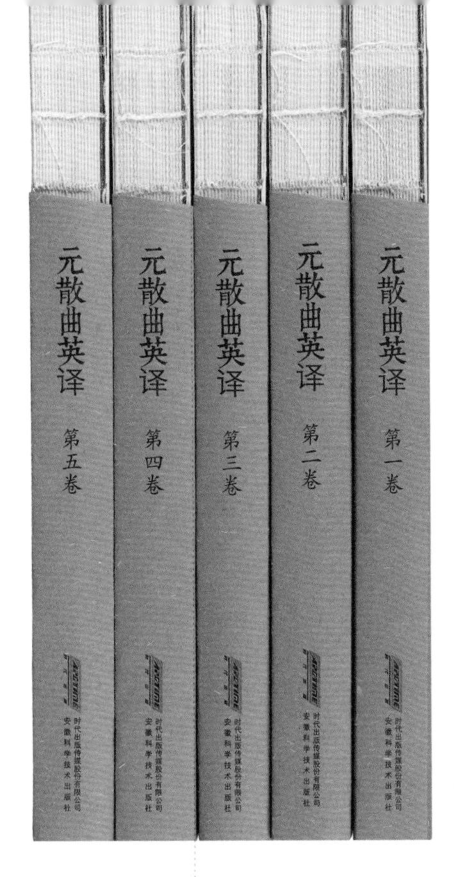


元散曲英译丛书（共5卷）

–

王艳

–

安徽科学技术出版社

–

130×240mm

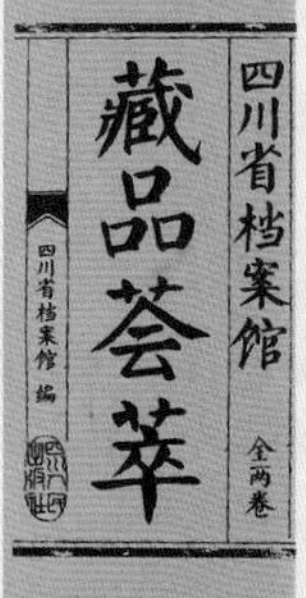


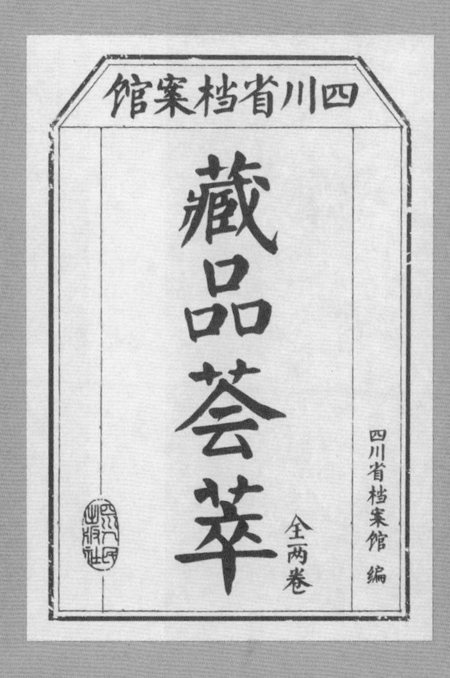


四川省档案馆藏品荟萃（全两卷）

–

熊猫布克

–

四川人民出版社

–

230×310mm

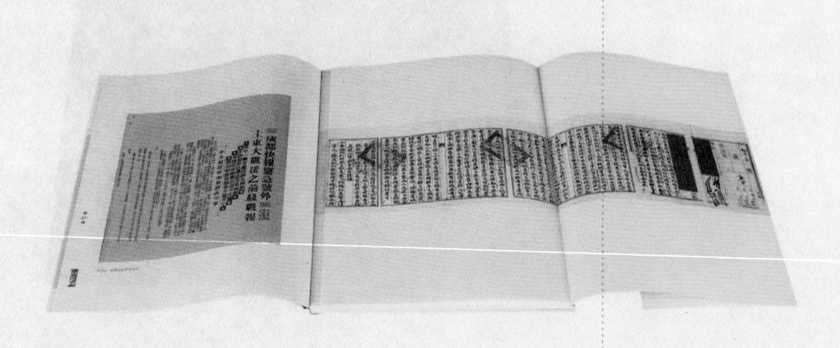

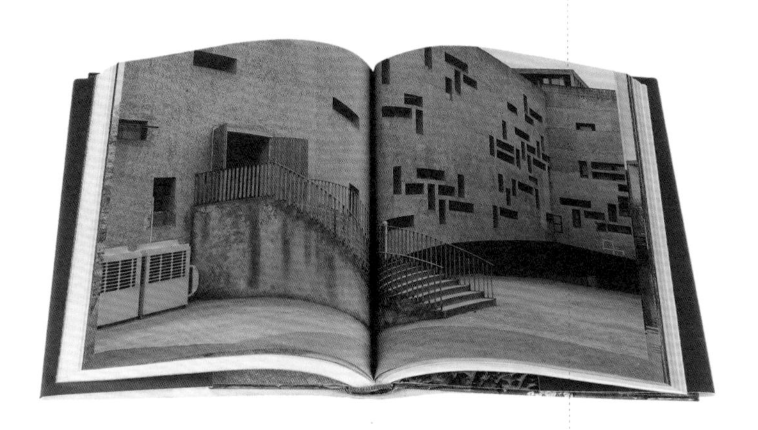

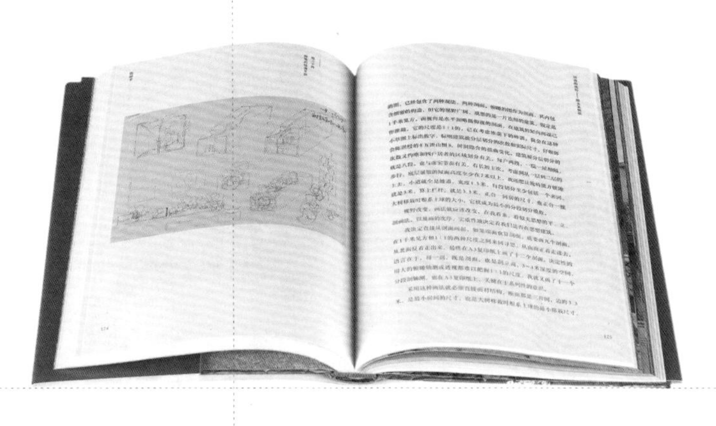

造房子

–

杨林青工作室

–

湖南美术出版社

–

172×237mm

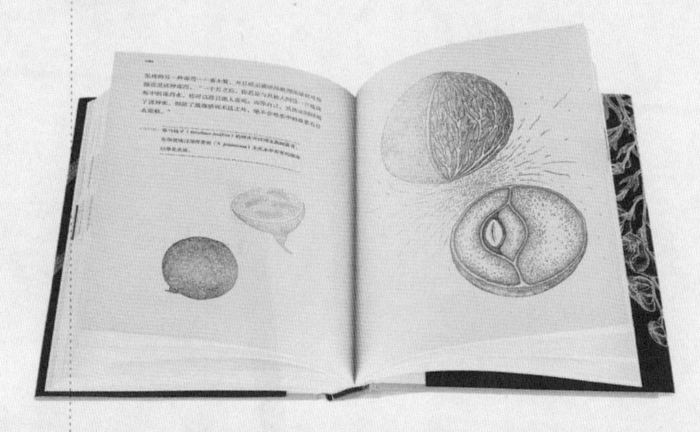

植物也邪恶
–
李高
–
商务印书馆
–
148×297mm

存在主义咖啡馆：
自由、存在和杏子鸡尾酒
–
@broussaille 私制
–
北京联合出版公司
–
135×291mm

燕园文物 Cultural Relics of the Yan Garden

–

郭莹

–

外语教学与研究出版社

–

145×242mm

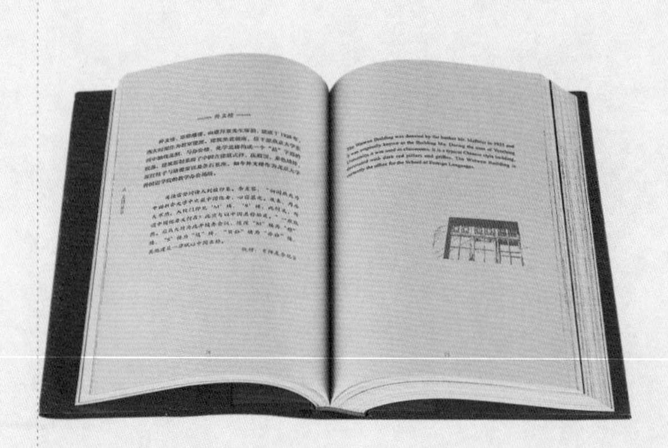

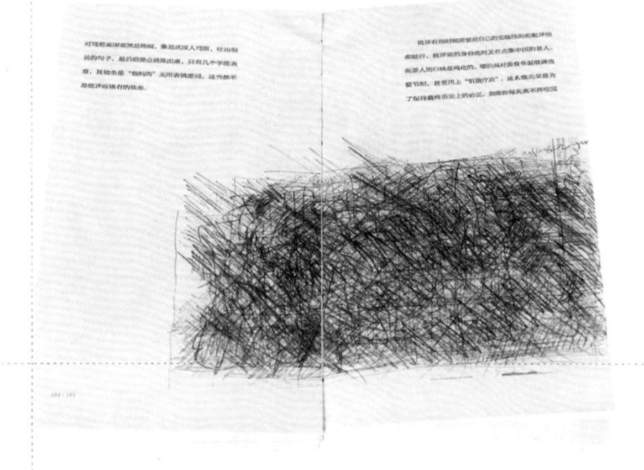

再建文档——徐勇民札记

–

牛红

–

湖北教育出版社

–

114×212mm

嵩口模式

–

阿彧 + 林增颖 + 白玫

–

福建人民出版社

–

180×240mm

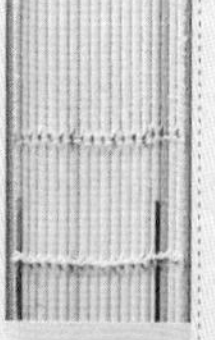

嵩口模式

THE SONGKOU MODEL

主编 / 中共福州市委宣传部 永泰县人民政府

执行 / 中共永泰县委宣传部 永泰县嵩口镇人民政府

策划 & 编制 / 《HOMELAND家园》杂志

新旧杂糅的嵩口就是当下乡镇最常见的状态，有些古镇为了旅游开发让居民离开，但嵩口的古镇改造不再以那样的方式进行，而是在新旧衔接的状态下找到共生的可能。

海峡出版发行集团 | 福建人民出版社

南京大屠杀辞典（上下册）

王俊

南京出版社

218×292mm

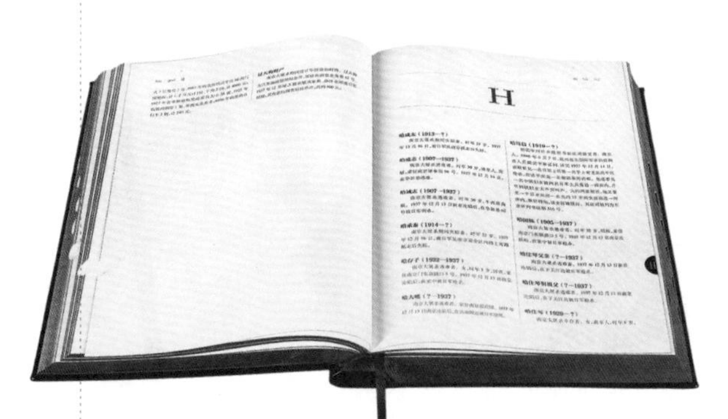

阿Q之死的标本意义

–

贾丹丹

–

法律出版社

–

150×218mm

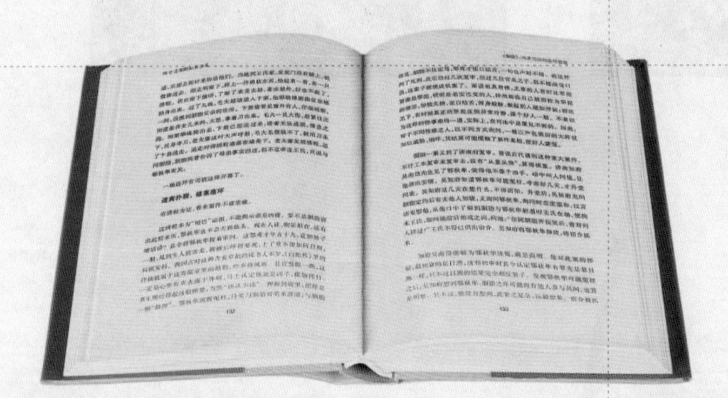

中国展法：南京博物院展览漫谈
+横穿马路：江苏省美术馆工作纪事

–

郭凡

–

译林出版社

–

158×253mm

敦煌

–

北京雅昌设计中心 / 田之友

–

朝华出版社

–

162×240mm

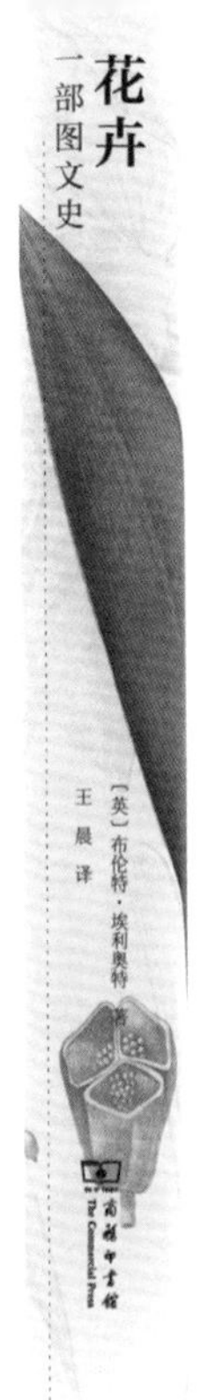


花卉：一部图文史

–

李明轩

–

商务印书馆

–

180×236mm

谪仙诗象——历代李白诗意书画

–

姜嵩

–

凤凰出版社

–

208×260mm

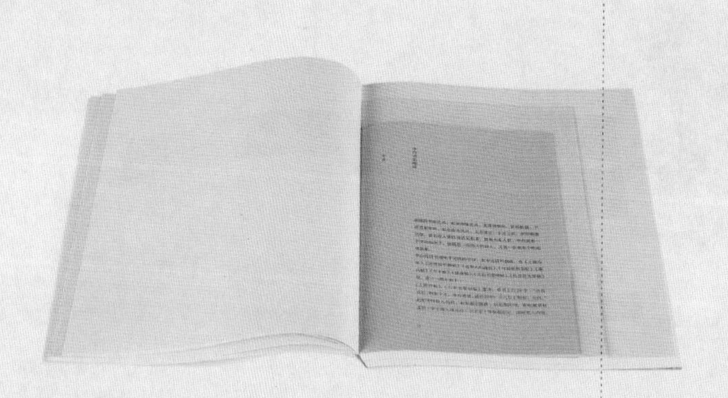

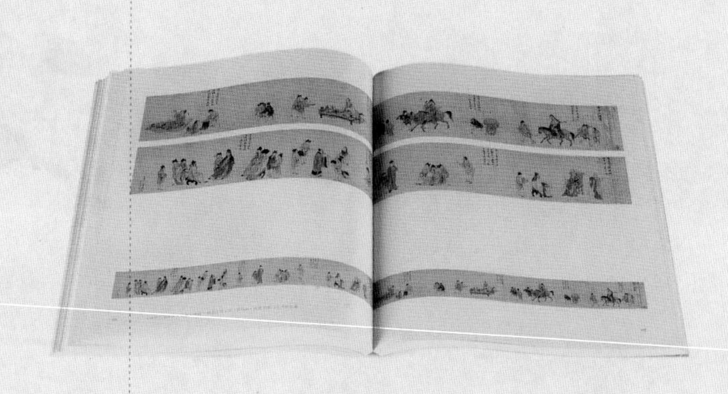

国家记忆

National Memories

美国国家档案馆馆藏

Images that Narrate China-U.S. Collaboration during World War II

二战中美友好合作影像

越众历史影像馆 编 *Edited by Yuezhong Museum of Historical Images*

中信出版集团 · CHINACITICPRESS

国家记忆：美国国家档案馆馆藏二战中美友好合作影像

–

周伟伟

–

中信出版社

–

188×256mm

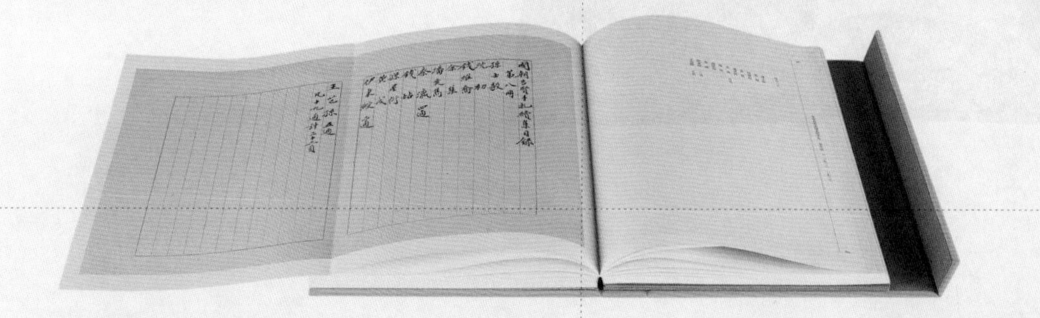

庞虚斋藏清朝名贤手札

–

姜嵩

–

凤凰出版社

–

238×354mm

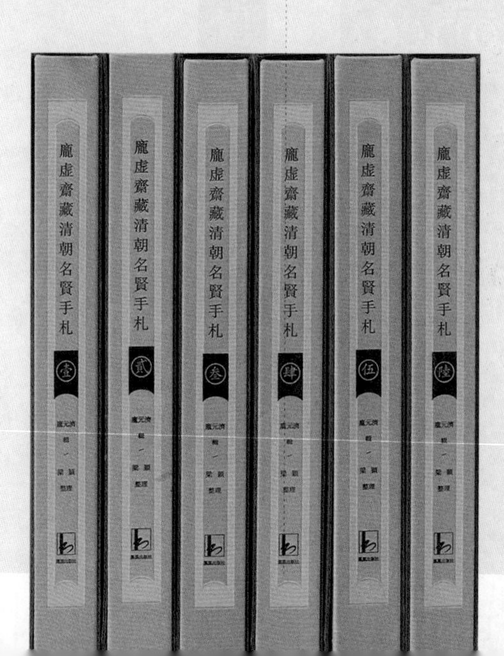

南京古旧地图集

–

徐慧

–

凤凰出版社

–

288×390mm

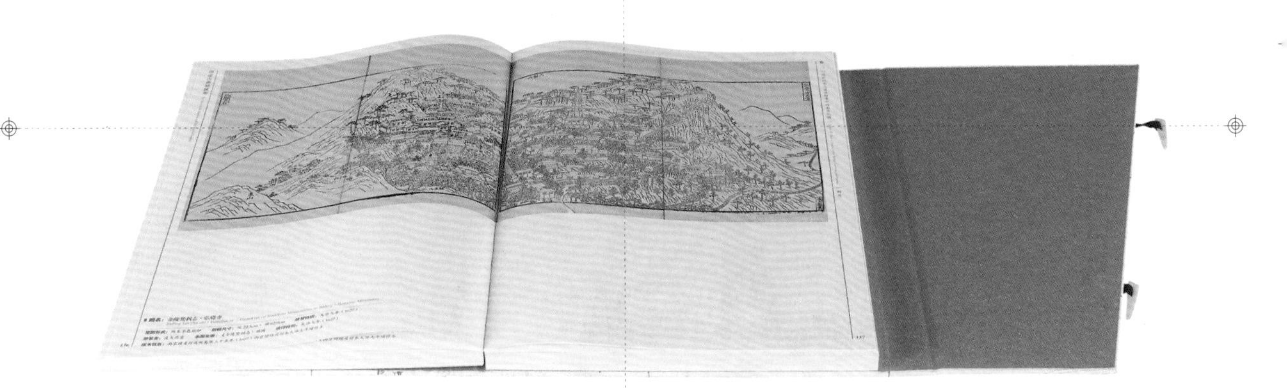

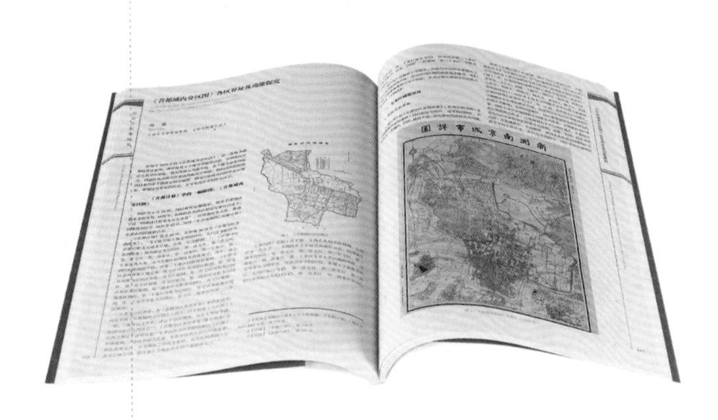

颐和园
史事研究百年文选

北京市颐和园管理处
中国人民大学清史研究所
中国人民大学清代皇家园林研究中心
编

颐和园史事研究百年文选
–
张悟静
–
中国建筑工业出版社
–
175×260mm

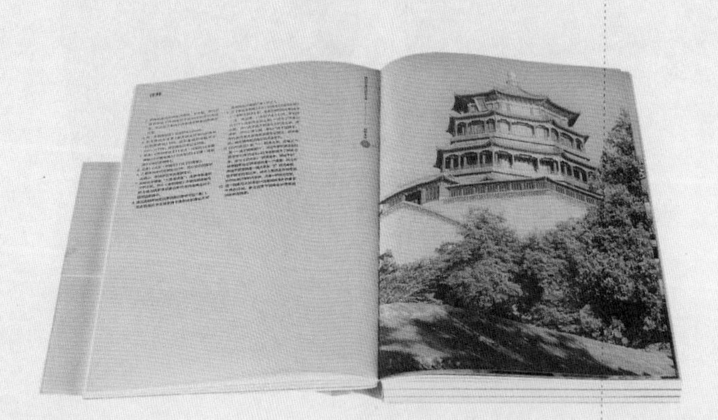

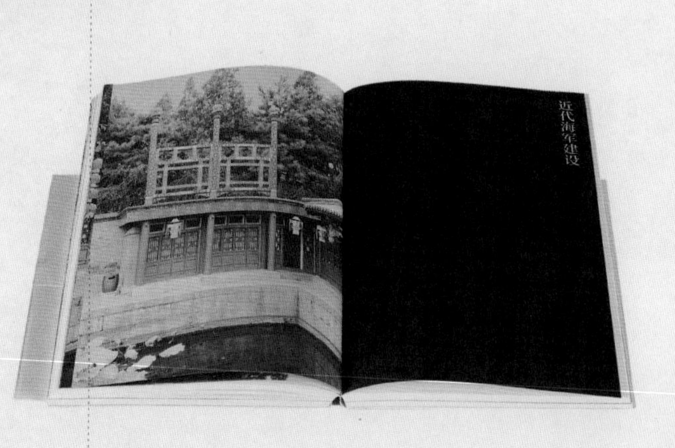

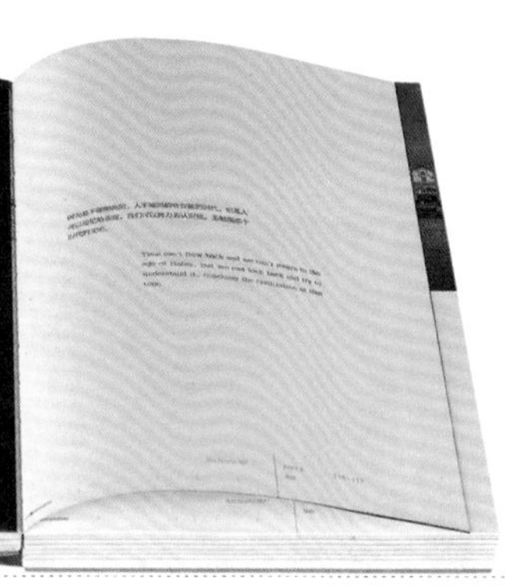

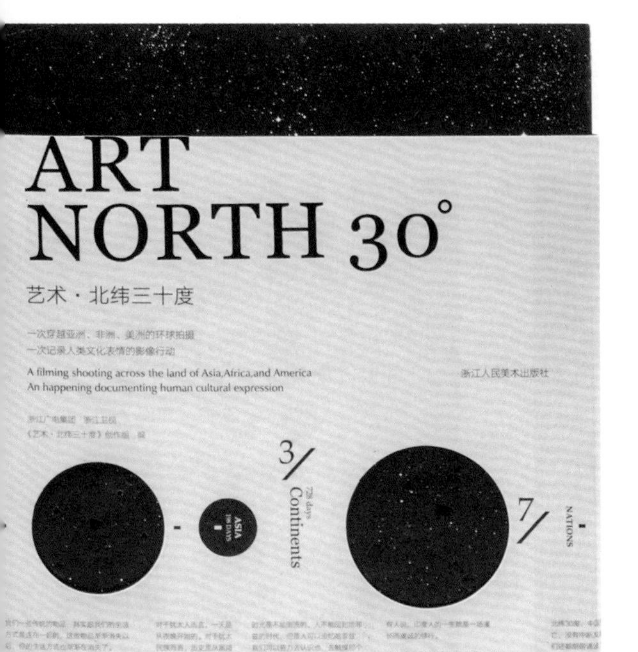


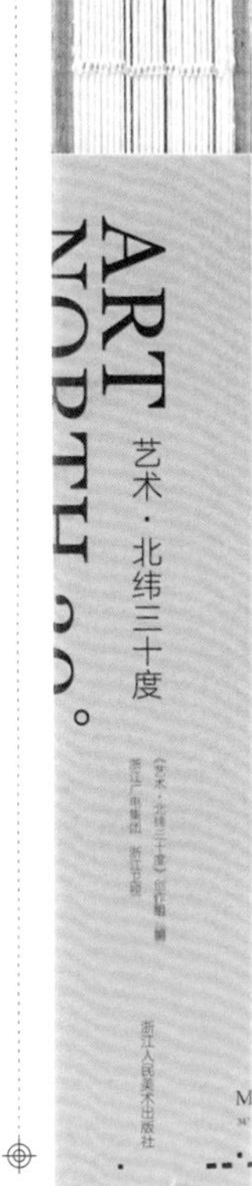


艺术：北纬三十度

–

程晨

–

浙江人民美术出版社

–

180×242mm

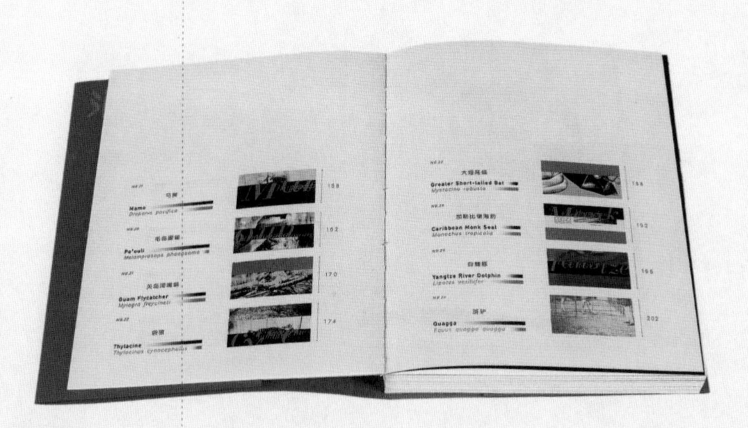

消失的动物：灭绝动物的最后影像

–

范一鼎 + 武思七

–

重庆大学出版社

–

150×198mm

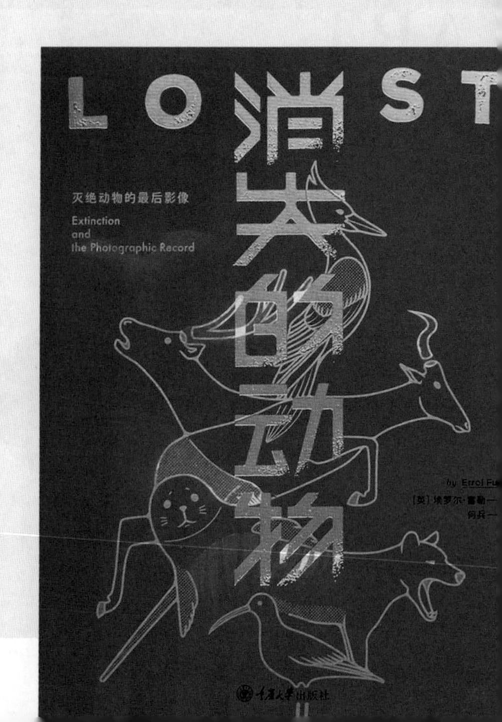

-谈十写

辉 & 范凌 / 著

越代沟：
个“60后”与一个“80后”
筑知识分子谈了三年，
了七年的话题



济大学出版社
JI UNIVERSITY PRESS

十谈十写 王辉 & 范凌 / 著

同济大学出版社
TONGJI UNIVERSITY PRESS

十谈十写

–

typo_d

–

同济大学出版社

–

128×180mm

瑜伽·生活禅

–

typo_d

–

生活·读书·新知三联书店

–

136×200mm

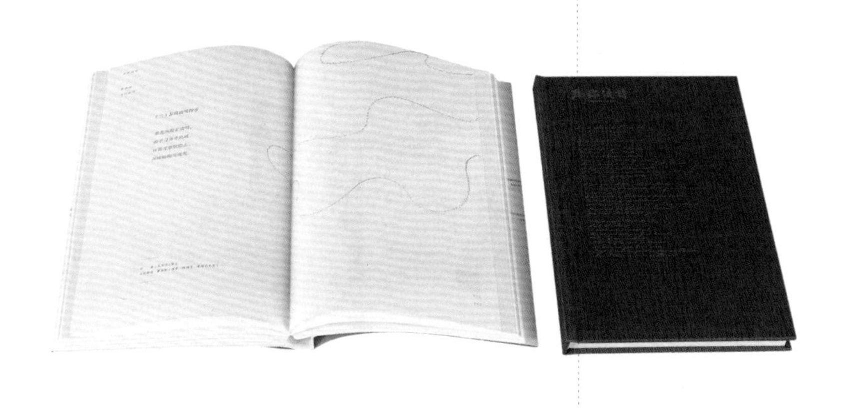

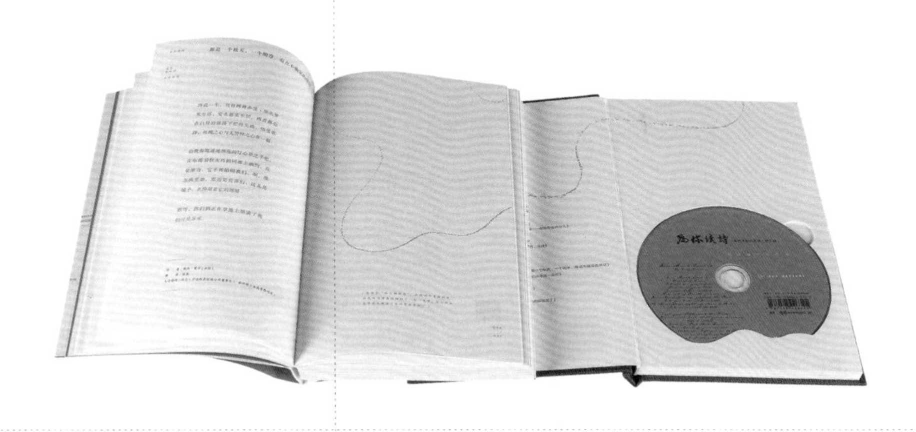

为你读诗　第二辑

–

韩湛宁

–

湖南文艺出版社

–

145×243mm

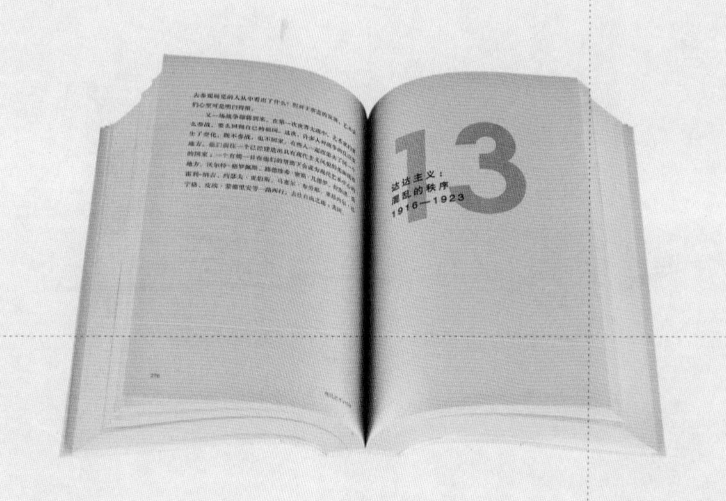


现代艺术 150 年：一个未完成的故事

–

陆智昌

–

广西师范大学出版社

–

131×204mm

i

现代
艺术
150年
一个
未完成
的故事

Will Gompertz
WHAT ARE YOU
LOOKING AT:
150 Years of
Modern Art
in the Blink
of an Eye

[英]威尔·贡培兹 著
王烁 王同乐 译

What Are You Looking A

150 Years of Modern Art in the Blink of an E

Will Gompertz

现代艺术
150年

一个未完成的故事

[英]威尔·贡培兹 著 王烁 王同乐

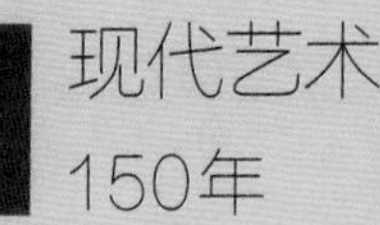

# B

## ARTS

## 艺术类

# B

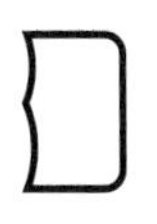

GOLD AWARD

金奖

乐舞敦煌

曲闵民 + 蒋茜

P166

小侦探

马仕睿 / typo_d

P172

桃花坞新年画六十年

潘焰荣

P178

SILVER AWARD

银奖

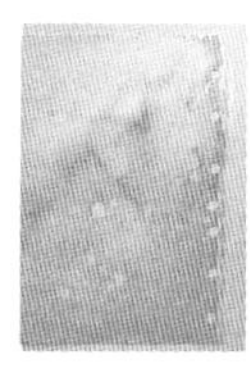

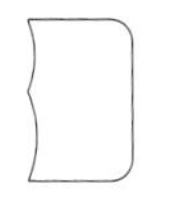

## BRONZE AWARD
## 铜奖

## EXCELLENCE AWARD

## 优 秀 奖

A SOCIAL SCIENCES

B ARTS

C LITERATURE

D SCIENCE AND TECHNOLOGY

E EDUCATION

F CHILDREN

G NATION

H ILLUSTRATION

I PRINT

J EXPLORATION

# B

ARTS

艺术类

作　品

本书是一本敦煌壁画中舞蹈声乐部分的临摹本，设计上希望在书籍呈现、作品本身与敦煌之间找到一种原始的联系和平衡，尽可能地还原出敦煌的时代感与沧桑感。整书大部分都是手工完成，封面选用了特别定制的毛边纸，采用手工装裱拼贴效果。在内页的设计上，所有的画稿都根据需要设计了不同的残卷效果。呈现出有年代感的凄美，与绚丽摹本的华美形成强烈对比。看上去是残破不堪，但实质是挖掘表现出了特质的美感。同时，这本手工书的制作不仅增强了每本书的不可复制性，更加突出书籍本身的体验感。

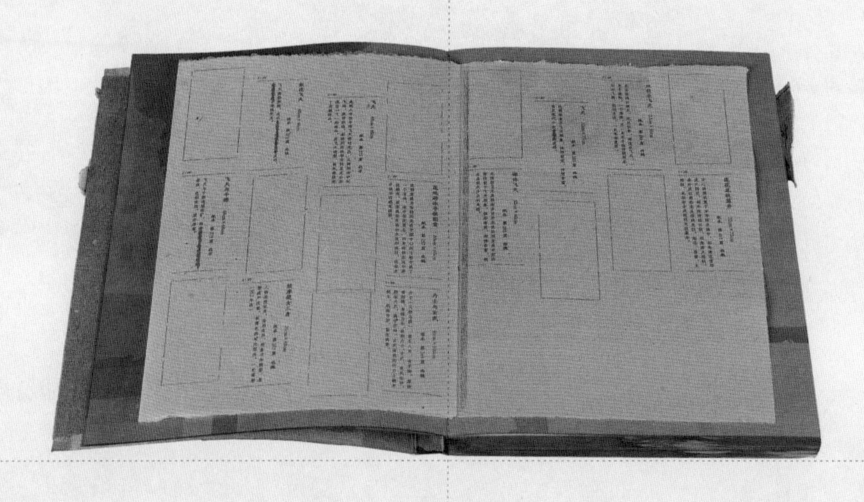

乐舞敦煌

–

曲闵民 + 蒋茜

–

江苏凤凰美术出版社

–

170×240mm

|

184p

|

521g

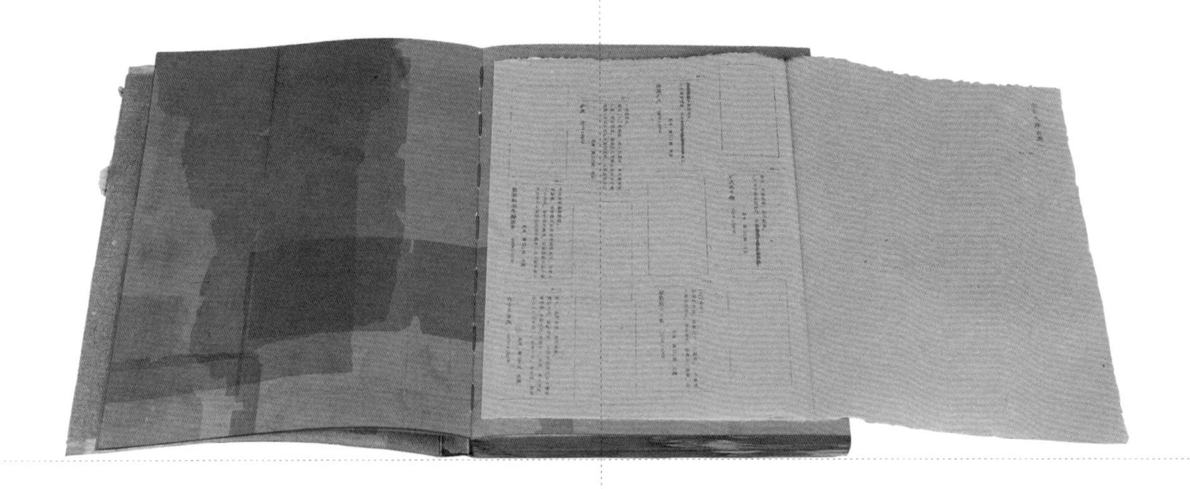

敦煌

伎乐飞天 58cm×43cm

○○○○○○○○○ 套装《小侦探》是建筑师张永和老师画在笔记本上的一套绘本故事。这是一个弥漫着年代感和奇特想象力的故事。小侦探有着20世纪60年代侦探们的标志性造型，故事发生的场景是一座由作者设计的超级长的公寓楼，公寓的两端甚至需要用地下铁来连接。设计者将内容综合成4本尺寸相同但形态各异的书，这些书中有传统的精装、也有普通的平装，甚至有完全手工制作的册页，同时改变了传统书籍形态的设计尺度，比如翻本就使用了放大很多倍的圆角。最后，设计者综合了建筑表面肌理以及老式呢子大衣的编织肌理等给每本书定制了一套“网纹”，让常见的牛皮纸变得更丰富。整个过程从设计到印刷装订成品，历时18个月，最后的结果大家只能看到四本体貌普通的书。

09

Back to the East side. It's getting dark. In the corridor, wall lamps cast a dim light. Run into a man with pipe, although I don't see his pipe, nor his face. I see smoke puffing out under his hat, smell the fragrance of the tobacco in the air. But Pipe Man can't be the suspect, he is too tall, and leans forward when he walks, although he is clad in a trench coat with collar turned up and a bowler just like the little guy... I'm wandering on the East side, searching from one floor to another....

10

*Auntie never understands me. I'm a detective, how could I not wear a hat? Bowler belonged to Grandpa, a little too big for my head, I stuff some paper in there to make it fit better. The trench coat, just another statement of my professionalism. I have two trench coats, wear the khaki colored one everyday, and the blue one, slightly bigger in size, is for change or to put over the khaki one on colder days. As far as my brogues, the soles are thick, that helps me to look a bit taller....*

小侦探

–

马仕睿 / typo_d

–

同济大学出版社

–

150×216mm

|

304p

|

1315g

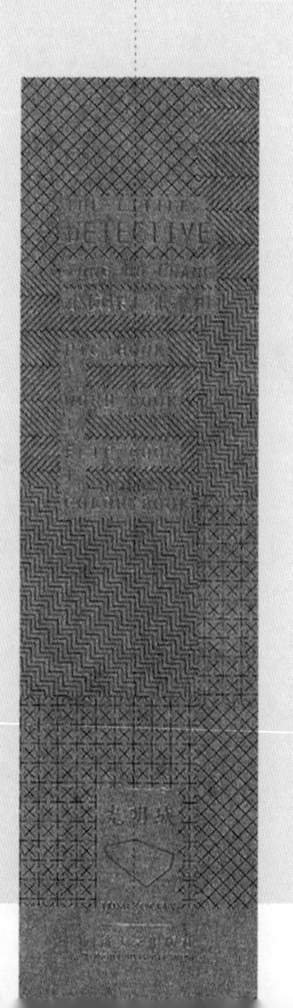

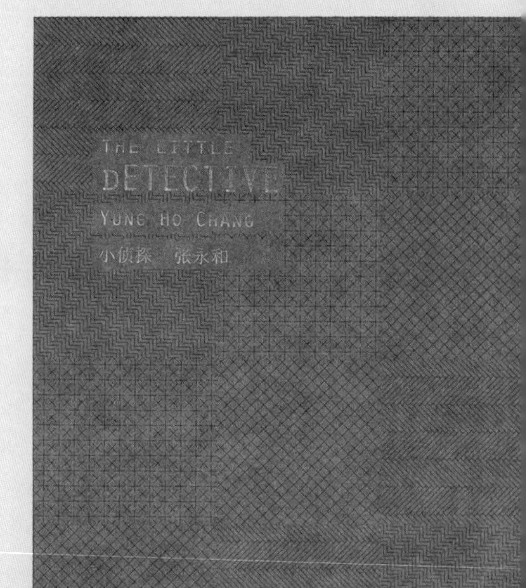

L. D. ALWAYS GETS OFF
FROM E STATION
5
13
13
Little Detective lives on the east end and often goes to the west end.
5/13/13

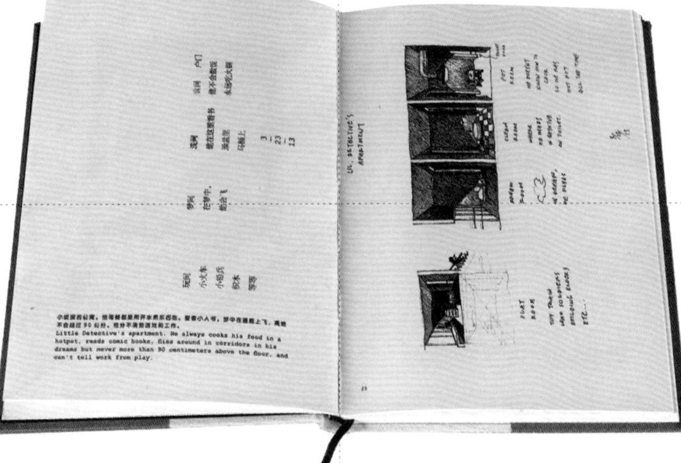
Little Detective's apartment. He always cooks his food in a hotpot, reads comic books, flies around in corridors in his dreams but never more than 90 centimeters above the floor, and can't tell work from play.
3
23
13

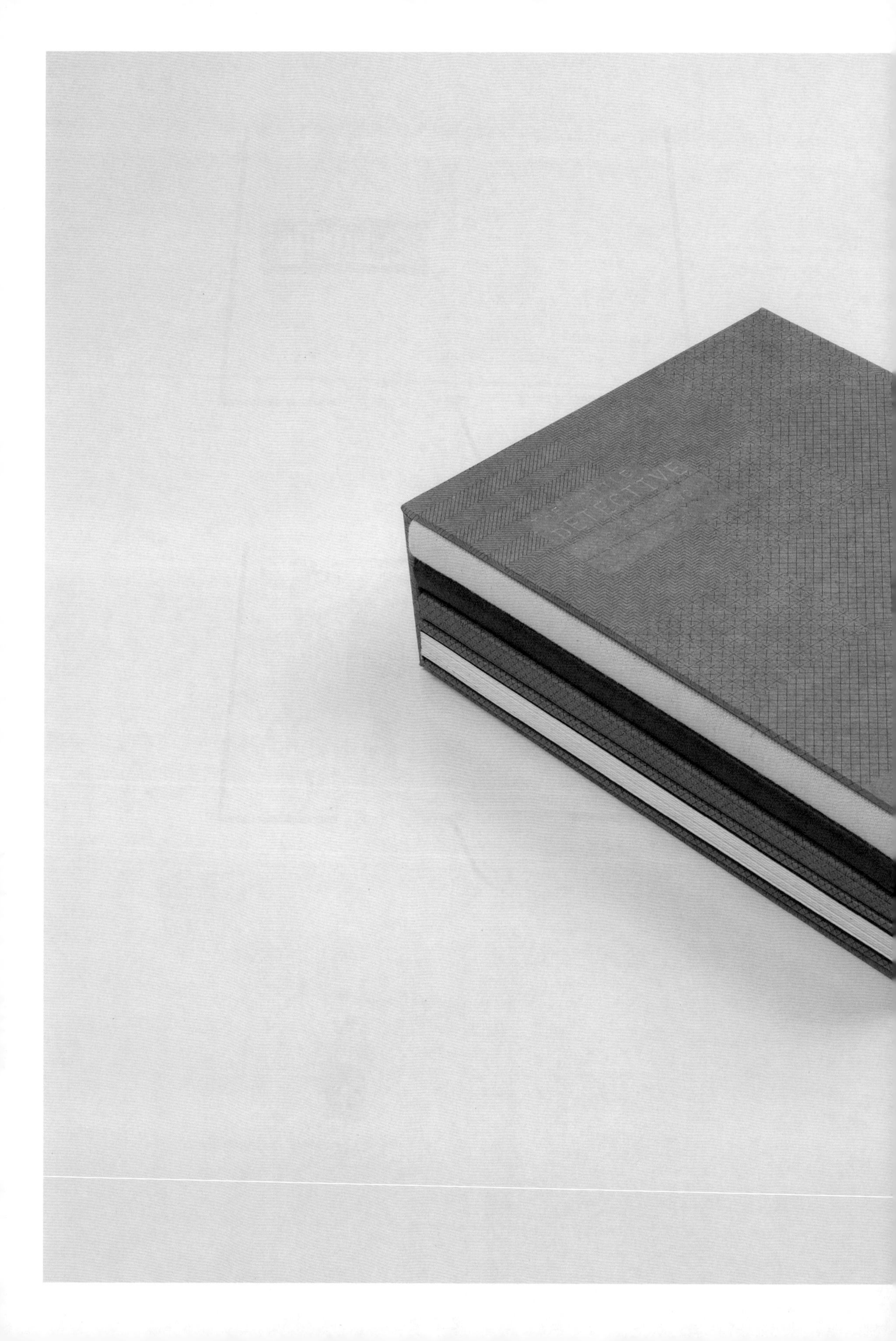
DETECTIVE

桃花坞木刻年画是中国五大民间木版年画之一，创作题材以吉祥喜庆、民俗生活、花鸟蔬果和驱鬼避邪等中国民间传统审美内容为主。

本书汇编了半个世纪以来桃花坞（中国苏州）新年画的作品，这些作品凝聚了桃花坞木刻年画社几代人的心血。书稿内容主要是对中国传统艺术——桃花坞木刻年画新中国成立后的发展历史进行研究，系统、全面地收录、疏理新中国成立后桃花坞木刻年画的书籍，阐述了中国传统的桃花坞年画新中国成立后的发展状况。以推动和深化中国木版年画这一民族文化的研究。

《桃花坞新年画六十年》从白色的书盒开始，逐步打开后，呈现出一个桃红柳绿的缤纷世界，过年的气氛跃然纸上。60 克宣纸手感柔软，给人舒适的阅读体验。"六十"字样用中国传统古籍线装的装订方式呈现。封面选用艺术纸烫印，呈现繁密的刻印痕迹，隐约地透出桃红色纸，营造出朦胧的美感。其灵感源于木刻年画本身刻印的工序。M 形折叠页与筒子页交替穿插。具有中国民俗气质的鲜艳色纸，表达了木刻年画中"红配绿"的艺术特征。书籍设计烘托出强烈的中国传统民俗气息。

桃花坞新年画六十年
–
潘焰荣
–
江苏凤凰美术出版社
–
225×290mm
|
628p
|
2131g

# 二十世纪五十年代

# 1950-1959

桃花塢
新年畫
六十年
SIXTY YEARS OF TAOHUAWU
NEW YEAR PRINTS
江苏凤凰美术出版社

无外 Boundless
–
吴绮虹
–
岭南美术出版社
–
265×290mm
|
336p
|
1968g

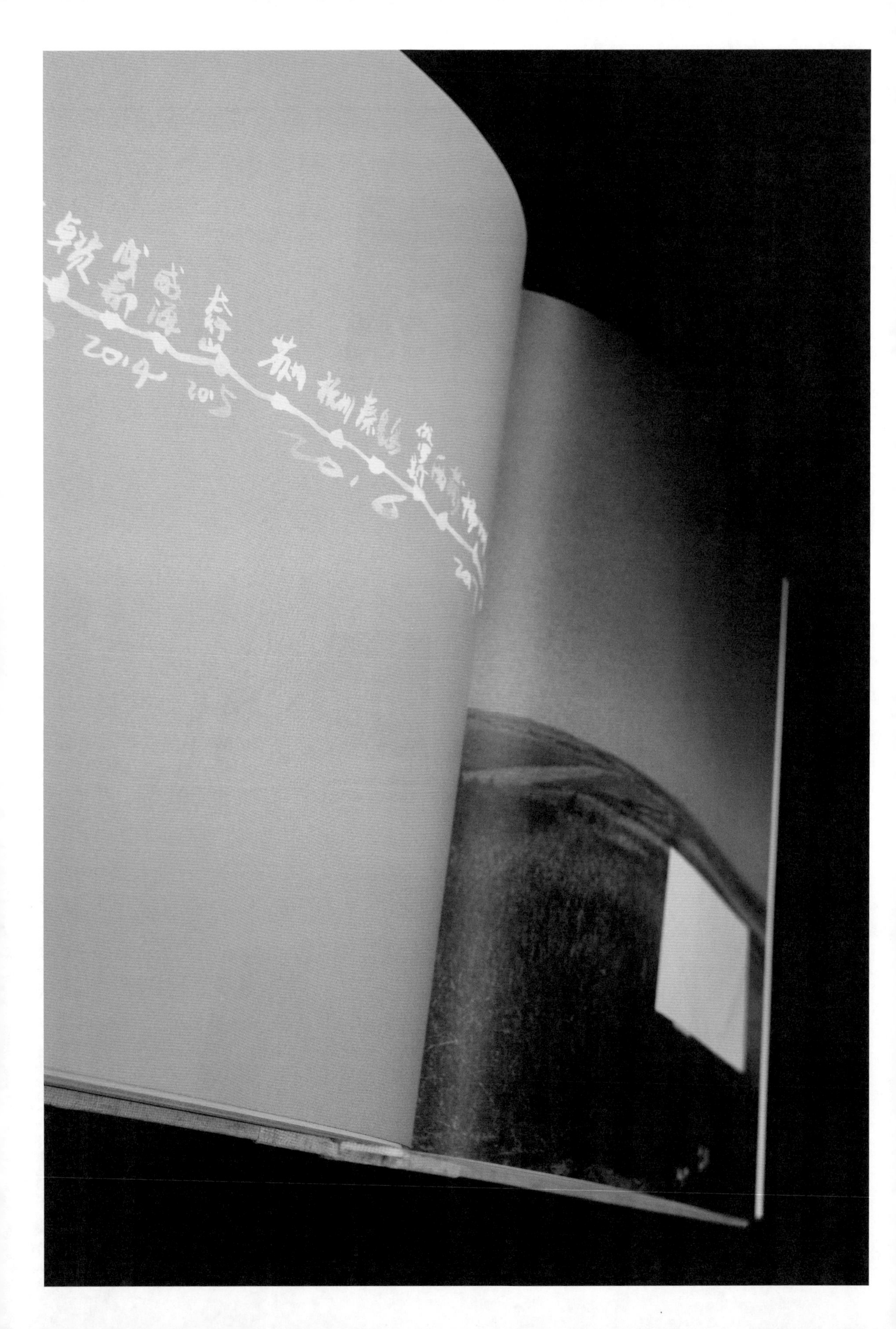

太行山
2014
2015
苏州 杭州 泰山

works
of
Yuanwen
Duan

庞茂琨：朋友圈的 100 面孔
–
谭璜
–
重庆出版社
–
143×216mm
|
582g

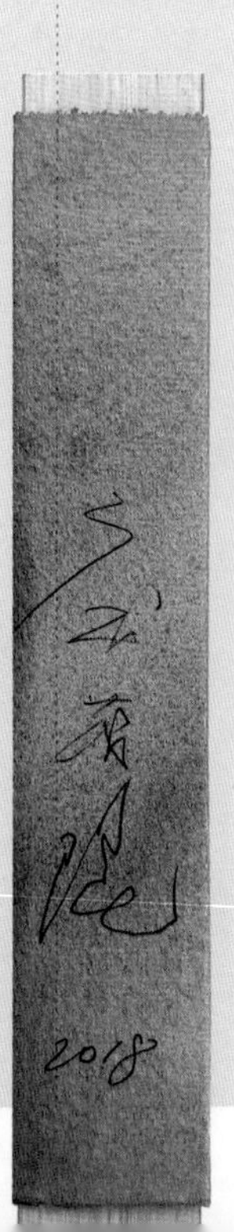

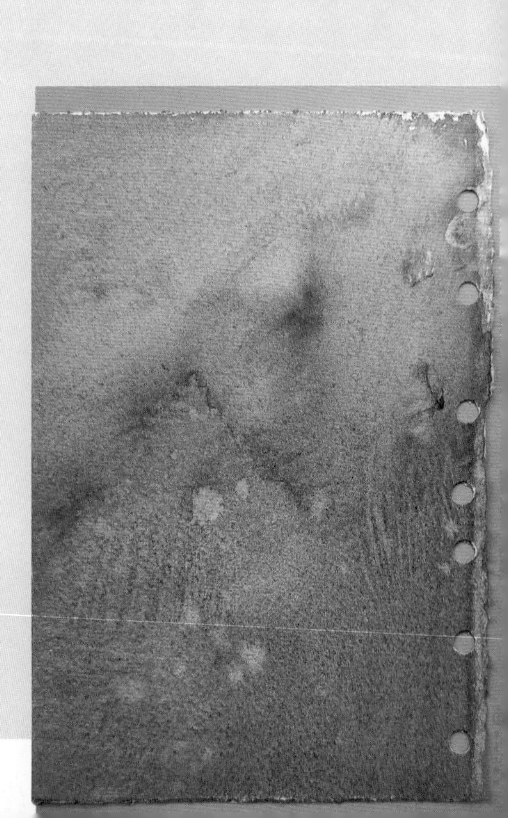

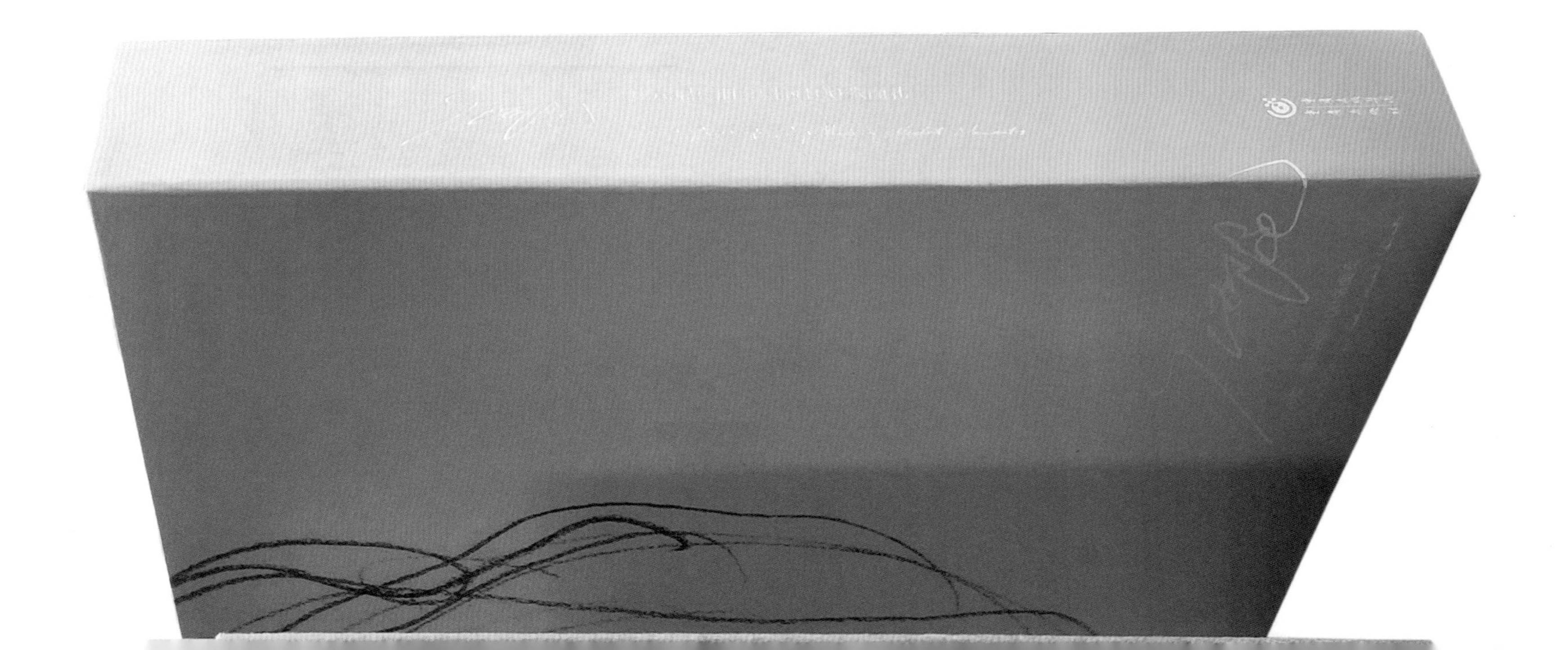

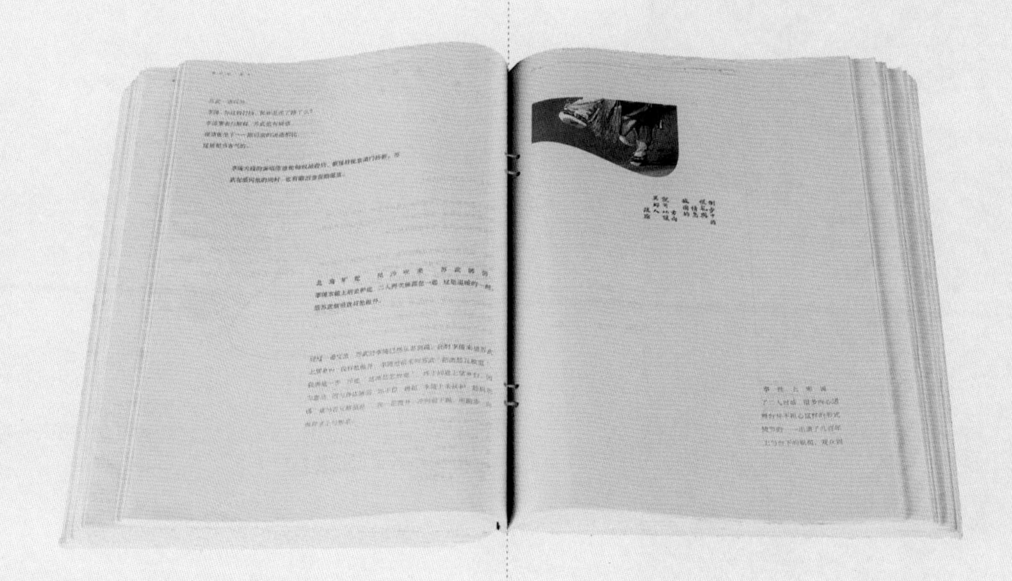

说戏

–

曲闵民 + 蒋茜

–

江苏凤凰美术出版社

–

183×260mm

|

588p

|

1132g

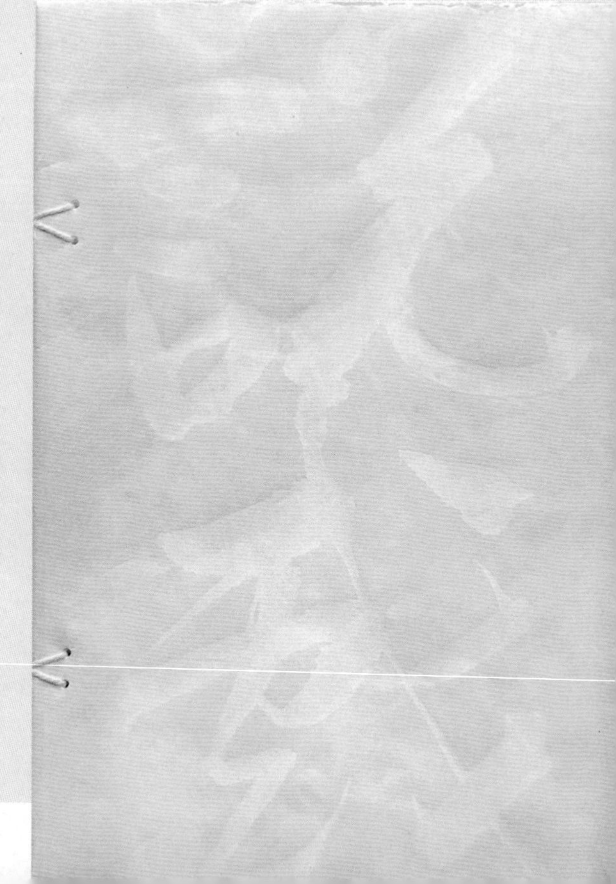

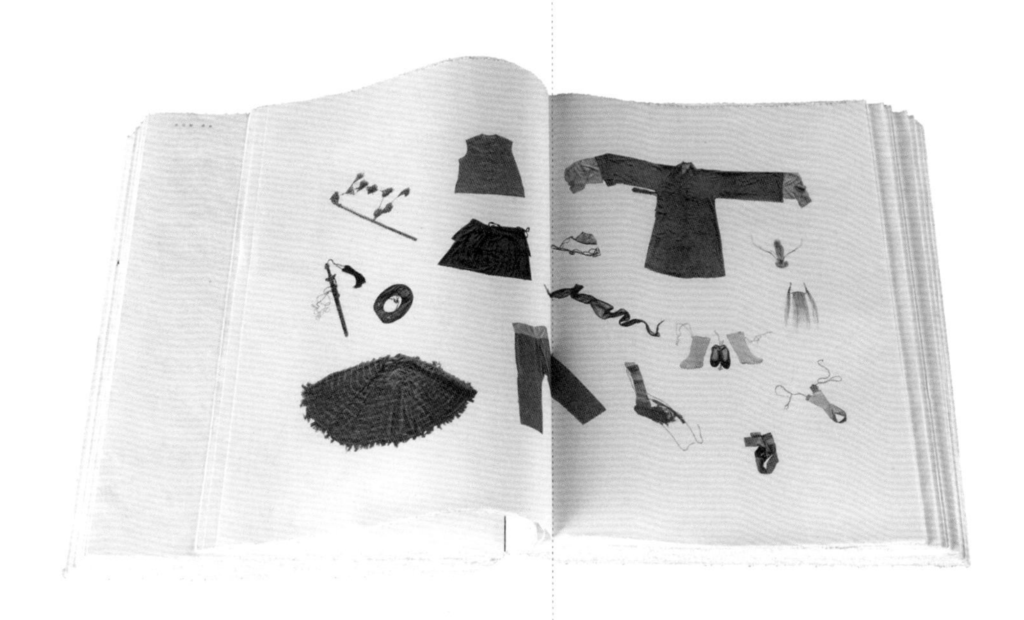

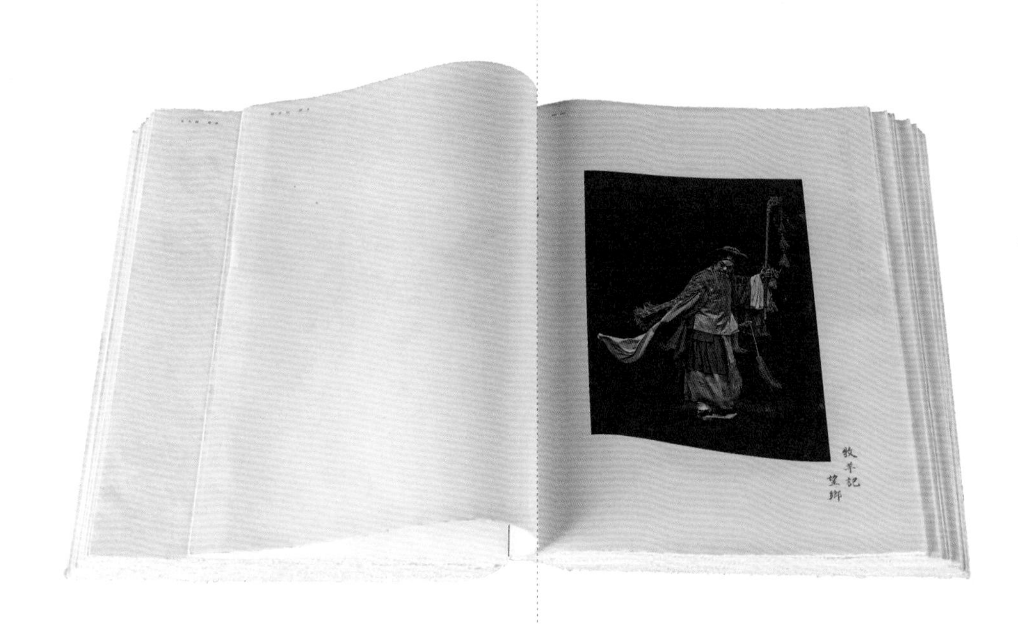
牧羊記
望鄉

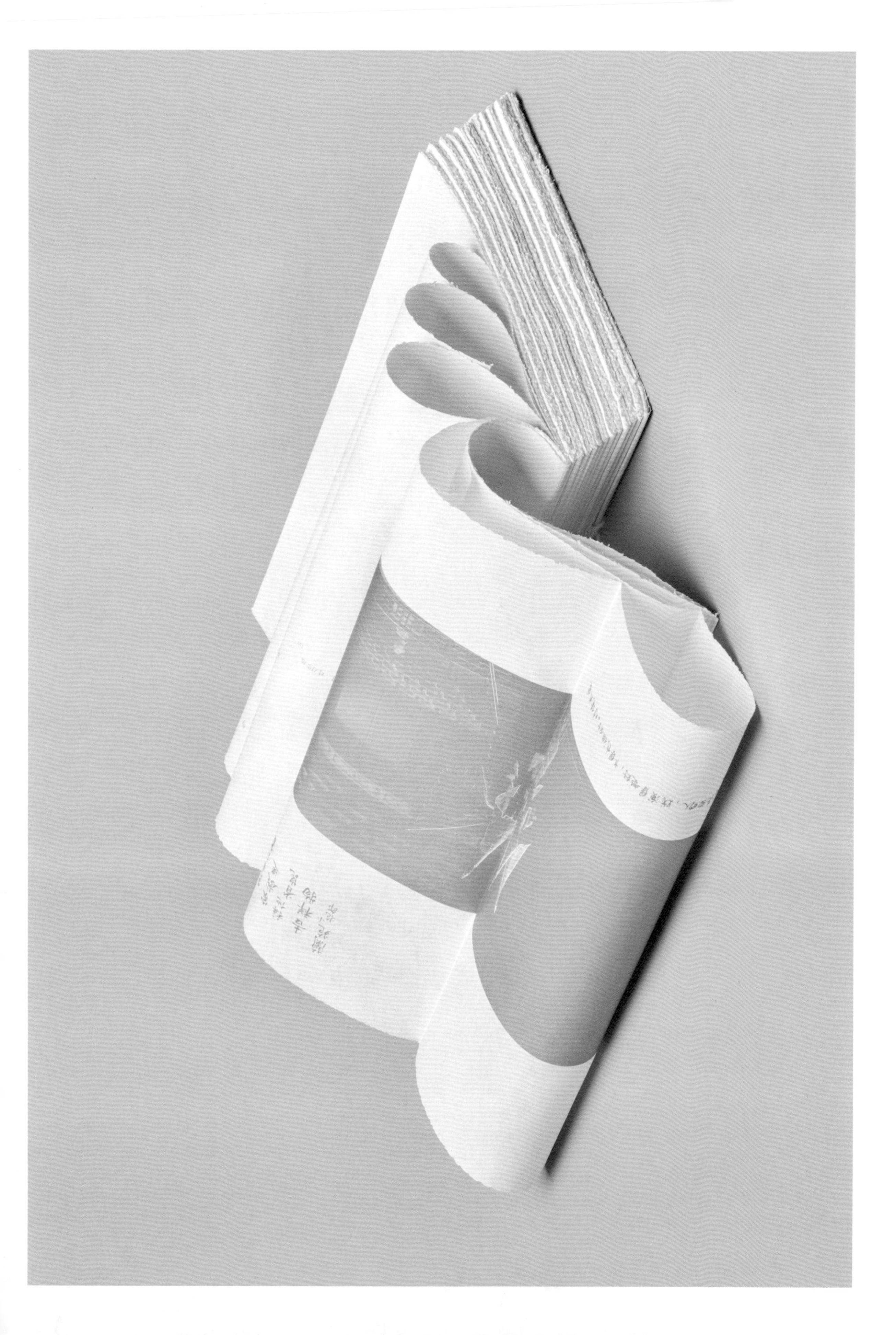

温·婉——中国古代女性文物大展

–

姜嵩

–

译林出版社

–

198×283mm

|

420p

|

1923g

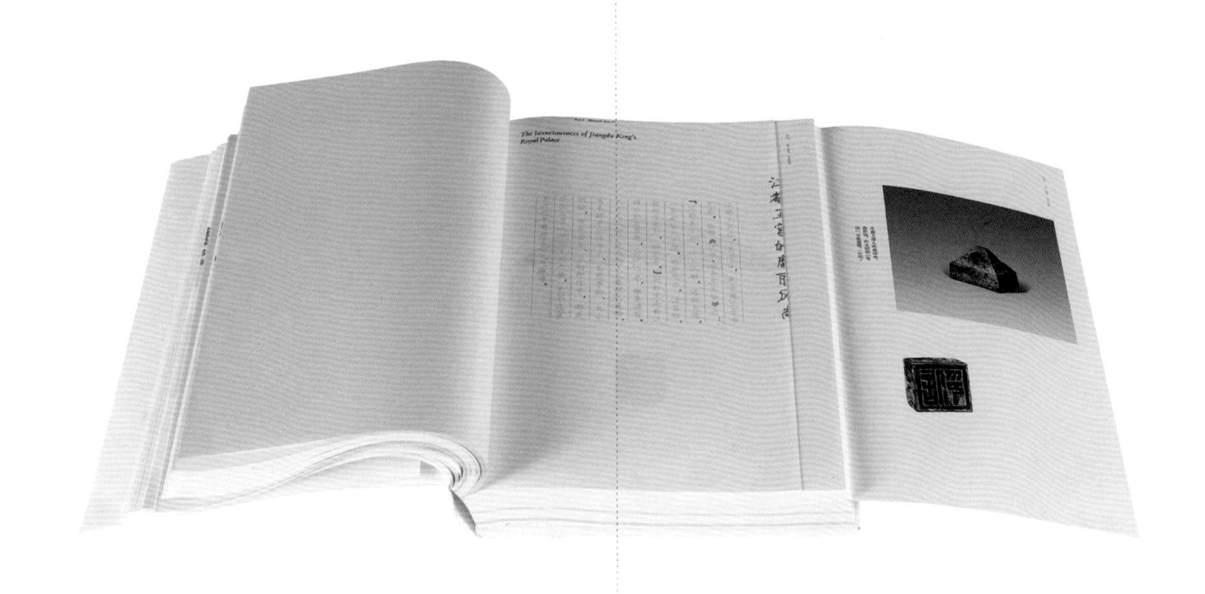
The luxuriousness of Jiangdu King's Royal Palace

世界建筑旅行地图丛书

–

晓笛设计工作室 / 刘清霞+贺伟+张悟静

–

中国建筑工业出版社

–

120×202mm

|

1692p

|

1933g

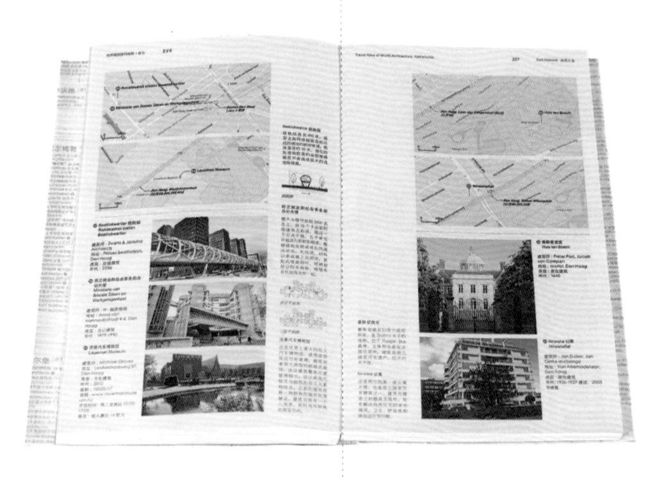

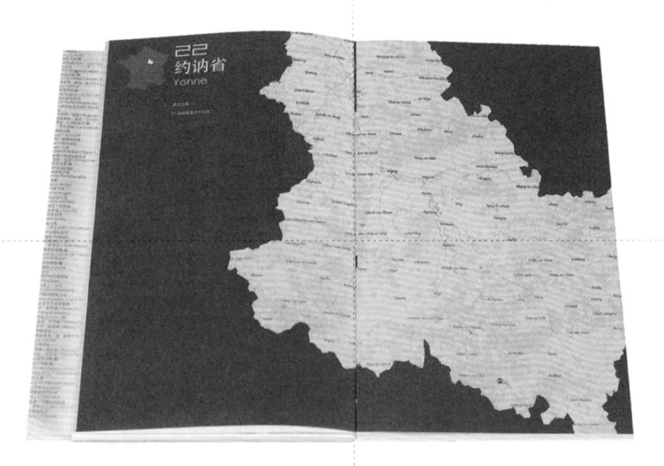
22
约讷省
Yonne

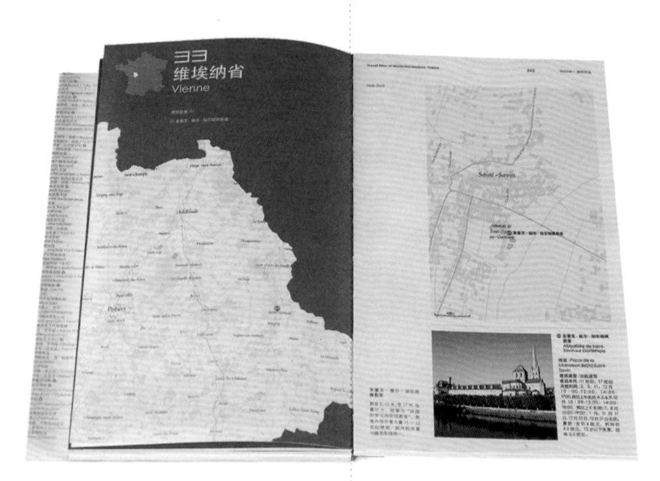
33
维埃纳省
Vienne

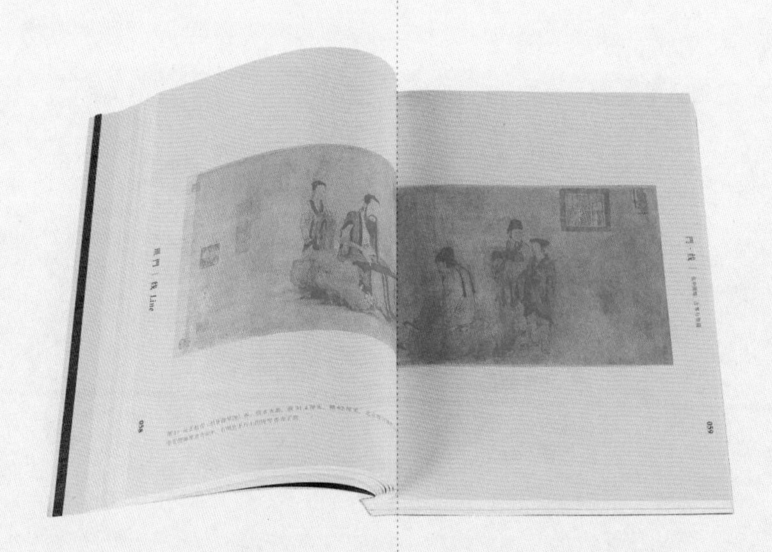

班门
–
顾瀚允
–
北京联合出版公司
–
156×210mm
|
1280p
|
1733g

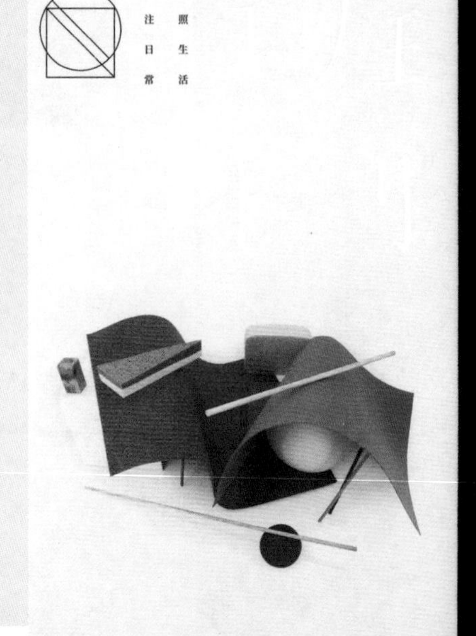

一門·圓一
草间弥生的圆点：
精神深处的战场

中国鸟
一門·角一
植物迷宫与动物王国：
云南花鸟

钻石之叶：
百年全球艺术家手制书
-
纪玉洁（徐冰指导）
-
广西师范大学出版社
-
238×298mm
-
571p
-
2470g

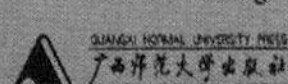

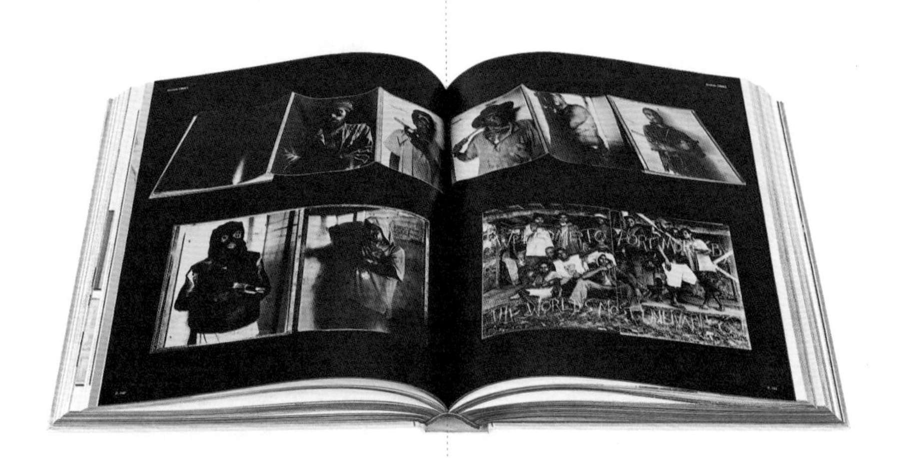

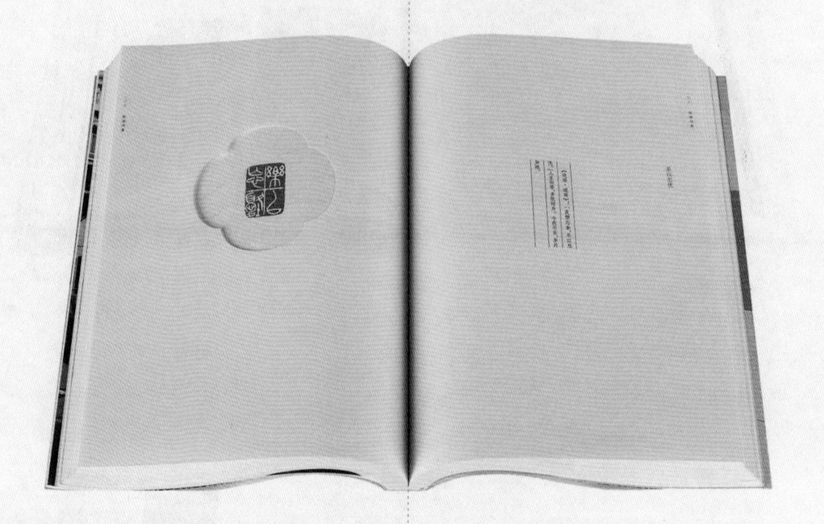

陆康印象
–
周晨
–
中西书局
–
182×260mm
|
254p
|
688g

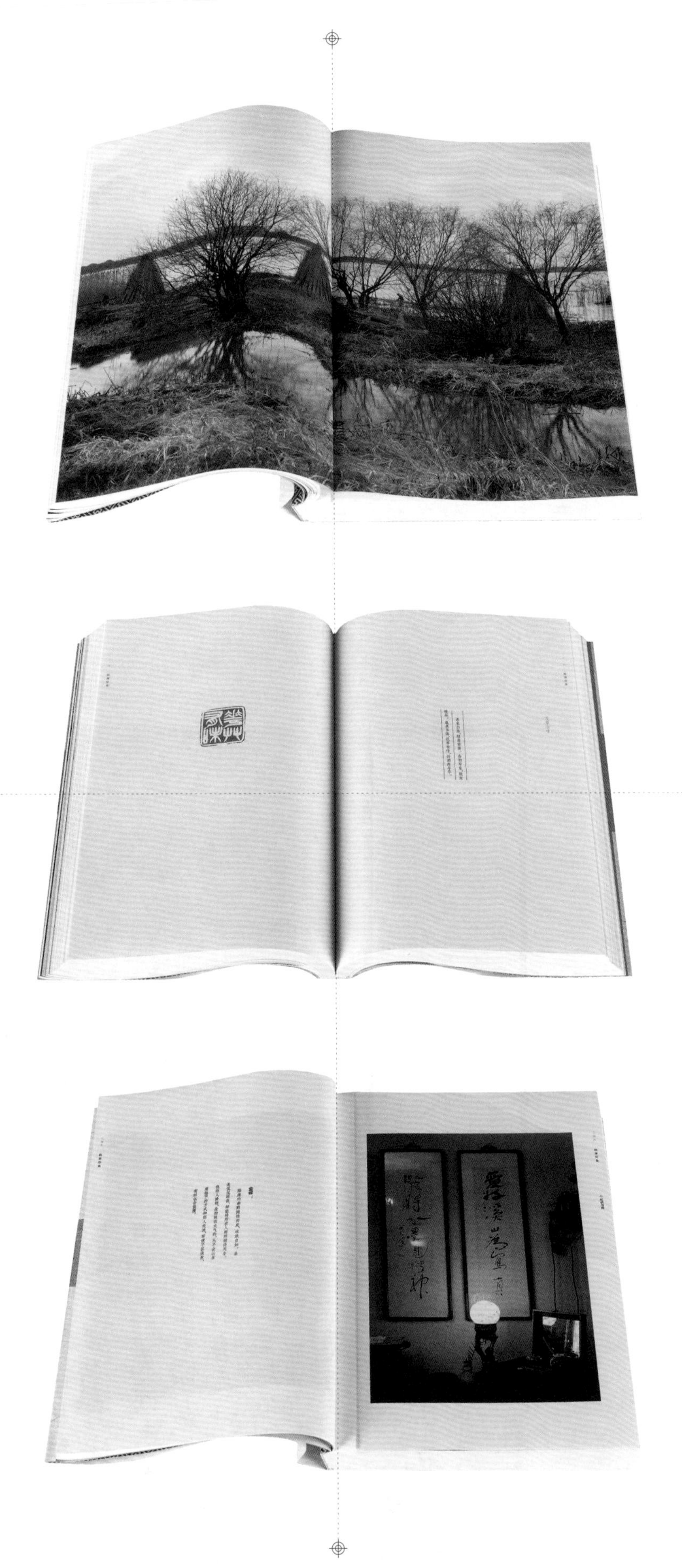

上巳雅集
——致书圣王羲之的一封信
-
晓笛设计工作室 / 任毅
-
新时代出版社
-
190×313mm
-
1952p
-
2576g

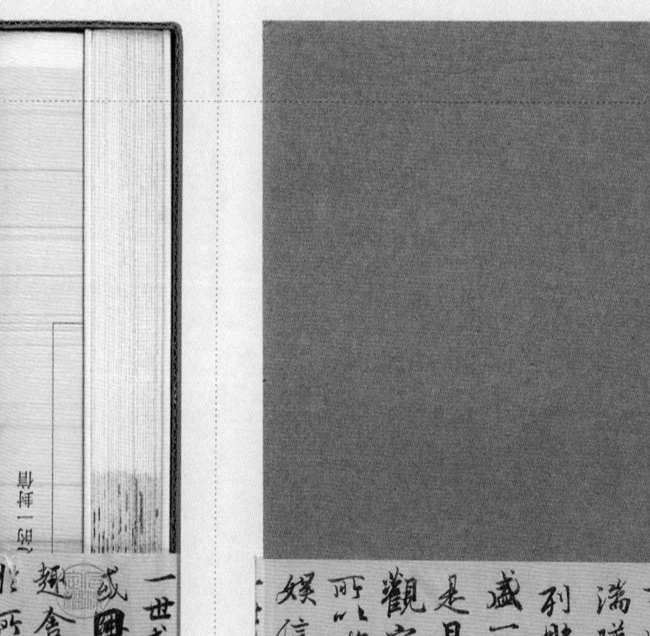

夫人之相與俯仰一世或取諸懷抱晤言一室之內或因寄所托放浪形骸之外雖取舍萬殊靜躁不同當其

彭殤為妄作後之視今亦猶今之視昔悲夫故列敘時人錄其所述雖世殊事異所以興懷其致一也後之覽者亦將有感於斯文

書以蘭亭敘章草 甲午春日張坤山

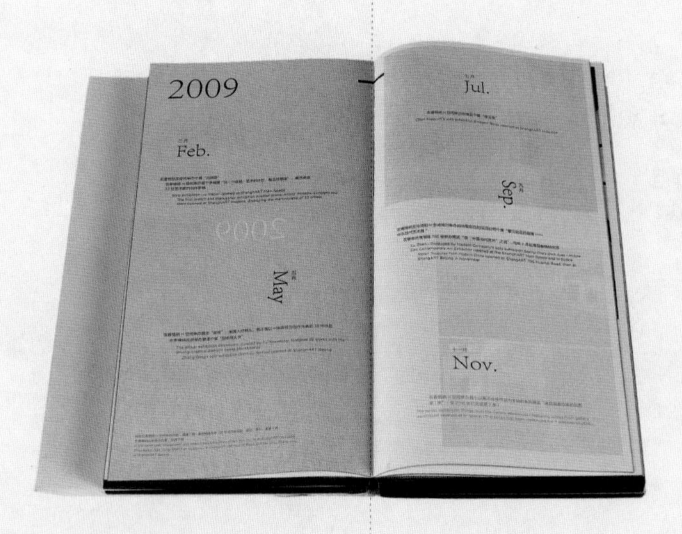

香格纳画廊 20 年

–

赖虹宇 + 邹毅杰

–

上海人民美术出版社

–

146×285mm

–

1112p

–

1542g

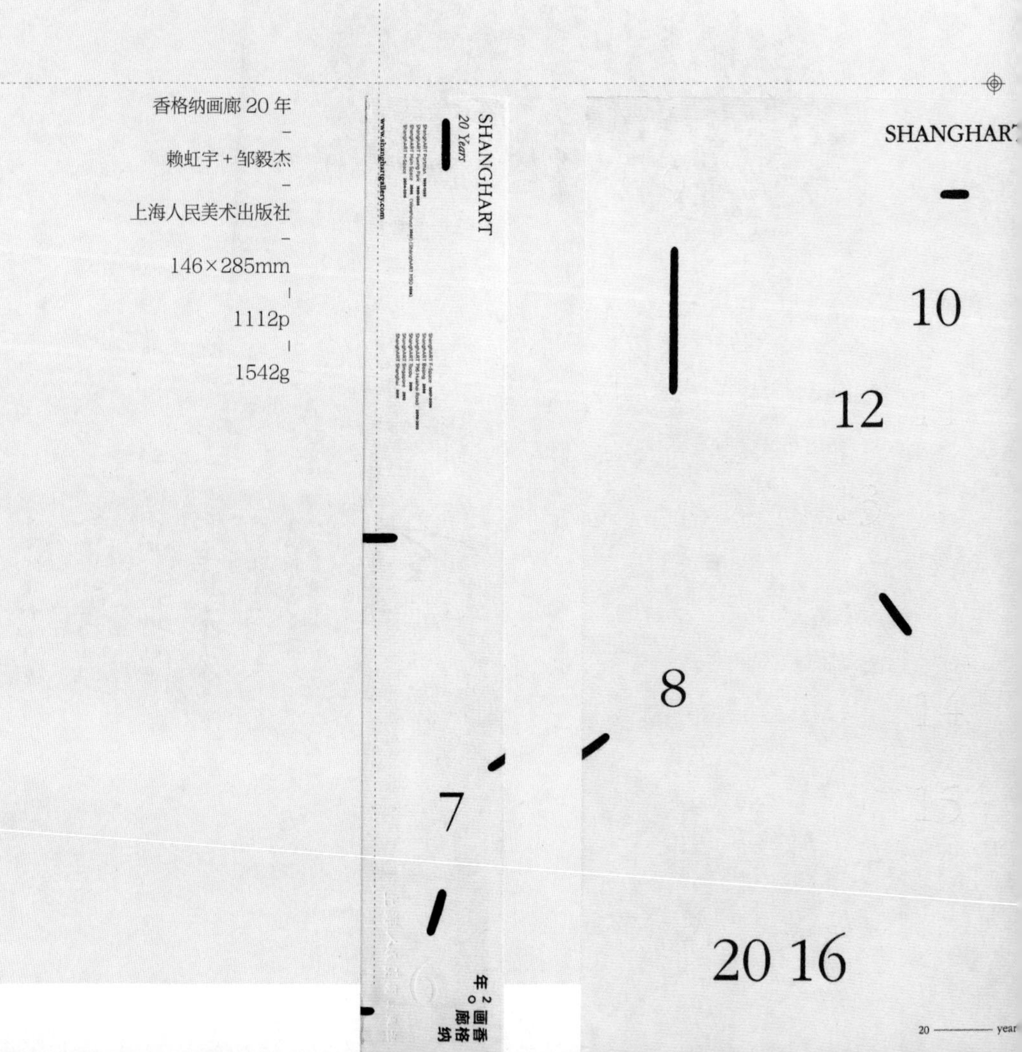

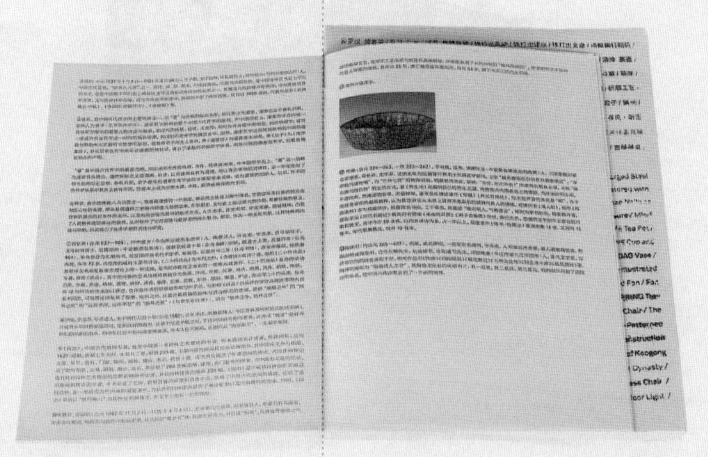

造·化：中国设计

—

杨绍谆＋高晴

—

上海人民美术出版社

—

165×224mm

|

156p

|

280g

1 / 03

揽月 皮雕包袋
LAN YUE
Textured Leather Handbag

Material: Leather, three-dimensional weaving
尺寸 / Dimension:
220mm × 90mm × 290mm
2014
品牌：上下
Manufacturer: SHANG XIA
联系 / Contact: www.shangxia.com

SHANG XIA, founded in 2008, is the earliest high-end fashionable brand of China, which engages in combining traditional handicrafts with modern designs. Due to its successful philosophy and high quality products, it has attracted the investment from Hermes Group and fostered a group of loyal customers.

LAN YUE series is the first release of leather bag, which is inspired by common but exquisite Chinese bamboo basket. By selecting the natural vegetable tanned leather which has a similar color to that of bamboo, the bag is designed and knitted by simulating the textile and structure of bamboo baskets. The unique inner liner heat setting process, together with the experience of handicraftsmen, gives the bag a rich three-dimensional shape and natural flowing lines. You can carry it in your hand or hang it at the crook of your arm, just like the dazzling moon in water. Moreover, under different circumstances and sunshine intensity, the surface color of the bag will change subtly, like the wax and wane of the moon, which fully shows the natural, peaceful, implicit and elegant features of Chinese esthetics.

008

009

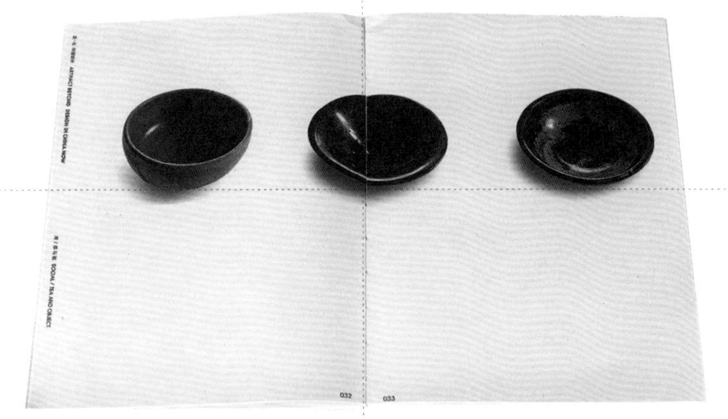

032 033

2 / 01

铁打出风炉
FORGED STEEL STOVE

Designer: Li Gongbiao
Material: Forged recycled steel
尺寸 / Dimension:
150mm × 150mm × 430mm
2014

Ancient Chinese people believed that the Heaven is Yang, and the Earth is Yin, and Yin and Yang complement each other, which reflects the idea of simple dialectics. The forged steel stove is divided into two parts: the upper part is the charcoal stove equipped with a handle and a chamber door. When you lift the handle, the stove body will turn to one side, so that it can naturally pour out the charcoal ash from the door. The lower part is a charcoal box, which can be used to keep charcoal blocks and insulate heat to protect the surface of the tea table.

The forged steel stove is finely processed with natural textures. The textures of the stove body originates from a terminology used in painting and calligraphy—"water leaking marks", which are straight or curved traces left by rain winding down rugged wall face, forming a harmonious effect. Each object has its unique texture of features, "like leaking rain marks created by nature", and seems to be faintly discernible and harmonious.

024

025

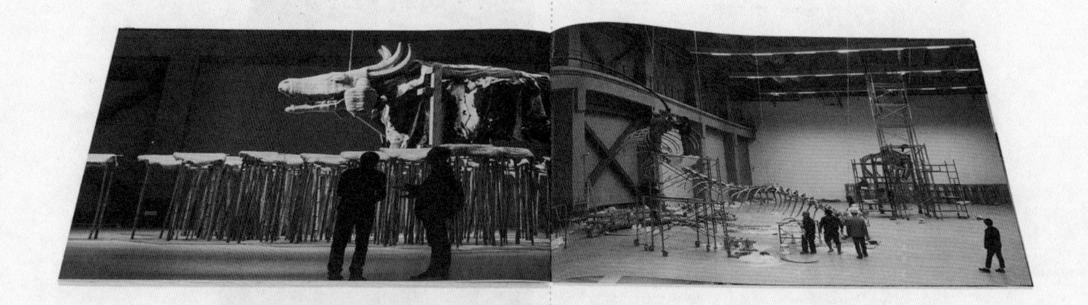

蛇杖Ⅲ：左开道岔

–

吴婧

–

上海人民美术出版社

–

300×240mm

|

280p

|

2961g

黄永砯
蛇杖III:
左开道岔
Huang Yongping
Bâton
Serpent III:
Spur Track to
the Left

策划：侯瀚如
编辑：上海当代艺术博物馆
Curator: Hou Hanru
Editor: Power Station of Art

上海当代艺术博物馆 Power Station of Art

黄永砯
蛇杖III:
左开道岔

Huang Yongping
Bâton
Serpent III:
Spur Track to
the Left

上海当代艺术博物馆 Power Station of Art

上海人民美術出版社

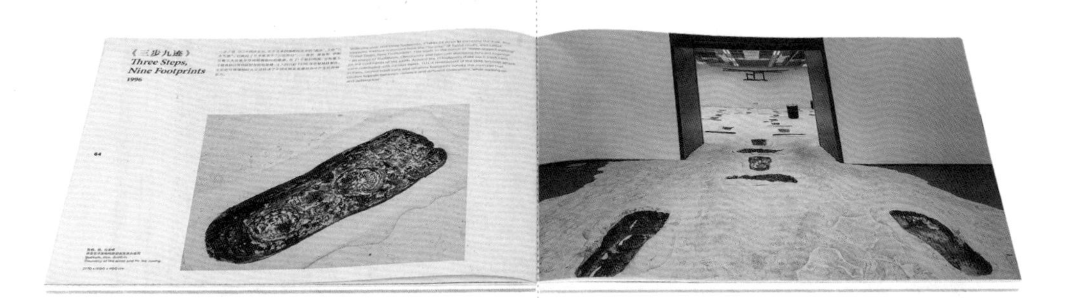
《三步九迹》
Three Steps,
Nine Footprints
1996
64

67

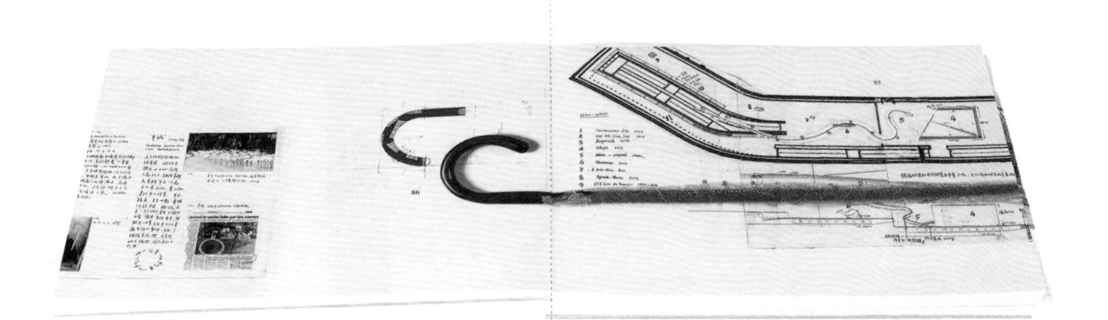
86
85

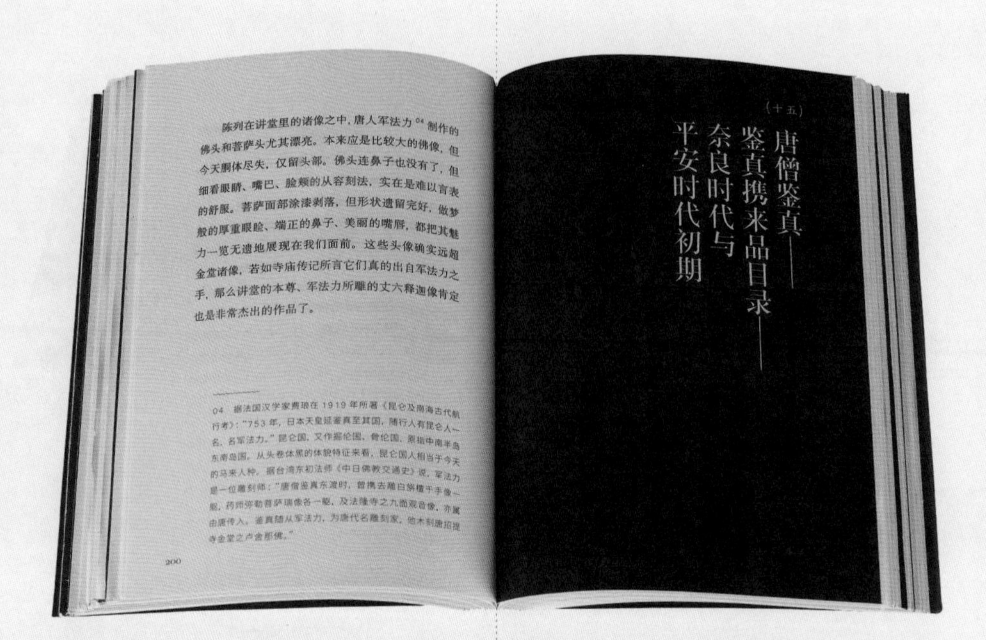

古寺巡礼

typo_d 打错设计

上海三联书店

120×160mm

364p

236g

与金色，有着特别华美的丰润，并不同于平日司空见惯的那种金色。堂内——尤其是那精巧的天顶——美得无以伦比的陈旧样态，恰到好处地烘托出了这些色调。而同时，如果没有在中央隐约闪耀的金色，堂内之美，又是残缺的。换言之，这两者作为一个整体塑造了一个艺术。这是颜色、光芒、空气，以及旋绕在堂内的众多沉稳线条之间的宁静的交响乐。

如果仅看某一部分，本尊姿态的匀称，恐怕称不上有多美。虽然手部肩部胴体都无可挑剔，但腰部以下的状态却无法令人满意。然而，那无数手臂、夹着火焰的背光的放射状线条、静静迂回的天衣，以及宝石之结晶般的宝冠——这一切，在堂内整体的调和之中，却奇妙地显出生机来。之前我之所以不明白这点，是因为没看到丰富的整体，仅仅注意到局部。看来，比起推古美术的弃繁就简、抵达朴素的极致，天平美术则是追求整体的活泼有机的生命力，而不惧局部的玉石混淆。

我衷心向不空羂索观音和三月堂低下了清高的头，也不得不对不空羂索观音之渴慕者的Z君表示服输。然而美的不仅是本尊，周围的诸佛像也各有各

80

图二 ※ 三月堂本尊不空羂索观音

81

图七 ※ 法华寺十一面观音

162

从手腕前面嵌着手镯的部分移动到捏起天衣的圆润手指之间的特殊鼓胀——这些都雕刻得极其鲜明、敏锐，但是这种美，却令人感觉到了一种在天平时代的其他观音上看不到的隐秘蛊惑力。

如果说观心寺的如意轮观音淋漓尽致地体现了密教的神秘性，那么这个类似于前者的佛像，应该也可以归为密教艺术的优秀作品。密教艺术往往显露出明显的肉感特性，而密教的立场就是试图从一切存在之中寻找唯一真理。由此来看，即便是女性身体的官能之美，也应该承认其中的佛性。但是认可这种美的无限深刻时，结果上便给女体的雕刻添加了神秘的"黑暗"。这个观音像便是一个确凿的有力证据。其中既有以肉感性为敌的意识，同时也有认可肉感性的无限威力的意识。在天平艺术的丰满和谐之中，我们是看不到这种分裂的。

由于以上印象，我比较认同最近的看法，亦即此佛像是贞观时代之作，但Z君却指出此佛像身上有明显的天平时代痕迹，坚持认为它绝非天平末期之后的作品。确实，像他那么看也可以。此佛像的丰满，比起密教艺术的肉感来，显得更加明朗一些，也的确

163

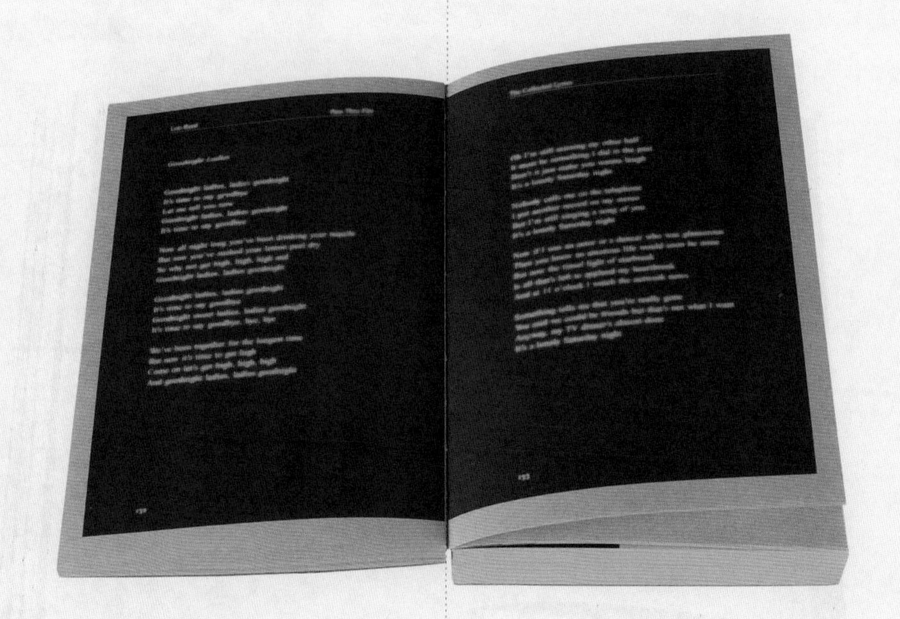

穿越火焰
–
周伟伟
–
南京大学出版社
–
139×210mm
|
540p
|
1469g

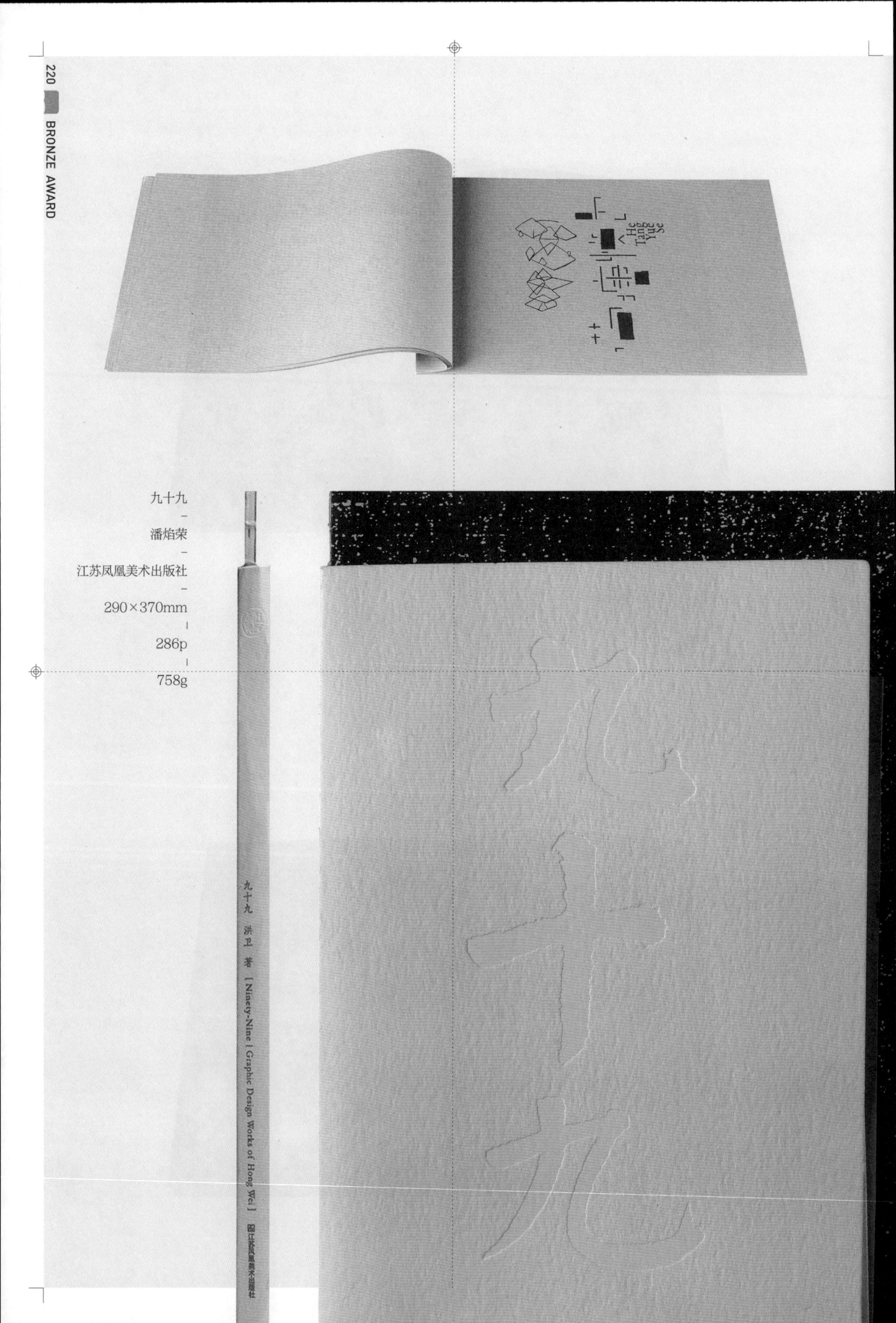


九十九
–
潘焰荣
–
江苏凤凰美术出版社
–
290×370mm
|
286p
|
758g

DUANYUAN

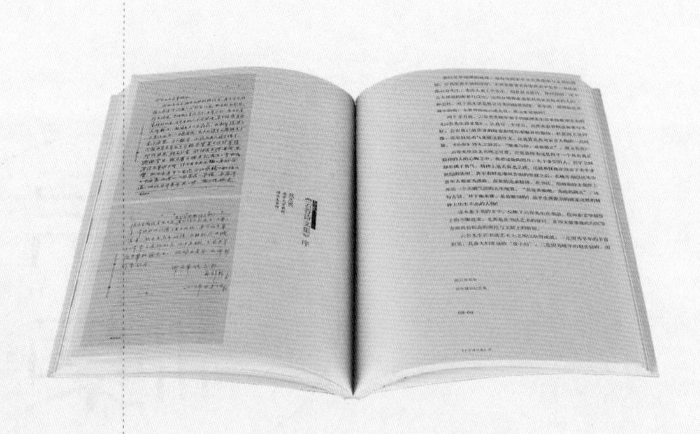

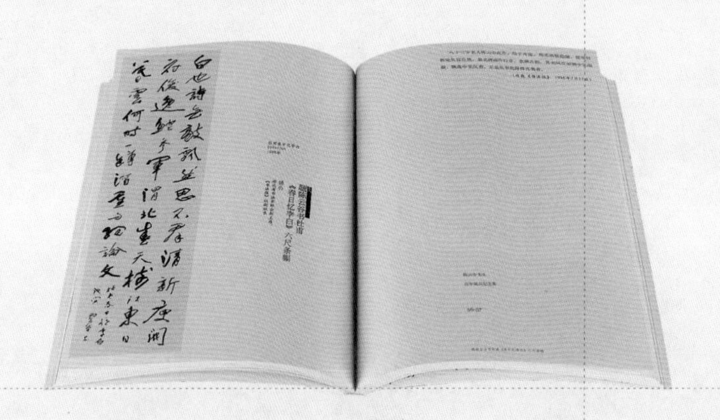

陈云谷先生百年诞辰纪念集

–

陈天佑

–

中国民族摄影艺术出版社

–

170×240mm

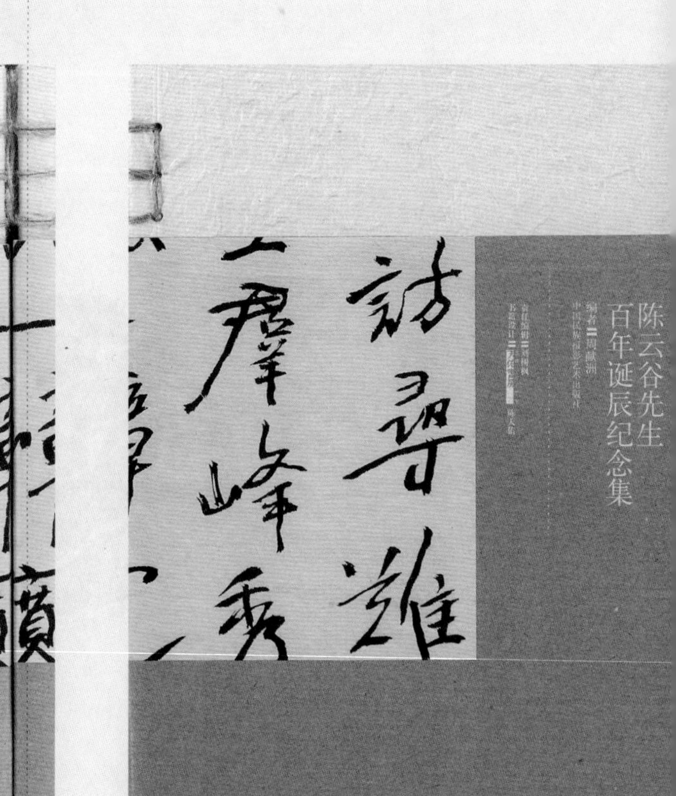

瓯域寻狮录

-

陈天佑

-

浙江人民美术出版社

-

153×210mm

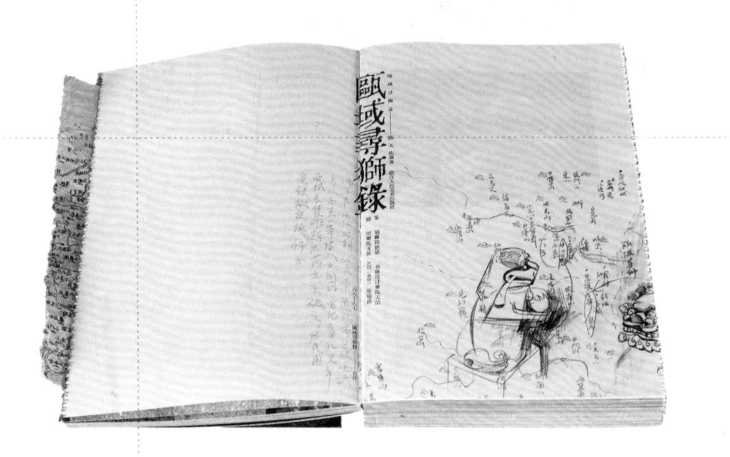

No Wi-Fi
–
杨林青
–
重庆大学出版社
–
122×156mm

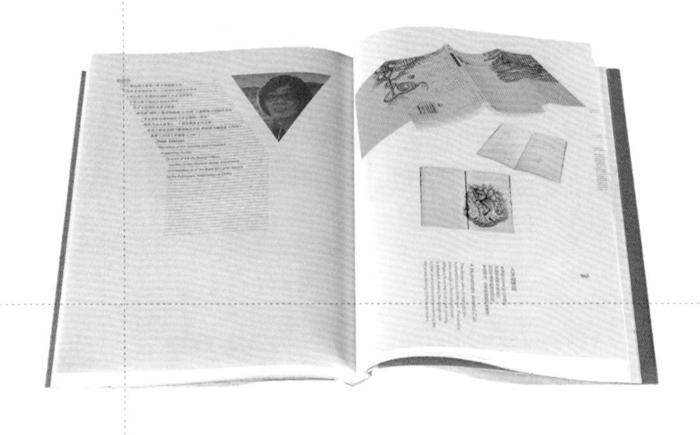

上海书籍设计师作品集

–

张国樑 + 董伟

–

上海人民美术出版社

–

160×209mm

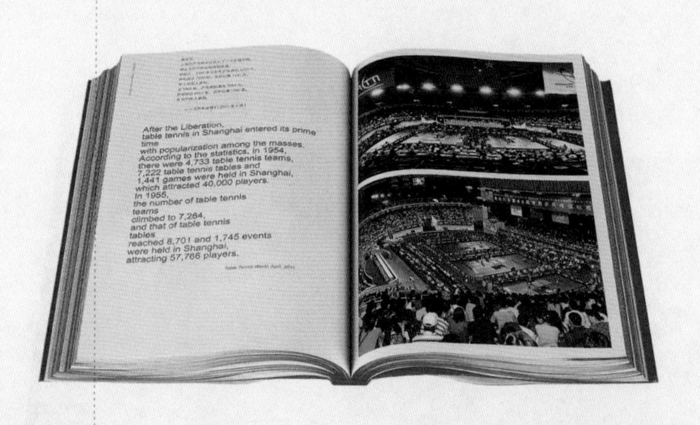

凝 · 动——上海著名体育建筑文化

–

张国樑 + 董伟

–

上海科学技术文献出版社

–

203×280mm

Wang Huangsheng: Boundary/Space

王璜生：边界／空间

Edited by Wang Huangsheng

王璜生／著

河北出版传媒集团

河北教育出版社

王璜生：边界／空间

–

曹群＋赵格

–

河北教育出版社

–

218×285mm

Line Vision

线象

In *Line Vision* series works, Wang Huangsheng adopted the way to "deal with" the ready-made newspapers materials. With our attention to society, these newspapers were related to our daily life, and helped us to understand the information of reality. With the displacement of seeing and being seen, it was natural depended on the pictures with "the anxiety of influence a theory". The rotating lines, strokes, and stains are covered over the original paintings and texts. The intervention in the original texts means initiative changes. The audiences could see the original "truth", only by circumvent the brushwork, while the paradox is the newspapers' contents were not necessarily objective. So how to choose the "original painting" and "brushwork", it's about his active and deliberate "intervention", and which make his works created a kind of new space, is entangled with the two kinds of pictures. It is the reprocessing of the original creative consciousness and the way of expression in the relation of "mutual image", or the attempts at a kind of "new narrative" or "counter narrative". [illegible]

[illegible]

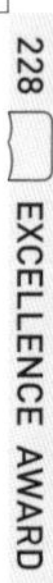

2011

观念的格调——中国当代新工笔画家图文集粹

–

白凤鹏

–

文化艺术出版社

–

222×298mm

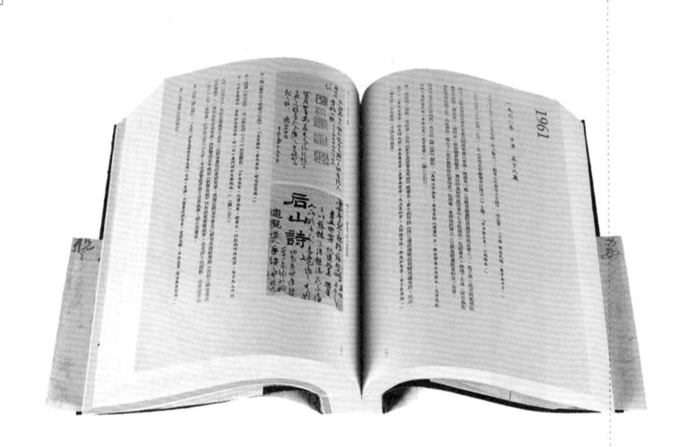

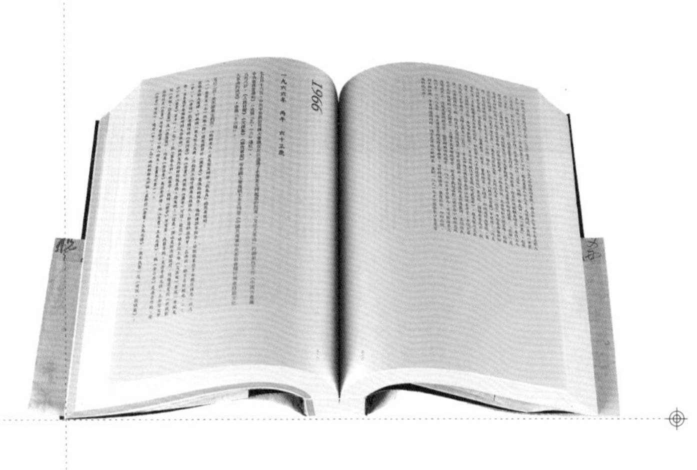

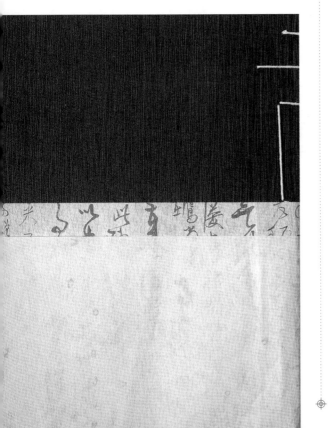

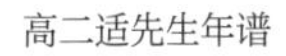


高二适先生年谱

–

周伟伟

–

江苏凤凰美术出版社

–

190×250mm

塑魂鉴史
——侵华日军南京大屠杀遇难同胞纪念馆扩建工程大型主题雕塑
-
速泰熙 + 速迦
-
人民美术出版社
-
291×424mm

觉之舞
-
樊响
-
中国民族摄影艺术出版社
-
373×249mm

轮回

–

樊响

–

浙江摄影出版社

–

273×210mm

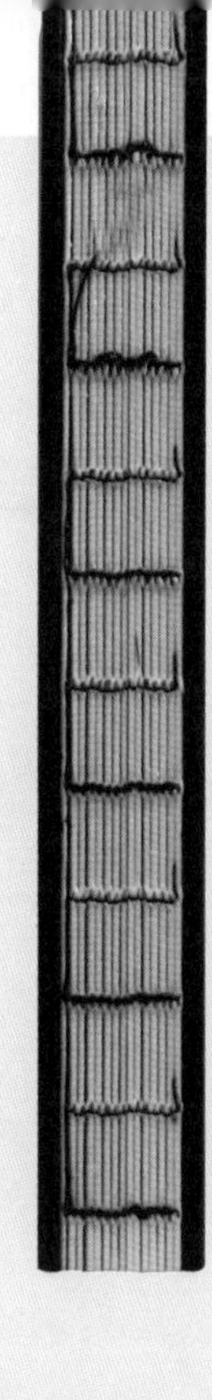

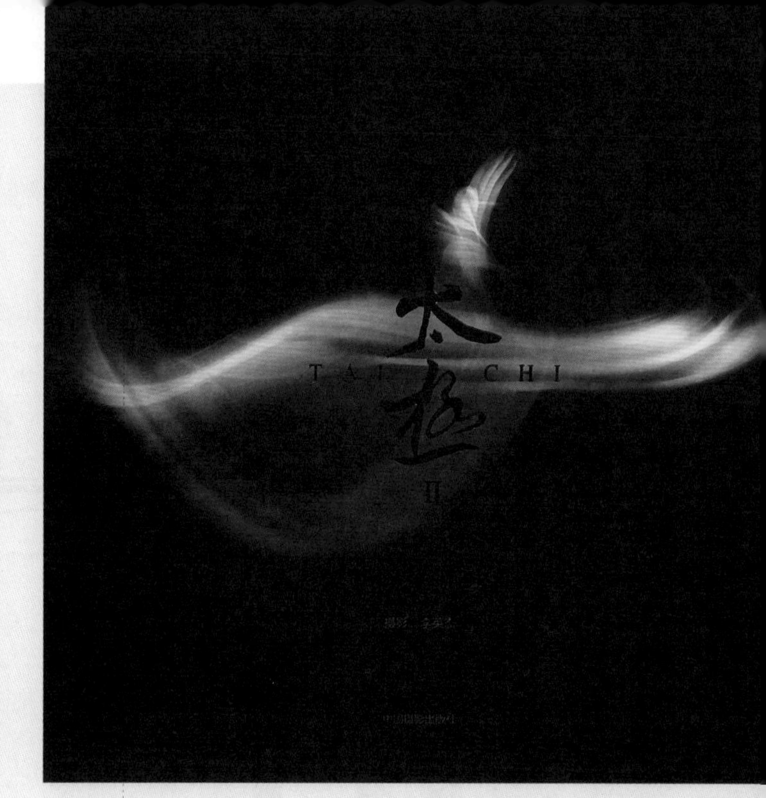


太极Ⅱ

–

樊响

–

中国摄影出版社

–

230×230mm

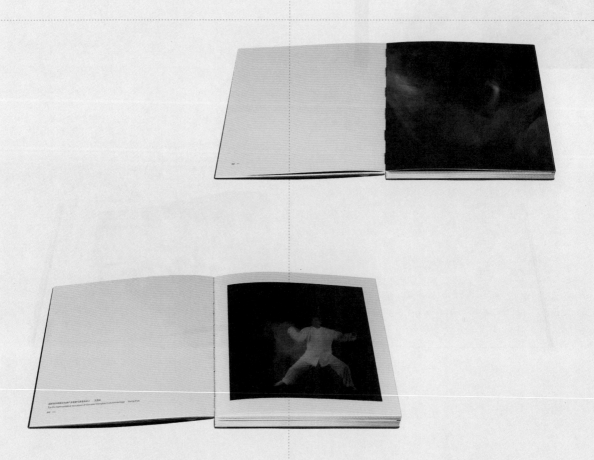

平江新图——吕吉人作品集

–

周晨 + 孙宁宁

–

江苏凤凰教育出版社

–

215×270mm

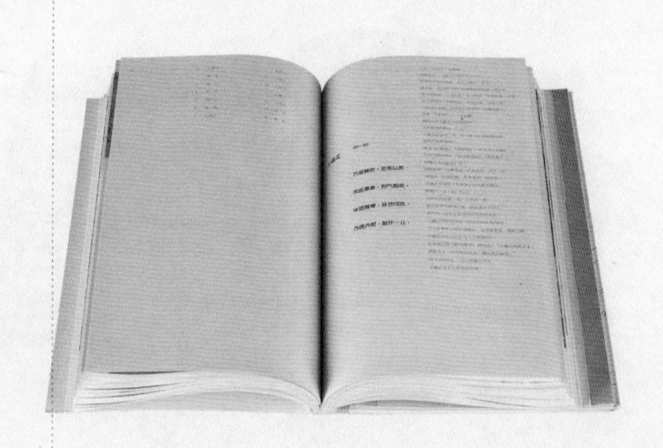

兰亭集
–
张志奇工作室
–
浙江摄影出版社
–
154×257mm

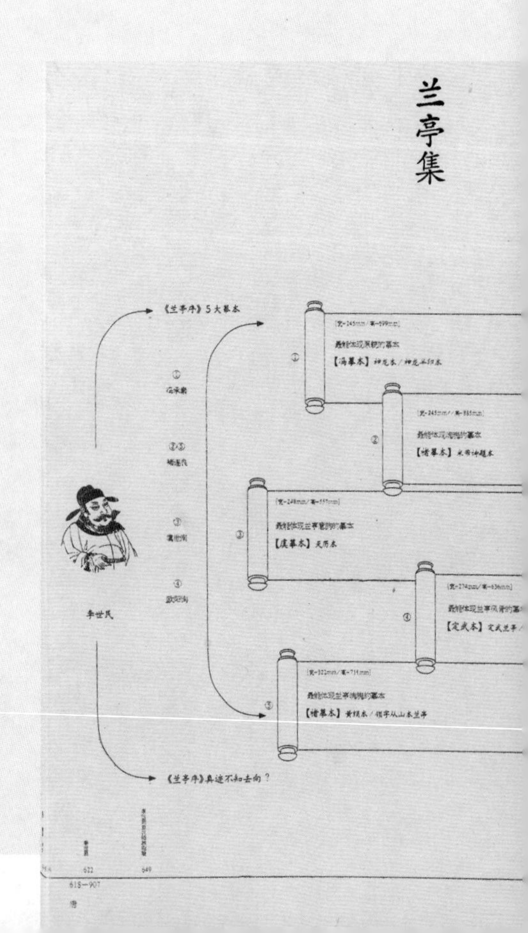

刻本
–
曲闵民
–
江苏凤凰美术出版社
–
190×139mm

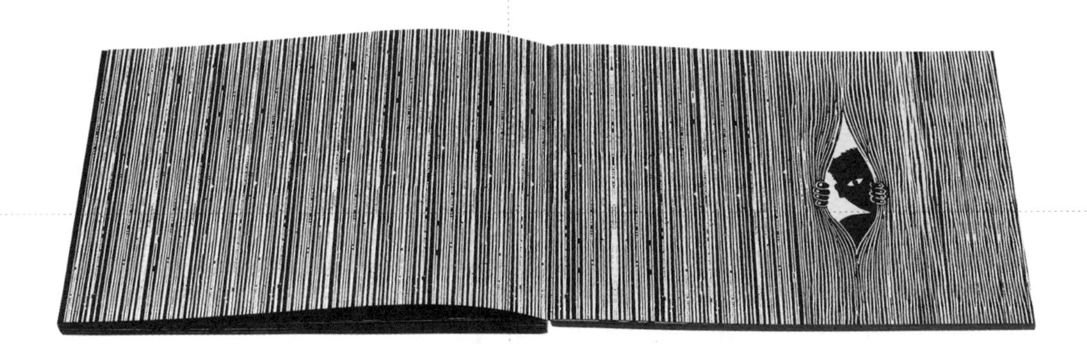

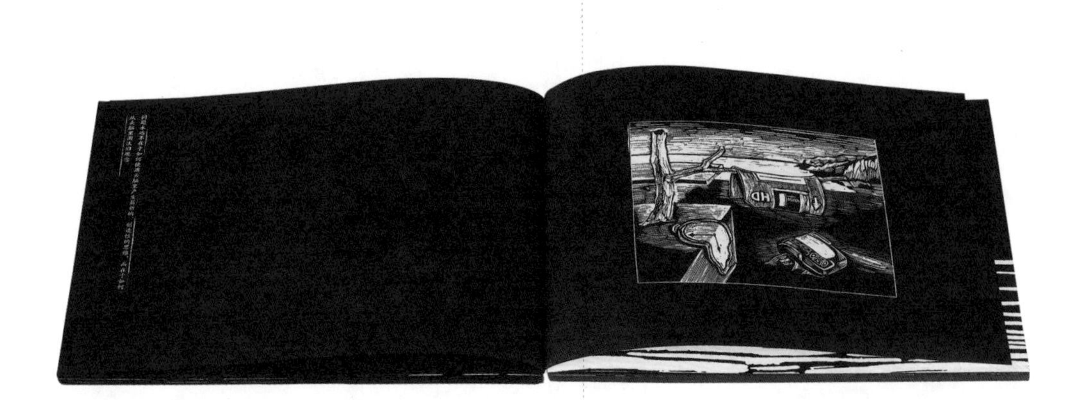

小二黑结婚五绘本
–
吕旻 + 李高
–
上海人民美术出版社
–
180×260mm

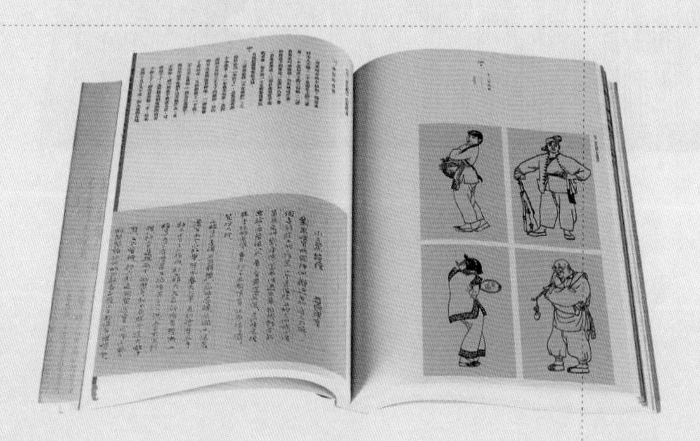

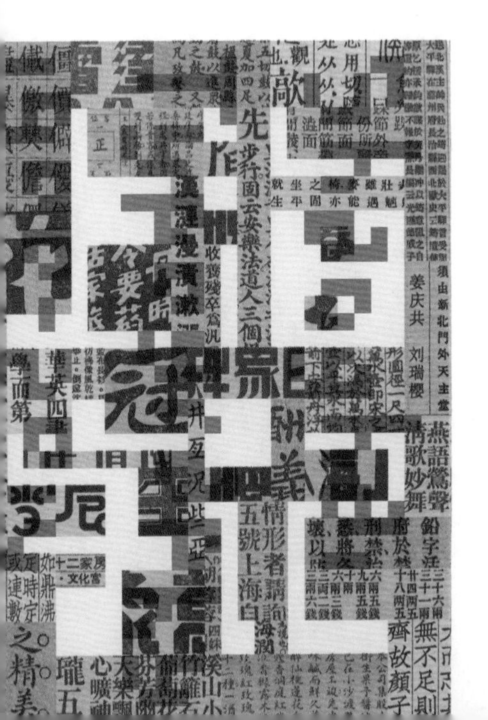

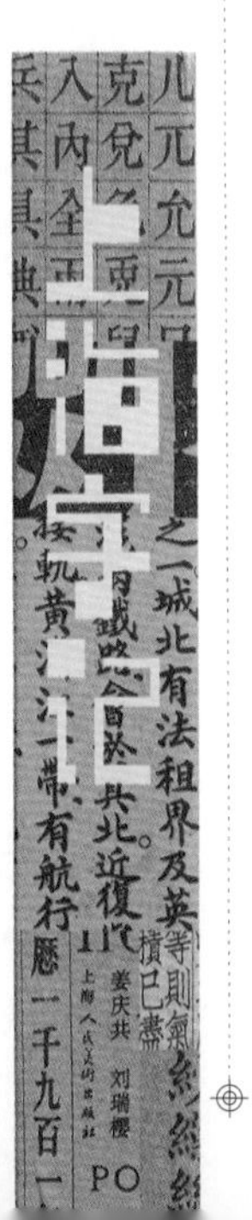

上海字记：修订版

–

姜庆共

–

上海人民美术出版社

–

143×200mm

书述：纸 × 指的温度

–

汪宜康 + 三驾马车文化创意设计有限公司

–

四川美术出版社

–

190×240mm

The BOOK 书述

纸 × 指的温度

四川美术出版社

10th anniversary graduation exhibition of printmaking & print design

16 / 06

The BOOK

paper × fingers

书述

纸 × 指的温度

四川美术学院版画与印刷设计毕业设计十周年作品集

10th anniversary graduation exhibition of printmaking & print design

SCFAI

四川美术出版社

读艺

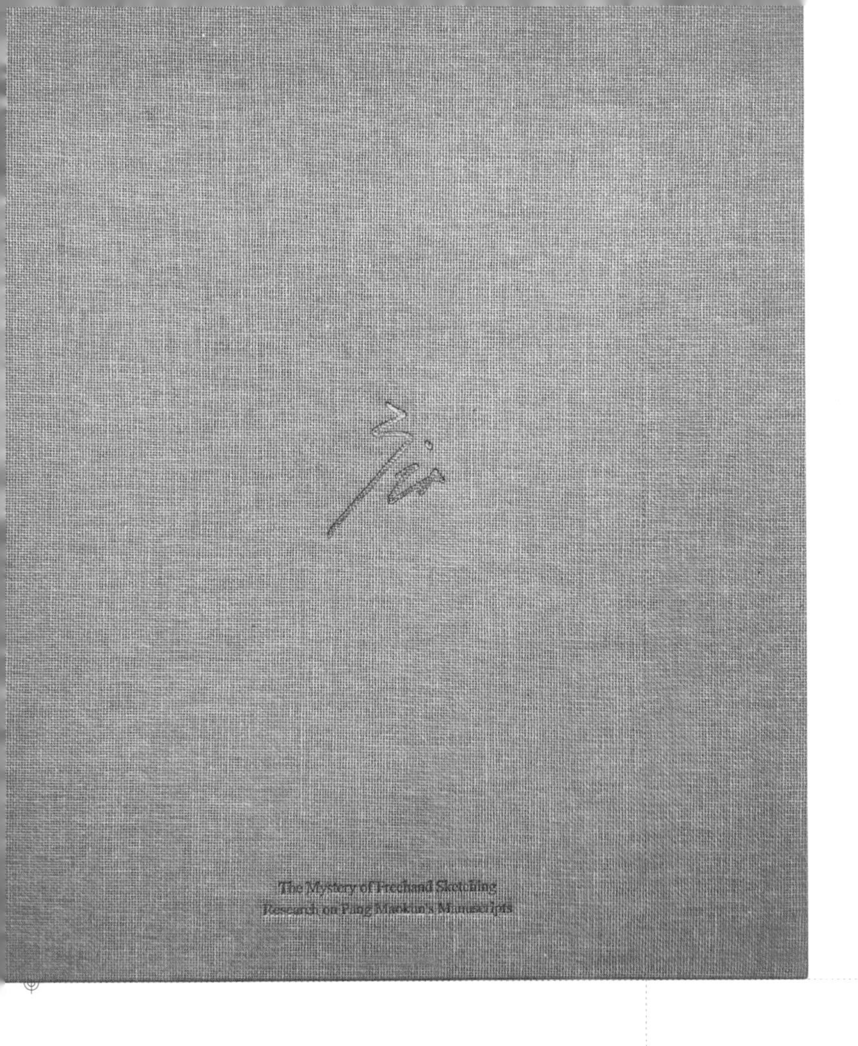

手绘之谜：庞茂琨手稿研究

–

谭璜 + 陈奥林

–

四川美术出版社

–

250×286mm

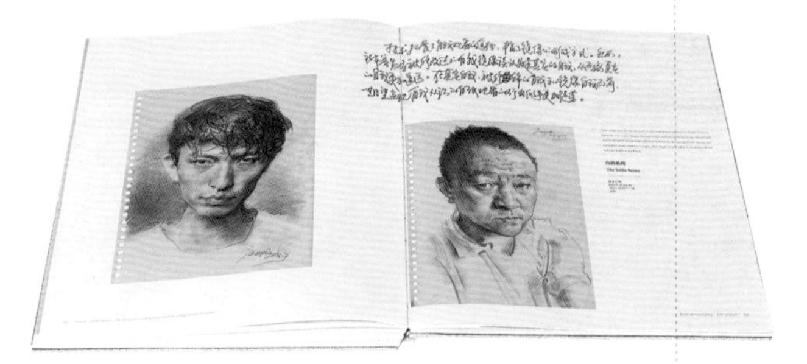

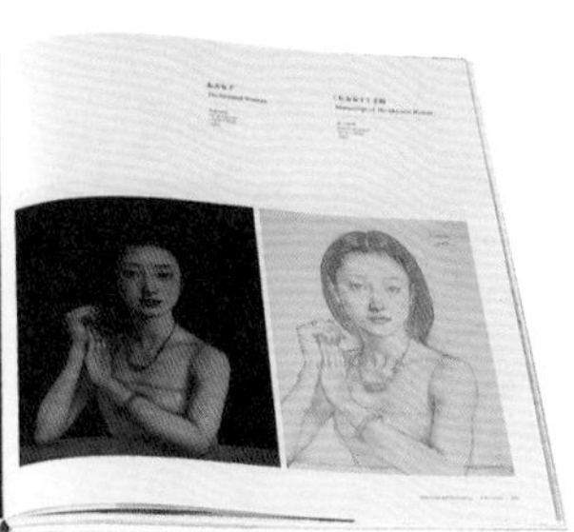

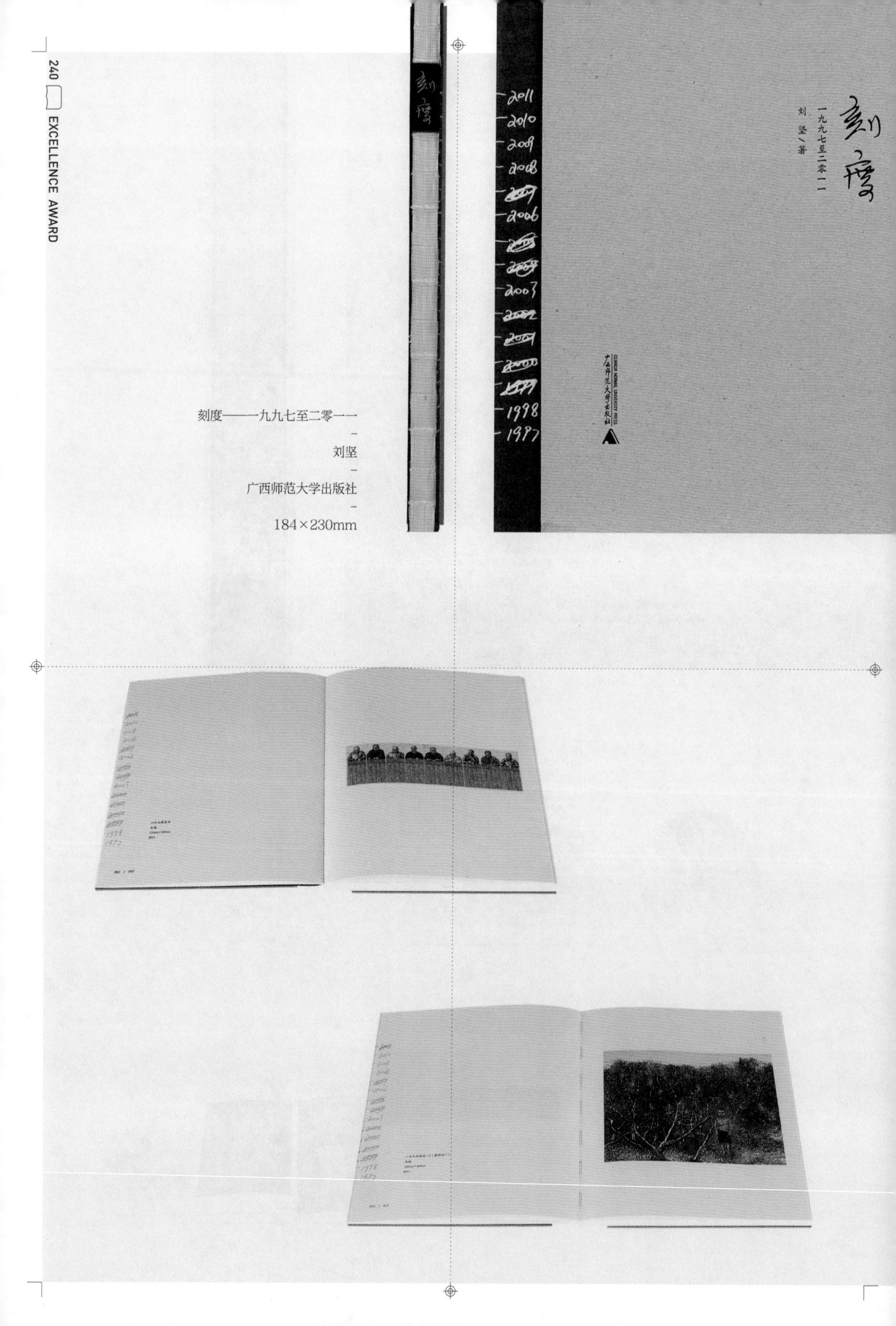


刻度——一九九七至二零一一

–

刘坚

–

广西师范大学出版社

–

184×230mm

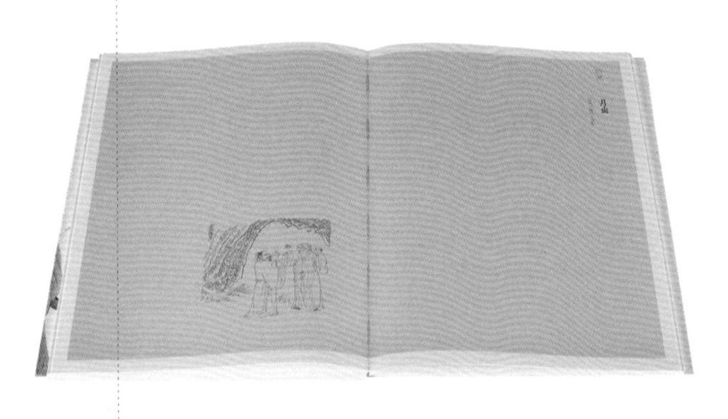

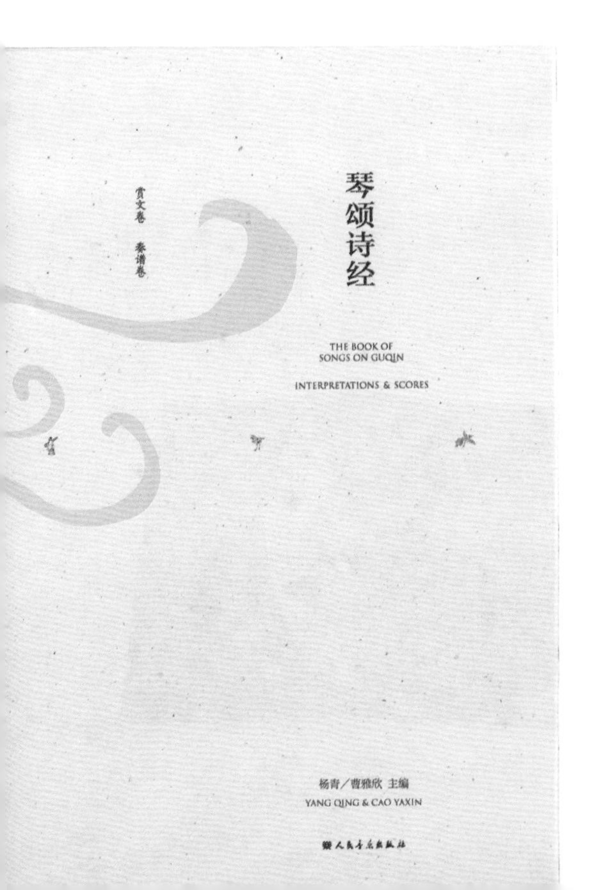


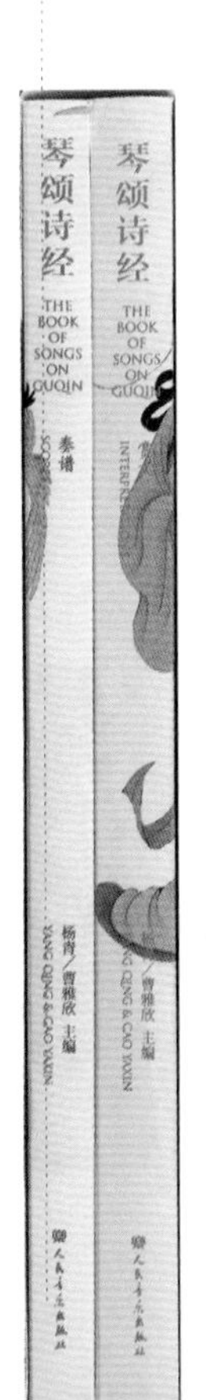


琴颂诗经

–

李响

–

人民音乐出版社

–

176×249mm

蔓珠莎华
梅艳芳的
演艺人生
Anita Mui

「如果有一日，我离开了舞台，有多少人会记得梅艳芳这个人？我只希望，大家在某一晚抬头望向天空，看见其中一颗星星时，会想起曾经有个很熟悉的名字，一个曾经为你们带来一点欢乐的人，她的名字叫梅艳芳。」

一九九五年四月《一个美丽的回响演唱会》

生活·读书·新知三联书店

最后的蔓珠莎华：梅艳芳的演艺人生

–

typo_d

–

生活·读书·新知三联书店

–

171×230mm

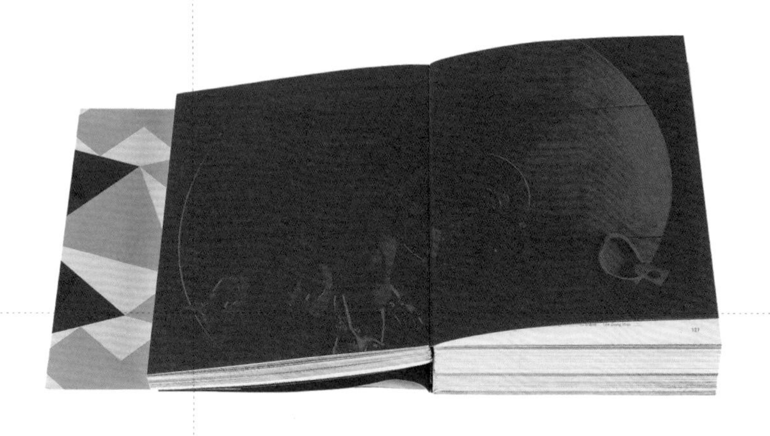

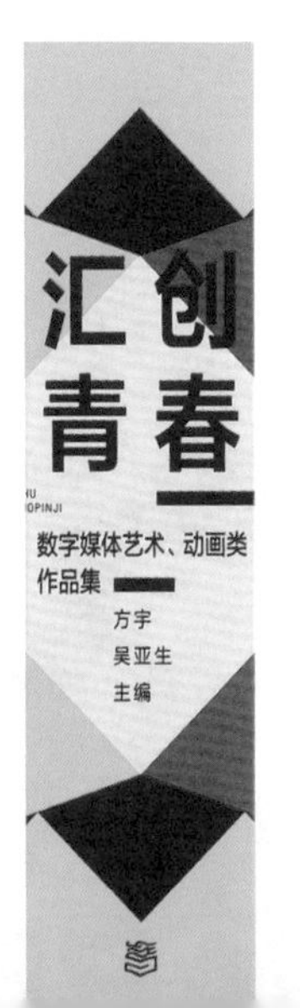


汇创青春——数字媒体艺术、动画类作品集

–

张申申

–

高等教育出版社

–

125×169mm

2017 明天当代雕塑奖作品集

–

汪泓 + 王玺 + 徐文洁 + 洪陈牧云 + 熊宽 + 霍子荆 + 杨素雯 + 宋梦宇 + 缪棋 + 唐可欣 + 李燊 + 阳青 + 姜亮 + 张茜茜 + 李明明 + 杨嘉笛 + 赵月林 + 罗婷 + 朱容娇 + 吕佩煜 + 杨蓁琪

–

重庆出版社

–

210×265mm

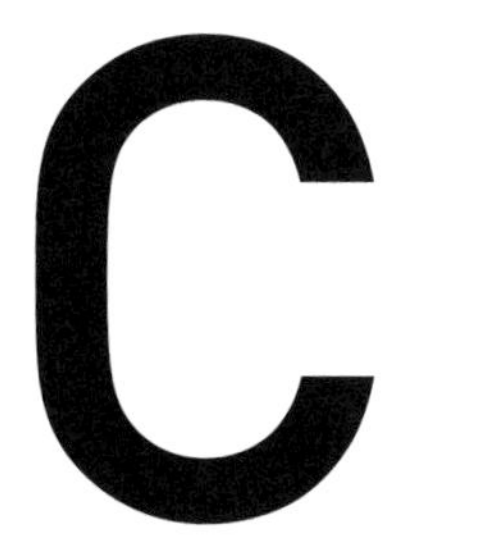

# LITERATURE

# 文学类

# C

GOLD AWARD

金奖

金陵小巷人物志

周伟伟

**P254**

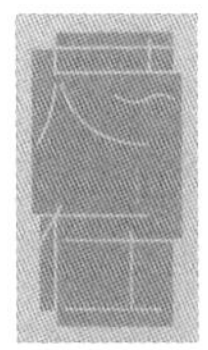

思在

联合设计实验室（United Design Lab）

**P260**

《开卷》二〇〇期

潘焰荣 + 唐益君

**P266**

## SILVER AWARD
## 银奖

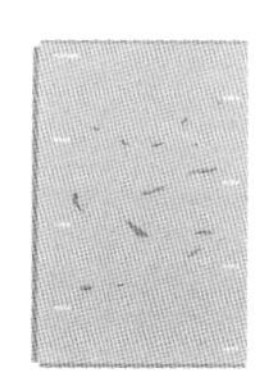

中国古代歌谣整理与研究
张志奇
P272

诗镜
许天琪
P276

呕吐袋之歌
周伟伟
P280

BRONZE AWARD

铜奖

老人与海全译本

张志奇设计工作室

P284

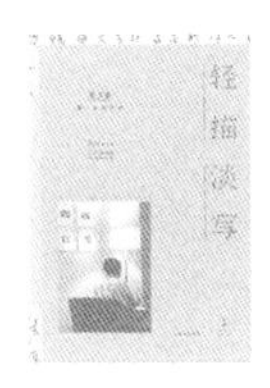

轻描淡写

孙晓曦

P286

梦故乡

周伟伟

P290

步客口袋书 · 文学系列

奇文云海 · 设计顾问

P288

学而不厌

曲闵民+蒋茜

P292

狄更斯的圣诞故事

陶雷

P294

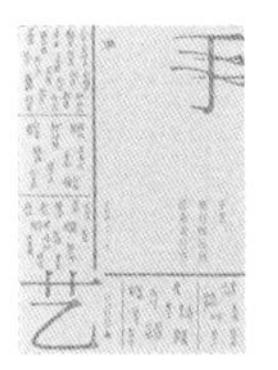

手艺：渐行渐远的江南老行当

林林

P296

## EXCELLENCE AWARD

## 优 秀 奖

A SOCIAL SCIENCES

B ARTS

C LITERATURE

D SCIENCE AND TECHNOLOGY

E EDUCATION

F CHILDREN

G NATION

H ILLUSTRATION

I PRINT

J EXPLORATION

# C

LITERATURE

文学类

作　品

《金陵小巷人物志》是对市井生活中普通人物的“传写”。在设计上提取了不少源自日常生活景象的元素，从封面到内页，都选用了粗糙耐用、富有生活气息的牛皮纸，三个切口被打毛呈粗糙不平状，让整本书看起来像是一块毛坯砖，朴实无华。封面上的书名等文字像是用镂空铁皮喷上去的标语字，内文第一帖及最后一帖也将一些南京的小巷和南京方言用白色的“喷涂标语字”呈现，与封面相映成趣；小人物肖像插画的背面印上了黑色，一帧帧贴在内页上，内页用“喷涂标语字”残余的颗粒作底纹，营造出本书的“生态”。左右页的页码均不出版心，置于文字最后一行的右侧，呈现一种“微不足道”的美。全书紧紧围绕“小人物”这一概念来进行设计并将之表现出来。

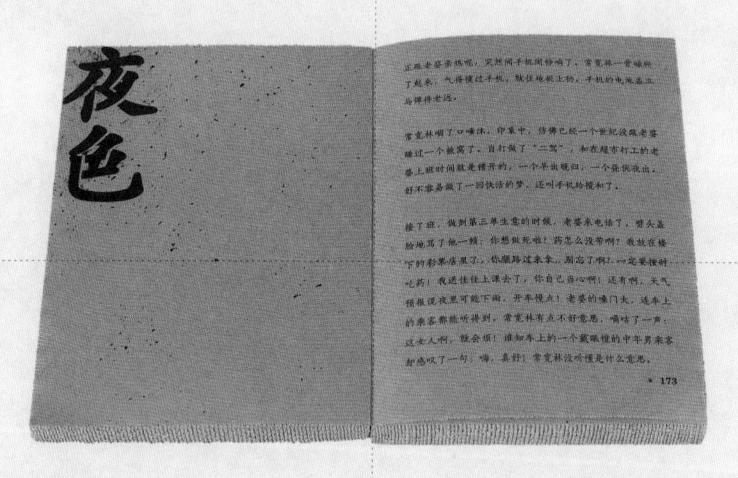


金陵小巷人物志

–

周伟伟

–

江苏凤凰文艺出版社

–

118×155mm

|

432p

|

389g

在桑拿洗浴中心清洗浴池，让他想到了一个赚钱的办法。

他找了几条洗浴中心用破了的毛巾，放在洗衣粉里泡，让毛巾吃足了洗衣粉，再晾干，毛巾变得硬邦邦的。又在小店里买了十几块那种很便宜的臭肥皂，每一块再切成十几小块，每一小块又都用彩色纸包得整整齐齐，装在饭盒子里。他还弄了副平光眼镜，架在鼻子上，立马就有点斯文的派头，像个知识分子。

怕被人认出来，他没敢在城南摆摊子，而是选到了中央门长途汽车站附近。地上用小石头压了一张用挂历纸背面写的"高科技产品"介绍，说一种叫"污敌"的去污产品，能去除各种油污锈迹，立竿见影，非常神奇等等。渐渐地有不少路人驻足观看。年成捋起了袖子，像当年他卖服装的时候一样，扯开了嗓子吆喝起来：哎——工厂倒闭，厂长枪毙！困难职工，自谋出路！我是化工厂的工程师，发明了这种强力去污肥皂，但是厂子倒闭了，没有厂家生产，只好自己做了一点，卖了养家糊口。各 • 158

泻药。亏好是泻药，要是农药那还了得！结果，饭店只好关门大吉，还赔进去几万块。老鲁说完，才觉得说这话有点不大吉利，连忙打招呼，我这是酒喝多了，瞎讲啊！杨四倒没在意老鲁的打招呼，他想，我这饭店要出这样一个故事，那不是要我的命么？这可是我借钱拉债开的啊！

送走老鲁，杨四交代老婆，以后有人上门来推销油的，千万不要买。油盐酱醋什么的，都到超市去进货。还跟老婆说，炸油条的小工今天苦得不轻，从这个月起，给他涨五十块工钱吧。

• 188

就在上了外国报纸以后，文化局的人曾经找到他，说可以帮他在工艺美术大楼弄个工作室，和剪纸的、烙画的、篆刻的、做布娃娃的在一起，集中展示民间艺术，不用风吹日晒了，面人的销路也会有一定保障，做好了，还能申请非物质文化传人什么的。他说我自由闲散惯了，怕是坐不住，而且这一带人头熟，办个事情也方便些。虽然没去成，但那以后，他的名声也大了起来，有个小报记者还写了介绍他的文章，称他叫"面人刘"，慕名而去的人也多了，生意自然好了许多。

但刘小宝依然是不紧不慢，上午十点钟出摊，晚上十点钟赶了夜市收摊，下雨就在出租屋里研究琢磨新品种。哪一天赚多了，就犒劳一下自己，到小饭店要个菜，喝上一口。

日子就这样如水一般地流着，悠悠地，刘小宝也很满足。

偶尔，会有点小故事小插曲。比如那天，来了一个女人，穿着睡衣，染着黄毛，化了很浓的妆，她掏出 • 192

手机，指着上面的一张照片说，你给我捏个这个人，说着又掏出50块钱，往摊上一放，说不用找了！刘小宝看着照片，要捏的也是一个女的，看着比她年轻漂亮，好像是在店里买衣服，给偷拍了下来。刘小宝当下就明白了几分。捏的时候，故意在五官上做了点手脚，似像非像的，又在左耳后面粘了个小黑点，算是加了颗痣。女人看了，说不怎么像嘛，不说你捏什么像什么吗？他说，那是抬举我呢，捏面人只能是个大概。他又找了三十块钱给女人，说所以我哪能收这么多钱呢。又说，大姐，天热，人容易上火，您赶快回去到空调房里歇着，心静，就好了。临了，又交代，大姐，那面人干了，可不能拿尖的东西戳啊，容易开裂破碎，就可惜了。

小故事有时候会接二连三。才隔没几天，在夫子庙一带也是很有名气的吴四毛找到他，扔了一张老人头，说给我按照片上的人，捏一个，说寿用的，要喜庆。吴四毛到底是干什么的，刘小宝不知道，反正这人路子很野，从官府到摆小摊子的，他好像认识不少人，有人摊子给 • 193

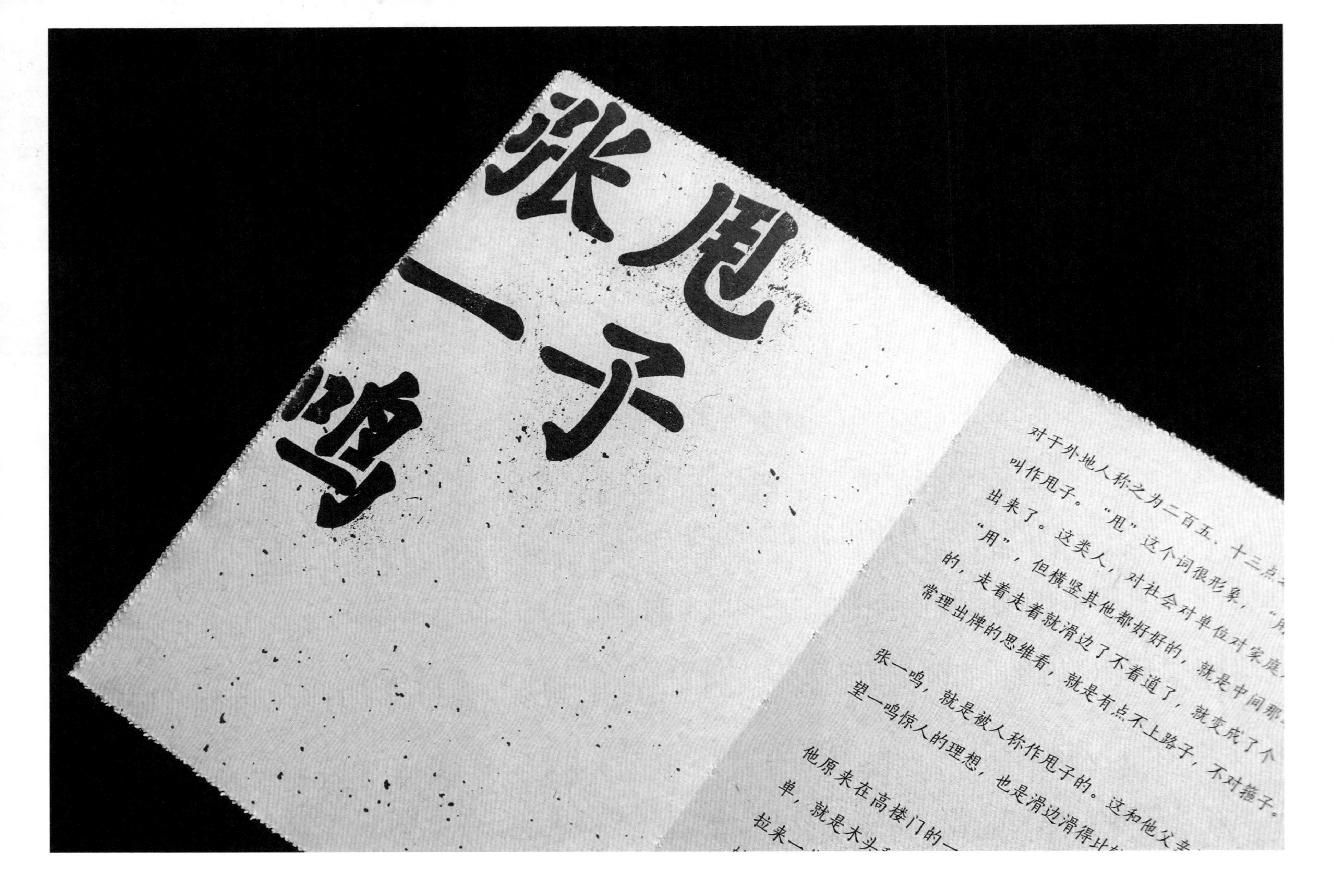

张甩子一鸣
对于外地人称之为二百五、十三点
叫作甩子。"甩"这个词很形象，
出来了。这类人，对社会对单位对家庭
"用"，但横竖其他都好好的，就是中间那
的，走着走着就滑边了不着道了，就变成了个
常理出牌的思维看，就是有点不上路子，不对箍子。
张一鸣，就是被人称作甩子的。这和他父
望一鸣惊人的理想，也是滑边滑得比
他原来在高楼门的
单，就是木头
拉来

“打开记忆的抽屉”。

“记得小时候，那会我爸还是个木匠，家里的家具都是我爸做的。床边的书桌抽屉里放着我乱七八糟的东西，第一层是零零碎碎的，什么小学、初中胸卡，不知道有没有油的圆珠笔、签字笔，我妈舍不得扔的废白纸；第二层是还带着塑料纸的盗版游戏光盘和录音带、CD 唱片；第三层是各种奖状和证书；第四层是小浣熊的水浒卡、三国卡、奇多的圆卡……于我而言，这本书就是那个抽屉柜。”

受作者委托，将其十几年的杂记编辑成一本书，名为思在。这本书总共分为五个篇章，全部为碎片式的记录。设计者将这些记忆的碎片进行归类，分别置于五个不同大小的“抽屉”中。

附上一段“中国最美的书”评语：

“总体呈灰色调，前后环衬却采用亮眼的荧光红，内文又穿插了很薄的书页，以单面印刷灰绿色的颜体大字，让整本书活了起来。封面字体的设计富有现代感。辑封模切的位置各有不同，黑底与封面遥相呼应。正文选用了较大的字体，使阅读更为舒适。”

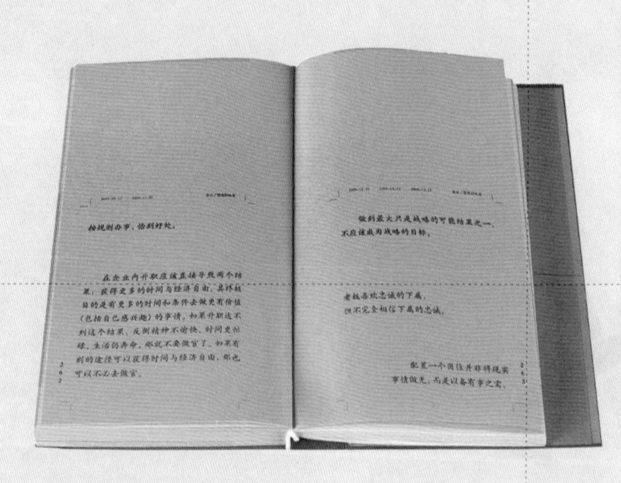

思在

–

联合设计实验室（United Design Lab）

–

中国市场出版社

–

122×214mm

|

347p

|

445g

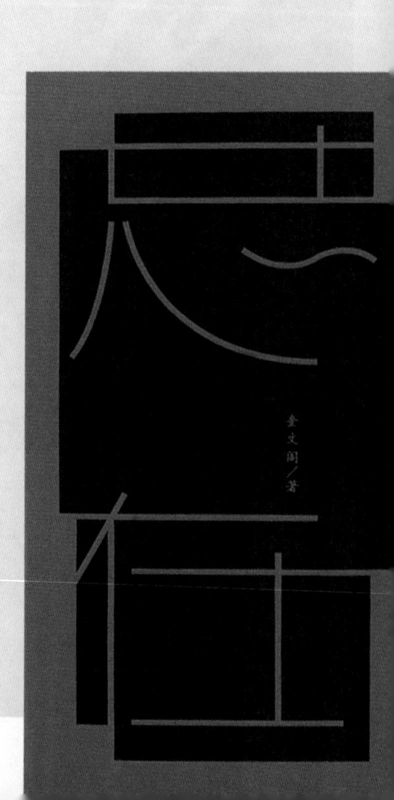

有條件時創造生活，沒有條件時享受生活。

影響公司治理效果的因素中，最重要的是文化背景其次是人的影響因素，最后才是制度。因爲這裏面制度是顯規則，但制度是“死”的，是被動的；文化和人可以通過各種各樣的潛規則實現制度之外的目的，影響公司的運營。

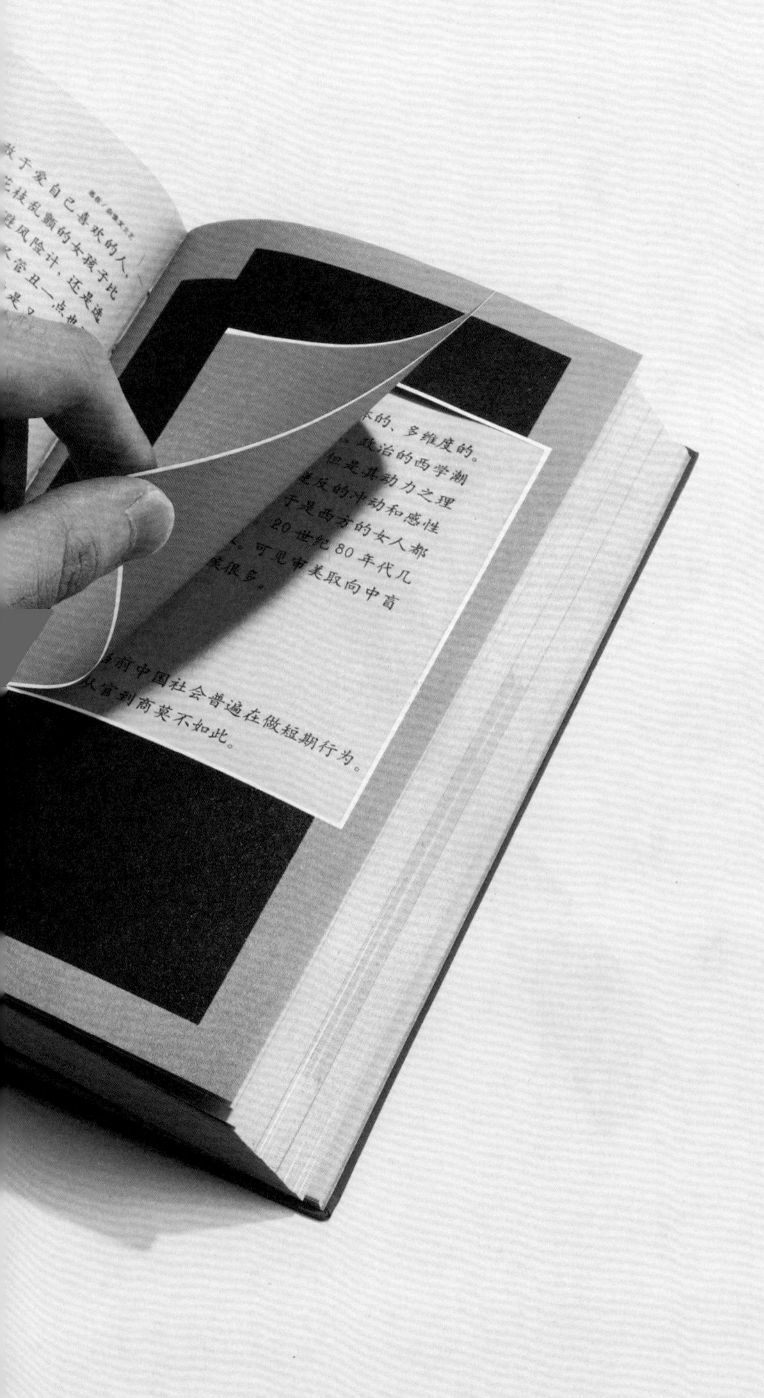

的、多维度的。
政治的西学潮
但是其动力之理
反的冲动和感性
于是西方的女人都
20 世纪 80 年代几
可见审美取向中盲
前中国社会普遍在做短期行为。
从官到商莫不如此。

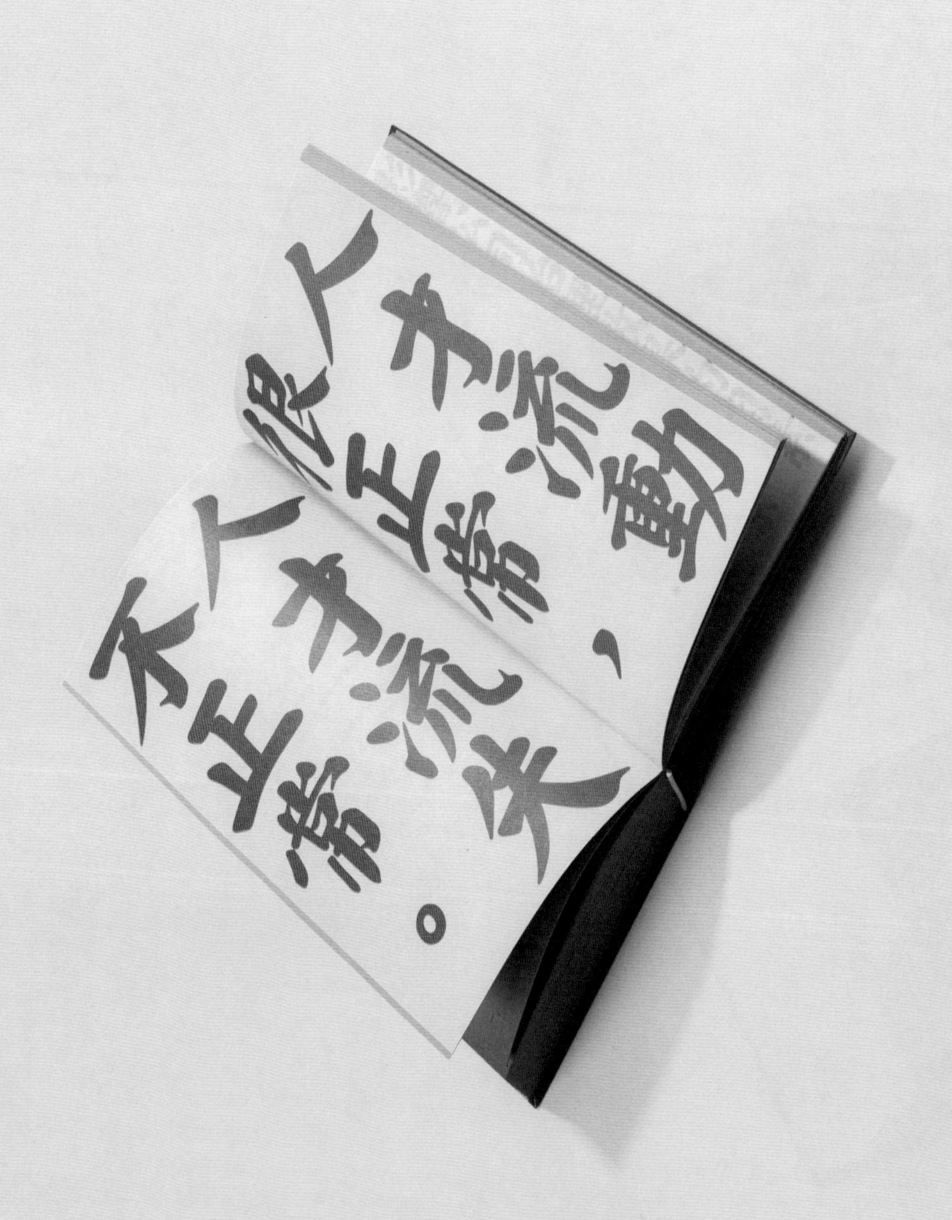
人才流動、
很正常、
人才流失、
不正常。

修身且修心 011-068
杂谈文史艺 069-134
世态多变迁 135-184
生活很有趣 185-242
管理的味道 243-348

《开卷》是一本纯粹的、书卷气浓郁的读书刊物，自2000年4月在南京创刊至今已走过十八年的历程，十八年来，《开卷》以每月一期的月刊形式，现已连续出刊两百期。如今，它在当代学术界、文学界、艺术界、出版界具有极高的知名度和影响力。

本书是《开卷》走过的十八年岁月的一个总结，也是一个全新的开始。《〈开卷〉二〇〇期》内容分为序跋、年谱、总目、人物四部分，记录了《开卷》创刊以来，这本文学刊物与读书人之间的故事。

这创刊十八年来，国内数百位知名专家、学者为刊物写稿，其中还以一百多位德高望重的文化老人的加盟而彰显《开卷》所特有的人文气息，他们中既有周有光、章克标、王元化、流沙河、朱正、钱伯城、何满子、吴小如、黄裳、鲲西等学者，也有范用、王世襄、钟叔河、黄宗江、黄永玉等出版家、剧作家、杂家，还有杨宪益、杨绛、绿原、屠岸、李文俊等翻译家以及谷林、朱健等文坛隐士。中青年则有董桥、陈子善、止庵、王稼句、薛冰、徐雁、谢泳、伍立杨、龚明德、张放、徐鲁等数十位作者。

书籍的开本和形态，像一本“字典”。它就是一本工具书，让热爱《开卷》的读者方便查阅与检索。全书纸张材质的多样、版式编排的丰富，让这样一本以文字为主的书籍，阅读起来变得生动，给人以丰富的阅读体验。整体设计烘托出《开卷》所特有的人文气息。

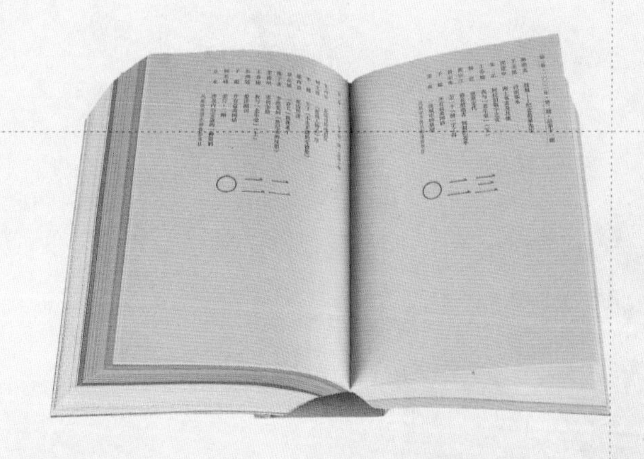

《开卷》二〇〇期
-
潘焰荣＋唐益君
-
天津古籍出版社
-
125×190mm
-
1488p
-
1036g

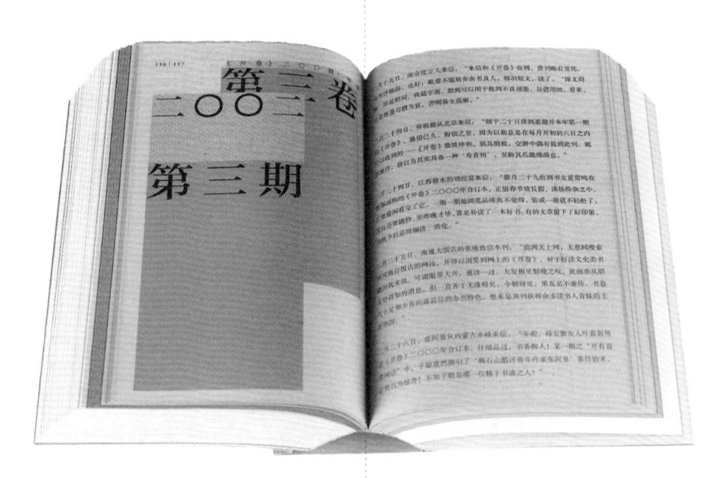
第三卷
二〇〇三
第三期

日志

《開卷》二〇〇期
序跋 1/4
年谱 2/4
总目 3/4
人物 4/4
董宁文 董国和 周建新——编
天津出版传媒集团
第一卷·总第一期 二〇〇〇
第十七卷·总第二〇〇期 二〇一六

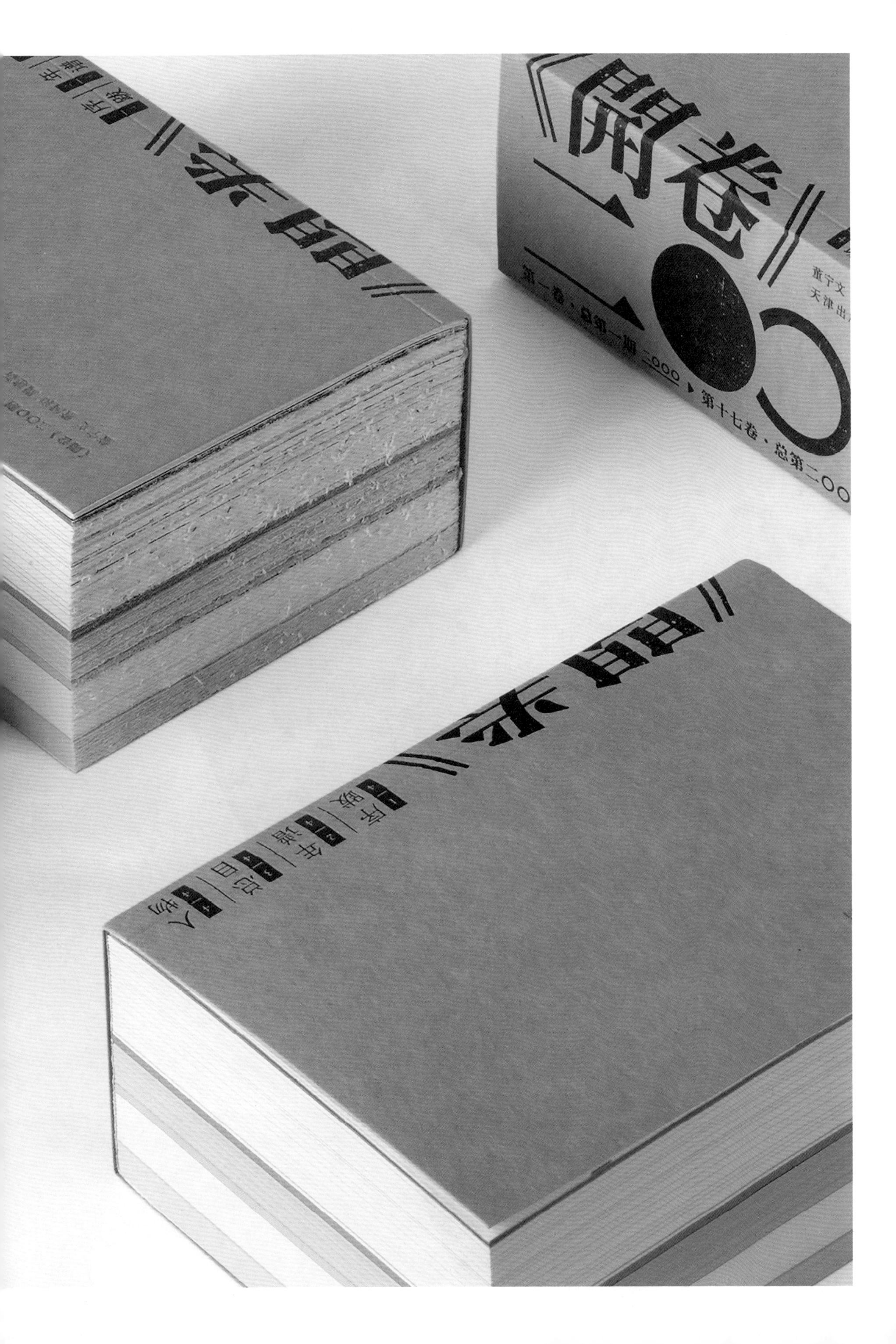
開卷

〇期《闲卷》二〇〇期《闲卷》二〇〇期《闲卷》

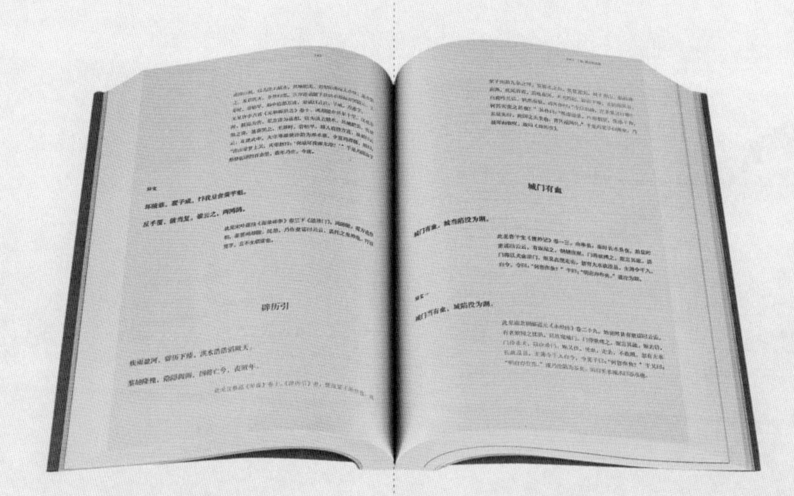

中国古代歌谣整理与研究

–

张志奇

–

高等教育出版社

–

183×283mm

|

772p

|

1975g

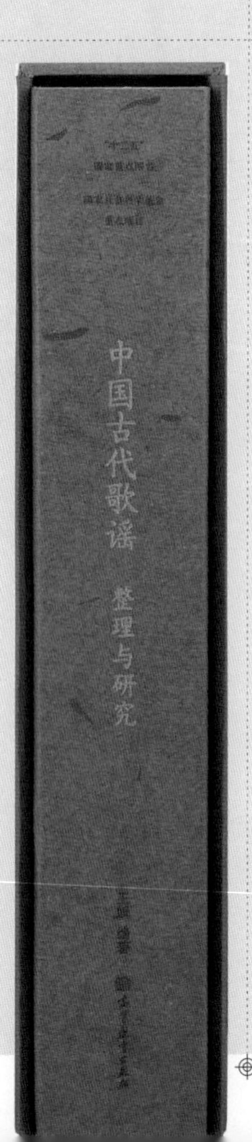


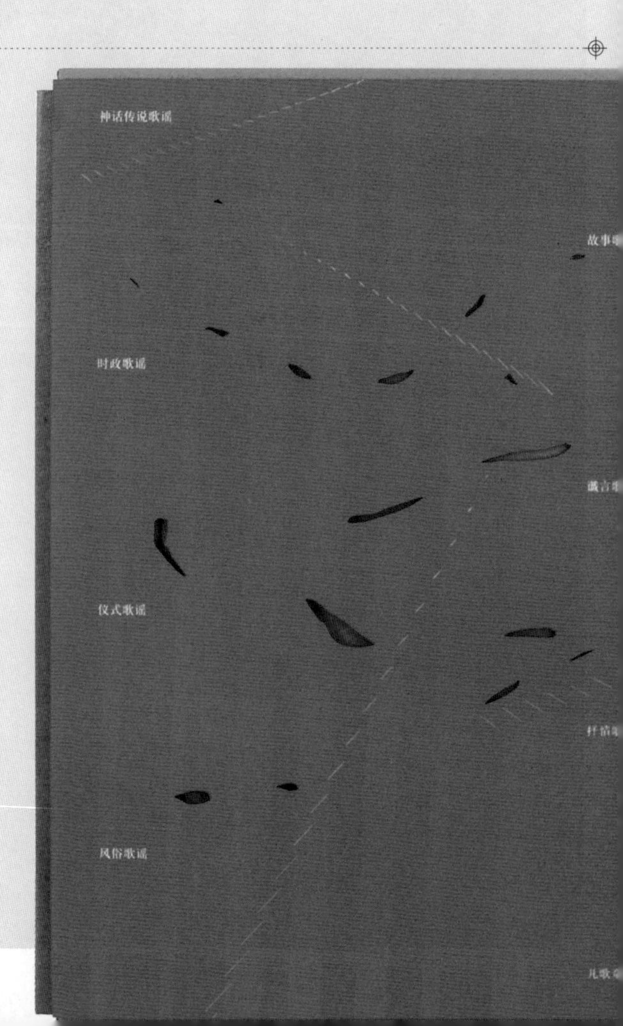

游仙歌谣篇

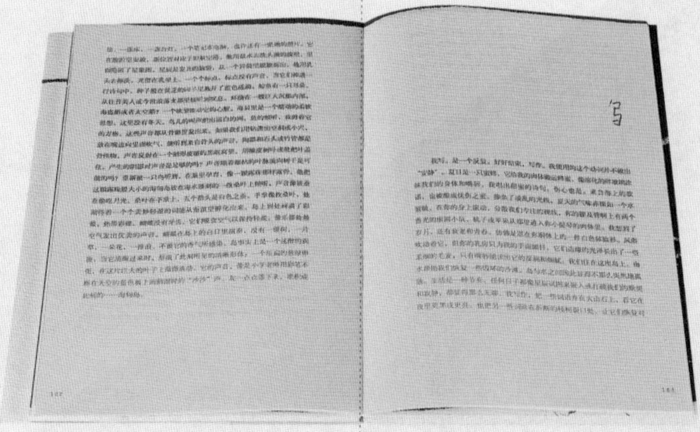

诗镜
–
许天琪
–
成都时代出版社
–
143×215mm
|
276p
|
348g

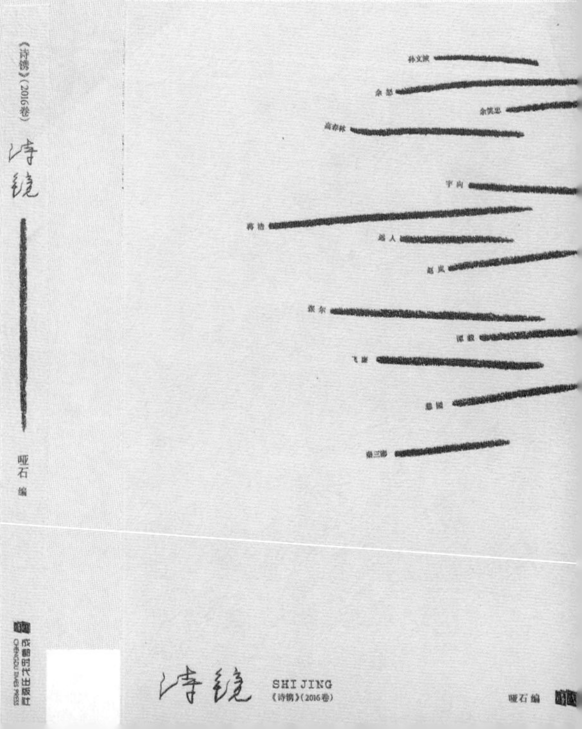

《诗镜》(2016卷)
诗镜
哑石 编
成都时代出版社
CHENGDU TIMES PRESS

余怒
余笑忠
高春林
宇向
蒋浩
远人

诗镜 SHI JING
《诗镜》(2016卷)
哑石 编

008
JIANG HAO

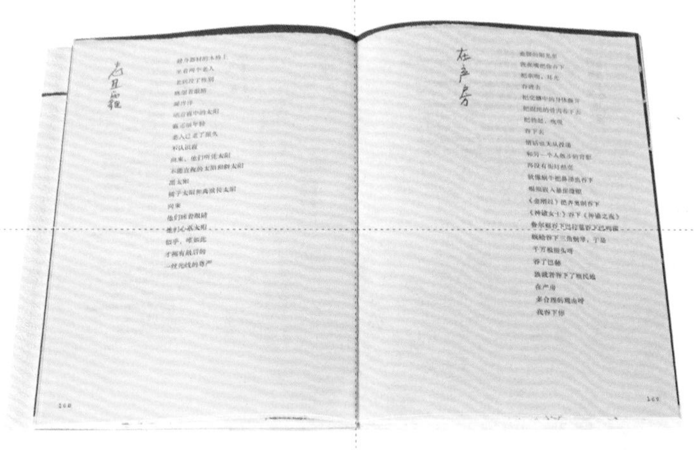

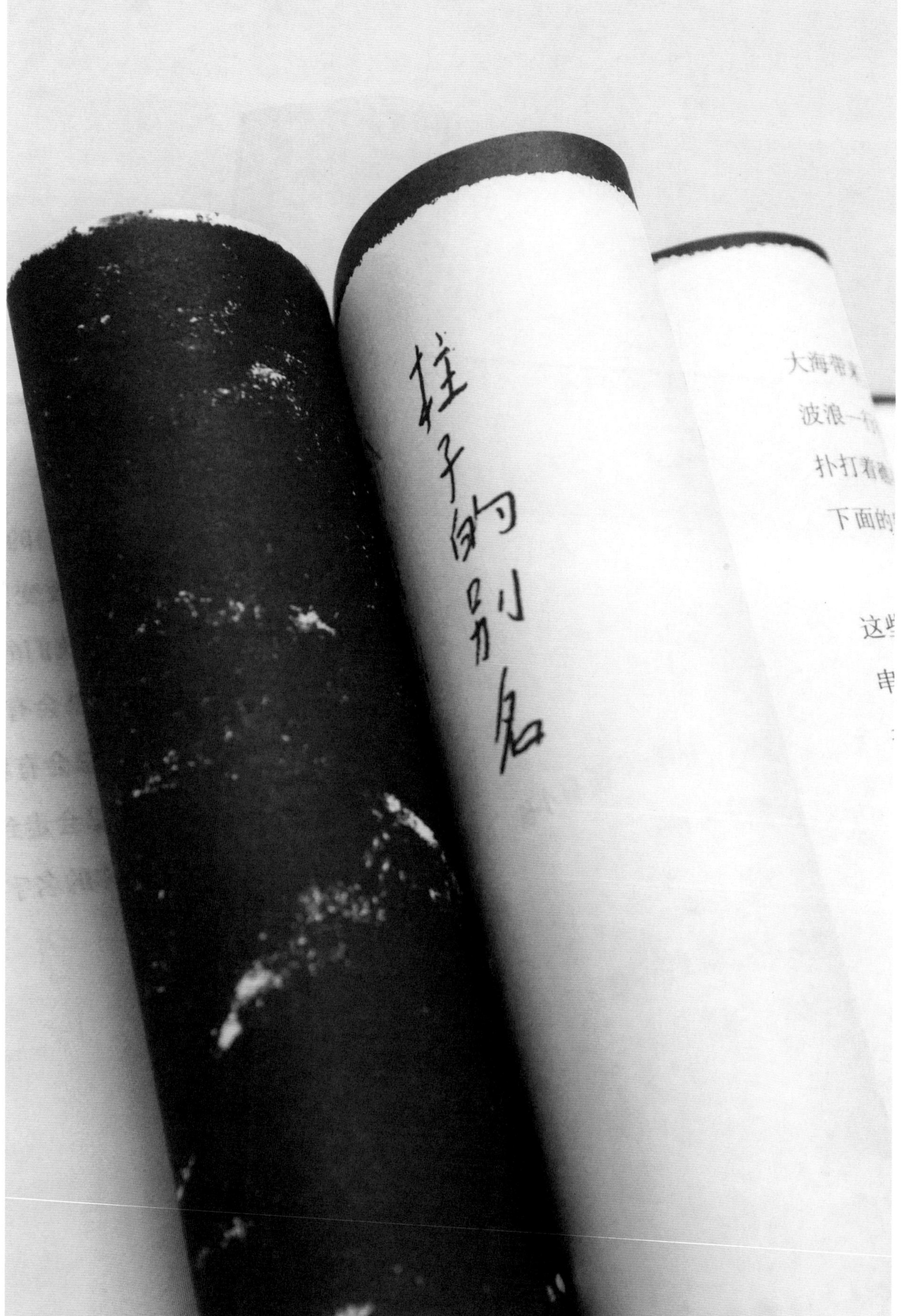
柱子的别名
大海带
波浪一
扑打着
下面的
这些
串

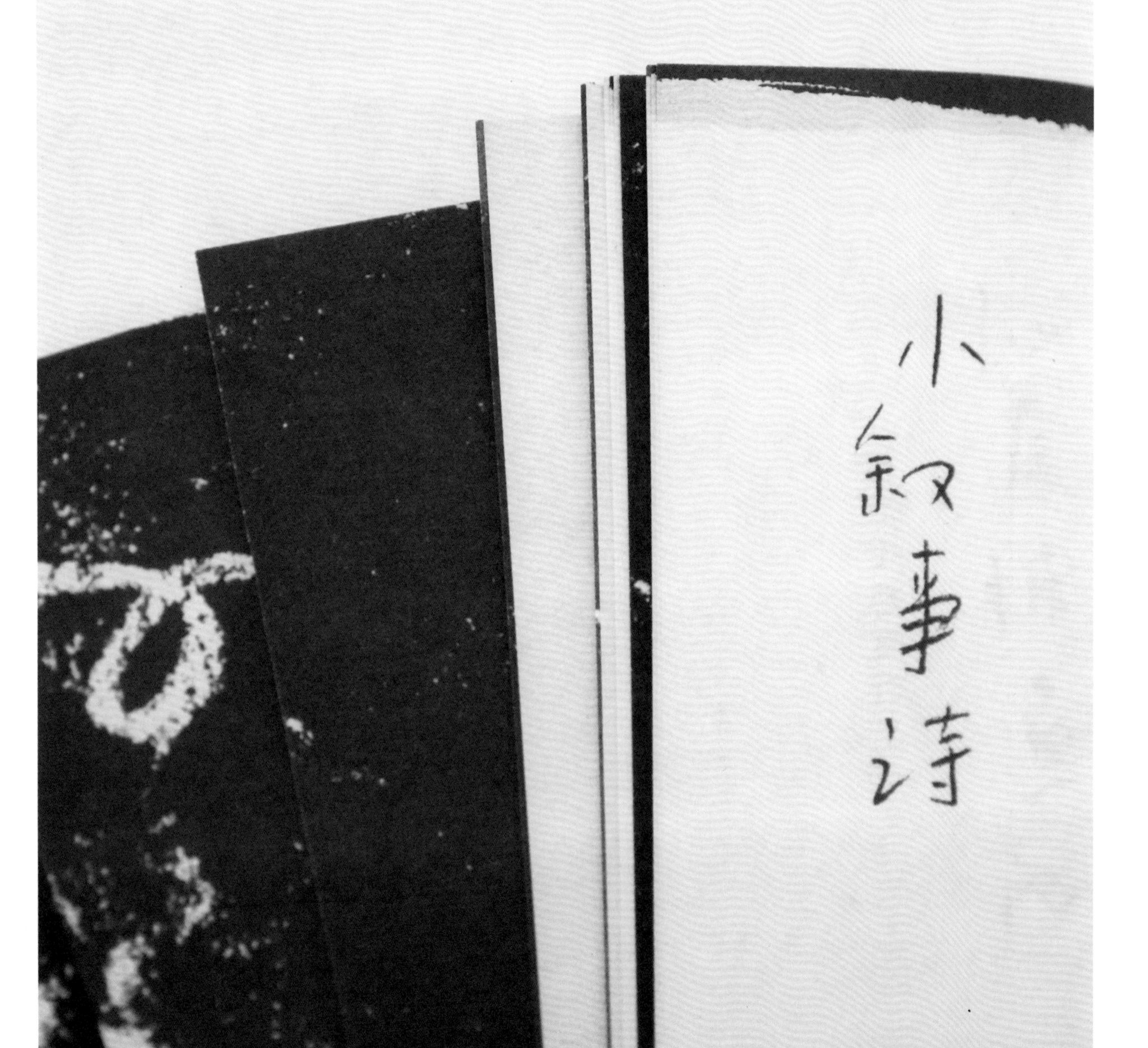
小敘事诗
邻居的四条狗
在大门外的水
总是最小的那

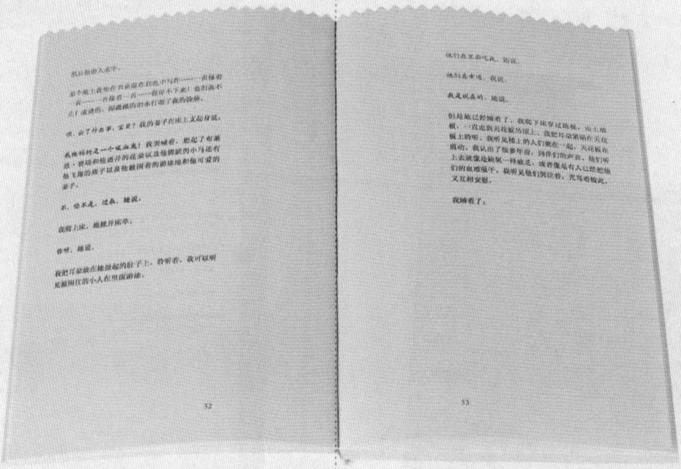

呕吐袋之歌

–

周伟伟

–

北京联合出版公司

–

142×210mm

|

208p

|

320g

阿尔伯塔省埃德蒙顿的费尔蒙特麦克唐纳德酒店，
就像是卧在山巅上的古老欧洲的残片，
是埃德蒙顿的唯一一家四星级酒店。
神话般[illegible]
但是小心！费尔蒙特酒店的干洗服务，
差不多把我的西装毁成了切尔诺贝利，简直让我作呕。
我穿着它去了南阿尔伯塔千禧礼堂，
1971年普洛柯哈伦乐队[1]在那里录制了
《普洛柯哈伦乐队和埃德蒙顿交响乐团演唱会现场》，
里面有一首绝妙的现场版的《西班牙征服者》[2]，
里面有伟大的B.J.威尔逊[3]的鼓击，他出生在英格兰
的埃德蒙顿。
奇妙吗？北阿尔伯塔省的埃德蒙顿，
作为哈得逊海湾公司[illegible]的贸易点，
在1791年因英格兰的埃德蒙顿而得名，你不知道吧。

那个夜晚，结束了工作，我们溜出了千禧礼堂，
走进山谷，在萨斯喀彻温河里游了泳，
然后和一些漂亮的加拿大皮草商聚会，
就好像这是1791年。

1 Procol Harum，是1967年成立的英国迷幻摇滚乐队。
2 Conquistador，是普洛柯哈伦乐团1967年发行的专辑《[illegible]》(A Whiter Shade of Pale)中的一首单曲。
3 Barrie James Wilson，(1947-1990)，英国鼓手，1967-1977年担任普洛柯哈伦乐队的鼓手。

69

21 JUN 2014

MINNEAPOLIS

SICK BAG SONG

Up and further, in a bus, into Minneapolis, in a [illegible]
With its [illegible] walkways
And the grand State Theatre in the [illegible] Italian style
With its arched proscenium [illegible] 100 feet
We arrive but go on late. above the stage
Look! The crowd are [illegible] The [illegible] is staggering
Their arms reach out like the fingers of [illegible] pylons
The music [illegible] along the [illegible]. We have
[illegible] through the [illegible] of buffalo – Cheyenne
[illegible]

I STAND. LIKE A FLAYED DOG REVEAL
A TUBE OF RASBERRY SKIN. LEAP, YOU FUCKERS!
LEAP, I SAY! [illegible] And all the [illegible] pylons
Are turning into columns of light, hold hands [illegible]

JOHN BERRYMAN BIT × 2 [illegible]

The [illegible], scrapings, [illegible]
last vestiges, bottom of the barrel, leftovers
[illegible]
MOVE FORWARD & LEAP DIFFERENTLY

DELIVERED 21 JUN 2014

看看这个，她会说。

她将递给男孩一张唱片封套，男孩会看见一个大笑着的男人疯狂的脸，以及大大的字母写着《爱与恨之歌》，甚至在她把唱针放在唱片上之前，他就会知道自己握住了未知的宝藏。

我经历了一次雪崩，它覆盖了我的灵魂。

莱昂纳德·科恩[1]将会唱道，而男孩将猛地吸一口气，仿佛这是第一次，并坠入大笑着的男人的声音中，躲藏起来。

这男孩将会长大，随着时间过去将有其他更多的歌——不是非常多——一生中将有十首或者二十首歌，从他即将发现的其他音乐中脱颖而出。他将会意识到当他长大后，穿过加拿大国境驶向西雅图时，这些歌曲不仅仅是神圣或是庄严的，它们是隐秘之歌——阿兹特克印第安人称之为腐烂之歌——

1 Leonard Cohen (1934-2016)，加拿大歌手、诗人、作家。[illegible]

84

专指阴郁的，困惑的，隐匿的和秘密的歌。他将会意识到那些，对他而言，这些歌将被用来挡住太阳，划下一道长长的阴影，保护他远离全世界很快的目光。

•

龙有九个孩子。

嘲风喜好险要。
蒲牢喜好吼叫。
囚牛喜好音乐。
霸下喜好负重。
狻猊喜好蹲坐。
螭吻喜好吞咽。
狴犴喜好诉讼。
负屃喜好文学。
睚眦喜好杀戮。

85

Louisville, Ken

THE SK

golden horns

North Amer

graves

that runs on rhyme and ghosts. The mouses

Propose

through the great plains, the

YOUR

Kentucky

across the plains in the dark

buffalo.

William B. Cody 4,287.

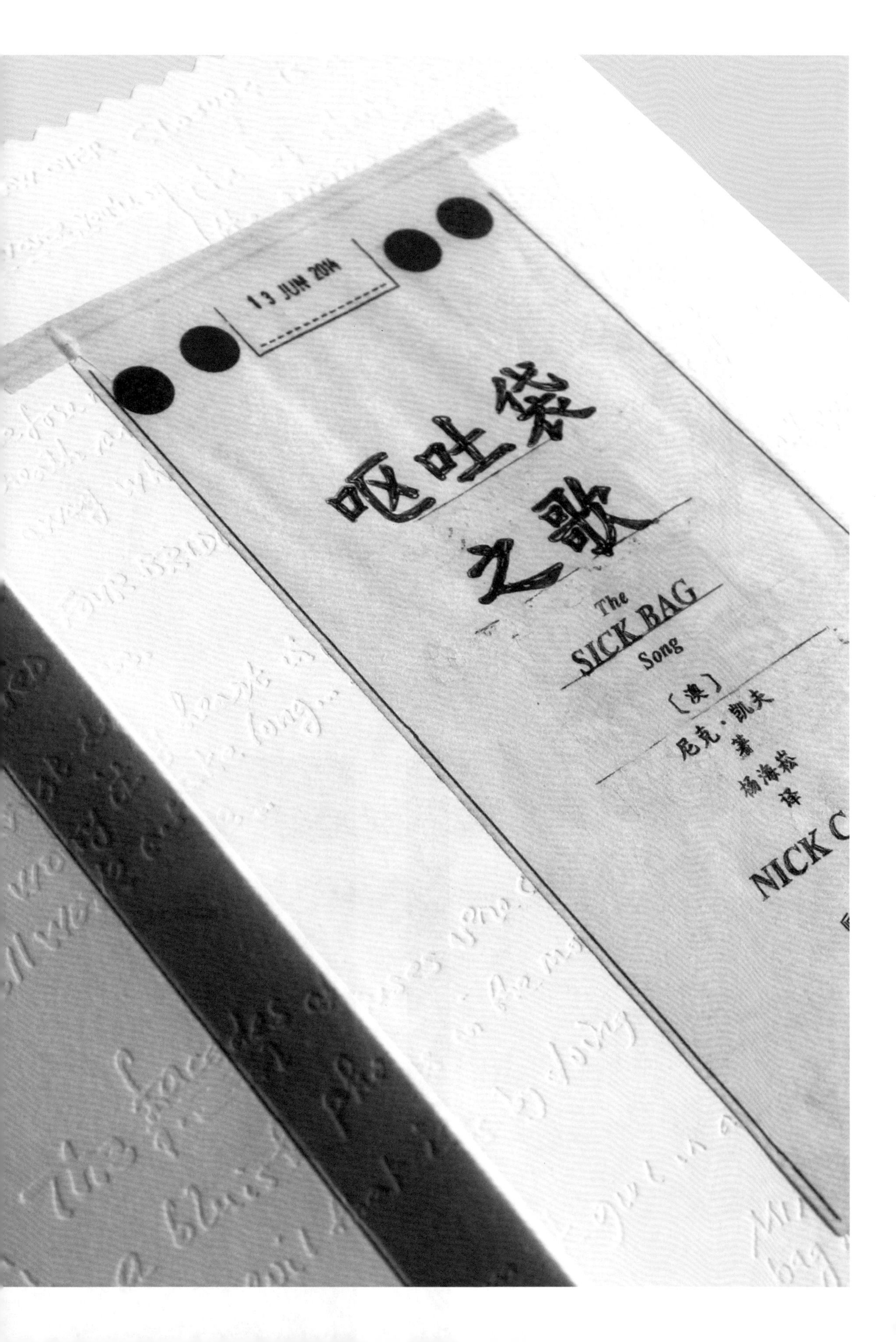
13 JUN 2014
呕吐袋之歌
The SICK BAG Song
〔澳〕尼克·凯夫 著
杨海崧 译
NICK C

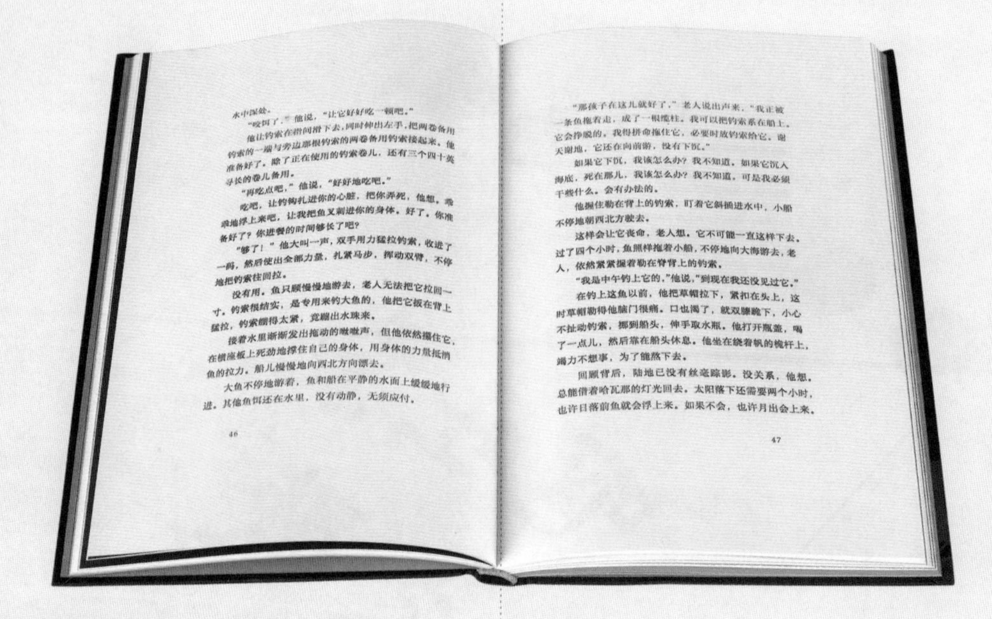

水中深处。

"咬饵了，"他说，"让它好好吃一顿吧。"

他让钓索在指间滑下去，同时伸出左手，把两卷备用钓索的一端与旁边那根钓索的两卷备用钓索接起来。他准备好了。除了正在使用的钓索卷儿，还有三个四十英寻长的卷儿备用。

"再吃点吧，"他说，"好好地吃吧。"

吃吧，让钓钩扎进你的心脏，把你弄死，他想。乖乖地浮上来吧，让我把鱼叉刺进你的身体。好了。你准备好了？你进餐的时间够长了吧？

"够了！"他大叫一声，双手用力猛拉钓索，收进了一码，然后使出全部力量，扎紧马步，挥动双臂，不停地把钓索往回拉。

没有用。鱼只顾慢慢地游去，老人无法把它拉回一寸。钓索很结实，是专用来钓大鱼的，他把它扳在背上猛拉，钓索绷得太紧，竟蹦出水珠来。

接着水里渐渐发出拖动的嗞嗞声，但他依然攥住它，在横座板上死劲地撑住自己的身体，用身体的力量抵消鱼的拉力。船儿慢慢地向西北方向漂去。

大鱼不停地游着，鱼和船在平静的水面上缓缓地行进。其他鱼饵还在水里，没有动静，无须应付。

46

"那孩子在这儿就好了，"老人说出声来，"我正被一条鱼拖着走，成了一根缆柱。我可以把钓索系在船上。它会挣脱的。我得拼命拖住它，必要时放钓索给它。谢天谢地，它还在向前游，没有下沉。"

如果它下沉，我该怎么办？我不知道。如果它沉入海底，死在那儿，我该怎么办？我不知道。可是我必须干些什么。会有办法的。

他握住勒在背上的钓索，盯着它斜插进水中，小船不停地朝西北方驶去。

这样会让它丧命，老人想。它不可能一直这样下去。过了四个小时，鱼照样拖着小船，不停地向大海游去，老人，依然紧紧握着勒在脊背上的钓索。

"我是中午钓上它的，"他说，"到现在我还没见过它。"

在钓上这鱼以前，他把草帽拉下，紧扣在头上，这时草帽勒得他脑门很痛。口也渴了，就双膝跪下，小心不扯动钓索，挪到船头，伸手取水瓶。他打开瓶盖，喝了一点儿，然后靠在船头休息。他坐在绕着帆的桅杆上，竭力不想事，为了能熬下去。

回顾背后，陆地已没有丝毫踪影。没关系，他想。总能借着哈瓦那的灯光回去。太阳落下还需要两个小时，也许日落前鱼就会浮上来。如果不会，也许月出会上来。

47

老人与海全译本

–

张志奇设计工作室

–

崇文书局

–

166×252mm

|

164p

|

534g

老人与海 全译本 文爱艺 译

The Old Man and the Sea

老人与海

全译本

[美]欧内斯特·米勒尔·海明威

文爱艺 译

主与你同在，你在妇女中受赞颂，
你的亲子耶稣同受赞颂。
天主圣母玛利亚，
求你现在和我们临终时，
为我们罪人祈求天主。
阿们。”

然后他添加了两句：“万福的圣母，祈求您为这鱼的死赐福吧，它很了不起。”

读完祈祷文，他感觉好多了，尽管依然很痛，也许更厉害，于是他背靠在木舷上，机械地活动左手的手指。

阳光更热了，虽然微风柔和地吹着。

“我还是把船尾的小钓丝重新装上钓饵，”他说，“如果那鱼打算再扛上一夜，我就需要再吃点东西，瓶里的水也不多了。我想这儿除了鲯鳅，也钓不到别的东西。趁它新鲜的时候吃，味道也不会差。我希望今夜有飞鱼能跳到船上来。可惜我没有灯光吸引它。飞鱼生吃味道是最好的，而且还不用切成小块。我现在必须保存所有的精力。天啊，没想到这鱼竟这么大。

“我要宰了它，”他说，“管它多么了不起，多么神气。”

这不公平，他想。但我要让它知道人有多大的能耐，人能忍受多少磨难。

62

轻描淡写
—
孙晓曦
—
上海人民出版社
—
130×190mm
|
192p
|
321g

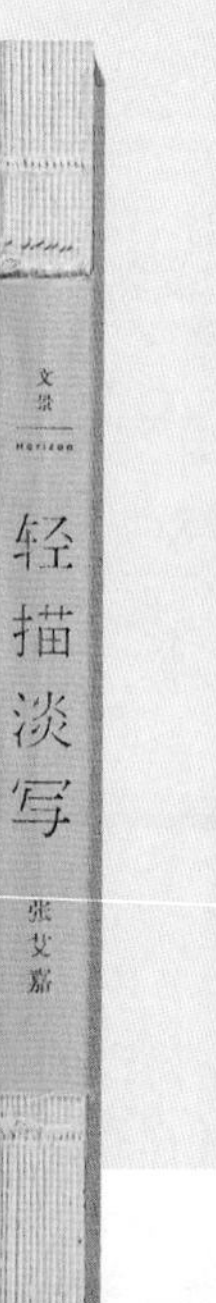

我们几乎到拍摄期的最后才找到这间餐厅，可用之处也真的只有一角。老板把墙壁漆成红白二色，大片的红色过分地强势，这也是在第一次看景时我没有决定用它的原因，但对它的印象却是清楚的。第二次再去看景，我和美术指导突然看到墙壁某一角有一些斑驳，可以破坏那份强势，再挂上了一幅复制油画。桌上两盘快餐的意大利面，两个透明塑胶杯的白开水，旁边带到的空桌是全空。当美术指导把原有的小花瓶插上几朵塑胶小花摆在靠墙的桌边上时，我笑着拍起手。红色却被摧残的气氛；隐秘的角落在一家自助中式西餐咖啡餐店里，男女主角好好地吵了一场架。还有什么比得上在后期音效小杜（杜笃之）替它加上了厨房隐约的炒菜的声音，远处偶尔传来开门关门的声音，让整个空间更为立体。这就是电影创作令人着迷的原因，而这些只不过是从找景开始。

电影创作令人着迷的原因，有时只不过是从找景开始。

对 话

我跟云说话，云跟我说话。

我追云，云追我。

“怎么追得上你千变万化。”我说。

“情绪啊！不是跟人一般？”它又变了。

“我总是要仰头看着你高高在上。”

“你真傻！”它笑我，“遇上一阵冷或热空气我就降下去了。谁能永远高高在上啊！”

它不见了。

"Best not to ask him," Joyce said. We left it at that. I told Joyce of my first meeting with him in Ezra's studio with the girls in the long fur coats and it made him happy to hear the story.

EVAN SHIPMAN AT THE LILAS

FROM the day I had found Sylvia Beach's library I had read all of Turgenev, what had been published in English of Gogol, the Constance Garnett translations of Tolstoi and the English translations of Chekov. In Toronto, before we had ever come to Paris, I had been told Katherine Mansfield was a good short-story writer, even a great short-story writer, but trying to read her after Chekov was like hearing the carefully artificial tales of a young old-maid compared to those of an articulate and knowing physician who was a good and simple writer. Mansfield was like near-beer. It was better to drink water. But Chekov was not water except for the clarity. There were some stories that seemed to be only journalism. But there were wonderful ones too.

In Dostoyevsky there were things believable and not to be believed, but some so true they changed you as you read them; frailty and

A Moveable Feast | 153

*Chapter 29*
*I Light Out in the Storm*

THEY was fetching a very nice-looking old gentleman along, and a nice-looking younger one, with his right arm in a sling. And, my souls, how the people yelled and laughed, and kept it up. But I didn't see no joke about it, and I judged it would strain the duke and the king some to see any. I reckoned they'd turn pale. But no, nary a pale did *they* turn. The duke he never let on he suspicioned what was up, but just went a goo-gooing around, happy and satisfied, like a jug that's googling out buttermilk; and as for the king, he just gazed and gazed down sorrowful on them new-comers like it give him the stomach-ache in his very heart to think there could be such frauds and rascals in the world. Oh, he done it admirable. Lots of the principal people gethered around the king, to let him see they was on his side. That old gentleman that had just come looked all puzzled to death. Pretty soon he begun to speak, and I see straight off he pronounced *like* an Englishman—not the king's way, though the king's *was* pretty good for an imitation. I can't give the old gent's words, nor I can't imitate him; but he turned around to the crowd, and says, about like this:

"This is a surprise to me which I wasn't looking for; and I'll acknowledge, candid and frank, I ain't very well fixed to meet it and answer it; for my brother and me has had misfortunes; he's broke his arm, and our baggage got put off at a town above here last night in the night by a mistake. I am Peter Wilks's brother Harvey, and this is his brother William, which can't hear nor speak—and can't even make signs to amount to much, now't he's only got one hand to work them with. We are who we say we are; and in a day or two, when I get the baggage, I can prove it. But up till then I won't say nothing more, but go to the hotel and wait."

The Adventures of Huckleberry Finn | 401

步客口袋书·文学系列

奇云文海·设计顾问

外语教学与研究出版社

80×120mm

1272g

gets.'

'That it is not!' was the reply. 'I wonder whether the master —'

The charwoman was going on; but here Leah turned and perceived me, and she instantly gave her companion a nudge.

'Doesn't she know?' I heard the woman whisper.

Leah shook her head, and the conversation was of course dropped. All I had gathered from it amounted to this, — that there was a mystery at Thornfield; and that from participation in that mystery I was purposely excluded.

Thursday came: all work had been completed the previous evening; carpets were laid down, bed-hangings festooned, radiant white counterpanes spread, toilet tables arranged, furniture rubbed, flowers piled in vases: both chambers and saloons looked as fresh and bright as hands could make them. The hall, too, was scoured; and the great carved clock, as well as the steps and banisters of the staircase, were polished to the brightness of glass; in the dining room, the sideboard flashed resplendent with plate; in the drawing room and boudoir, vases of exotics bloomed on all sides.

Afternoon arrived: Mrs. Fairfax assumed her best black satin gown, her gloves, and her gold watch; for it was her part to receive the company, — to conduct the ladies to their rooms, etc. Adèle, too, would be dressed: though I thought she had little chance of being introduced to the party that day at least. However, to please her, I allowed Sophie to apparel her in one of her short, full muslin frocks. For myself, I had no need to make any change; I should not be called upon to quit my sanctum of the schoolroom; for a sanctum it was now become to me, — 'a very pleasant refuge in time of trouble.'

It had been a mild, serene spring day — one of those days which, towards the end of March or the beginning of April, rise shining over the earth as heralds of summer. It was drawing to an end now; but the evening was even warm, and I sat at work in the schoolroom with the window open.

'It gets late,' said Mrs. Fairfax, entering in rustling state. 'I am glad I ordered dinner an hour after the time Mr. Rochester mentioned; for it is past six now. I have sent John down to the gates to see if there is anything on the road: one can see a long way from thence in the direction of Millcote.' She went to the window. 'Here he is!' said she. 'Well, John,' (leaning out), 'any news?'

'They're coming, ma'am,' was the answer. 'They'll be here in ten minutes.'

Jane Eyre | 317

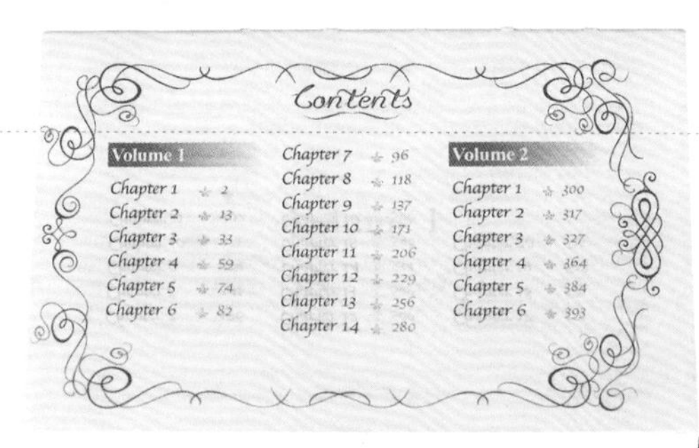
Contents



步客口袋书 远离尘嚣 外研社

步客口袋书 哈克贝利·费恩历险记 外研社

步客口袋书 傲慢与偏见 外研社

步客口袋书 流动的盛宴 外研社

步客口袋书 呼啸山庄 外研社

步客口袋书 简·爱 外研社

步客口袋书 血字研究 外研社

步客口袋书 巴斯克维尔的猎犬 外研社

步客口袋书 爱伦·坡惊悚短篇集 外研社

步客口袋书 野性的呼唤 外研社

步客口袋书 纯真年代 外研社

步客口袋书 了不起的盖茨比 外研社

步客口袋书 夜色温柔 外研社

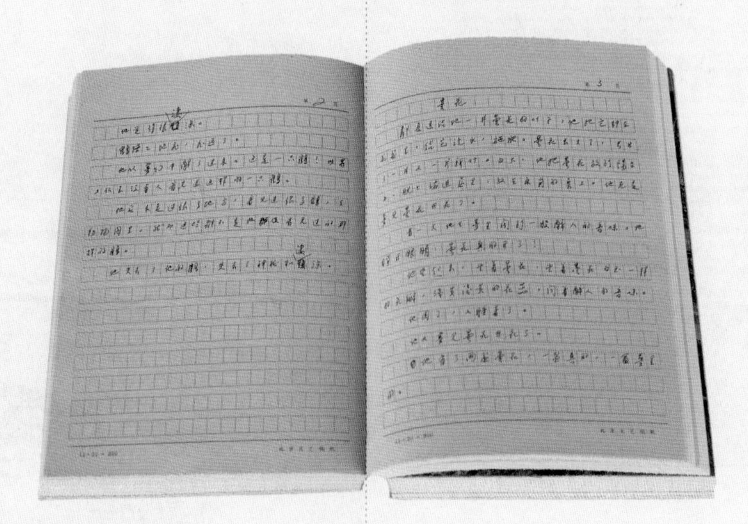

梦故乡
–
周伟伟
–
江苏凤凰文艺出版社
–
145×210mm
|
878p
|
906g

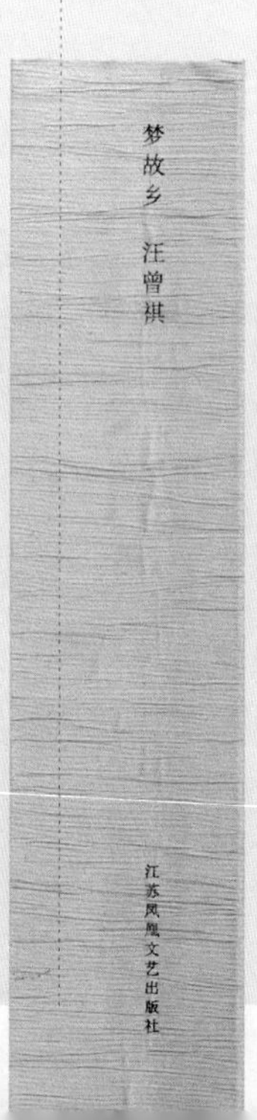

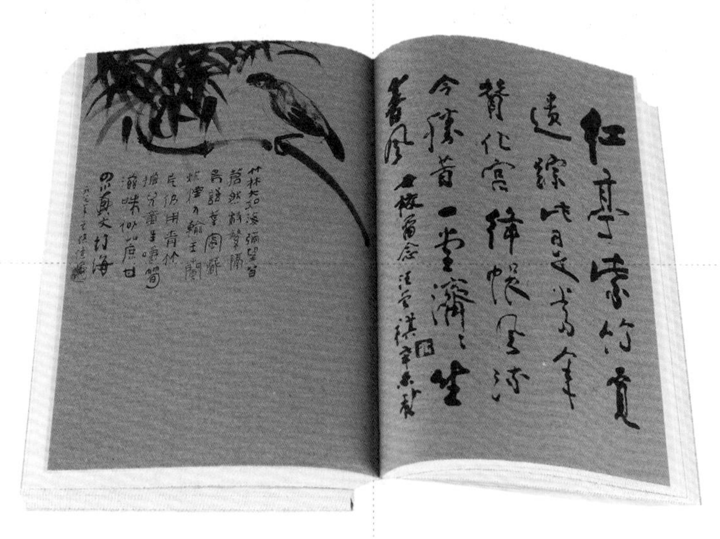

最后一件丧事。

吕虎臣送客回来，摔了一跤，当时口眼歪斜，中风失语。他自己知道，这一回势将不救。——他曾经中过一次风，这回是复发了。中风最怕复发。他脑子还清楚，也还能含含糊糊，断断续续交待几句后事：

时值兵燹，人心惶惶，不要惊动亲友，殓以常服，薄葬，入土为安；

不要通知吕蕤。吕蕤已经怀孕，在蓝婶婶婆家生孩子，不能受刺激，等她坐月子休息后再慢慢告诉她。

遗著一卷，有机会刻印若干本送人。

他的遗著是：

婚丧嫁娶礼俗大全

吕蕤回来，看到父亲的新坟，扑上去嚎啕大哭，把坟土都湿了一圈，怎么劝也劝不住。

陪着吕蕤一起哭的，是方靖。

一九九六年十月五日

（原载《大家》1996年第五期）

学而不厌
–
曲闵民＋蒋茜
–
江苏凤凰美术出版社
–
155×235mm
|
416p
|
549g

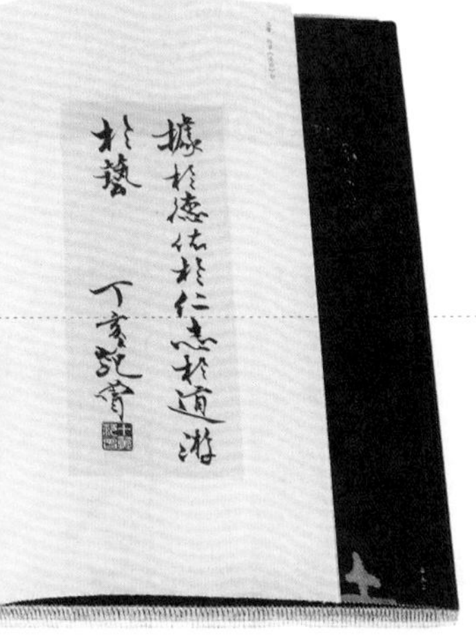

狄更斯的圣诞故事

陶雷

人民文学出版社

240×300mm

888p

1902g

驶上花岗的广场，飞快转动的车轮把冬青树暗黑的叶子上的白霜和残雪剐了下来，像水花那样四处飞溅。

“她这个人一向孱弱，一口气都吹得倒，”精灵说，“但她的胸怀却十分宽阔。”

“她一向是这样，”斯克鲁奇嚷道，“你说得不错，精灵啊，我完全赞成，上帝不容我有别的话。”

“她去世时已经结婚了，”精灵说，“我记得还留下了儿女。”

“有一个孩子，”斯克鲁奇回答。

“对，”精灵说，“是你的外甥！”

斯克鲁奇的心头似乎掠过一丝不安，他只是简单地应了两个字：“是的。”

尽管他们离开学校才一会儿，马车已经来到了城市里热闹的大街上，只见影影绰绰的行人熙来攘往，影影绰绰的货车和客车挤来挤去地争路，就像在真正的城市里一样你抢我夺，乱成一团。店铺门面的装饰清楚地表明，这儿又在过圣诞时节；不过这会儿是晚上，街道上灯火通明。

精灵在一个库房的门前停住了，它问斯克鲁奇认不认识这个地方。

“认不认识！”斯克鲁奇说，“我就在这里当学徒的呀！”

他们走了进去。迎面看见的是一位头戴威尔士假发[①]的老先生，他坐在一张非常高的写字台后面，要是他身高再多两英寸的话，那么他的脑袋一定会碰到天花板了。一看见他，斯克鲁奇便激动万分地嚷了起来：

“啊哟，这不是老费兹维格吗！上帝保佑，费兹维格又活转来了！”

老费兹维格放下手中的笔，抬头望了望钟，正好是七点。他搓了搓手，把肥大的背心拉正，从头到脚浑身上下喜气洋洋，慈祥的脸上满是笑容；他用舒心、甜蜜、丰满、圆润而快乐的声音大叫道：

“哟嗬，来啊！埃比尼泽！狄克！”

当年的那个斯克鲁奇，已经长成为一个小伙子了，他生气勃勃地走进来，同时来的还有同他一起做学徒的伙伴。

“狄克·威尔金斯，就是他！”斯克鲁奇对精灵说，“上帝保佑，对，他来了，狄克啊，他当年同我很好的，可怜的狄克！天哪！天哪！”

“哟嗬，小伙子们！”费兹维格说，“今天晚上不干活儿了，平安夜，狄克，圣诞节，埃比尼泽！把橱窗的遮板上起来，”老费兹维格响亮地拍了拍巴掌，叫道，“说干就干啊！”

你简直难以相信这两个伙计有多卖力！他们扛起遮板冲到街上——一、二、三——装在橱窗外面——四、五、六——拴好了插上插销——七、八、九——还没有等你数

① 这是一种毛织的圆帽，蓬松的羊毛露在外面。

24

到十二，便跑了回来，像参加赛马的马那样直喘气。

“嗨嗬！”老费兹维格嚷道，他从高高的写字台旁就跳了下来，动作极其敏捷，“小伙子们，把东西搬开，把地方腾出来！嗨嗬，狄克！嘀嘀，埃比尼泽！”

把东西搬掉！老费兹维格在一旁看着，他们要把样样东西都搬掉，没有什么东西是搬不掉的，东西立刻就搬空了，每一件可以移动的物件都搬走了，仿佛从此就会永远从人们视线中消失了似的；地板扫干净了，并且洒了水，灯芯修剪了，火炉里添加了燃料；库房变成了一个既舒适又暖和、既干燥又明亮的舞厅，在冬夜里能见到这样的地方真令人惬意。

一位小提琴手带着乐谱进来了。

25

那是个幸福的家，我可以从你的眼睛里看出这一点。我知道那个家一定是幸福的，亲爱的，知道这情况我是多么快活啊。”

“好啦，”医生忙得不可开交，奔进屋里来嚷道，“我们大家可都准备好啦，就等迎接艾尔弗雷德了，呃？他很晚才到得了这儿——要到午夜之前一个钟头左右——因此在他来到之前，我们有许多时间可以尽情欢乐的。别叫他看见死气沉沉的气氛才好啊。不列颠，把这炉火弄得高些！让火光把冬青照得亮亮的，使它再闪光呀！这是个胡闹的世界，小姑娘！什么忠实的情侣啦，还有其余的一切——全都是胡闹，但我们却要跟其余的人一起胡闹，给我们

那位真诚的情郎一次疯狂的欢迎！哎呀！”老医生自豪地望着他的两个女儿，说道，“今晚我确实干了好些荒唐事，头脑也不太清楚，可是我是两个漂亮的少女的父亲，这我是清楚的。”

“也清楚对其中一个曾经做过的一切，或者可能要做的一切——可能要做的一切呀，最亲爱的爸爸——给你带来痛苦或者悲伤，要宽恕她，”玛丽安说，“现在就宽恕她，这会儿她的心正激动得很呢，说你宽恕她吧，说你会宽恕她的，说她会永远分享到你的爱，并且——”下面的话没说出来，因为她的脸已经伏在老人的肩膀上了。

152

153

177

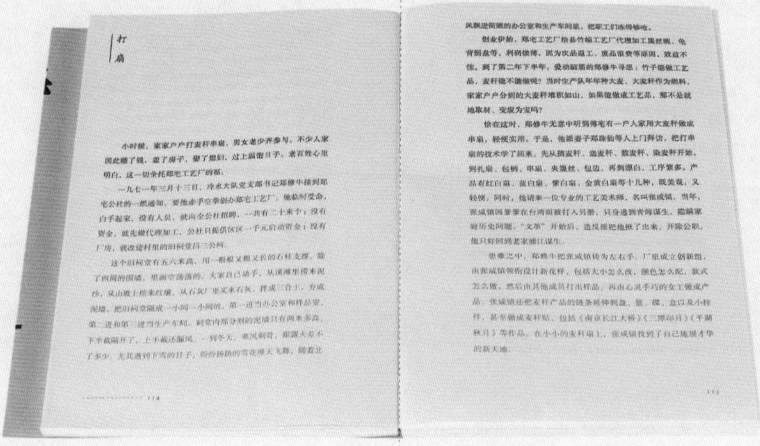

打扇

小时候，家家户户打麦秆串扇，男女老少齐参与。不少人家因此赚了钱，盖了房子，娶了媳妇，过上温饱日子。老百姓心里明白，这一切全托郑宅工艺厂的福。

一九七一年三月十三日，冷水大队党支部书记郑修牛接到郑宅公社的一纸通知，要他赤手空拳创办郑宅工艺厂。他临时受命，白手起家，没有人员，就向全公社招聘，一共有二十来个；没有资金，就先做代理加工，公社只提供区区一千元启动资金；没有厂房，就改建村里的旧祠堂昌三公祠。

这个旧祠堂有五六米高，用一根根又粗又长的石柱支撑，除了四周的围墙，里面空荡荡的。大家自己动手，从溪滩里挖来泥沙，从山坡上挖来红壤，从石灰厂里买来石灰，拌成三合土，夯成泥墙，把旧祠堂隔成一小间一小间的，第一进当办公室和样品室，第二进和第三进当生产车间。祠堂内部分割的泥墙只有两米多高，下半截隔开了，上半截还漏风。一到冬天，寒风刺骨，跟露天差不了多少。尤其遇到下雪的日子，纷纷扬扬的雪花漫天飞舞，随着北风飘进简陋的办公室和生产车间里，把职工们冻得够呛。

创业伊始，郑宅工艺厂给县竹编工艺厂代理加工篾丝碗、龟背圆盘等，利润微薄，因为次品返工、废品浪费等原因，效益不佳。到了第二年下半年，爱动脑筋的郑修牛寻思：竹子能做工艺品，麦秆能不能做呢？当时生产队年年种大麦，大麦秆作为燃料，家家户户分到的大麦秆堆积如山，如果能做成工艺品，那不是就地取材、变废为宝吗？

恰在这时，郑修牛无意中听到傅宅有一户人家用大麦秆做成串扇，轻便实用。于是，他派妻子郑珠仙等人上门拜访，把打串扇的技术学了回来。先从掐麦秆、选麦秆、数麦秆、染麦秆开始，到扎扇、包柄、串扇、夹篾丝、包边，再到漂白，工序繁多。产品有红白扇、蓝白扇、紫白扇、金黄白扇等十几种，既美观，又轻便。同时，他请来一位专业的工艺美术师，名叫张成镇。当年，张成镇因亲眷在台湾而被打入另册，只身逃到青海谋生，隐瞒家庭历史问题。"文革"开始后，造反派把他揪了出来，开除公职，他只好回到老家浦江谋生。

患难之中，郑修牛把张成镇倚为左右手。厂里成立创新组，由张成镇领衔设计新花样，包括大小怎么改，颜色怎么配，款式怎么做，然后由其他成员打出样品，再由心灵手巧的女工做成产品。张成镇还把麦秆产品的链条延伸到盘、篮、碟、盒以及小挂件，甚至做成麦秆贴，包括《南京长江大桥》《三潭印月》《平湖秋月》等作品。在小小的麦秆扇上，张成镇找到了自己施展才华的新天地。

手艺：渐行渐远的江南老行当
–
林林
–
广西师范大学出版社
–
148×210mm
|
332p
|
466g

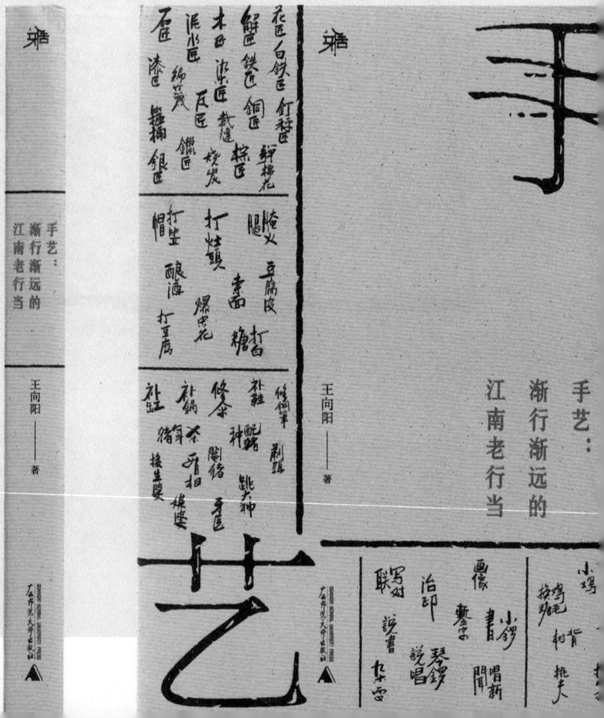

手艺：渐行渐远的江南老行当

王向阳 著

铁匠

小时候，每到秋收之后，浙江永康的打铁匠来到村里，在台门口临时搭打铁铺，传来“叮叮当当”的声音。有句老古话“打铜打铁走四方，府府县县不离康”，这个“康”就是作为五金之乡的永康。

打铁之前，铁匠预先对木炭进行土法处理：先在泥地里挖一个坑，灌进清水，倒入红壤，搅拌浑浊，成稀泥浆；然后把木炭倒进去，再次搅拌；最后用一个大铁丝笊篱把吸饱了红壤泥浆的木炭捞出来，装在槽箩里，随时添用。这样处理过的木炭燃烧的温度更高、持续的时间更长。

打铁是扛轿生活，一个人做不了，需要师徒默契配合。师傅要徒弟抡锤，并不叫喊，而是以风箱气门急促的“啪嗒”声来提醒徒弟，以小铁锤敲击砧翼声音的不同组合来指挥徒弟。打到铁块冷却，重新回炉煨红，再锻打，反复多次，铁块渐次变方、圆、长、扁、尖，好像有一种神奇的魔术。正如俗话说的“长木匠，短铁匠”，打铁从短开始，越打越长。

50

农机厂聘请，做喷雾器的外壳，月薪四十二块半，其中四十块是工资，两块半是补贴，而厂长、书记的月薪才三十八块。过了两年，他到浦江齿轮厂当钣金工。改革开放以后，他辞掉工作，自立门户，做起外公的老行当，只要能够赚钱，打铜、翻砂、打小铁甚至打锡，他都会做。一九八一年，喝到改革开放头口水的他造起了一间三层楼房，成为率先勤劳致富的手艺人。等到他爹爹到县农技校工作以后，便把打先锋的技术传授给了他。在他外公手里，用纯粹的紫铜打先锋，并不是最适合；到了他手里，有了现成的合金铜——黄铜，最适合做乐器，先锋的质量提高了，打出名气。后来，金华、衢州等邻近地区婺剧团乐队用的先锋，都是他打的。

从第一代的任华寿，到第二代的陈国良，再到第三代的陈乐桥兄弟，一家三代四人都以打铜、打白铁为生，成为名副其实的铜匠世家。

不同于打铜的坐地经营，打小铁的则是流动经营。他们挑的行担，一只木箱装着榔头、铁砧、锉刀、剪刀、焊锡、松香和小炭炉、风箱，一只箩筐装着日常生活用品，走街串巷，将七片铜片串成的“响铜七声板”荡响，发出“辟哩嚓、辟哩嚓”的声音，富有韵律。

记得有一个经常到我村打小铁的师傅，长得精干巴瘦，一脸黝黑，在炉火的照耀下，脸上油亮油亮的，像村里的小伙子凤顺。每次来村里，小孩子就奔走相告：“凤顺来了，凤顺来了！”大人

67

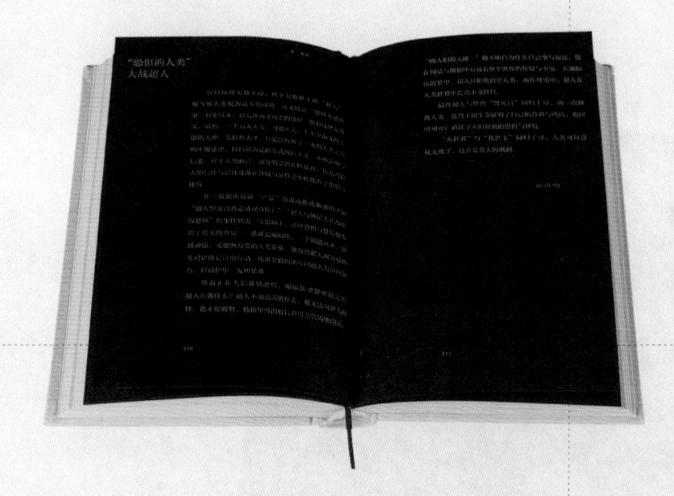

若一十八：刘若一作品集

–

张志奇

–

团结出版社

–

142×215mm

Ruoyi Eighteen 18

若一十八

刘若一 著

团结出版社

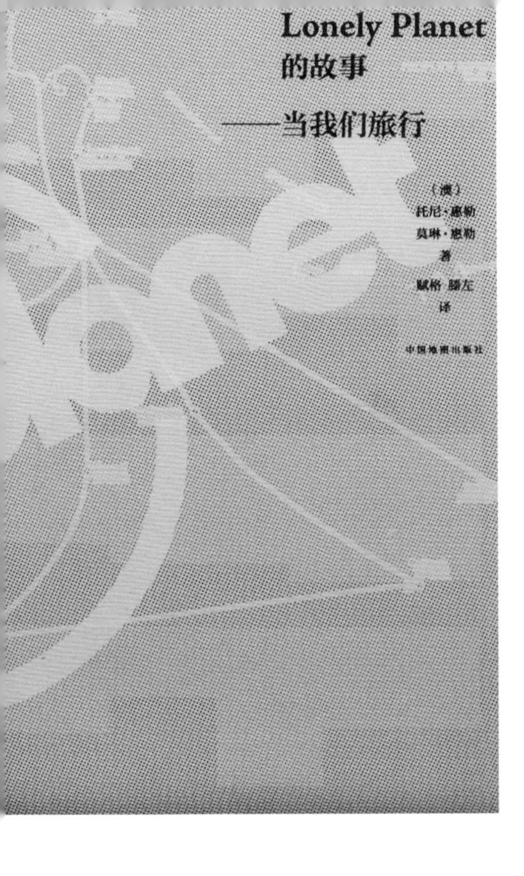


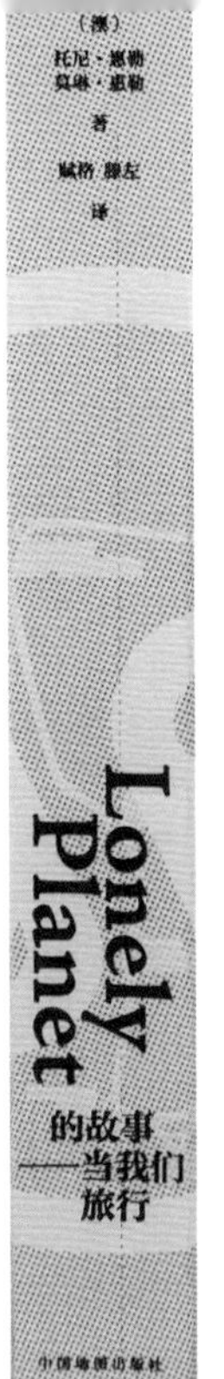


Lonely Planet 的故事——当我们旅行

–

张志奇工作室

–

中国地图出版社

–

160×240mm

兰亭集：典藏本

–

张志奇工作室 / 张志奇 + 帅映清

–

上海古籍出版社

–

152×258mm

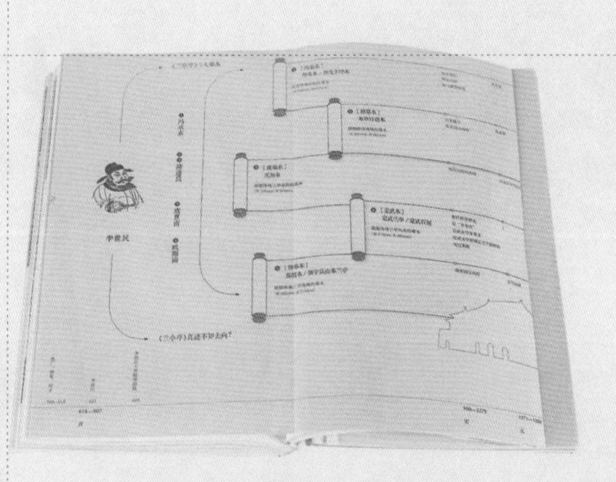

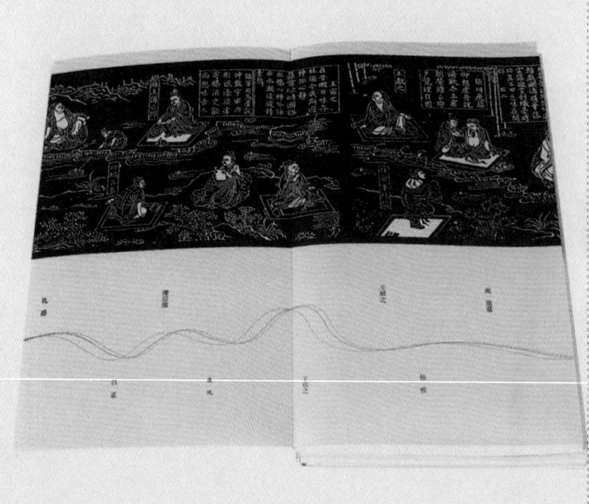

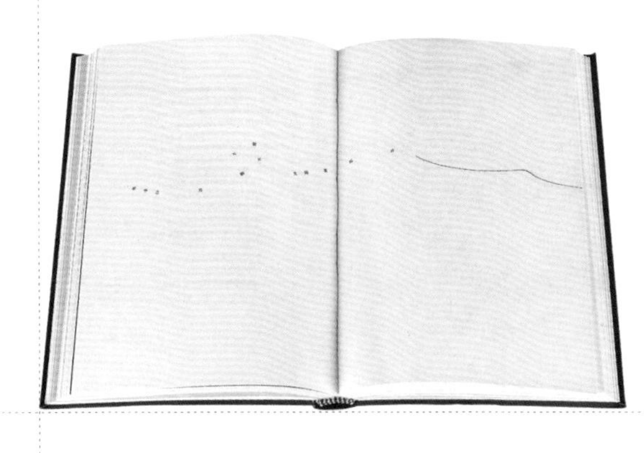

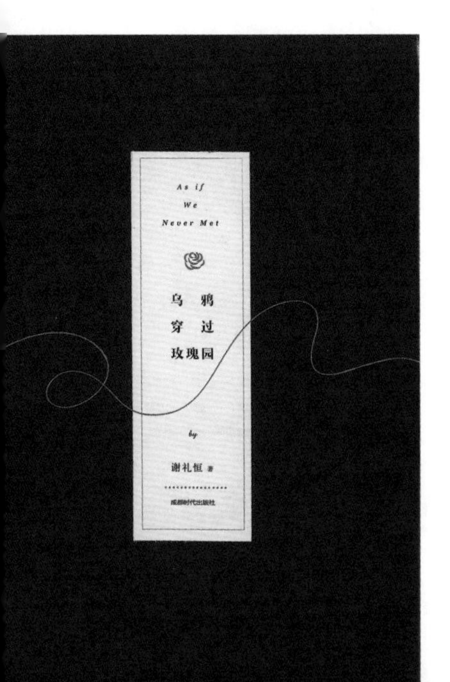

乌鸦穿过玫瑰园

–

许天琪

–

成都时代出版社

–

138×203mm

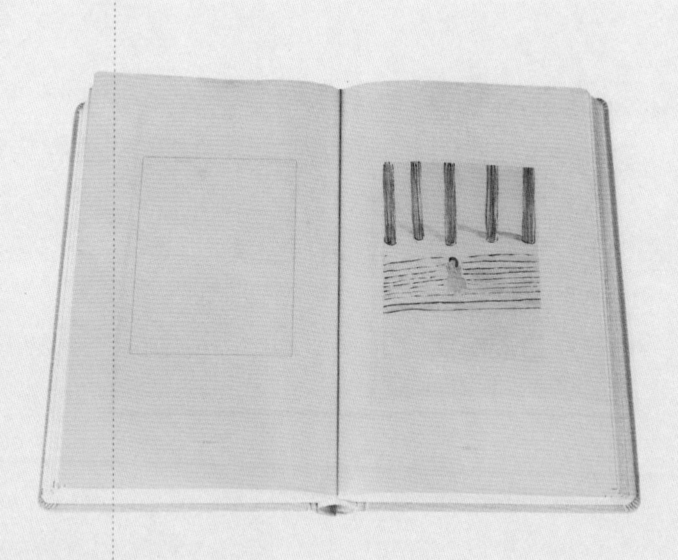

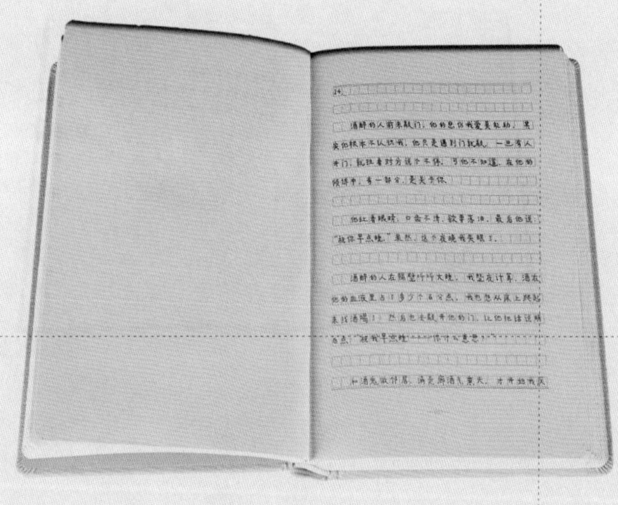

给你写信
–
白凤鹍
–
中华书局
–
136×220mm

李娟

给你写信

给 你 写 信
李娟

给你写信，
是因为不用翻越千山万水，
不用笔直面对，
可以不顾一切，
也可以前思后想，百般迟疑，
……
不曾寄出，
是因为写着写着已然抵达，
因为写到最后，总算看透了自己。

中華書局

睡前静思

–

白凤鹍

–

中国青年出版社

–

135×200mm

1

月

01.01 01:29 ： 一元复始，万象已新。

01.02 13:57 ： 苏格拉底：我知道我一无所知。

01.03 04:39 ： 俗世的成功，并不在乎与别人同行中，而是在乎别人停下来你还在走。

01.04 00:48 ： 小忍是一种修养，大忍则有一种企图。

01.05 06:25 ： 佛是无我的人，人是有我的佛。

01.06 02:30 ： 独处是人生中的最美好时刻和美好体验，在寂寞中充实与富足。

01.07 08:23 ： 一切有天数，一切皆因由。

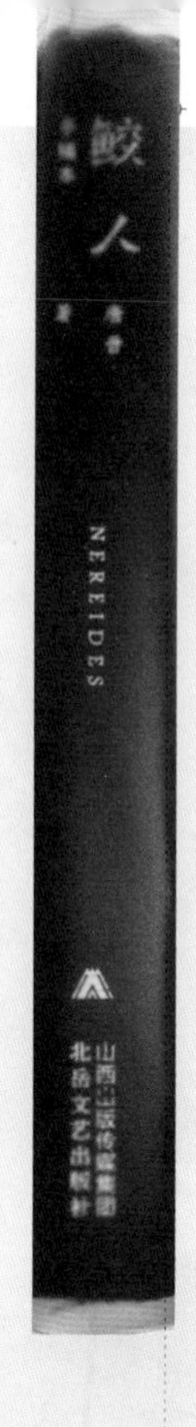

鲛人

–

史雪婷

–

北岳文艺出版社

–

178×258mm

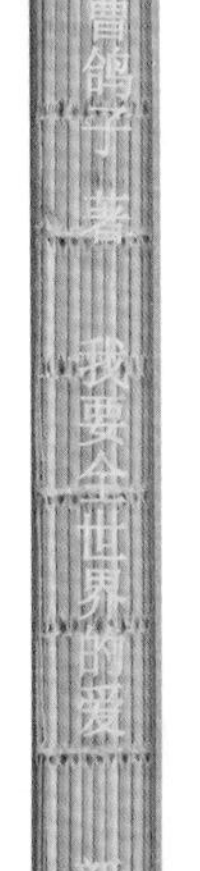


我要全世界的爱

–

周伟伟

–

新星出版社

–

132×190mm

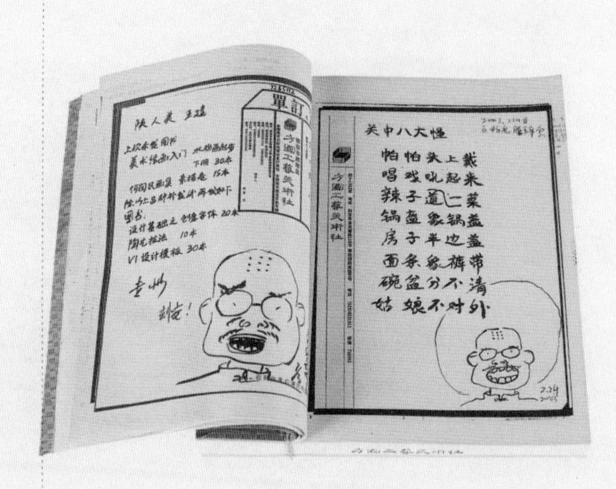


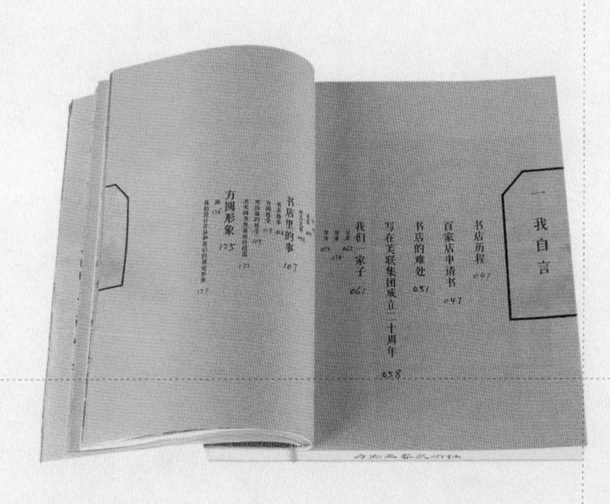


订单 _ 方圆故事

西安零一工坊 / 李瑾

广西美术出版社

200×220mm

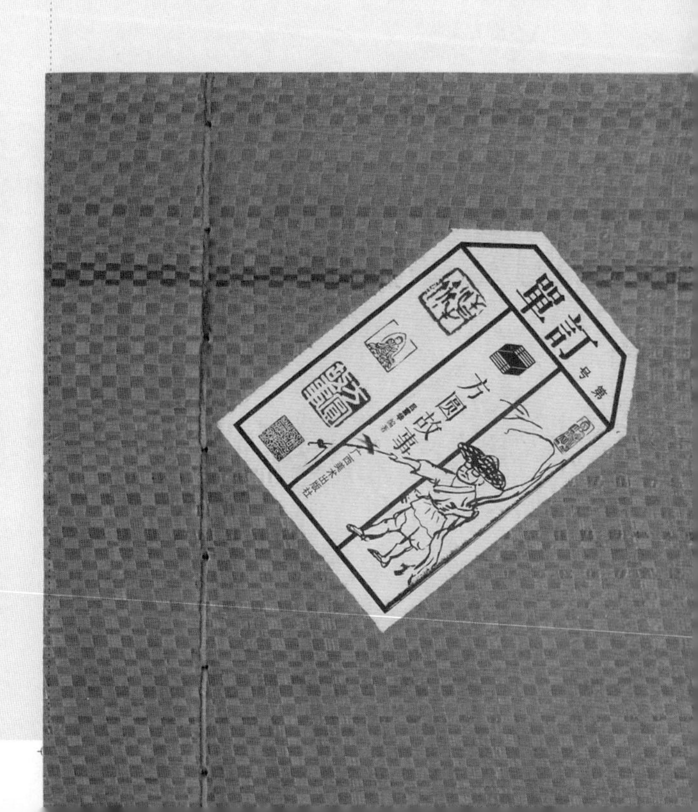

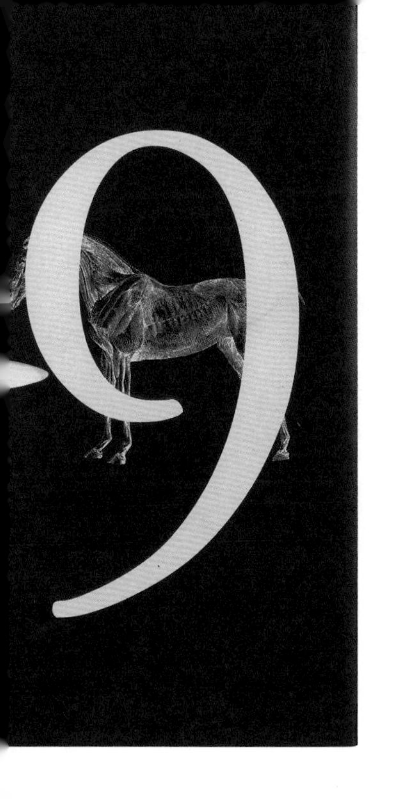

第九夜
–
陶雷
–
人民文学出版社
–
118×218mm

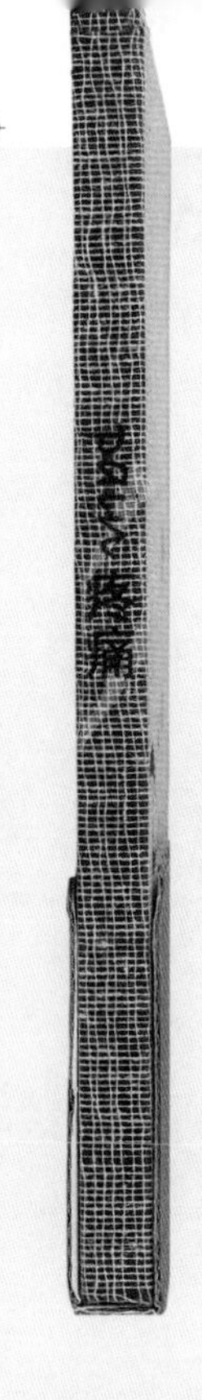

疼痛
–
陶雷
–
人民文学出版社
–
144×235mm

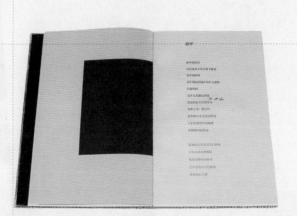

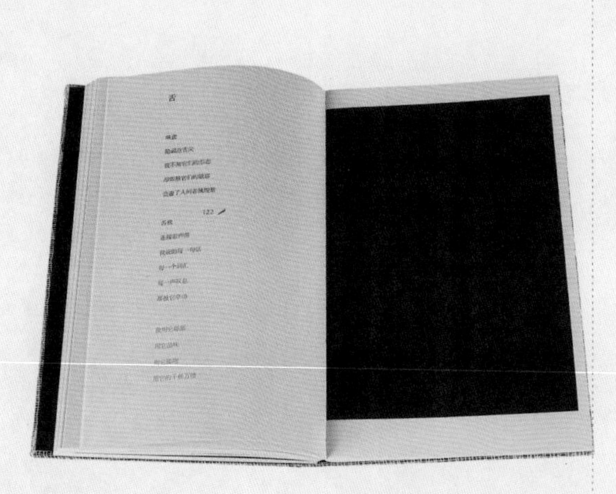

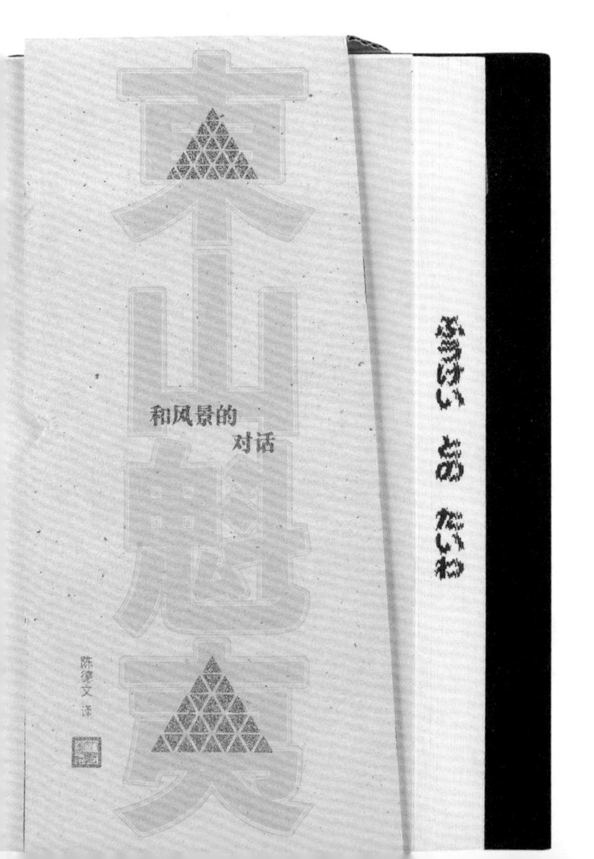

和风景的对话

–

陶雷

–

人民文学出版社

–

178×245mm

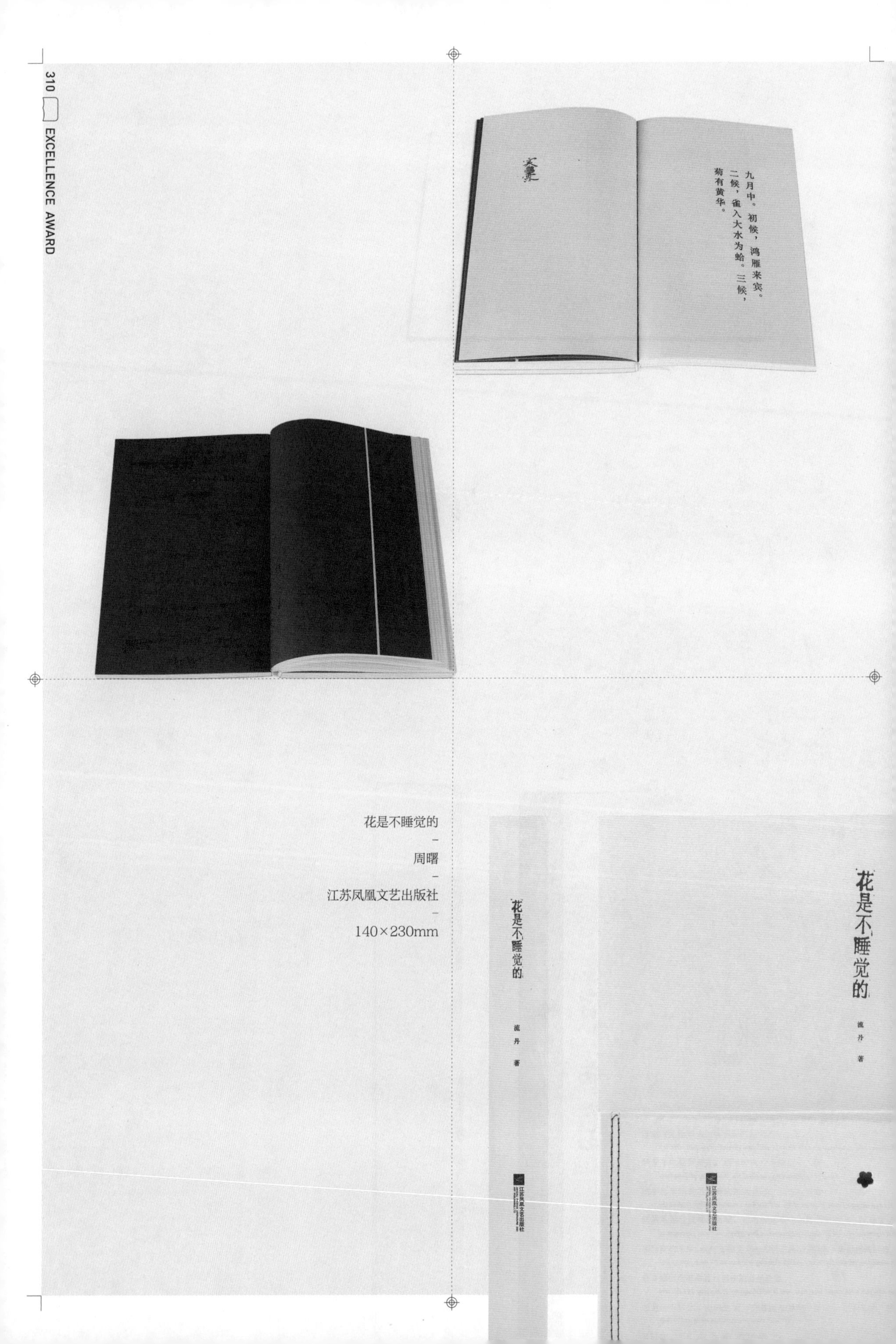


花是不睡觉的

–

周曙

–

江苏凤凰文艺出版社

–

140×230mm

吕录：与 33 个人的对话

–

胡靳一

–

重庆出版社

–

130×210mm

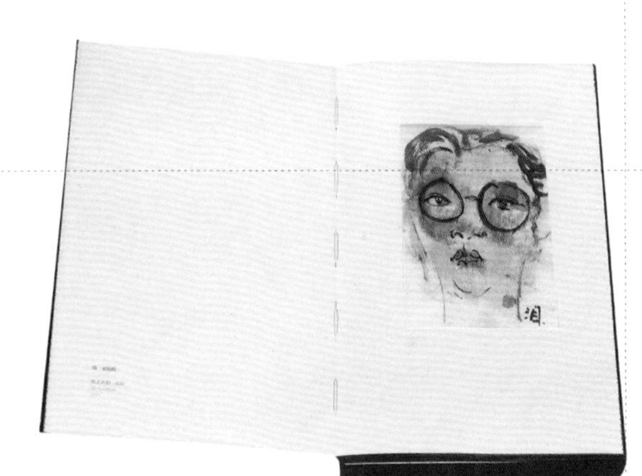

火花
–
李思安
–
人民文学出版社
–
136×192mm

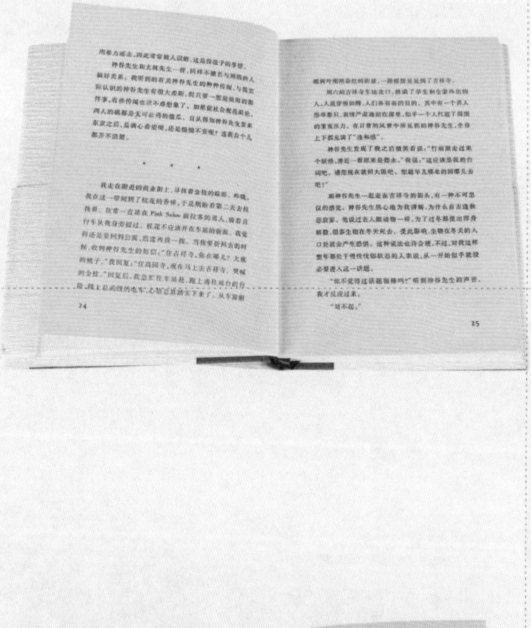

茶书
–
鲁明静
–
新星出版社
–
117×186mm

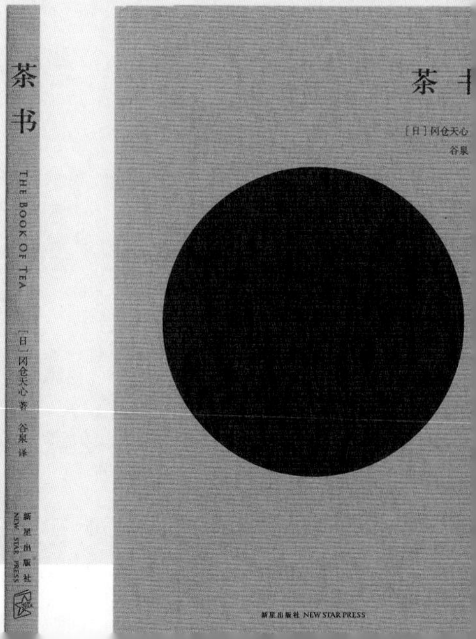

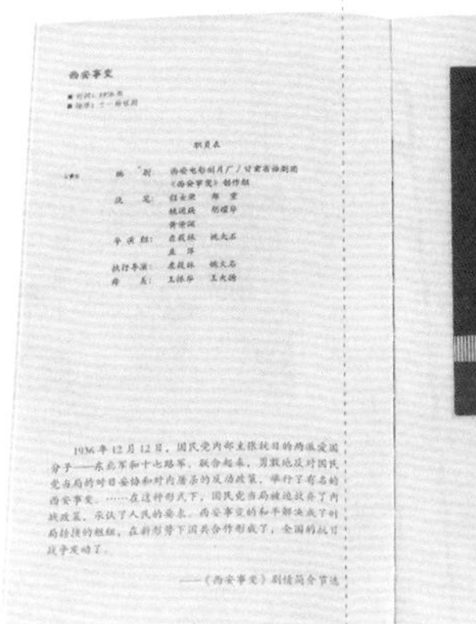

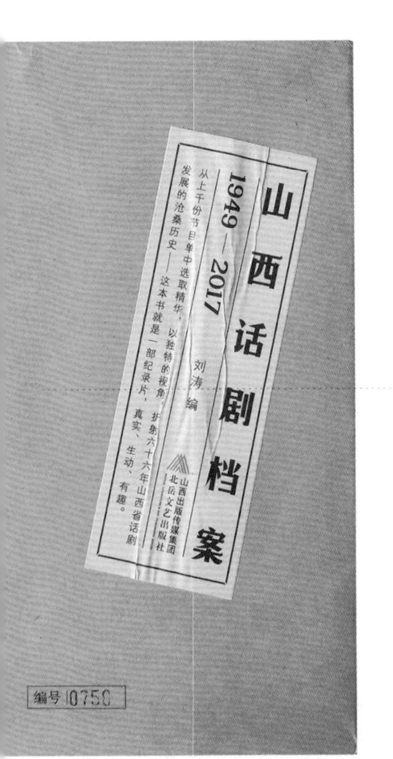

山西话剧档案

–

李光旭

–

北岳文艺出版社

–

121×210mm

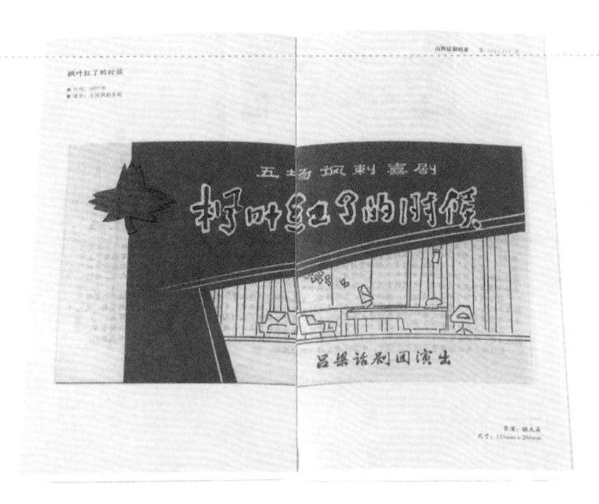

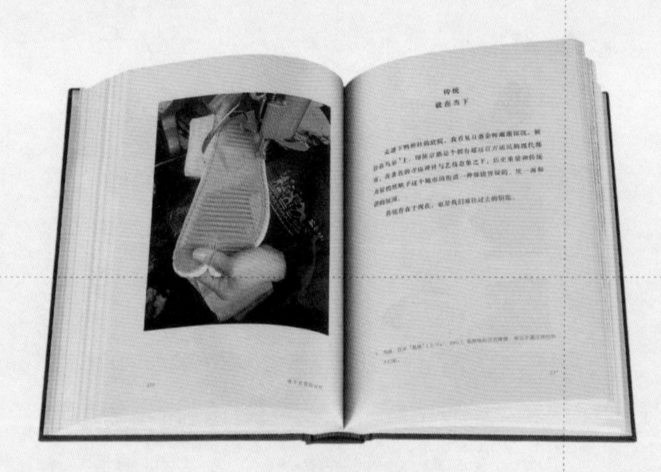

京都之水：瓶装记忆

–

陆智昌

–

广西师范大学出版社

–

160×197mm

著名译者施小炜精心翻译
再现日本文豪的中国情结
日本大正时代著名作家
以《罗生门》等闻名世界
芥川龙之介
1921年访华的文字记录——
上海游记·江南游记·长江游记
北京日记抄·杂信一束

禹域鸿爪 [日] 内藤湖南 著 李振声 译 Naitō Konan 浙江文艺出版社
中国色彩 [日] 村松梢风 著 徐静波 译 Muramatsu Shōfu 浙江文艺出版社
中国游记 [日] 芥川龙之介 著 施小炜 译 Akutagawa Ryūnosuke 浙江文艺出版社
南方纪行 [日] 佐藤春夫 著 胡令远 叶海甫 译 Satō Haruo 浙江文艺出版社
秦淮之夜 [日] 谷崎润一郎 著 徐静波 译 Tanizaki Jun'ichirō 浙江文艺出版社

东瀛文人·印象中国

–

人马艺术设计 / 储平

–

浙江文艺出版社

–

135×192mm

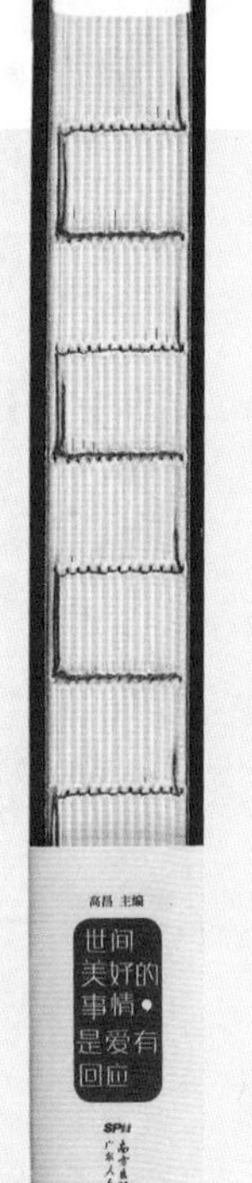

世间美好的事情，是爱有回应

–

今亮后声

–

广东人民出版社

–

135×218mm

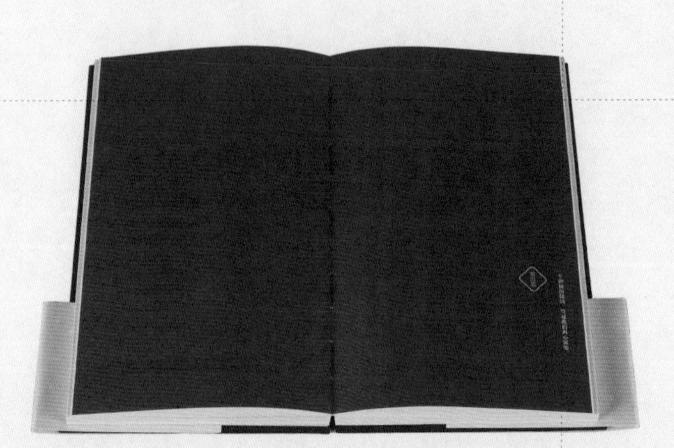

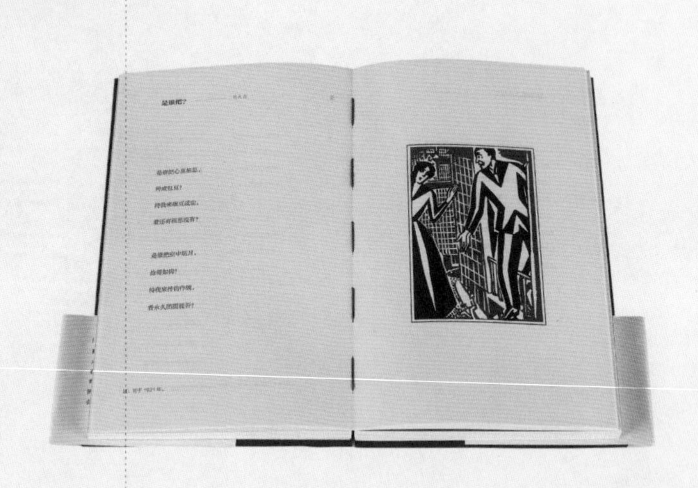

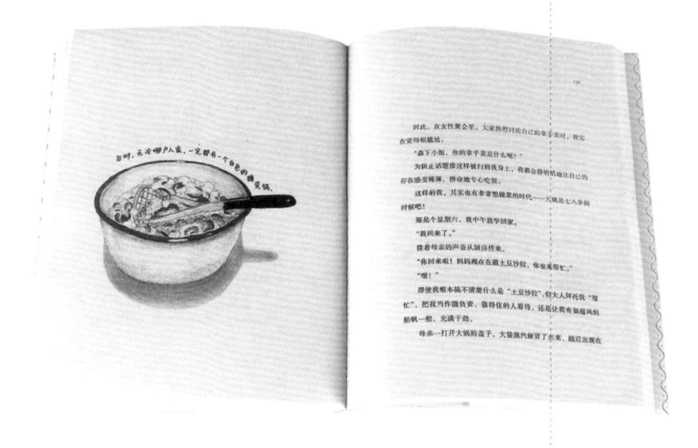

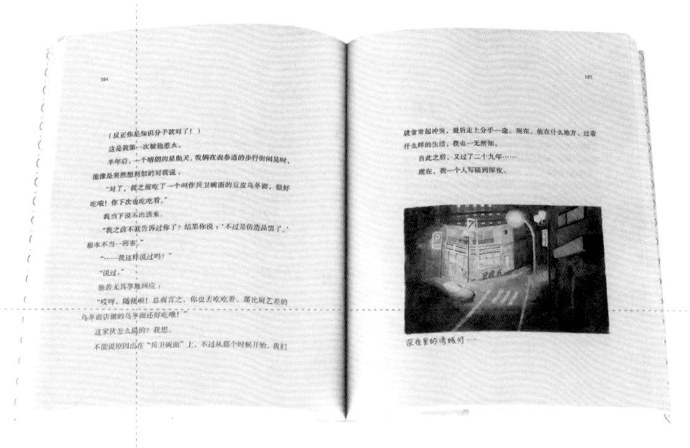

咬一口昭和回忆
–
plan_b + 梁依宁
–
上海人民出版社
–
150×195mm

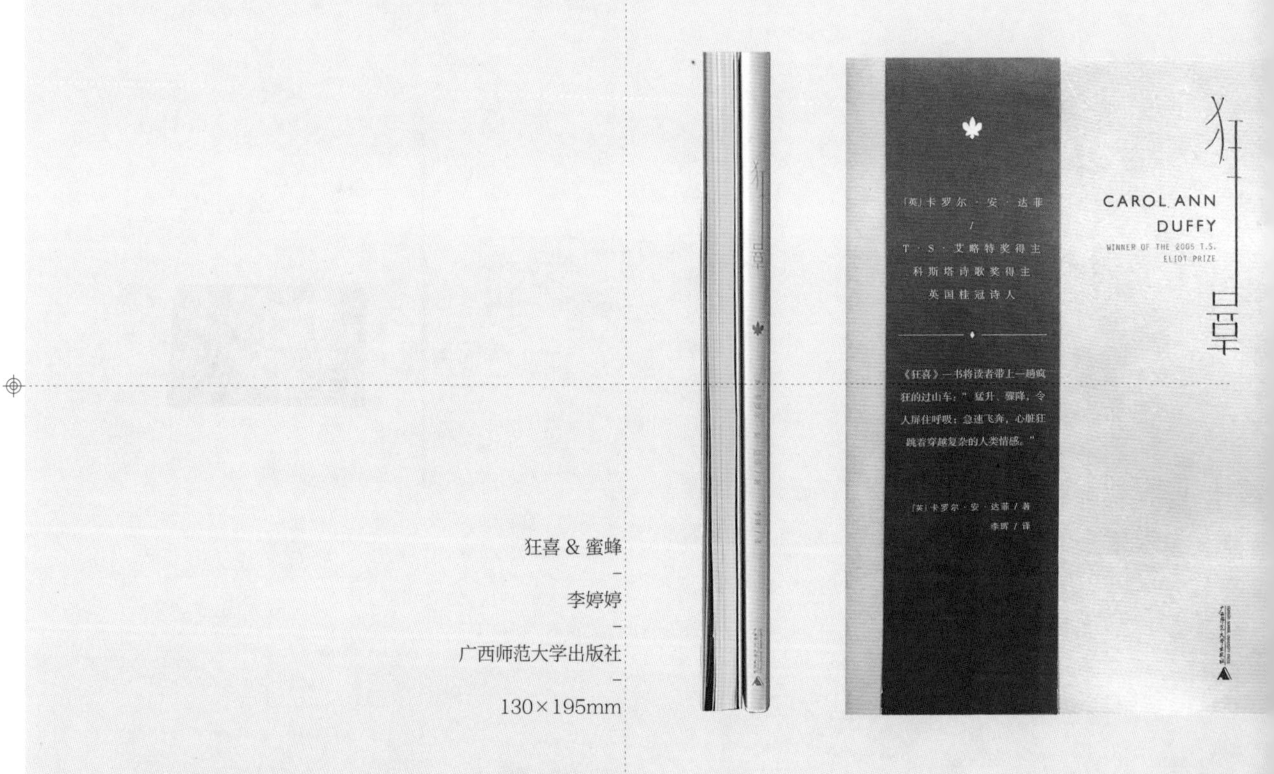


狂喜 & 蜜蜂
–
李婷婷
–
广西师范大学出版社
–
130×195mm

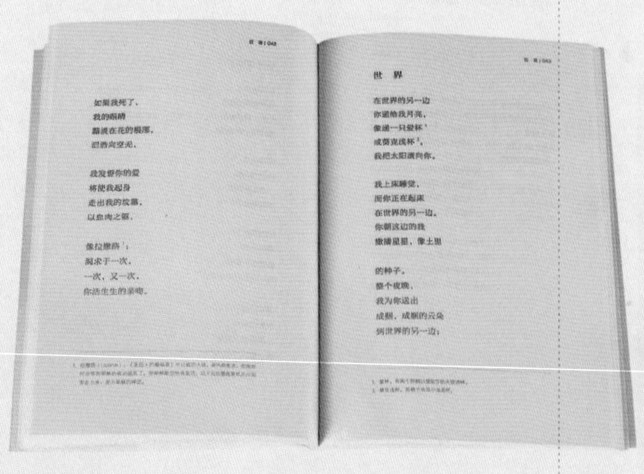

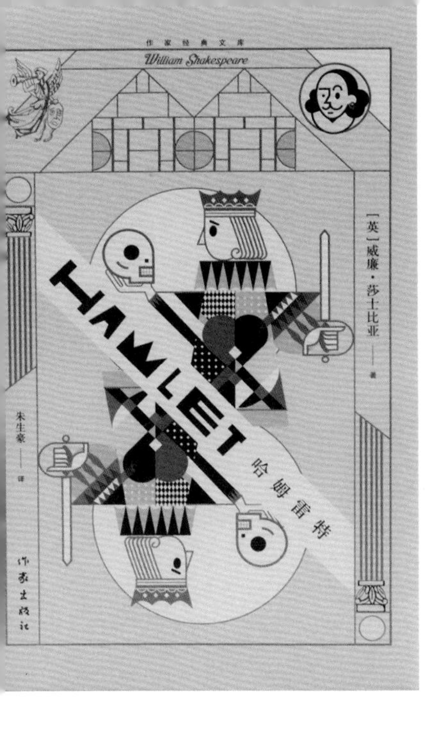

罗密欧与朱丽叶 + 哈姆雷特

–

任凌云

–

作家出版社

–

135×202mm

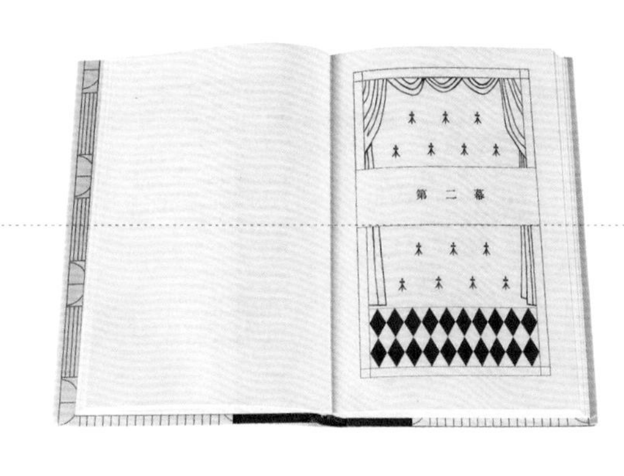

人类的诗篇 巴略霍诗选 赵振江 译 作家出版社

蓝光枕之塔 萨拉蒙诗选 赵四 译 作家出版社

带着来自塔露萨的书 王家新 译诗集 作家出版社

重新注册 西川 译诗集 NEW REGISTRATION: POEMS TRANSLATED BY Xi Chuan 作家出版社

世纪北斗译丛

–

任凌云

–

作家出版社

–

138×218mm

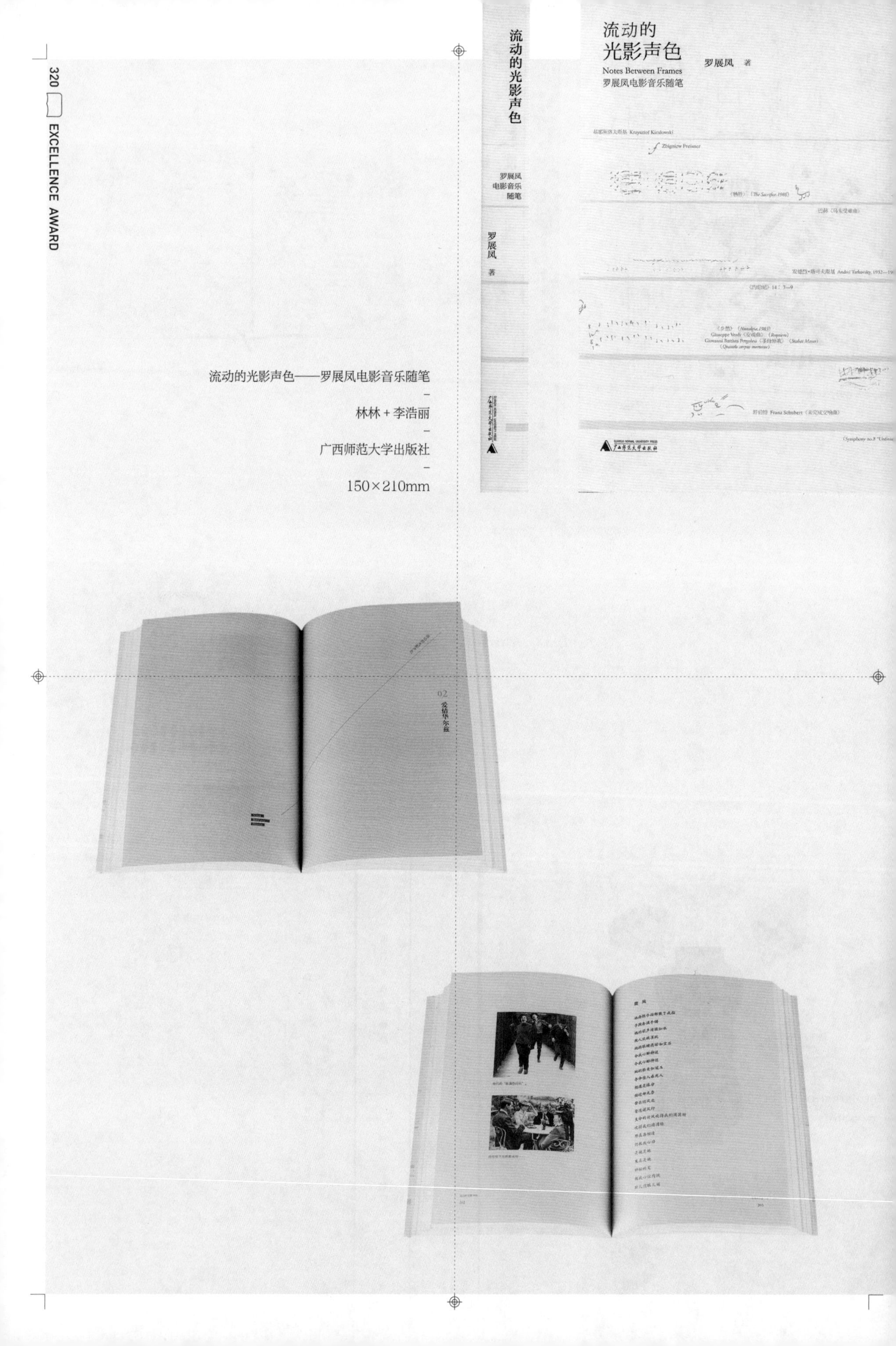

流动的光影声色——罗展凤电影音乐随笔

–

林林 + 李浩丽

–

广西师范大学出版社

–

150×210mm

# D

## SCIENCE AND TECHNOLOGY

## 科 技 类

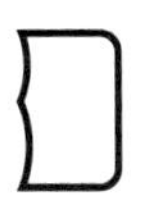

GOLD AWARD

金奖

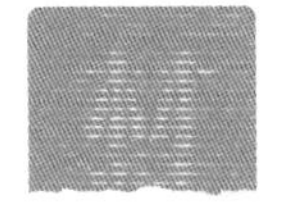

SILVER AWARD
银奖

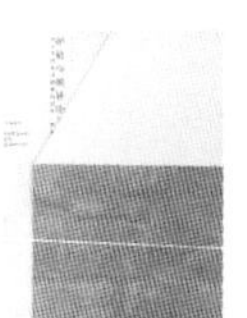

BRONZE AWARD

铜奖

伤寒论选读（英文）+ 金匮要略选读（英文）+ 温病学（英文）+ 黄帝内经选读（英文）

尹岩 + 白亚萍 + 水长流

P352

御窑金砖

周晨

P346

星际唱片：致外星生命的地球档案

孙晓曦

P344

“微”观茶花 束花茶花发展简纪

WJ-STUDIO

P348

昆虫分类学（修订版）

尹琳琳

P350

## EXCELLENCE AWARD
## 优秀奖

A SOCIAL SCIENCES

B ARTS

C LITERATURE

D SCIENCE AND TECHNOLOGY

E EDUCATION

F CHILDREN

G NATION

H ILLUSTRATION

I PRINT

J EXPLORATION

# D

SCIENCE AND TECHNOLOGY

科技类

作　品

书籍设计的着眼点是“视觉对话”。书籍的 6 个外立面全部处理成黑色，封面图形运用声波的抽象变化组成文字，在黑纸板上起凸、烫印声波的线形，产生出不同的光泽、质感，使节奏和韵律跃然纸上。内文选用富有质感的环保纸，函套、书口、书签的处理丰富了图书的层次和变化。在信息编排上，插图和对话被分别排布在一个对开页面上，以一面插图、一面对话的形式阐述文本内容。插图页通过设计变化突出历史人物，明确历史年代，并把知识点提取出来以手写的形式强化。每个页面上撒有细小的圆点图案，暗示了材料进步的内在逻辑和相互关联。随着信息的读取，读者被拉近每一个历史事件，产生在时空中穿行的阅读感，在历史的长河里人类的思想通过“视觉对话”的形式得以延续。

材料图传——关于材料发展史的对话
–
尹琳琳
–
化学工业出版社
–
185×260mm
|
364p
|
1077g

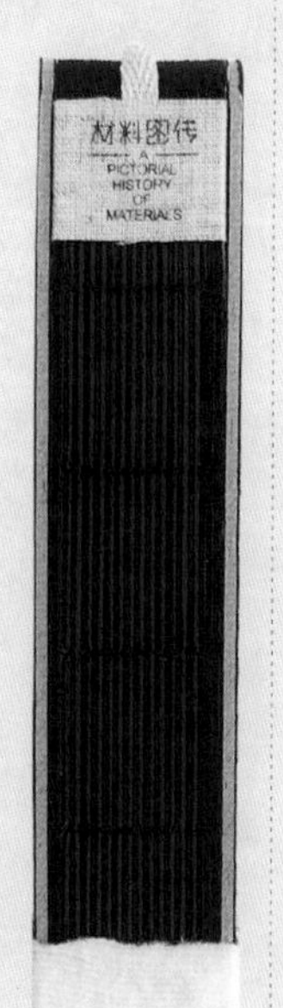

从1960年代中期到现在，进入了现代材料阶段。这一阶段最重要的特征是功能材料概念的成熟，并受到世界各国的高度重视，获得了高速度发展。虽然以1750年多龙德发明消色差物镜为标志，人类早就已经开始了功能材料的探索。但到了20世纪初期，随着对材料物理性能需求的发展，功能材料种类才在不断增加。

[illegible]

[illegible]

[illegible]

[illegible]

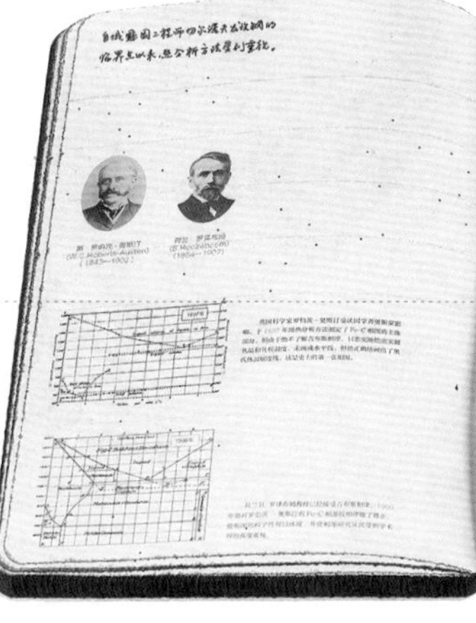

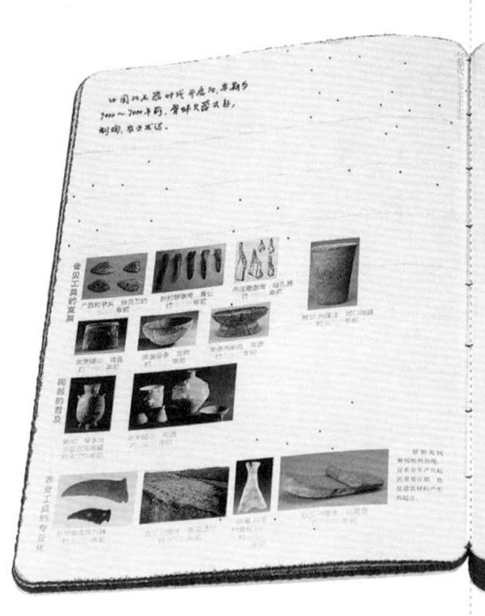

A PICTORIAL HISTORY OF MATERIALS
材料图传
PICTORIAL HISTORY OF MATERIALS

普遍性做了最好的说明。

材料图传
A
PICTORIAL
HISTORY
OF
MATERIALS

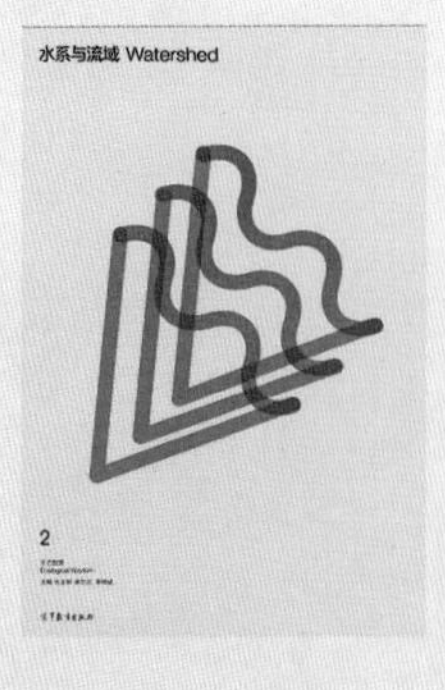


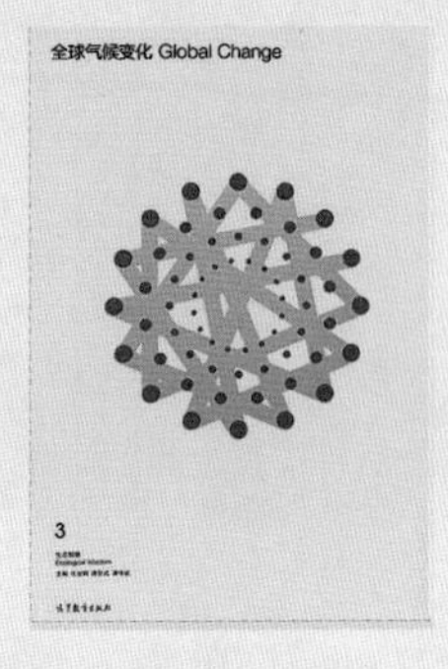


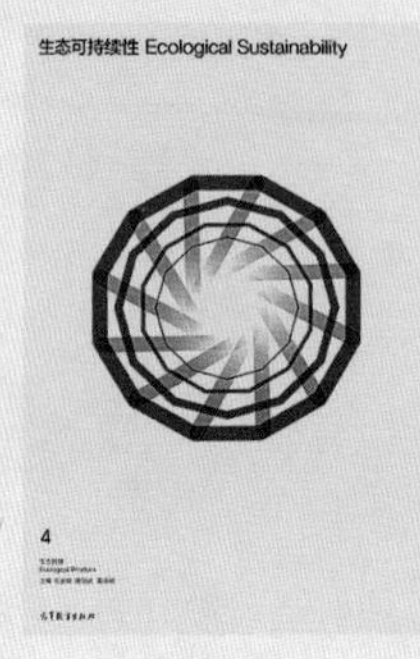


生态智慢
–
张志奇
–
高等教育出版社
–
176×265mm
|
536p
|
1596g

生 态
智 慧

Ecological
Wisdom

主 编

伍业钢

唐剑武

潘绪斌

主 编

伍业钢

唐剑武

潘绪斌

丛书简介：传统的经济学认为，经济的投入和
以简化为“资本 + 劳动”的投入等于经济增长，
略了对劳动者的人文关怀（以人为本）、对资
入和损耗以及对环境改变而产生的代价和投入。
智慧则是经济发展中最佳资源投入获取可持续
利润之理念及方法论。为了通俗地、科学地阐
对生态智慧的理解，在这套丛书的编写中，我
表达了生态智慧最为重要的四个方面，也是人
的最重要的四个挑战：生物多样性、水系与流
球气候变化、生态可持续性。但愿本丛书能就
与人类的经济活动、社会发展、生态安全息息
主题，给予你兴趣和智慧。如果有哪一颗生态
火花，恰巧点燃了你智慧的火把，那将是对我
位作者辛勤劳动最美好的回报。

中国科学技术协会
海智计划丛书

本书荣获 2015 年度
“中国最美的书”

生 态
智 慧

高等教育出

目 录 Contents



2 水系与流域 Watershed

[illegible]的大自然中[illegible]为人类社会的发展提供了丰富的[illegible]产品，[illegible]。[illegible]湿地是一种介于水域和陆地之间的生态系统[illegible]。[illegible]定义，湿地是指"天然或人工、长久或暂时性的沼泽地、泥炭地或水域地带，静止或流动、淡水、半咸水、咸水体，包括低潮时水深不超过6 m的水域，[illegible]，以及位于湿地内的岛屿或湿地内低潮时水深超过6 m的海洋水体。"由于其独特的生态系统结构和复杂的水文过程，湿地在地球生物圈中扮演着重要的角色，享有"地球之肾"的美誉。湿地的主要功能包括：① 水资源调控，② 生物多样性维持，③ 污染物降解，④ 气候调节，等等。

1. 水资源调控

湿地生态系统对流域水文过程具有重要的影响。由于湿地所处地势相对低洼，地下水位较[illegible]。湿地对流域水文循环过程具有蓄洪和补给的功能。土壤[illegible]和水含量是影响湿地土壤持水能力的重要因素。湿地土壤有机质含量较高，具有丰富的空隙结构，这些土壤[illegible]一样，在有外界水分输入时可以吸收水分，储存在土壤中。在干旱的季节，湿地土壤又可以释放多余的水分，补给河流或临近的生态系统。因此，湿地就像是天然的水库，可以缓冲水资源季节分配的不均衡引发的洪水和干旱，减少自然灾害的发生。一个典型例子是美国马萨诸塞州的查尔斯河（Charles River）流域中湿地对洪水的调控[illegible]。由于该流域中湿地的存在，径流到达下游的时间从3天延迟到3个星期，大大减轻了雨季洪水对沿岸居民以及波士顿城市生命和财产的潜在威胁。

2. 生物多样性维持

湿地是地球生物圈中生物多样性最高的生态系统类型之一。湿地水文过程、土壤质地以及营养元素分布的空间差异性为各种动植物的繁衍生息提供了理想的栖息地，因而成为生物多样性保护的重要研究对象。湿地的生物栖息地功能与其水文过程密切相关。由于湿地大

1 [illegible]查尔斯河（Charles River）[illegible]

生物多样性 Biodiversity

1

生态智慧
Ecological Wisdom
主编 伍业钢 唐剑武

高等教育出版社

水系与流域 Watershed

2

生态智慧
Ecological Wisdom
主编 伍业钢 唐剑武 潘绪斌

高等教育出版社

3

生态智慧
Ecological Wisdom
主编 伍业钢 唐剑武

高等教育出版社

变化 Global Change

生态可持续性 Ecological Sustainability

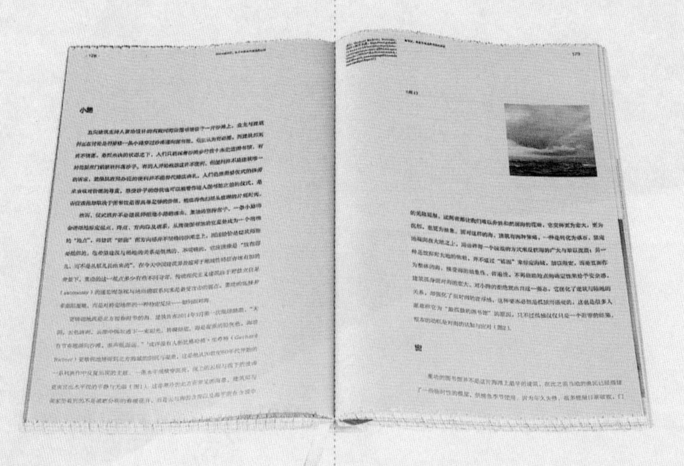

评论与被评论：关于中国当代建筑的讨论

–

张悟静

–

中国建筑工业出版社

–

172×260mm

|

312p

|

531g

DISCUSSIONS
ON
CONTEMPORARY
CHINESE
ARCHITECTURE
青锋 著

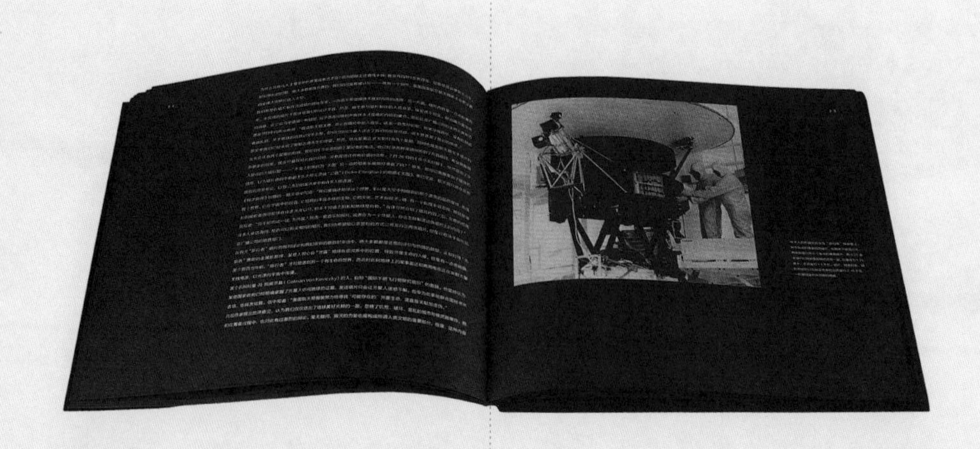

星际唱片：致外星生命的地球档案

–

孙晓曦

–

上海人民出版社

–

258×250mm

I

186p

I

679g

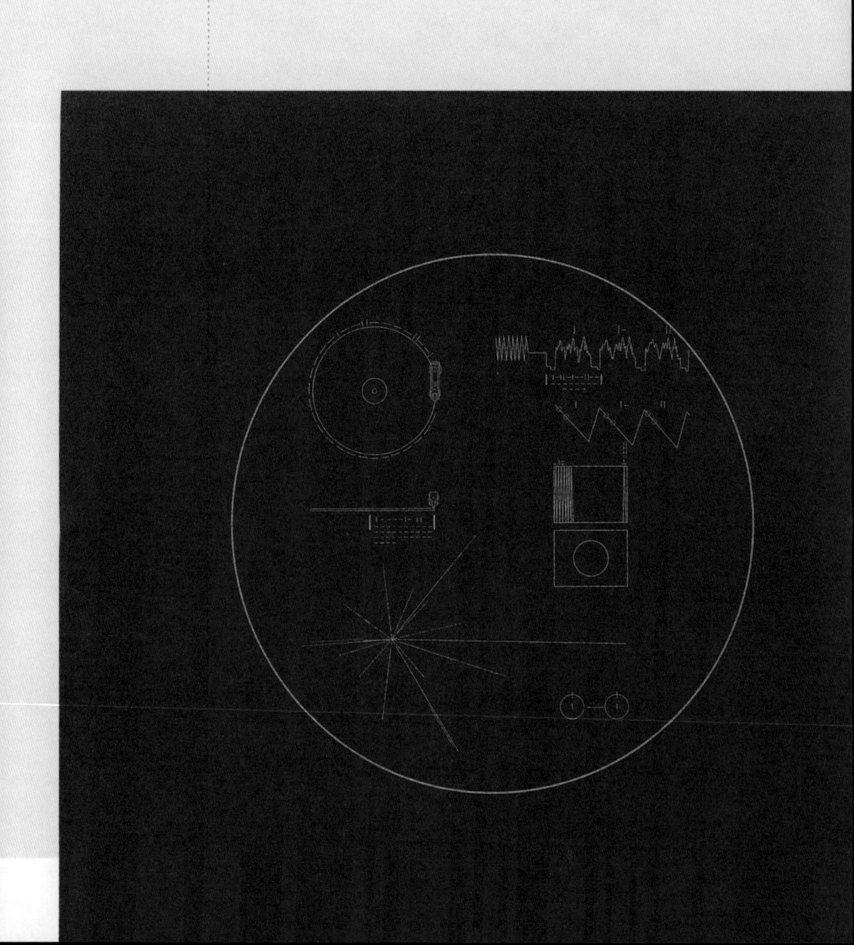

33
22982400s
266g
35

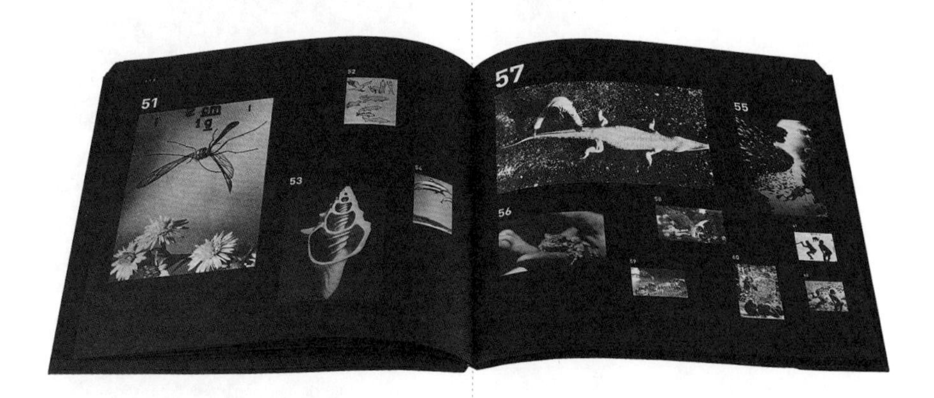
51
53
57
55
56

御窑金砖

–

周晨

–

江苏凤凰教育出版社

–

188×240mm

|

302p

|

1230g

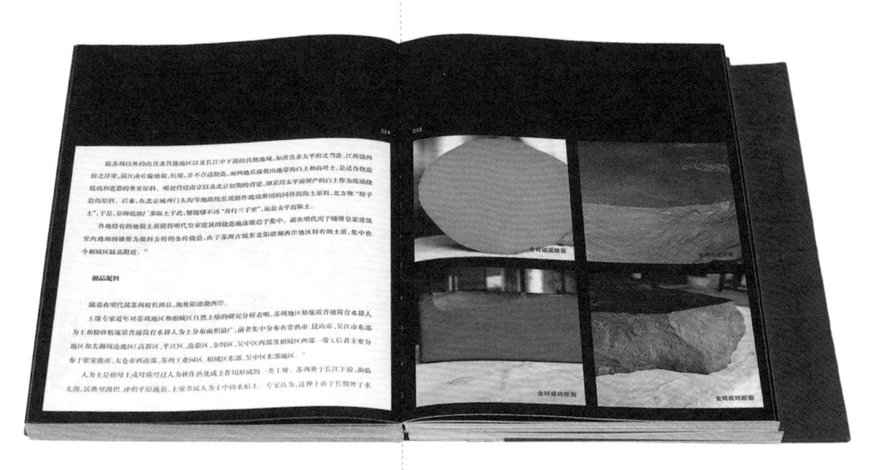

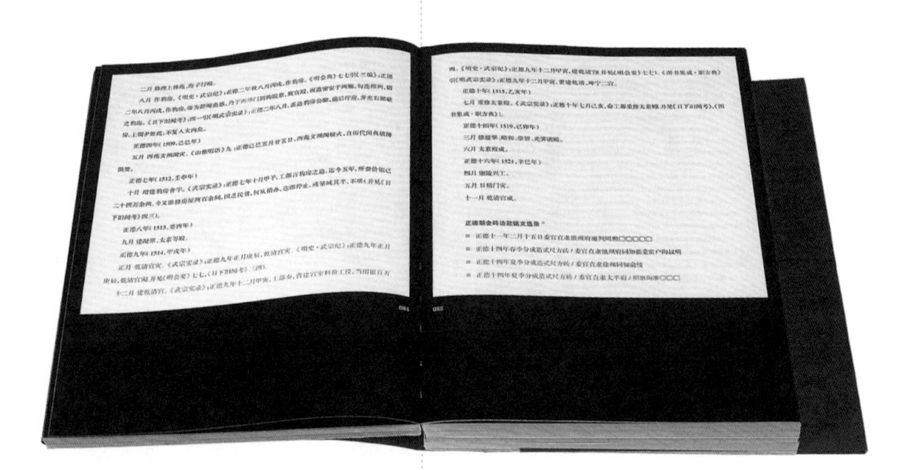

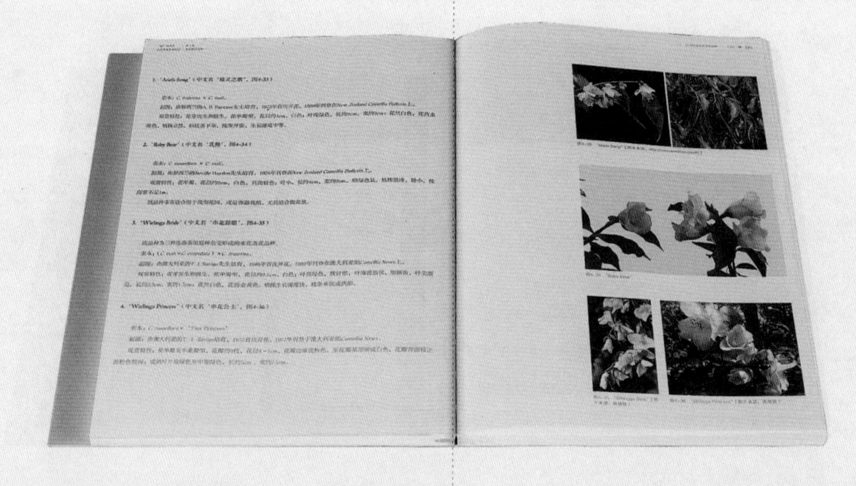

“微”观茶花 束花茶花发展简纪

–

WJ-STUDIO

–

中国建筑工业出版社

–

186×260mm

|

244p

|

818g

起源：由中国的费建国先生在20世纪90年代杂交培育，2013年获批国家林业局新品种保护。

观赏特性：花单瓣，粉白色，花径2～3cm，花期2月下旬～4月，成熟叶片深绿色，嫩叶红褐色，冬季叶片褐色。植株立性，株型紧凑。

2. '玫玉'（'Sweet Gem'，'Mei Yu'，图4-38）

亲本：C. japonica 'Kuro-tsubaki' × C. parvi-ovata。

起源：由中国的费建国先生在20世纪90年代杂交培育，2009年在美国山茶协会登录。

观赏特性：花单瓣，花径2.5～3.5cm，花玫瑰红色，上海地区2月上旬～3月下旬，成熟叶片深绿色，嫩叶红褐色。植株立性，株型紧凑。

标。同时，将育种目标和路线[illegible]，逐渐让育种的目标更加明确。

如图5-4，我们首先确定育种的一级目标为：束花茶花，要满足多枚花蕾簇生和腋生的特性；二级目标为观赏特性的丰富，主要包括花型（托桂型、玫瑰重瓣型等）、花色（红色、黄色等）以及芳香；三级目标为适应性，主要开展耐盐碱、耐湿热等育种工作。通过一级和三级目标的确定，可以进一步从[illegible]中选择亲本，而二级目标和三级目标则为另一个亲本的选择提供了依据与空间。

5.1.2 育种效率的提升

育种目标确定后，实现育种目标的途径直接决定了育种的效率。就如同你想去旅行，是先到哪里算哪里呢？还是准备好一张地图，确定旅行路线？显然，后者远远高于漫无目标地走的效率。但现实中，往往会出现“大概差不多”、“什么花开就杂交什么”的现象，这也是育种效率比较低的一个常见原因，目前越来越多的育种者意识到这一点并随之改进。

此外，还有一种低效率的表现很容易被忽视，很多育种者开展了大量的种内杂交，结实率很高，貌似育种效率也很高，但是实际的结果是一方面杂交出来的实生苗可优选出来的不多，特异性不显著，另外一方面也忽视了土地、人工等成本，与成本效益原则相去甚远。例如，作者在上海植物园开展束花茶花育种10年，为了方便研究和观察，育种基地设在寸土寸金的上海市徐汇区，土地成为稀缺的资源，如果一味地盲目追求结实率，势必造成土地紧张与养护管理成本增加。[illegible]育种者没有面临此类问题，但随着城市化的加剧，无论是科研育种还是产业育种，都是[illegible]今后的种质创新中应该加以考虑的问题。

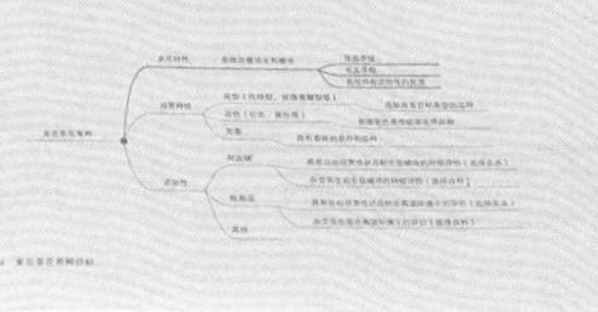

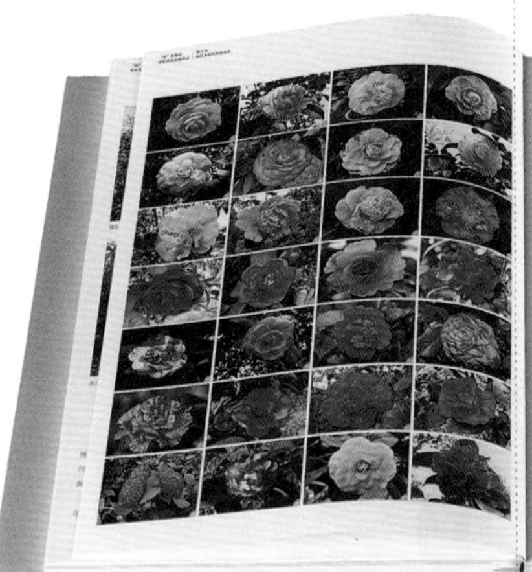

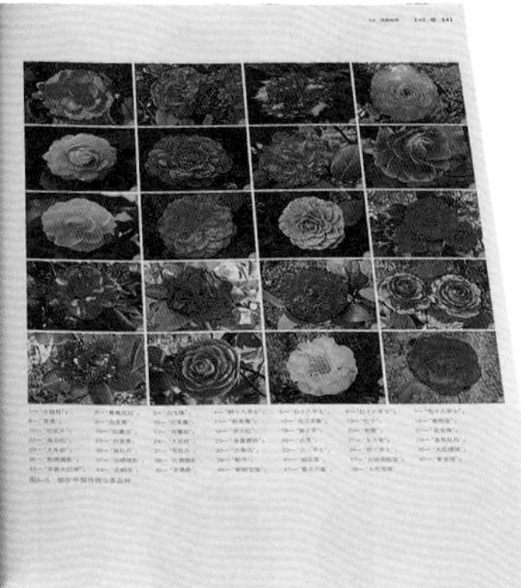

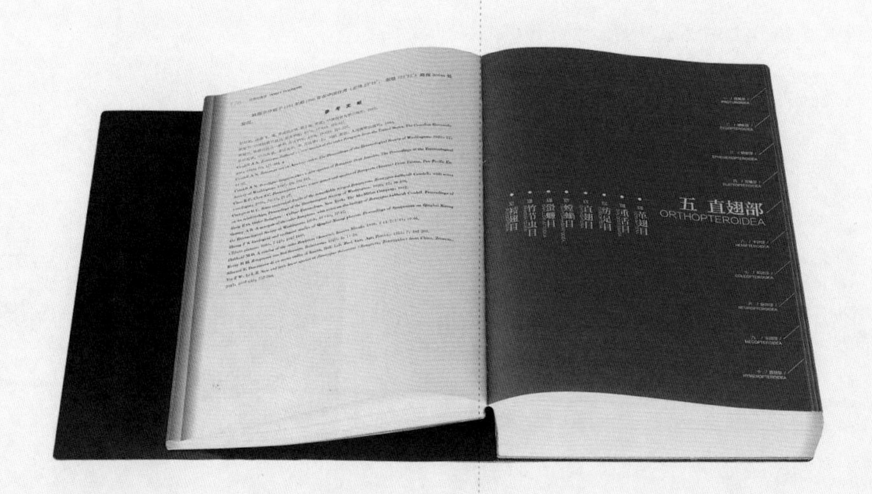

昆虫分类学（修订版）

-

尹琳琳

-

化学工业出版社

-

188×262mm

|

1184p

|

2563g

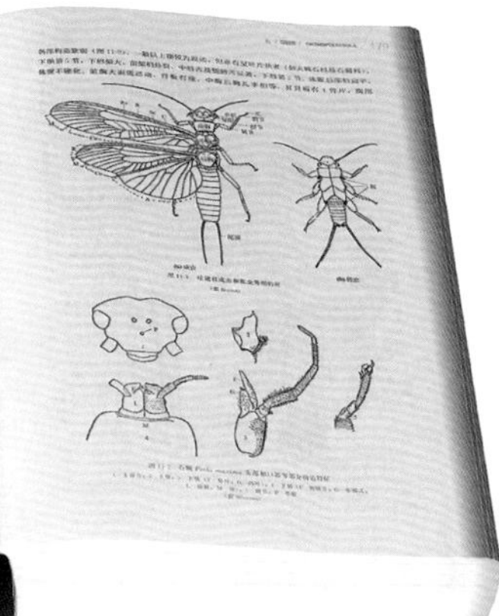

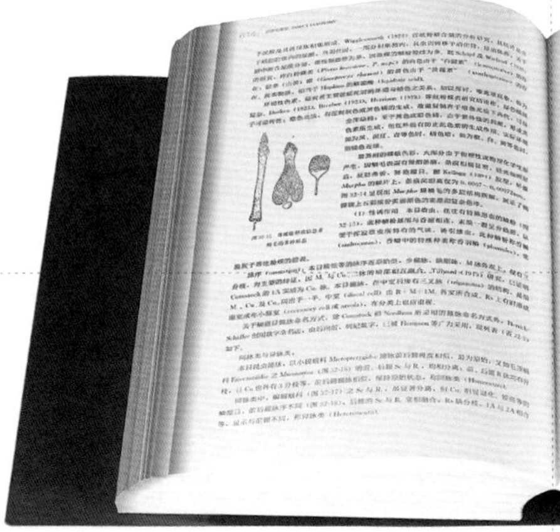

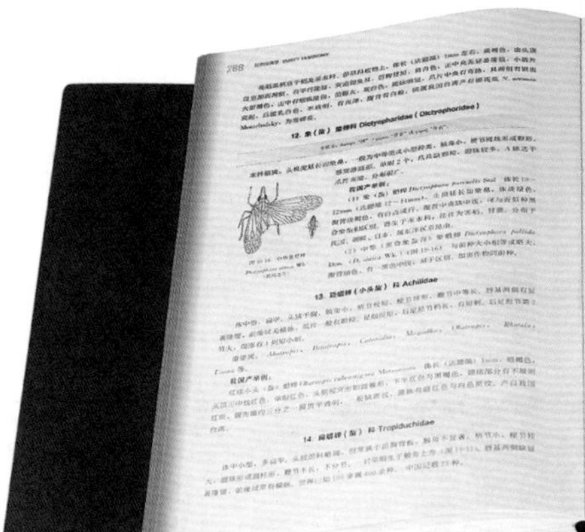

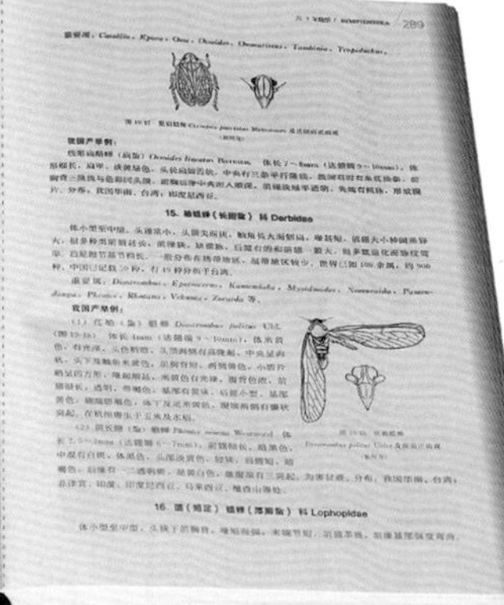

伤寒论选读（英文）+ 金匮要略选读（英文）+ 温病学（英文）+ 黄帝内经选读（英文）

–

尹岩 + 白亚萍 + 水长流

–

人民卫生出版社

–

195×266mm

|

674p

|

2339g

About
Authors

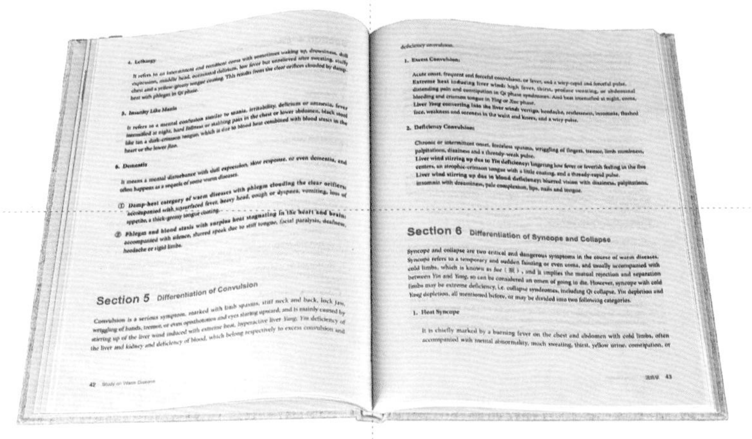
Section 5 Differentiation of Convulsion
Section 6 Differentiation of Syncope and Collapse

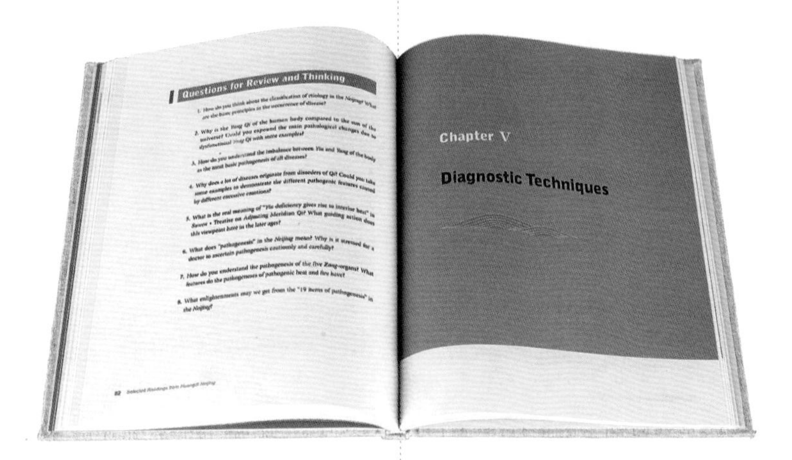
Questions for Review and Thinking
Chapter V
Diagnostic Techniques

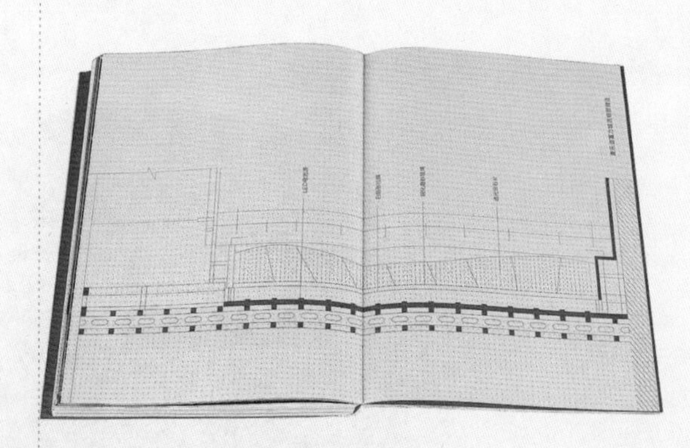

LED 与室内照明设计

–

曹群 + 孙帅 + 赵格

–

中国建筑工业出版社

–

170×240mm

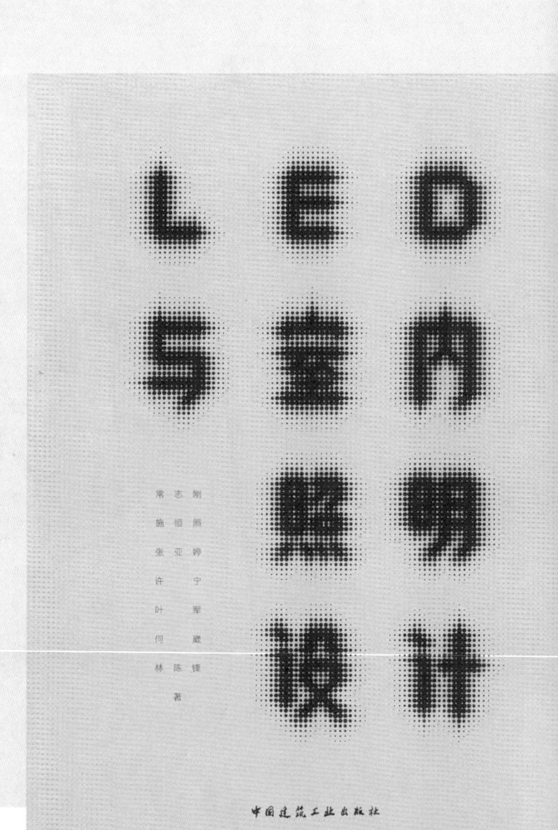

生物学野外实践能力提高丛书

–

张申申

–

高等教育出版社

–

120×203mm

黑洞不是黑的　霍金 BBC 里斯讲演

–

邵年

–

湖南科学技术出版社

–

118×188mm

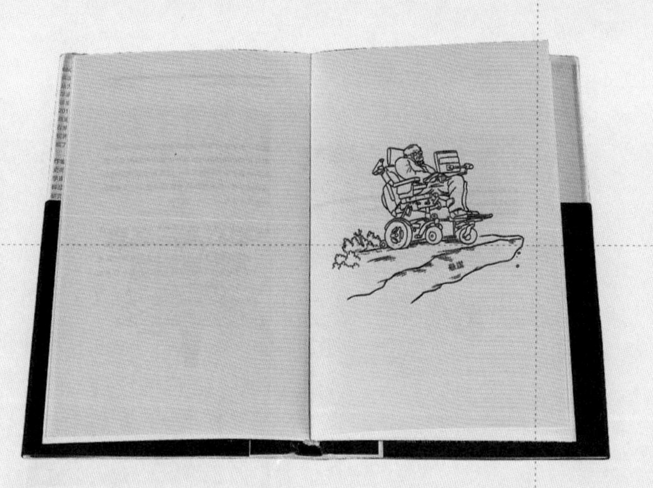

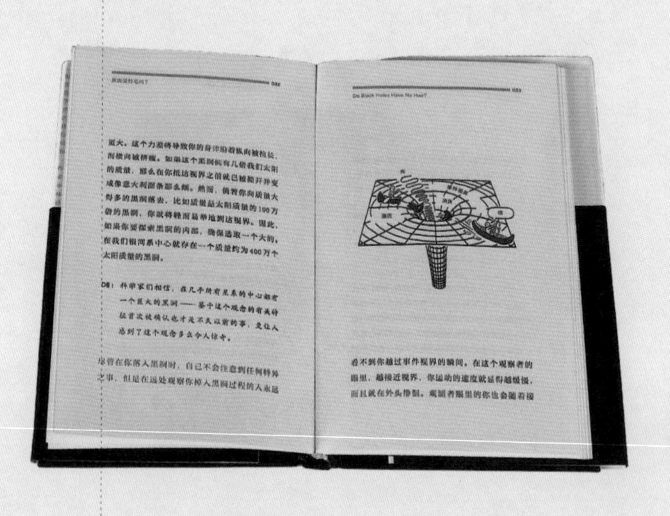

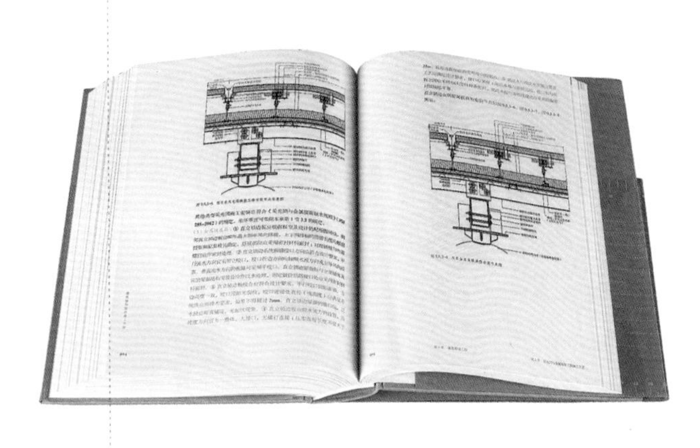

中国建筑装饰协会推荐丛书

建筑装饰装修施工手册

倪安葵 蓝建勋 孙友棣 吴领荣 · 主编

中国建筑工业出版社

建筑装饰装修施工手册

–

舒刚卫 + 徐晓飞

–

中国建筑工业出版社

–

193×270mm

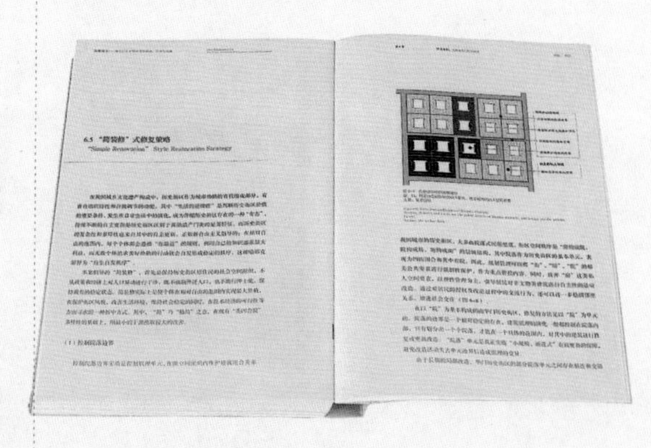

四维城市——城市历史环境研究的理论、方法与实践

–

付金红

–

中国建筑工业出版社

–

177×261mm

Rational Planning

理性规划

中国城市规划学会学术工作委员会 编
中国城市规划学会学术成果

中国建筑工业出版社

理性规划
中国城市规划学会学术工作委员会 编
中国城市规划学会学术成果
中国建筑工业出版社

理性规划
–
付金红
–
中国建筑工业出版社
–
171×280mm

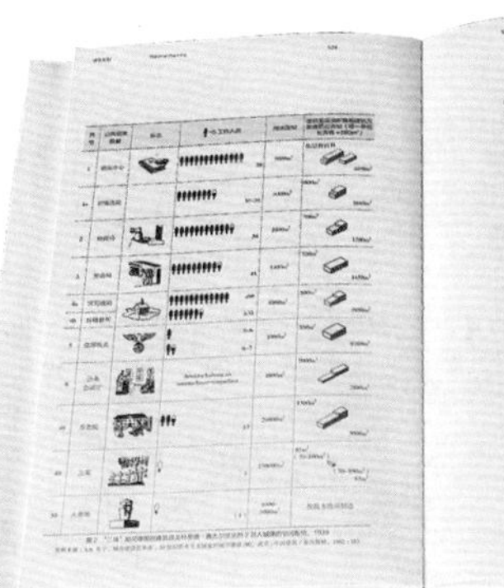

《工部厂库须知》点校（正、附册）

–

康羽

–

中国建筑工业出版社

–

140×210mm

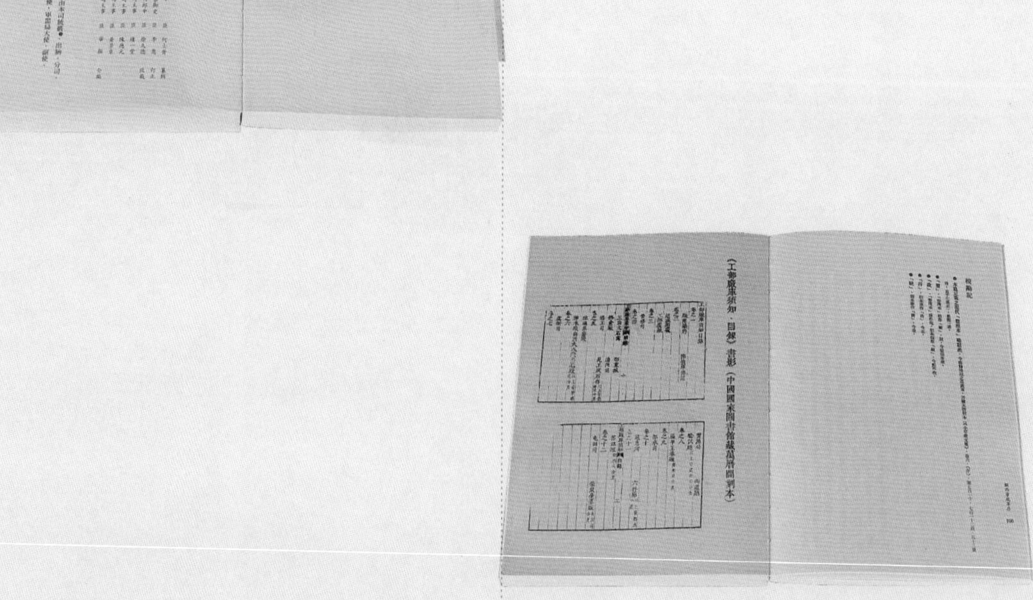

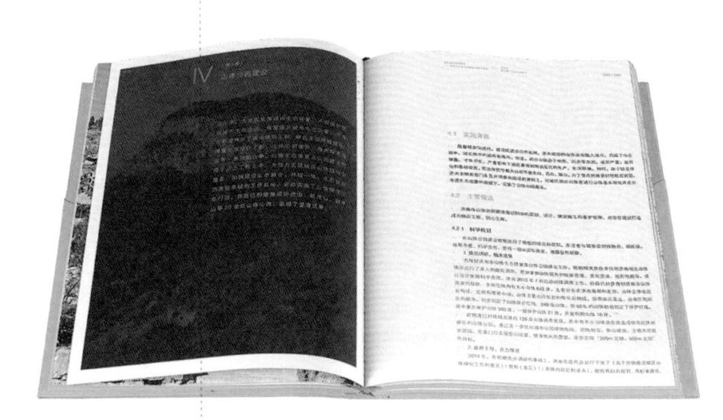

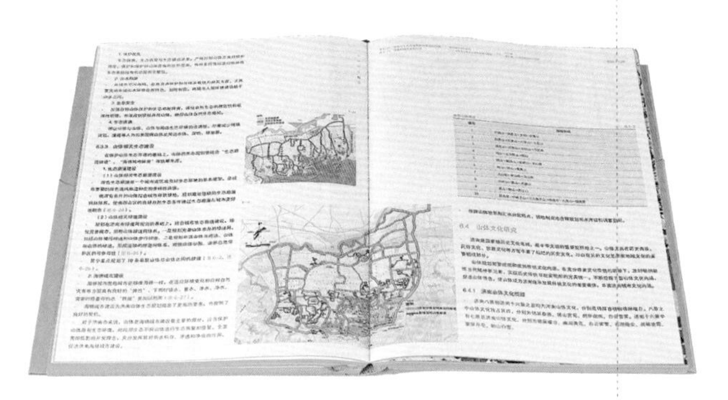

助力城市绿色崛起
——济南市山体生态修复实践与探索
-
张悟静
-
中国建筑工业出版社
-
215×285mm

助力城市绿色崛起
——济南市山体生态修复实践与探索
济南市城市园林绿化局 编
中国建筑工业出版社
城市生态修复系列丛书

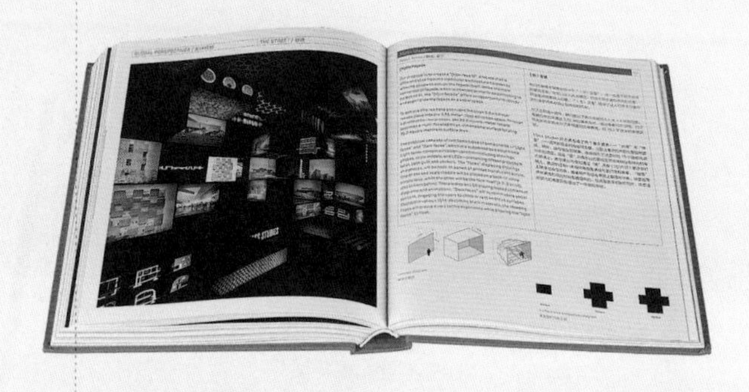

城市创造"2011 深圳·香港城市\建筑双城双年展"

–

唐天辰

–

中国建筑工业出版社

–

206×242mm

设计学（专业学位）研究生教育改革系列丛书
Postgradudate Education Reform Senes(Design&MFA)

URBAN
CREATIVITY
AND PRACTICE

城市·创意·实践

环境设计学科研究生校企联合培养的研究与实践

Environmental design subject graduate school enterprise joint training Research and Practice

主编 张 彪

中国建筑工业出版社
CHINAARCHITECTURE&BUILDING PRESS

城市·创意·实践
URBAN CREATIVITY AND PRACTICE
主编 张 彪
中国建筑工业出版社

城市·创意·实践
——环境设计学科研究生校企联合培养的研究与实践

刘俊佑

中国建筑工业出版社

212×226mm

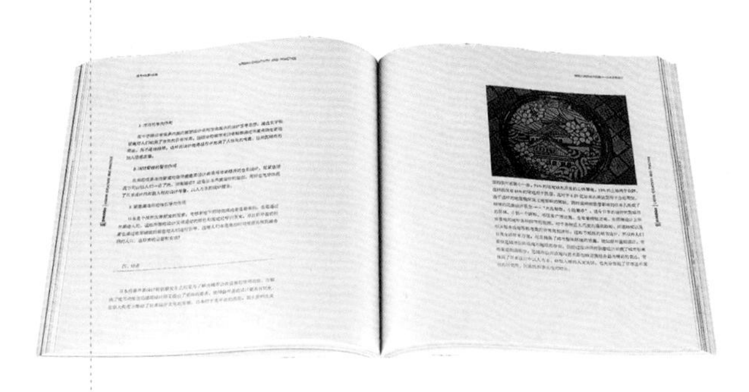

本草——生长在时光的柔波里

–

尹岩 + 单斯

–

人民卫生出版社

–

140×200mm

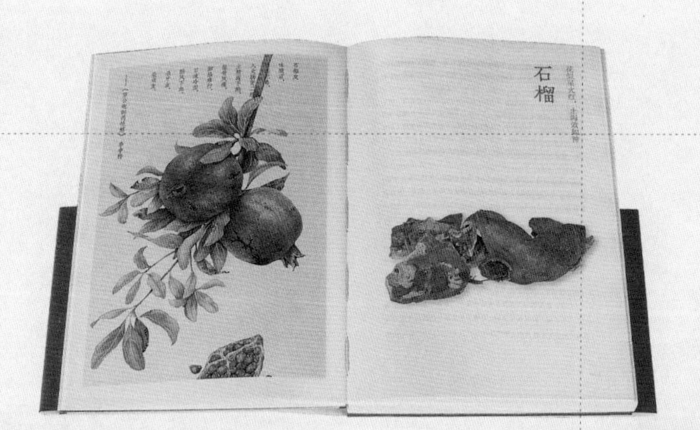

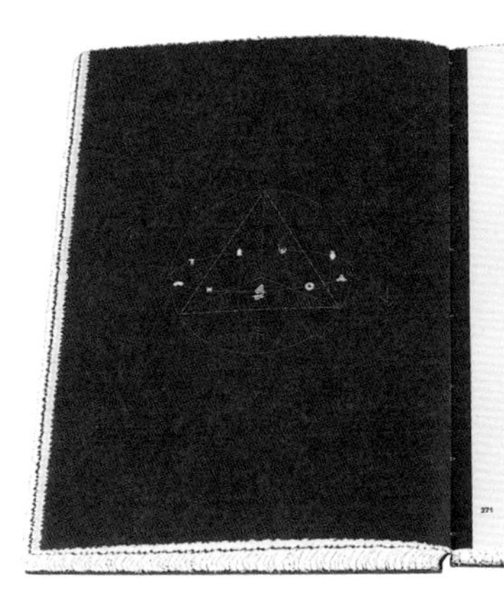
第九章
重化工业的发展

人们习惯于把生产生产资料的工业称作重工业。其中，以化学生产技术为核心或关键过程的重工业就可以称为重化工业。在古代，除了上述的冶金（铜、铁的冶铸，锌、锌的炼制）和盐、硝、矾的制备外，金、银、汞、锡、铅的冶炼也应属于这个范畴。作为硅酸盐无机材料的常见品种，陶瓷在古代主要呈现为生活资料，而同属硅酸盐无机材料的砖瓦、玻璃却属于生产资料，它们的制备也可以划归重化工业。煤、石油、天然气在古代只是燃料的构成之一，到了近代才逐渐变作重要的化工原料，它们的开发、利用是近代的重化工业。

第一节 建筑材料（砖瓦、玻璃）的制造

生产建筑陶器是在烧制日用陶器基础上发展起来的一项常见的手工业。在新石器时代，在黄河中下游的黄土地带，房屋由地穴、半地穴发展成以木骨扶泥墙为主体的上覆草泥屋顶的土木混合结构的地上建筑。为了防止地基湿陷，在夏代人们发明了夯土技术。夯土施工简单，就地取材，是中国古代最基本的建筑技术之一。这种技术不仅用于大型建筑，也被百姓用于建屋筑墙。但建房采用夯土筑墙的方法，房顶加上厚重的茅草，在长期风吹日晒雨淋的环境下，其使用寿命是有限的。人们也尝试在构筑中采用火烧泥墙的方法增加墙体的坚硬度和耐水性，但是成本较高，效果也不理想。因而，用烧成后坚固的制品作为关键的建筑部件，对于提高房屋的质量则是一条重要的途径。

一、建筑砖瓦的演进

人口相对集中的城镇或村落，特别是大型的宫殿，排水设施的构建是不容

271

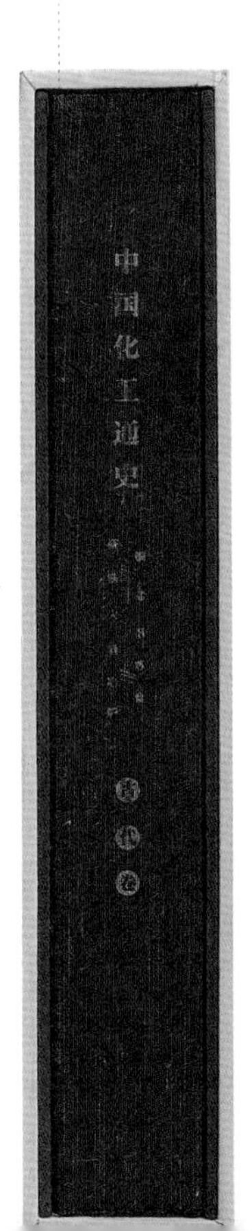


中国化工通史 - 古代卷
-
王晓宇
-
化学工业出版社
-
172×250mm

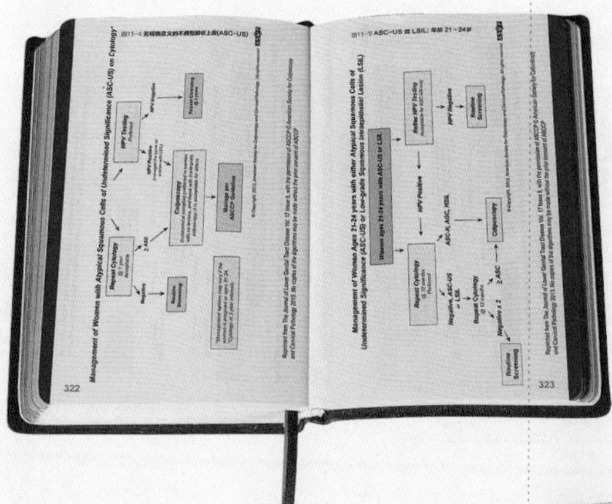


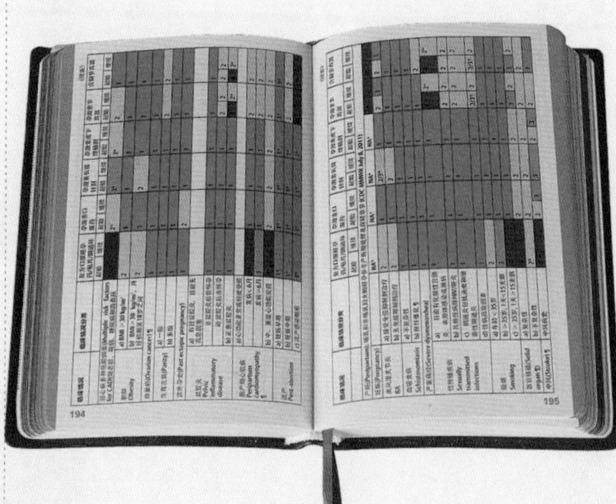


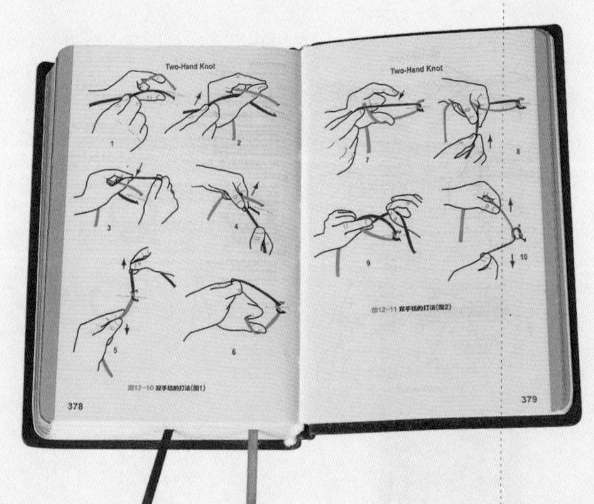


妇产科手册

–

李蹊

–

人民卫生出版社

–

95×145mm

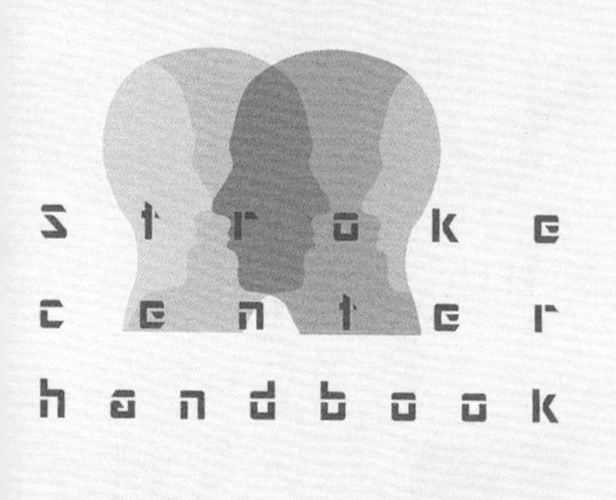




卒中中心手册

–

视通嘉业 + 尹岩 + 单斯

–

人民卫生出版社

–

135×203mm

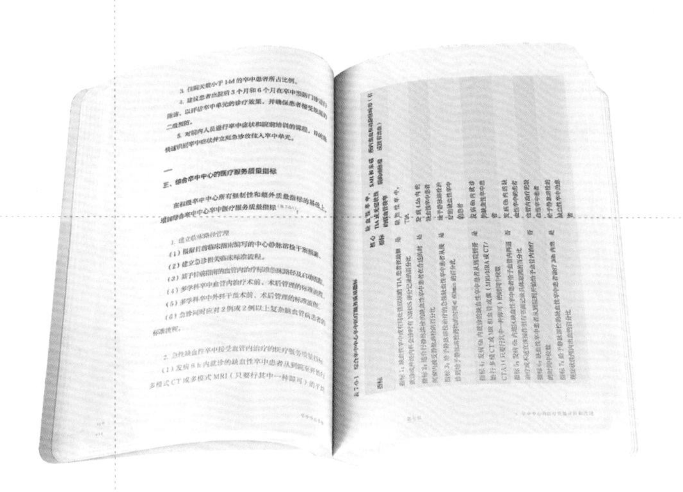

3. 住院天数小于 14d 的卒中患者所占比例。

4. 建议患者出院后 3 个月和 6 个月在卒中[illegible]门诊进行随访，以评估卒中单元的诊疗效果，并确保患者接受[illegible]的二级预防。

5. 对院内人员进行卒中症状和[illegible]培训的课程，目的是快速识别卒中症状并立即急诊收住入卒中单元。

三、综合卒中中心的医疗服务质量指标

在初级卒中中心所有[illegible]性和额外质量指标的基础上，增加综合卒中中心卒中医疗服务质量指标[illegible]：

1. 建立临床路径管理

（1）根据目前临床指南编写的中心静脉溶栓干预预案。

（2）建立急诊相关临床标准流程。

（3）基于目前指南的血管内治疗标准总体路径及启动[illegible]。

（4）多学科卒中血管内治疗术前、术后管理的标准流程。

（5）多学科卒中外科干预术前、术后管理的标准流程。

（6）急诊同时应对 2 例或 2 例以上复杂脑血管病患者的标准流程。

2. 急性缺血性卒中接受血管内治疗的医疗服务质量指标

（1）发病 8 h 内就诊的缺血性卒中患者从到院至开始多模式 CT 或多模式 MRI（只要行其中一种即可）的平均

时间。

（2）缺血性卒中患者急性期采用血管内治疗的比例。

（3）缺血性卒中患者从到院至开始给予血管内治疗（door-to-groin）的平均时间。

（4）行血管内治疗的患者治疗后 36h 内出现有症状的颅内出血的比例。

3. 颅内外血管诊断和治疗的医疗服务质量指标

（1）行诊断性的全脑血管造影检查后患者发生卒中或死亡的比例。

（2）行颈动脉剥脱术或支架的患者术后 30d 内发生卒中或死亡的比例。

（3）行颅内血管成形术和（或）支架的动脉粥样硬化病的患者术后 30d 内发生卒中或死亡的比例。

4. 蛛网膜下腔出血（subarachnoid hemorrhage，SAH）和脑实质出血（intracerebral hemorrhage，ICH）的医疗服务质量指标

（1）SAH、ICH 患者中有书面记录的最初严重度评价的比例。

（2）年动脉瘤夹闭术及动脉瘤介入治疗比例。

（3）48h 内就诊的动脉瘤破裂所致 SAH 患者从到院至开始行破裂动脉瘤夹闭术或介入治疗的平均时间。

（4）证实为动脉瘤破裂所致的 SAH 患者诊断 24h 内给予尼莫地平治疗且持续至出血后 21d 或出院的比例。

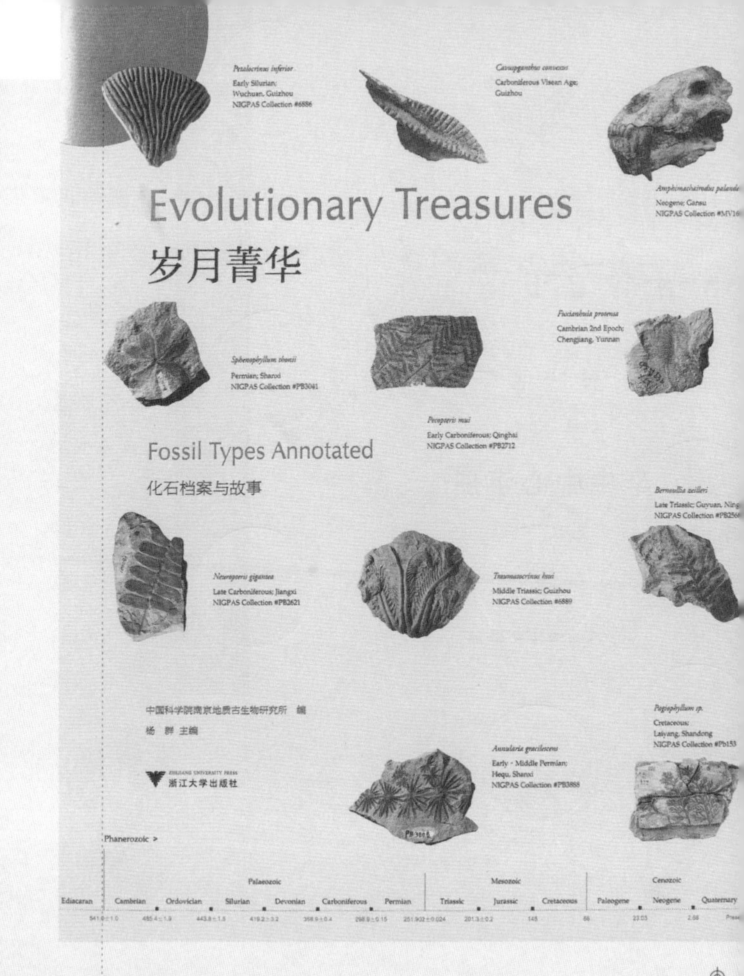


岁月菁华：化石档案与故事

程晨＋尤含悦

浙江大学出版社

218×278mm

# E

## EDUCATION

## 教育类

# E

GOLD AWARD

金奖

原田进：设计品牌

曲闵民 + 蒋茜

P378

SILVER AWARD

银 奖

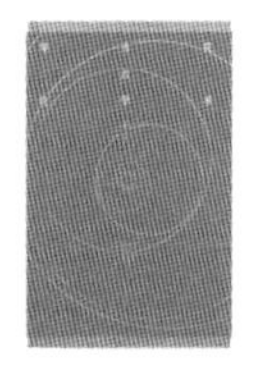

美术考古学导论（第二版）

张志奇

P384

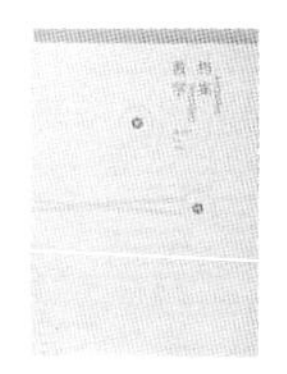

教学档案

西安零一工坊 / 李瑾 + 伍子杰

P388

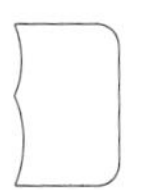

BRONZE AWARD

铜 奖

中国经典名著诵读 论语

王鹏

P392

字体设计

汪泓

P394

江南童戏百图

周晨

P396

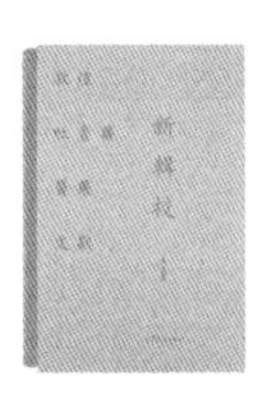

敦煌吐鲁番医药文献新辑校

张志奇

P398

## EXCELLENCE AWARD
## 优 秀 奖

A SOCIAL SCIENCES

B ARTS

C LITERATURE

D SCIENCE AND TECHNOLOGY

E EDUCATION

F CHILDREN

G NATION

H ILLUSTRATION

I PRINT

J EXPLORATION

# E

EDUCATION

教育类

作　品

众所周知，品牌学来源于西方，本书是日本设计师原田进先生通过他在日本的品牌实战经验整理出的品牌学基础理论书籍。设计者通过反复地通读，用设计语言划分出每篇文章的重点、中文注释、英文翻译等多个层级，引导读者对书籍的阅读。为了更好地阐明书籍的内容，设计者根据整本书的内容绘制了大量丰富的信息图表，希望通过图表更直观地帮助读者了解生涩的文本内容，同时也使枯燥的理论书阅读起来更具趣味性，缓解阅读疲劳。设计中也贯穿了印刷过程中磨合机器的效果，这是读者平时看不见的环节，设计者希望用这种平行思维的方法暗示书中介绍的重点内容：品牌建设之前外界看不见的反复沟通磨合的过程。

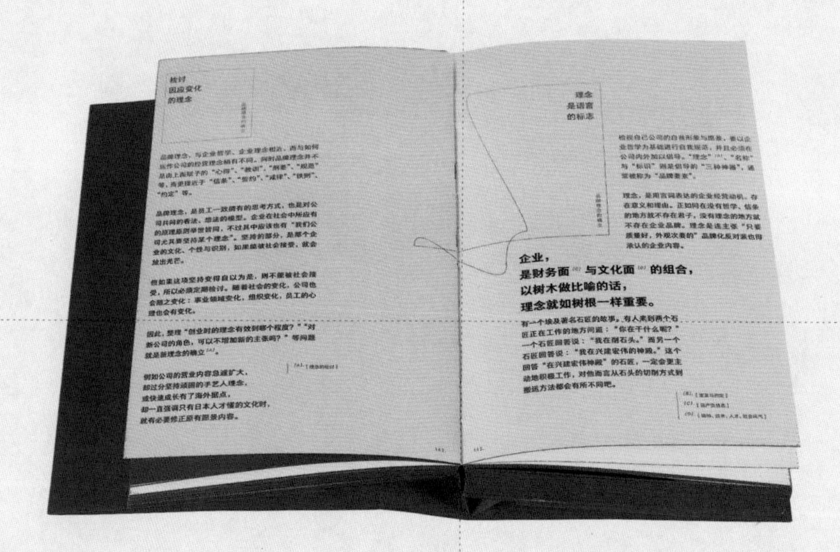


原田进：设计品牌

曲闵民+蒋茜

江苏凤凰美术出版社

120×186mm

300p

585g

品牌
设计
的
准备

设计
展开
项目
首先，将企业现在使用中的设计展开物集合起来，进行分类评价。这些事务用品必须全部替换上新的设计。也有人用硬性的名称称之为"视觉监督=visual audit"。
应用系统包含徽章、公司旗帜、制服、手提袋等的设计，办公室、店铺的内部装潢，大楼的外部装潢，车辆等要传达的形象，总之与企业相关的一切有标识的物品，都成为应用系统的一部分。
主要
设计
展开物
一般来说，企业主要的应用系统制作物有30种左右。公司内部使用项目有公司旗帜、公司徽章、证券、证书、图章等，名片、信封、信纸、传真信笺等文具用品，传票、账票、契约书等事务账票类，型录、传单、DM、DM用信封、估价单用透明夹、手提袋、公司简介、企业年报、包装纸、标价卡、包装、企业沿革等印刷品，公司办公室指标、门标指标、简介标示、店铺指标、建筑物正面等指标类，卡车和货车等。另外，还有营业车等的车辆类，制服和工作服等的制服类等。
Annual Report

所谓名牌企业，可未
的公司。最近常听到"不
标，而是努力成为唯一"的说
道的人都能确实了解公司的存在，
建立起"卓越公司"的评语，加之提供
商品与服务都能赢得信赖，而且公司员
工也能感受到并以从事工作为荣的企业，
就叫做名牌企业。
如果贵公司从经营者以下的全体员工乃至后继者们，都能诚心诚意地投入工作，那么或许 100 年后也能成为名牌企业吧。但是，"只要认真努力地工作，总有一天人们会知道我们公司的优点"这种想法，在今天这样严苛的经营环境中，确实不太现实。
在高度资讯化的社会中，人们判断基准的"资讯价值"要高于"物质价值"。企业努力的姿态必须要通过巧妙的资讯操作传达给社会。
HERMES
CHANEL
LOUIS VUITTON

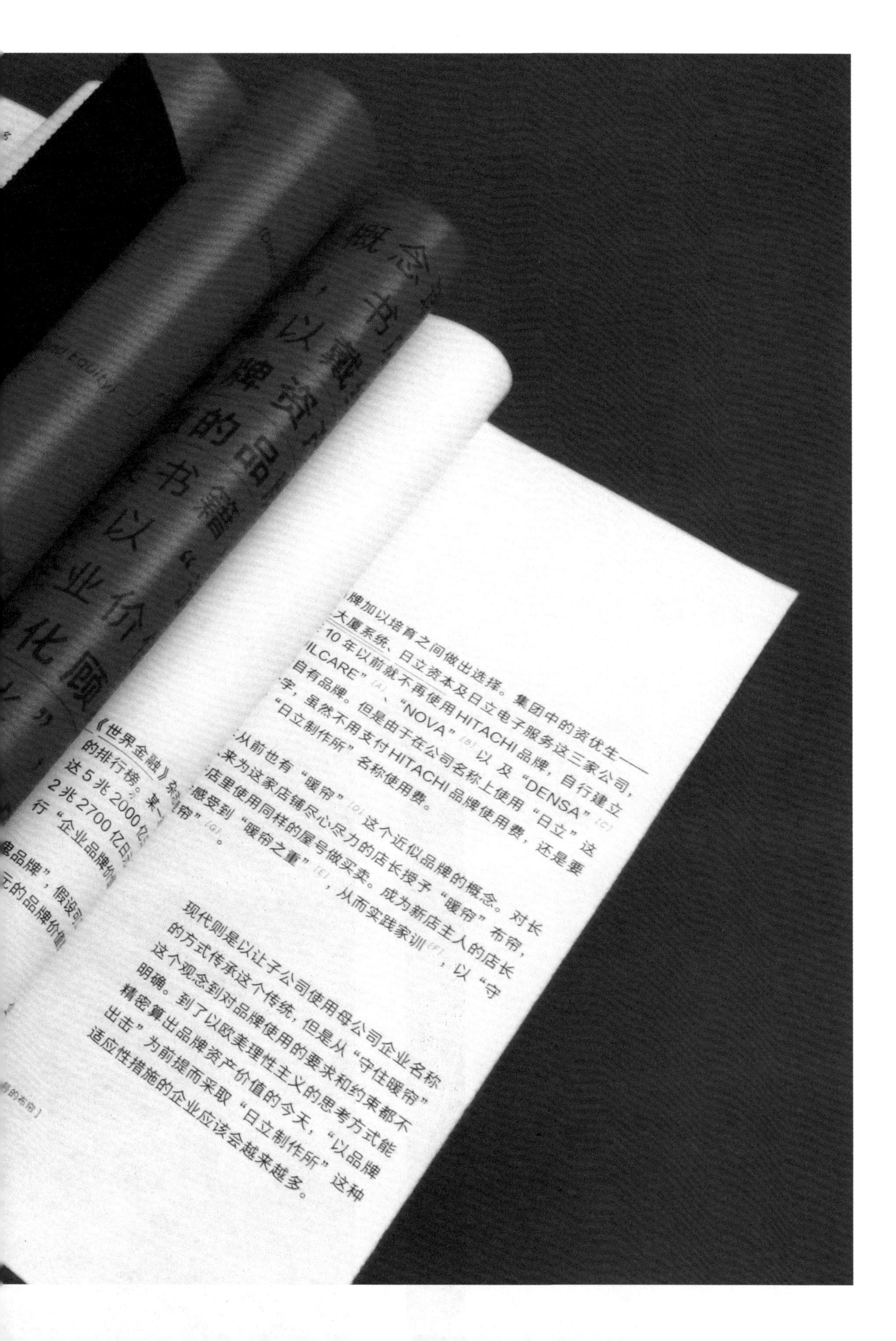
牌加以培育之间做出选择。集团中的资优生——
大厦系统、日立资本及日立电子服务这三家公司，
10年以前就不再使用HITACHI品牌，自行建立
ILCARE”[A]、“NOVA”[B]以及“DENSA”[C]
自有品牌。但是由于在公司名称上使用“日立”这
字，虽然不用支付HITACHI品牌使用费，还是要
“日立制作所”名称使用费。
从前也有“暖帘”[D]这个近似品牌的概念。对长
来为这家店铺尽心尽力的店长授予“暖帘”布帘，
店里使用同样的屋号做买卖。成为新店主人的店长
感受到“暖帘之重”[E]，从而实践家训[F]，以“守
帘”[G]。
现代则是以让子公司使用母公司企业名称
的方式传承这个传统，但是从“守住暖帘”
这个观念到对品牌使用的要求和约束都不
明确。到了以欧美理性主义的思考方式能
精密算出品牌资产价值的今天，“以品牌
出击”为前提而采取“日立制作所”这种
适应性措施的企业应该会越来越多。

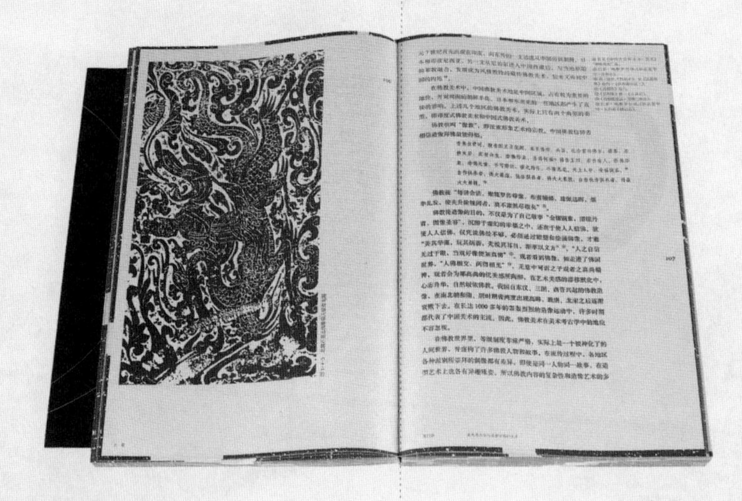

美术考古学导论（第二版）

–

张志奇

–

高等教育出版社

–

169×261mm

|

358p

|

474g

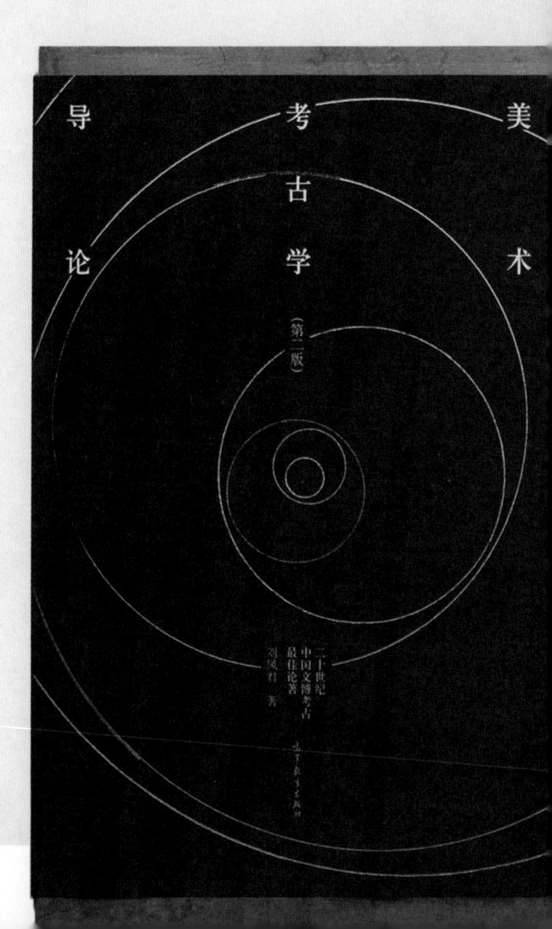

画像石与画像砖
第三章

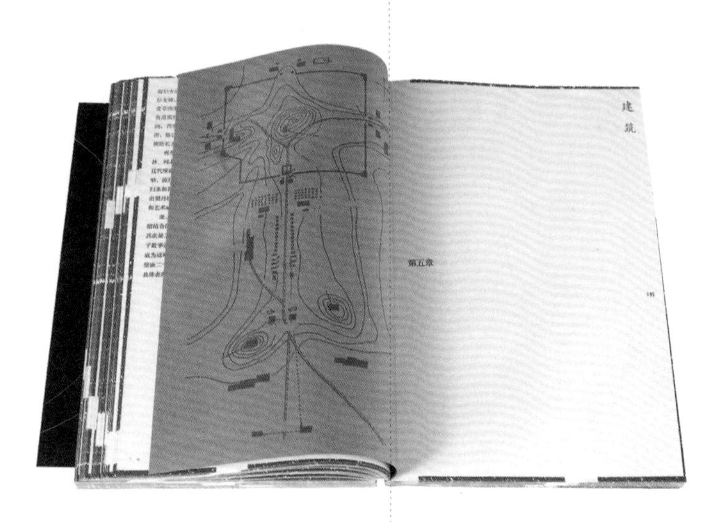
建筑
第五章

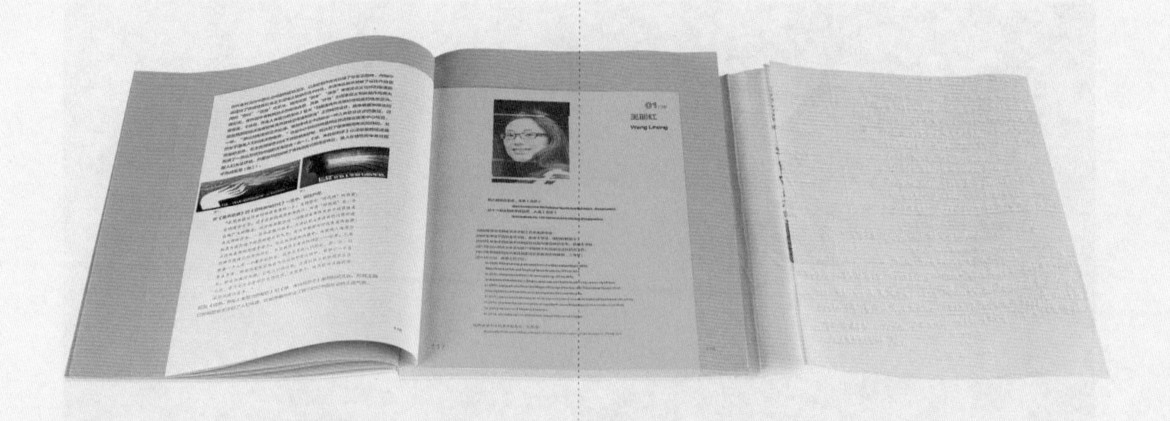

教学档案

–

西安零一工坊 / 李瑾 + 伍子杰

–

天津人民美术出版社

–

214×292mm

|

325p

|

725g

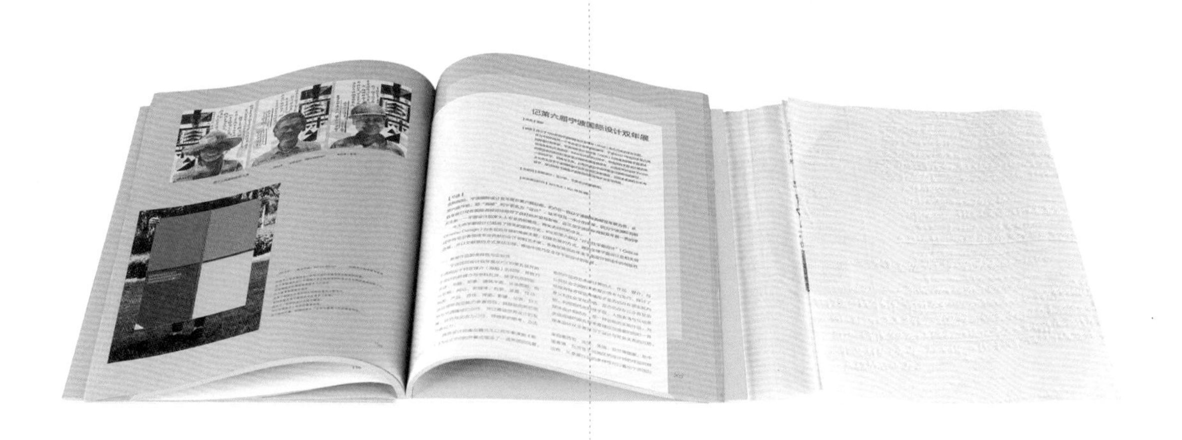
记第六届宁波国际设计双年展

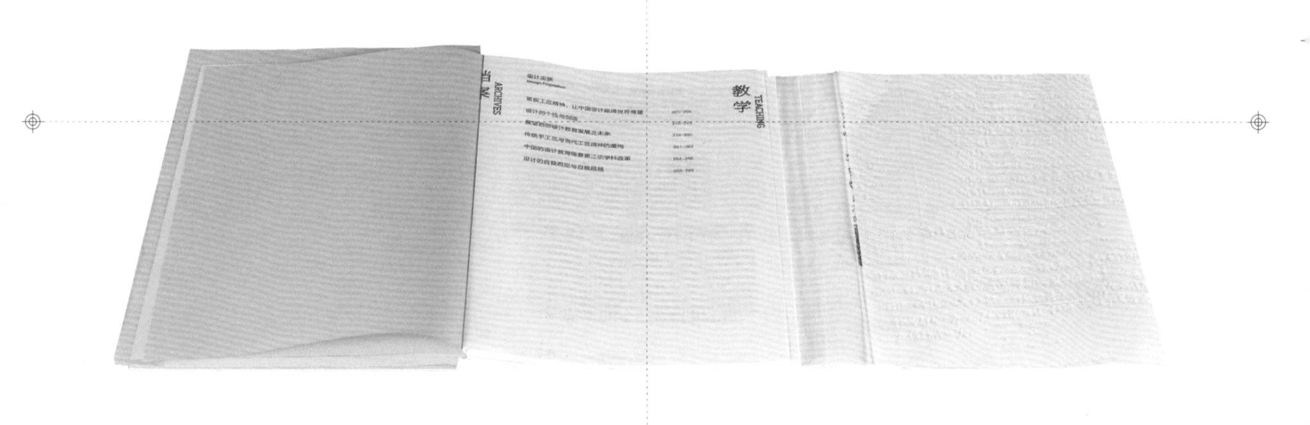
ARCHIVES
教学
TEACHING

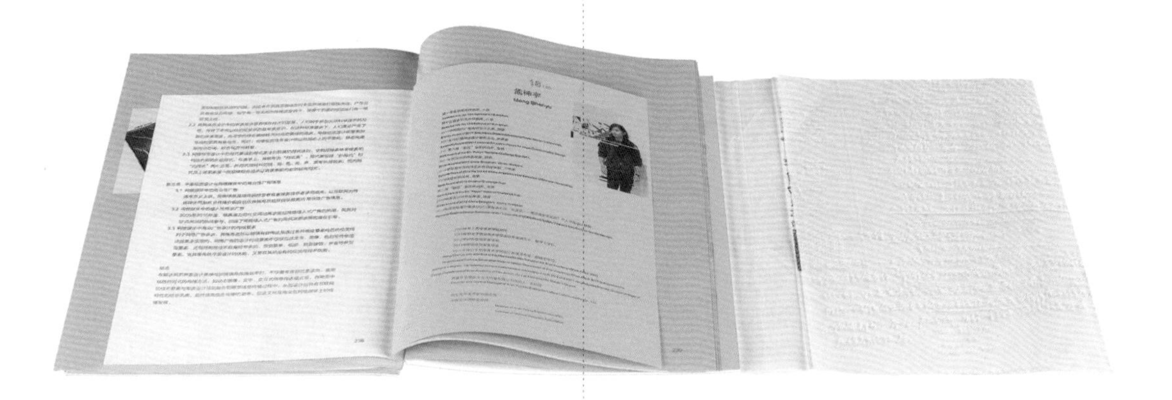
高神宇
Gao Shenyu

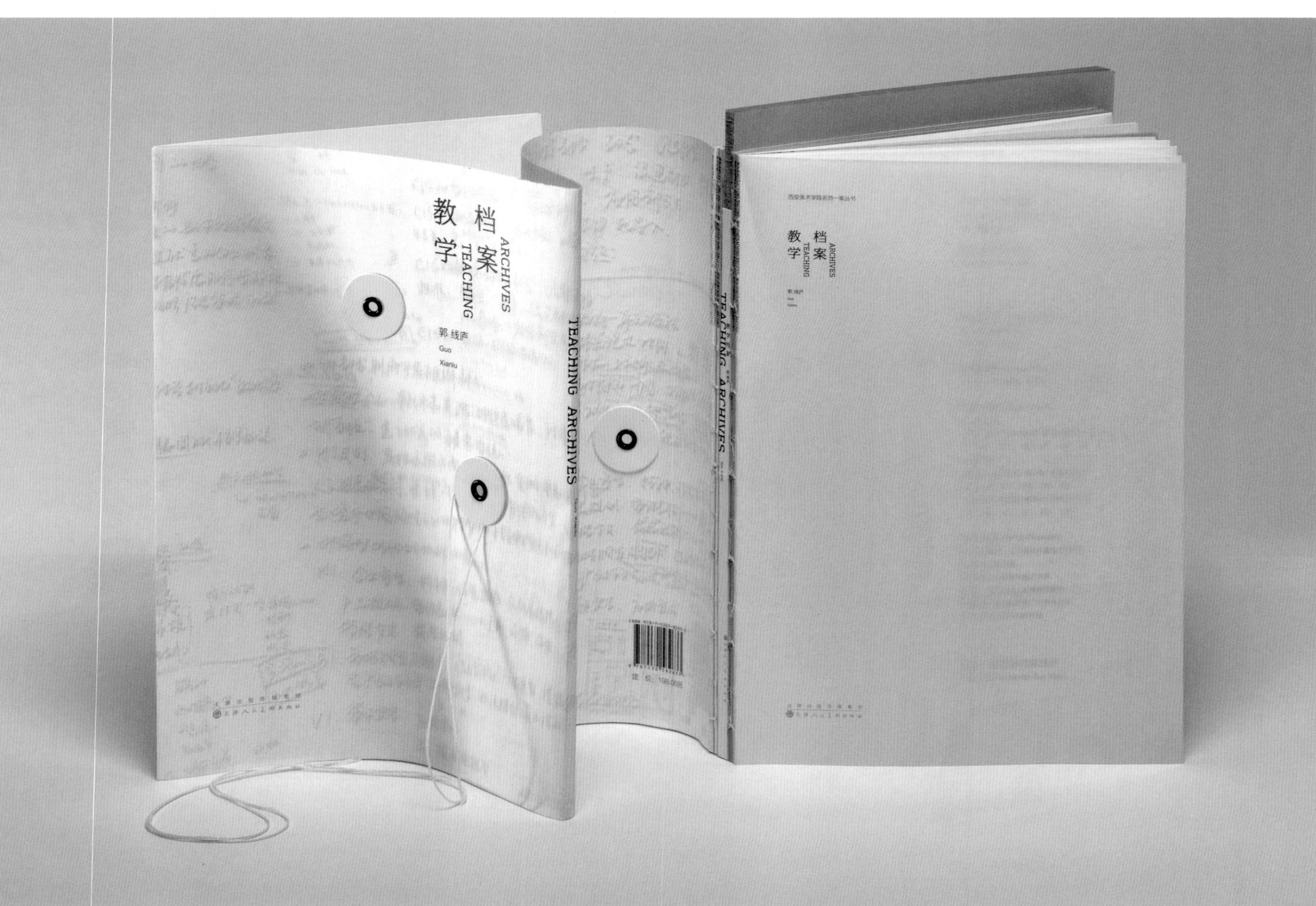

教学 档案
ARCHIVES
TEACHING
郭线庐
Guo
Xianlu
TEACHING ARCHIVES
定价：198.00元

中国经典名著诵读 论语

–

王鹏

–

高等教育出版社

–

161×258mm

|

12p

|

297g

学而第一
为政第二
八佾第三
里仁第四
公冶长第五
雍也第六
述而第七
泰伯第八
子罕第九
乡党第十
论语
CHAPTER I
CHAPTER II
CHAPTER III
CHAPTER IV
CHAPTER V
CHAPTER VI
CHAPTER VII
CHAPTER VIII
CHAPTER IX
CHAPTER X

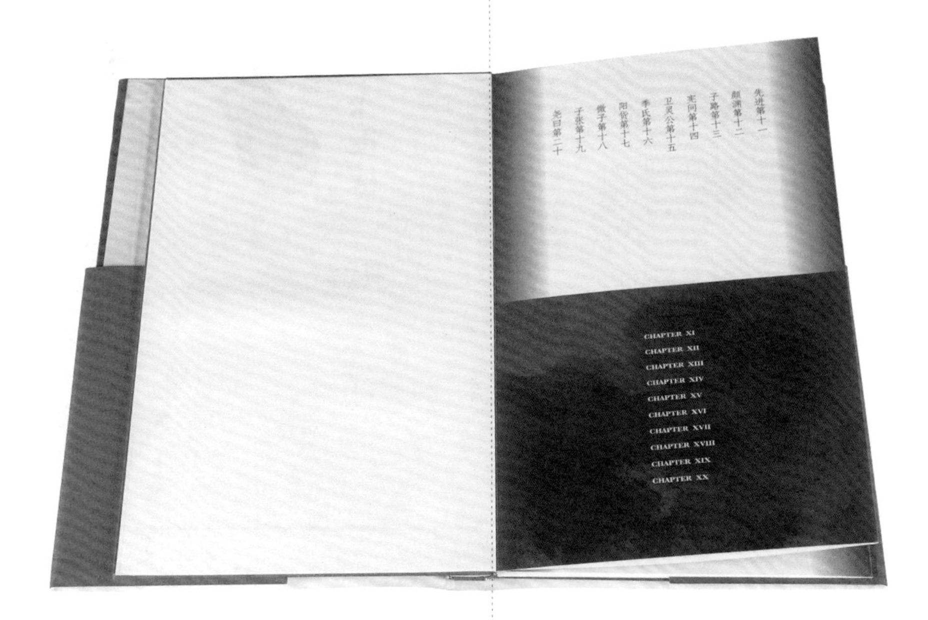
先进第十一
颜渊第十二
子路第十三
宪问第十四
卫灵公第十五
季氏第十六
阳货第十七
微子第十八
子张第十九
尧曰第二十
CHAPTER XI
CHAPTER XII
CHAPTER XIII
CHAPTER XIV
CHAPTER XV
CHAPTER XVI
CHAPTER XVII
CHAPTER XVIII
CHAPTER XIX
CHAPTER XX

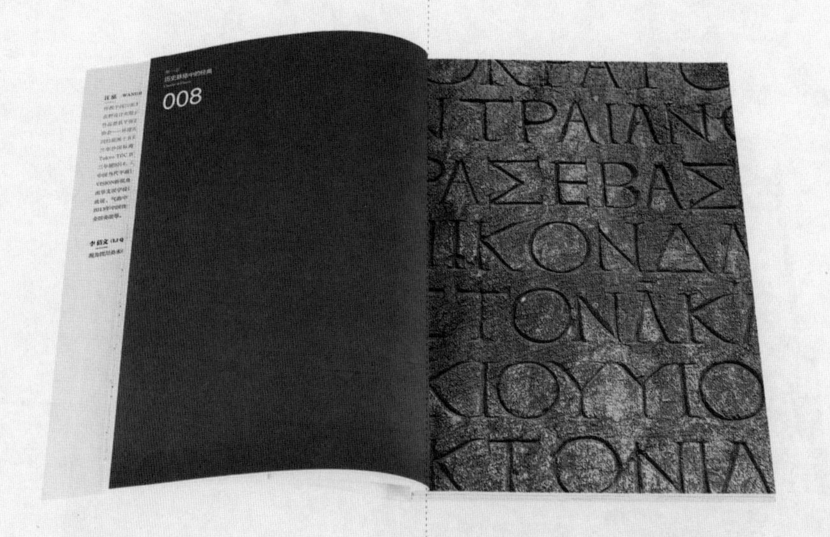


字体设计

–

汪泓

–

西南师范大学出版社

–

170×248mm

|

160p

|

423g

Baggage hall
Transfer T2-9
All other gates
Smoking area
EFGH
Gates BCD
Lounges
Self-service transfer
First aid
Airline lounges 25-41
Toilets
Airline lounge 52
Transfer T4-9
First aid
Smoking area
Gate D84
Self-service transfer
ABCDEFGHIJKLMNOPQRSTUVWXYZ!?
abcdefghijklmnopqrstuvwxyz@1234567890-;
ABCDEFGHIJKLMNOPQRSTUVWXYZ!?
abcdefghijklmnopqrstuvwxyz@1234567890-;
ETIHAD
BRITISH AIRWAYS
Lufthansa
SriLankan
Yemenia
TURKISH AIRLINES

LVMH
CHANDON
GIVENCHY
KENZO
FENDI
Veuve Clicquot
CÉLINE
MARC JACOBS
MOËT & CHANDON
Ruinart
Hennessy
LOUIS VUITTON
Berluti
LOUIS VUITTON

102
澳門
廣
源
金福紅
KWONG MAN LUNG
廣萬隆爆竹莊

江南童戏百图
–
周晨
–
江苏凤凰教育出版社
–
211×280mm
|
222p
|
820g

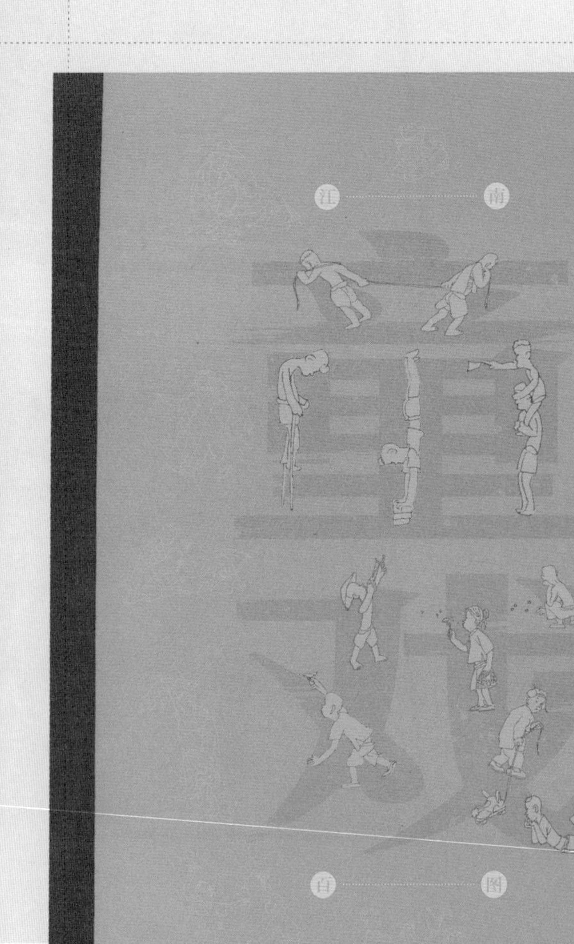

过家家

踢皮球

敦煌吐鲁番医药文献新辑校

–

张志奇

–

高等教育出版社

–

218×310mm

|

735p

|

3032g

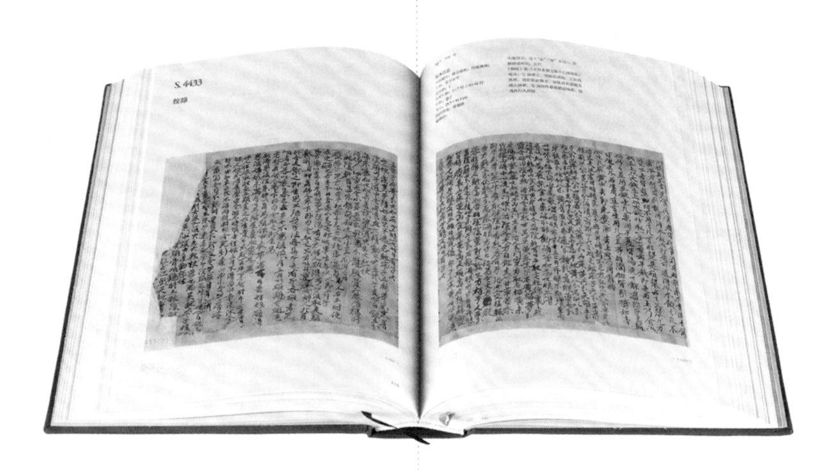
S.4433

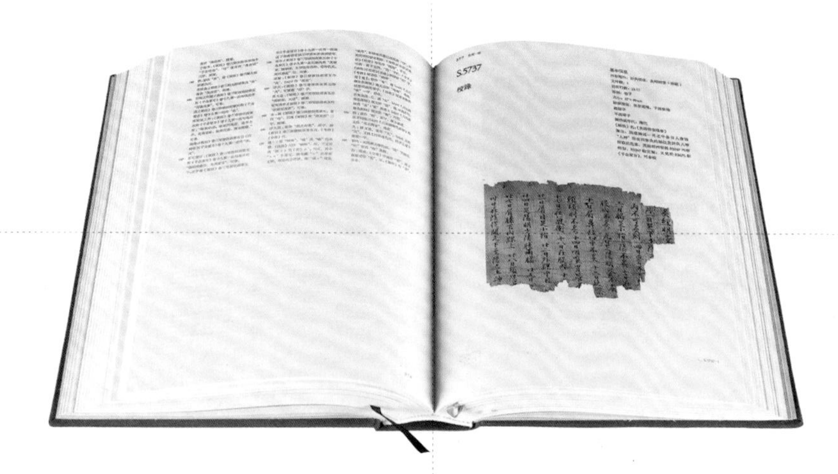
S.5737

文獻形制

另一种可能

The Crossover Way to Be Professional

——一个特级教师的跨界生长

2017 年精品阅读年度好书

中国教育报 2017 年度
"教师喜爱的 100 本书" TOP10

中国教育新闻网 2017 年度
"影响教师的 100 本书"

教育科学出版社

另一种可能——一个特级教师的跨界生长

–

肖晋兴

–

教育科学出版社

–

166×232mm

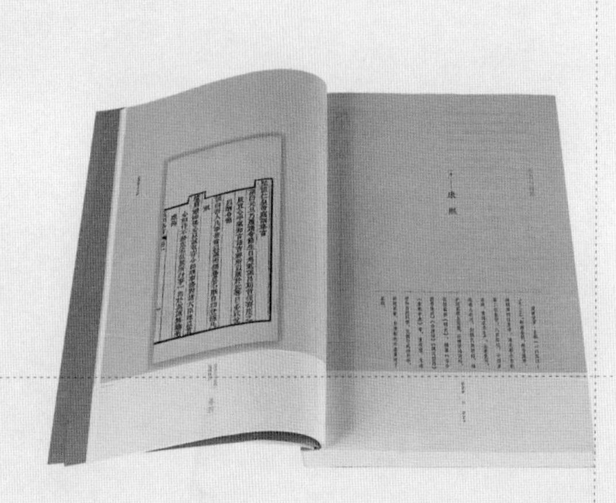

中华十大家训（全 5 册）

–

敬人书籍设计工作室 / 黄晓飞

–

教育科学出版社

–

189×298mm

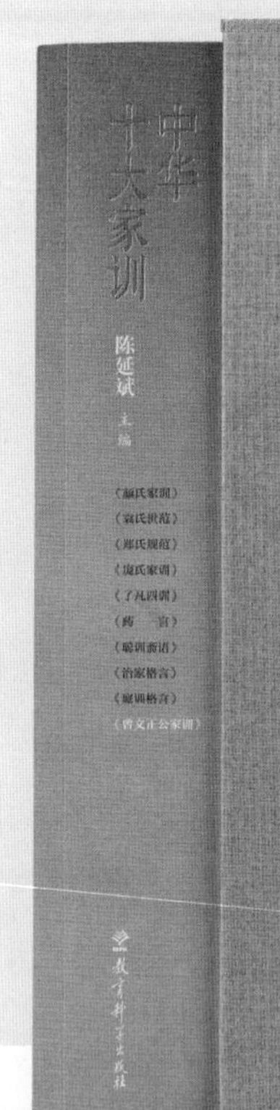

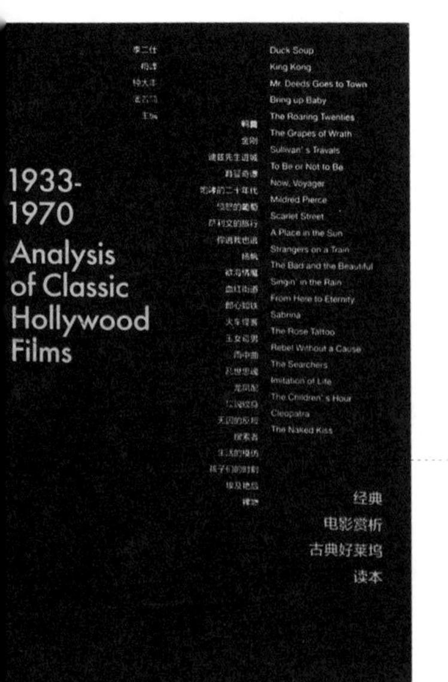

经典电影赏析：古典好莱坞读本

–

张志奇

–

高等教育出版社

–

143×210mm

中国美术史教程
《中国美术史教程》编写组 编著
高等教育出版社

中国美术史教程

王凌波

高等教育出版社

171×260mm

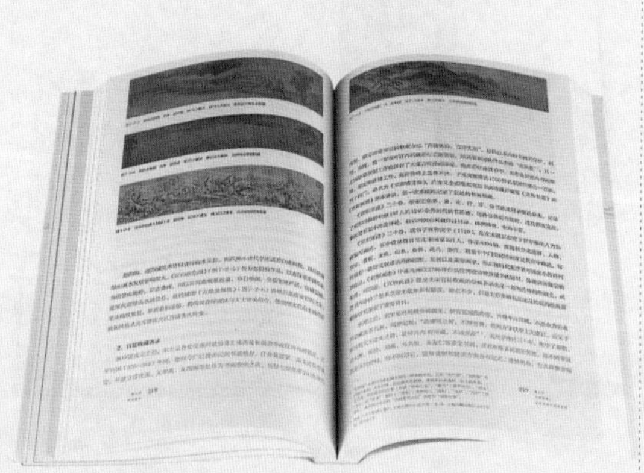

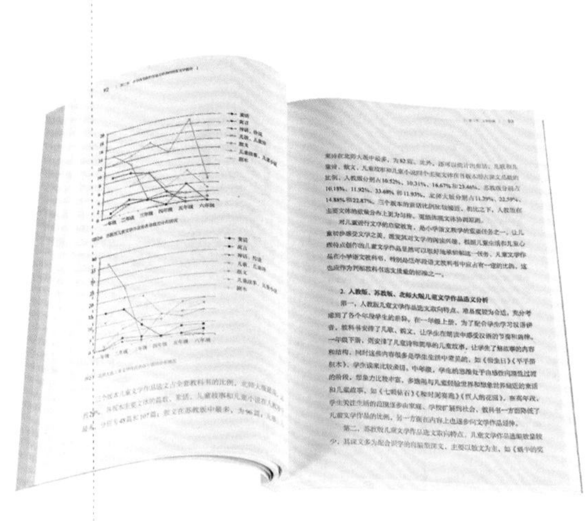

“爱打”，介绍中国的历史、中国所受到的外国侵略等，如《天津》《国耻》[illegible]，使学生对国家有更加深入的了解；[illegible]

（2）注重培养学生的公民意识。1916年[illegible]，此时公民教育成为潮流。教科书重视向学生介绍[illegible]、自治、国家[illegible]，加强学生的公民教育，让他们成为一个合格的社会公民。

（3）关注现实生活，重视“适应社会进化之需要”，反映社会的发展进步，引导学生关注社会。[illegible]工业、交通[illegible]有关的文章。

（4）注重榜样作用，用中外历史人物的故事来勉励学生。[illegible]

（二）意识形态取向在南京国民政府前期小学国语教科书中的体现——以《新时代国语教科书》为例

1927年至1949年为南京国民政府统治时期，时间上以1937年7月抗日战争全面爆发为界，前期为1927—1937年，后期为1937—1949年。

南京国民政府成立后，随即着手制定教育宗旨和教育实施方针，“三民主义”是南京国民政府的教育指导思想，[illegible]

小学语文教科书
选文标准研究

选文标准基本认识

选文标准语言文字取向

选文标准价值取向

选文标准教学取向

选文标准思考与启示

陈先云◎著

人民教育出版社

小学语文教科书选文标准研究

陈先云◎著

人民教育出版社

小学语文教科书选文标准研究

–

李宏庆

–

人民教育出版社

–

171×241mm

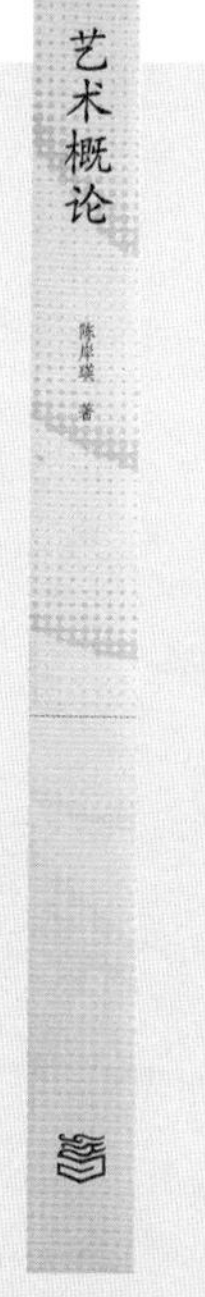


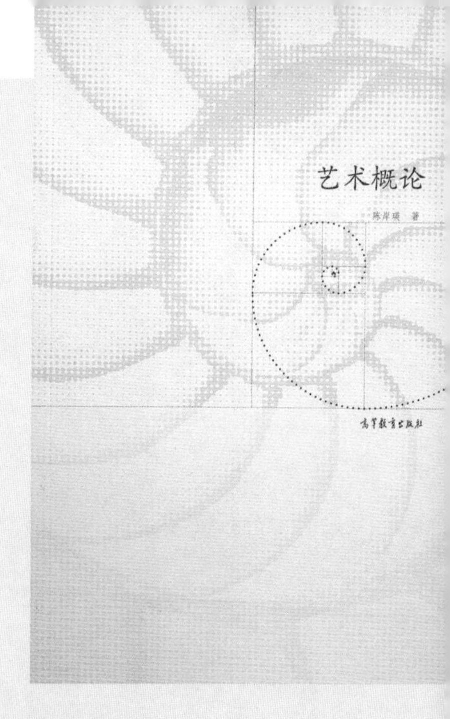


艺术概论
–
王鹏
–
高等教育出版社
–
176×255mm

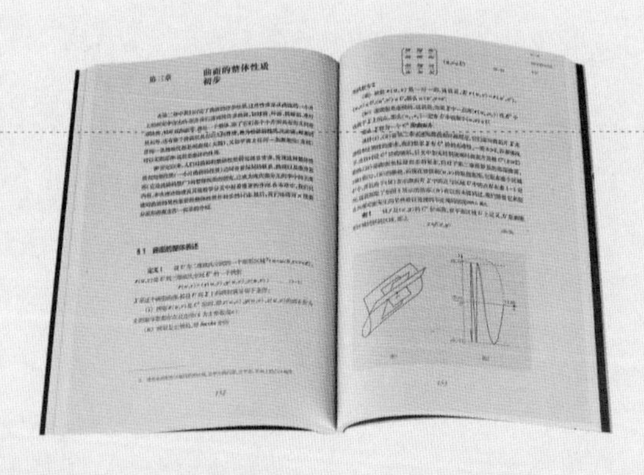

微分几何（修订版）
–
张申申
–
高等教育出版社
–
166×238mm

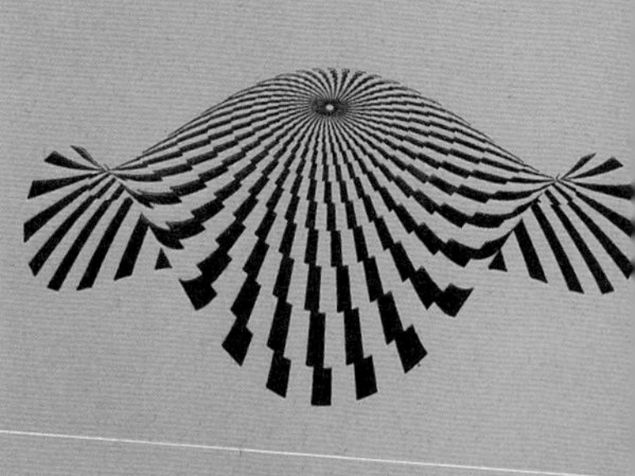

叶圣陶甪直文集
–
王喆
–
人民教育出版社
–
170×230mm

实验在继续
–
迟娜
–
中国美术学院出版社
–
190×260mm

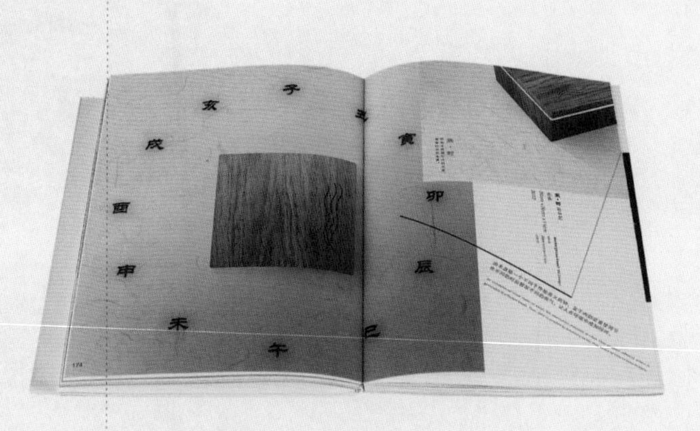

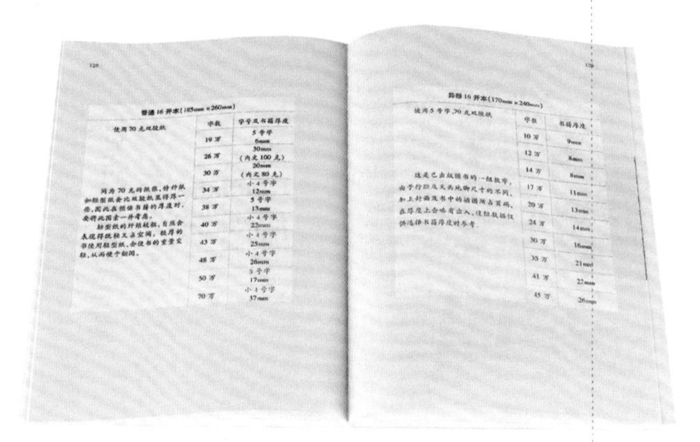

普通16开本(185mm×260mm)

| 使用70克双胶纸 | 字数 | 字号及书籍厚度 |
|---|---|---|
| | 19万 | 5号字 6mm |
| | 26万 | 30mm (内文100克) |
| | 30万 | 20mm (内文80克) |
| | 34万 | 小4号字 12mm |
| | 38万 | 5号字 13mm |
| | 40万 | 小4号字 22mm |
| | 43万 | 小4号字 25mm |
| | 48万 | 小4号字 26mm |
| | 50万 | 5号字 17mm |
| | 70万 | 小4号字 37mm |

同为70克的纸张，特种纸如轻型纸会比双胶纸显得厚一些，因此在预估书籍的厚度时，要将此因素一并考虑。

轻型纸的纤维较粗，自然会发现纤维较大且空洞。较厚的书使用轻型纸，会使书的重量变轻，从而便于翻阅。

异形16开本(170mm×240mm)

使用5号字，70克双胶纸

| 字数 | 书籍厚度 |
|---|---|
| 10万 | 9mm |
| 12万 | 8mm |
| 14万 | 8mm |
| 17万 | 11mm |
| 20万 | 13mm |
| 24万 | 14mm |
| 30万 | 16mm |
| 35万 | 21mm |
| 41万 | 22mm |
| 45万 | 26mm |

这是已出版图书的一组数字，由于行距及天头地脚尺寸的不同，加上封面及书中的插图所占页码，在厚度上会略有出入，这组数据仅供选择书籍厚度时参考。

Arts of bo__oks design

曹刚 著

形，书之外在

美，书之内涵

大美无言 书有声

书形之美

书形之美

–

哲峰 + 翟竞

–

陕西人民出版社

–

165×235mm

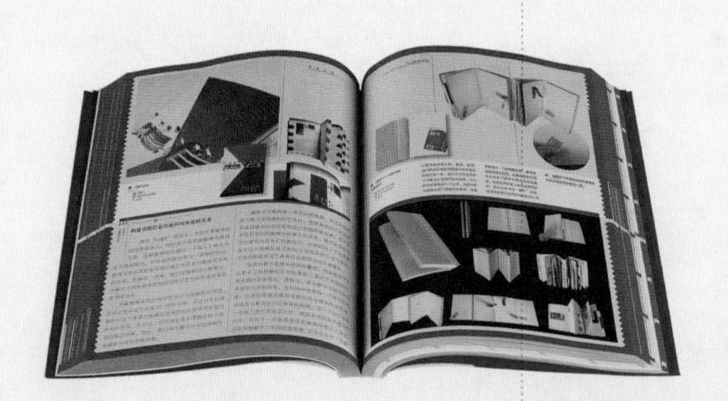

书艺问道——吕敬人书籍设计说

-

吕旻 + 杜晓燕 + 黄晓飞 + 李顺

-

上海人民美术出版社

-

195×246mm

# F

## CHILDREN

## 儿童类

# F

GOLD AWARD

金奖

英韵《三字经》(插图本)

张志奇

P418

SILVER AWARD

银奖

我是老虎我怕谁

李璐 + 柏艺

P424

小鲤鱼跳龙门

敬人设计工作室 / 吕旻

P428

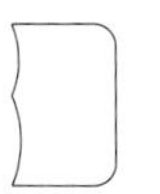

BRONZE AWARD

铜奖

## EXCELLENCE AWARD

## 优 秀 奖

A SOCIAL SCIENCES

B ARTS

C LITERATURE

D SCIENCE AND TECHNOLOGY

E EDUCATION

F CHILDREN

G NATION

H ILLUSTRATION

I PRINT

J EXPLORATION

# F

CHILDREN

儿童类

作　品

《三字经》是中国的传统启蒙教材。取材典型，内容涵盖中国传统文化中的文学、历史、哲学、天文地理等等。设计区别以往同类题材的低幼感，选用横开式开本的中国传统书籍装帧方式的包背装，外覆展开式函盒。封面利用纸张透叠的方式，构筑文字与图像在虚实间的相互依托。隐藏于封面内的图片，平添许多儿童阅读时的轻松与惬意。书脊模仿线装书的穿孔锁线方式，从书正面和侧面角度看分别是阿拉伯数字的“3”和中文书写的“三”字。书中相同的文字内容在不同章节排列形态和空间位置各不相同，以M形折页和短页的纸张组合形态间隔出“教”“知”“学”“史”“勤”五部分内容。书中插图以纸张的碎片化方式组合呈现，在“似与不似之间”增添了阅读时的臆想之美。书籍形态柔软、可自然卷曲，中西文不同的阅读方式在书中浑然一体，形成一个中西交融、双重语境的书籍形态，让读者能够亲切体会到东方纸张纤维之美。扫描书中的隐藏于M形折页中的二维码还可以收听到中英文三字经的朗读音频。

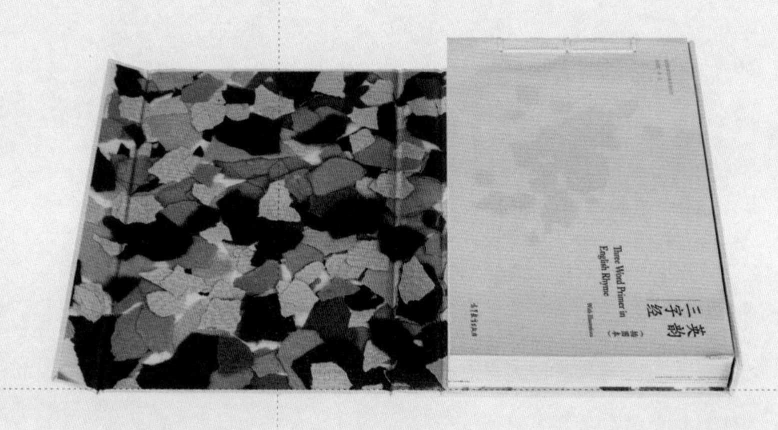


英韵《三字经》(插图本)

–

张志奇

–

高等教育出版社

–

275×165mm

|

250p

|

1056g

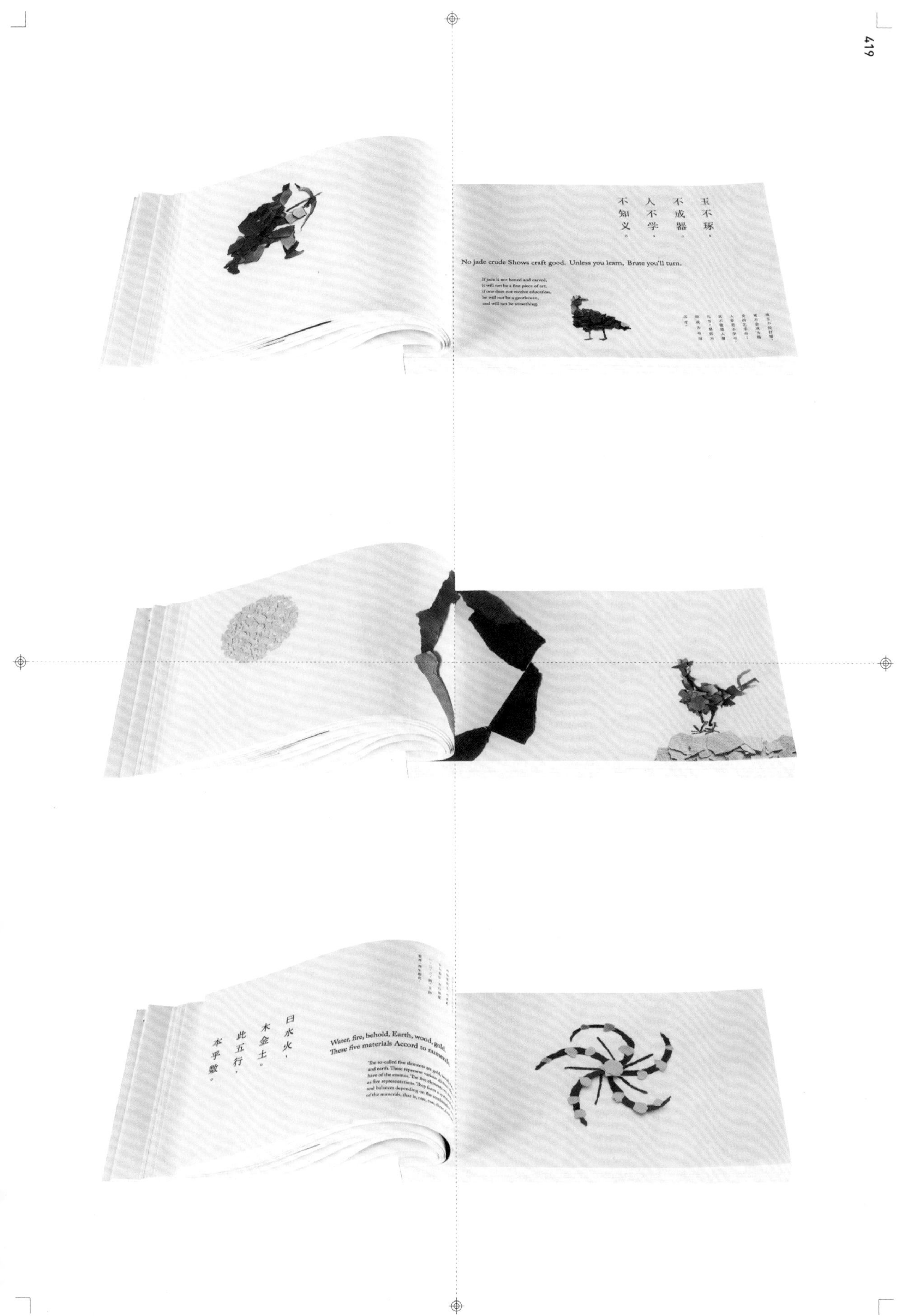
玉不琢，
不成器。
人不学，
不知义。
No jade crude Shows craft good. Unless you learn, Brute you'll turn.
If jade is not honed and carved,
it will not be a fine piece of art;
if one does not receive education,
he will not be a gentleman,
and will not be something.
曰水火，
木金土。
此五行，
本乎数。
Water, fire, behold, Earth, wood, gold.
These five materials Accord to
The so-called five elements are
and earth. These represent
have of the cosmos, The five
as five representations. They
and balances depending on the
of the numerals, that is, one, two,

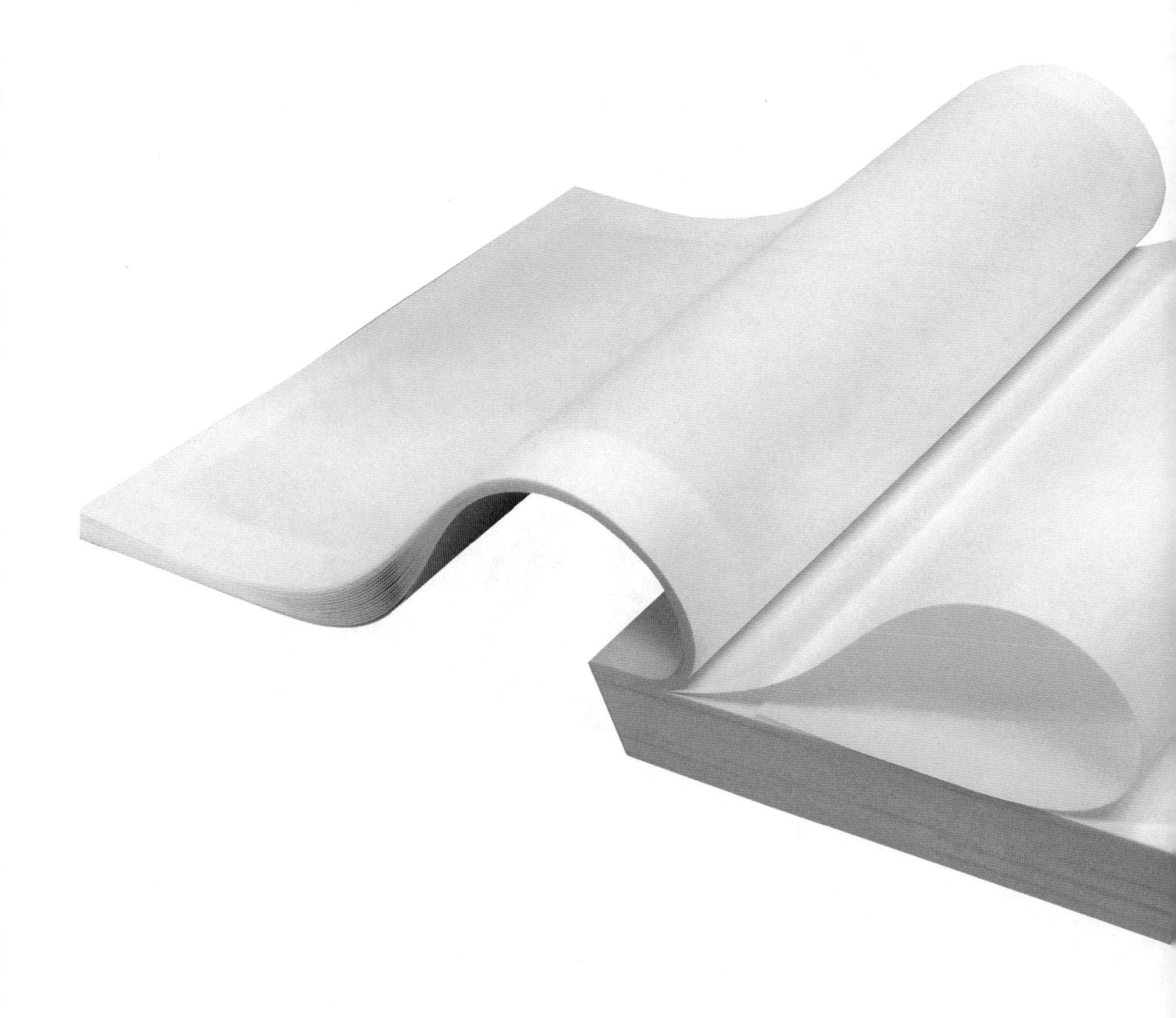

Education
1
英韵三字经
中文朗诵
教
Education
*Three Word Primer* in
English Rhyme
English Recitation

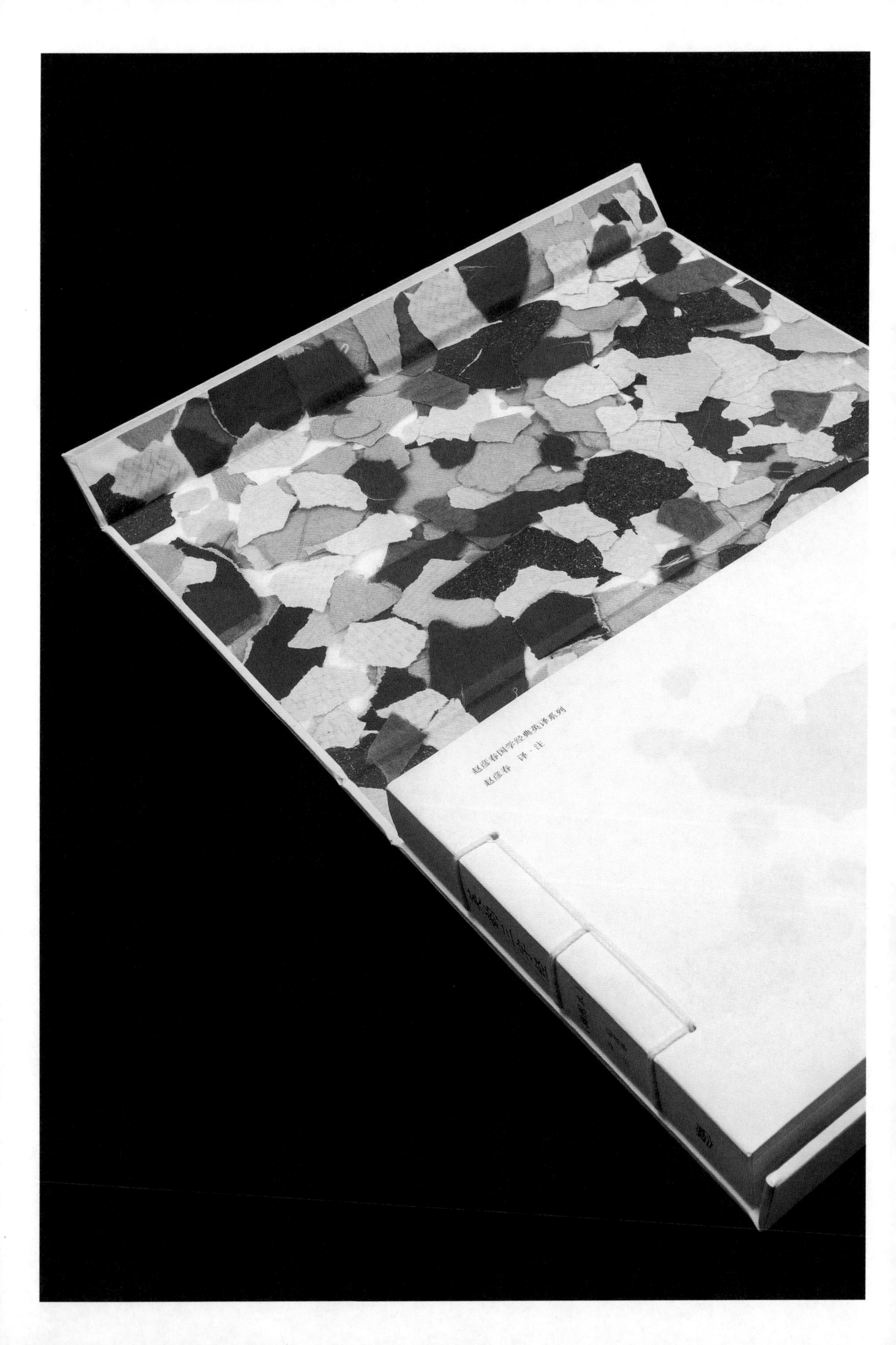

赵彦春国学经典英译系列
赵彦春 译·注

英韵三字经
（插图本）
Three Word Primer in English Rhyme
With Illustrations
高等教育出版社

我是老虎我怕谁

–

李璐 + 柏艺

–

江苏凤凰少年儿童出版社

–

266×258mm

|

42p

|

423g

小树苗原创绘本馆

我是老虎我怕谁

王祖民 王莺 文图

江苏凤凰少年儿童出版社

小树苗原创绘本馆

我是老虎我怕谁

入选2016年
意大利博洛尼亚
插画家展

王祖民 王莺 / 文图
邢佳奕 / 书名题字

江苏凤凰少年儿童出版社

小鼠黑黑，我甩他尾巴转圈逗乐。

“哇——”

“哈哈——”

“虎妈妈做的蛋糕真好吃！”

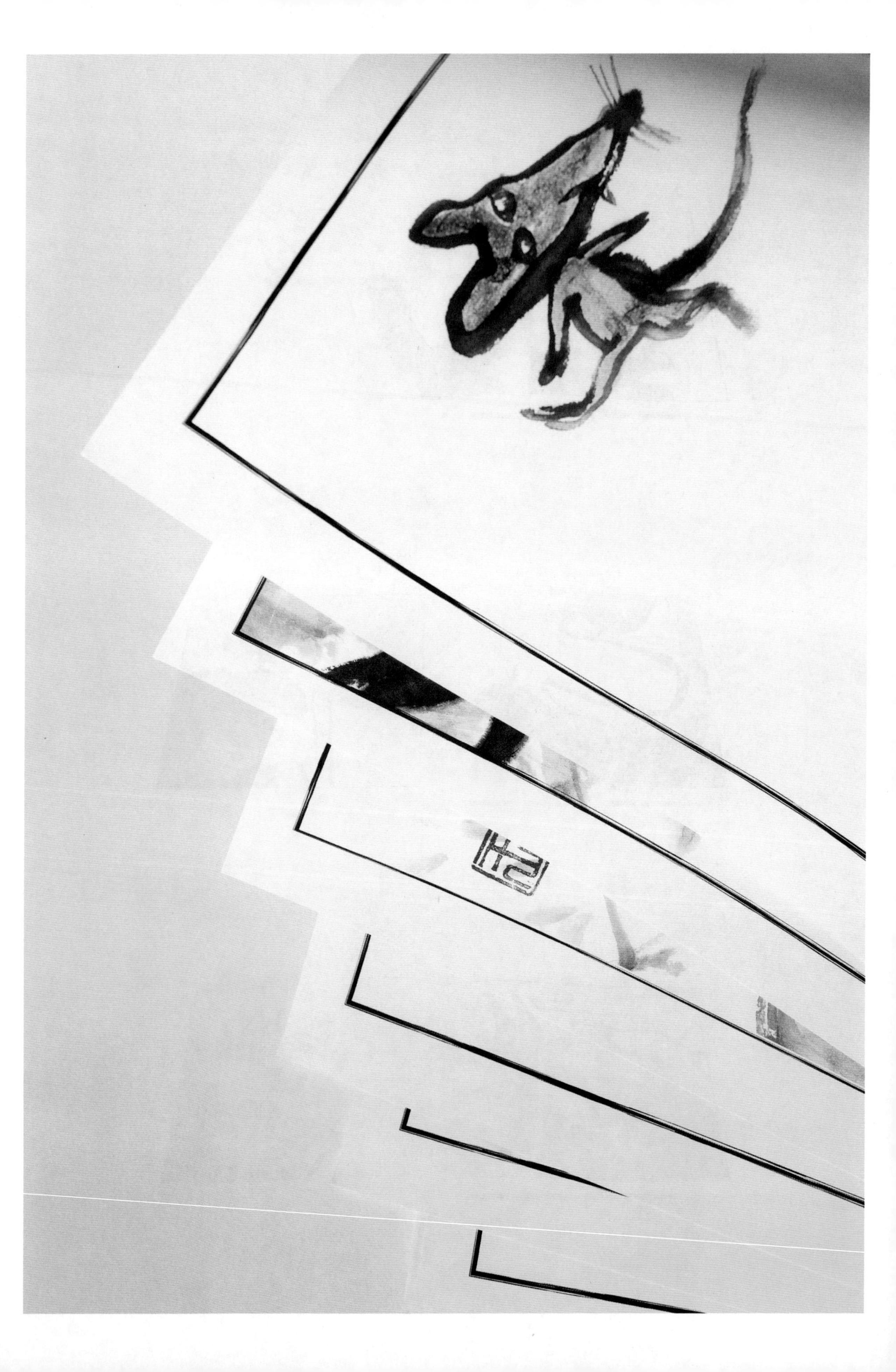

是老虎我怕谁

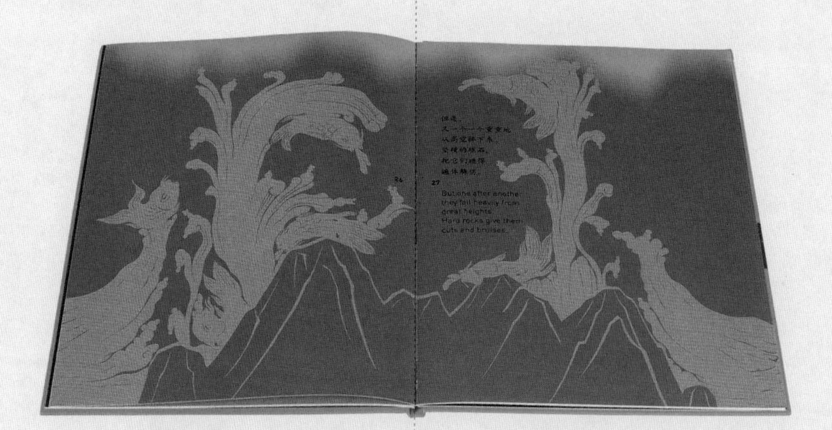


小鲤鱼跳龙门

–

敬人设计工作室 / 吕旻

–

大象出版社

–

215×285mm

|

42p

|

458g

小鲤鱼跳龙门

尚晓周 文 / 赵希岗 图

Carps Jumping Over the Dragon Gate

Text / Shang Xiaozhou Graphics / Zhao Xigang

小
鲤 鱼
跳 龙 门

尚晓周 文 / 赵希岗 图

**Carps**
**Jumping Over**
**the Dragon Gate**

Text / Shang Xiaozhou Graphics / Zhao Xigang

大象出版社

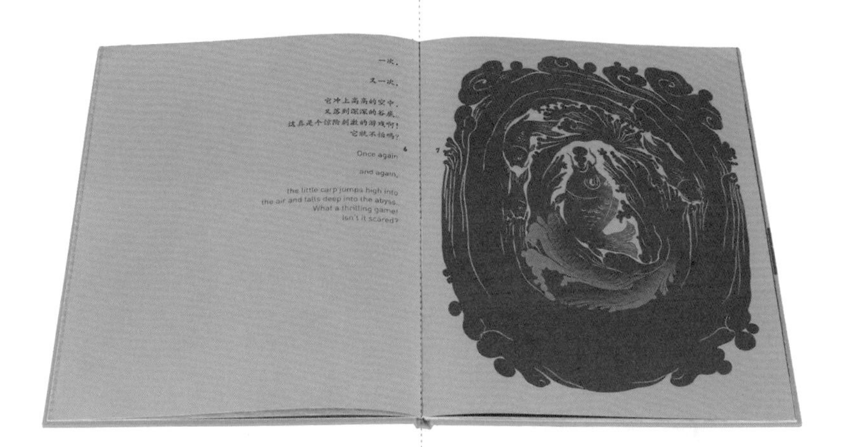
一次，
又一次，
它冲上高高的空中，
又落到深深的谷底。
这真是个惊险刺激的游戏啊！
它就不怕吗？
6
7
Once again
and again,
the little carp jumps high into
the air and falls deep into the abyss.
What a thrilling game!
Isn't it scared?

在波涛奔涌的黄河里，
一朵朵白色浪花溅起的地方，
常常会跳起一条金色的小鲤鱼。
2
3
In the tumbling waves of the Yellow River,
a little golden carp often dances
where white wavelets pounce.

高高的空中，
落到深深的谷底。
个惊险刺激的游戏啊！
它就不怕吗？
Once again
and again,
carp jumps high into
p into the abyss.
rilling game!
it scared?
6

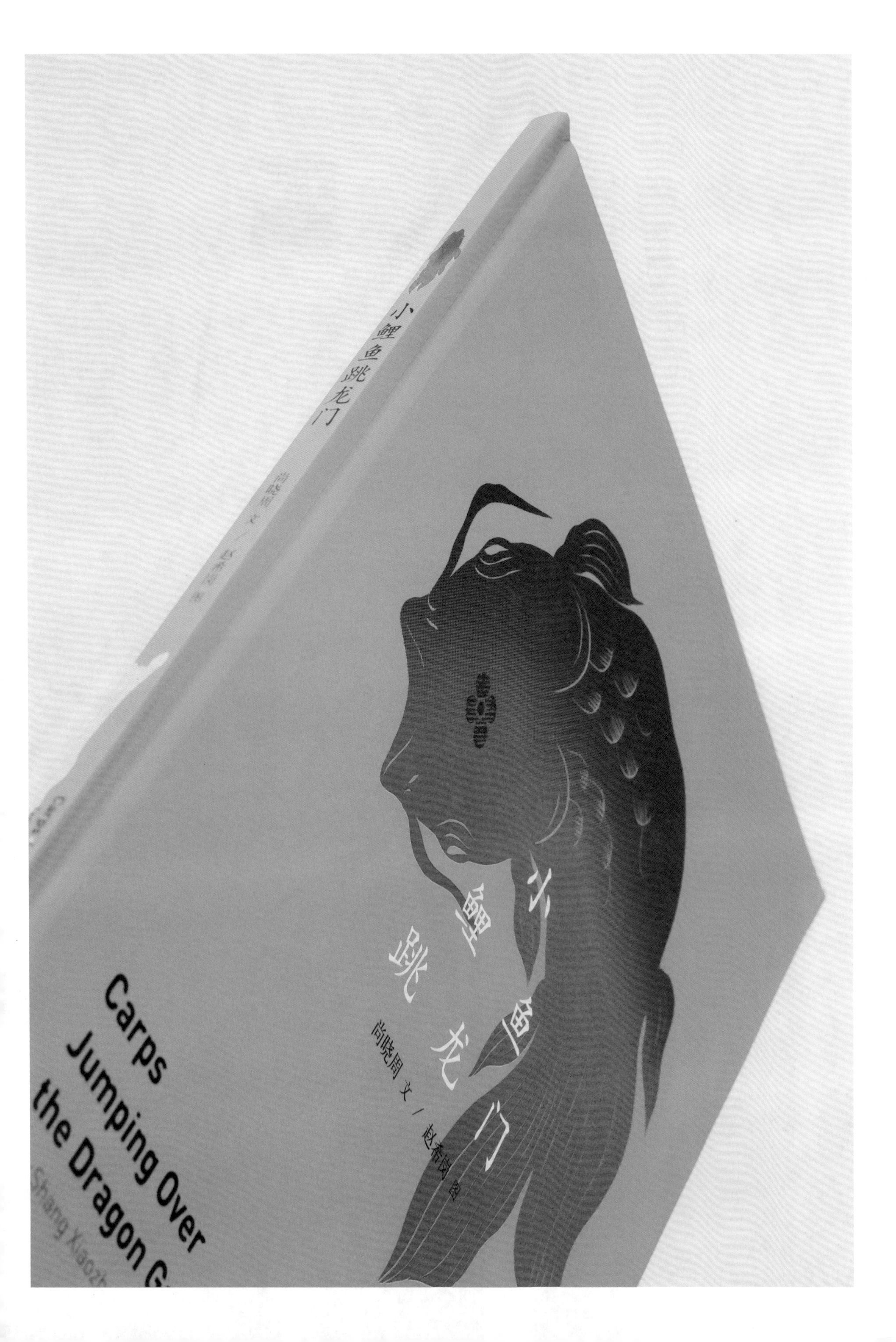

小鲤鱼跳龙门
小鲤鱼跳龙门
尚晓周 文 / 赵希岗 图
Carps
Jumping Over
the Dragon

炫彩童年：
中国百年童书精品图鉴
–
张志奇工作室
–
人民教育出版社
–
213×303mm
|
428p
|
2502g

中国故事
–
萧睿子
–
中信出版社
–
155×220mm
|
486p
|
845g

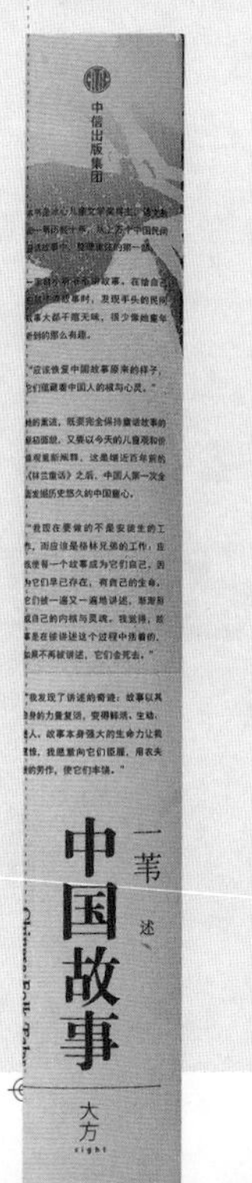


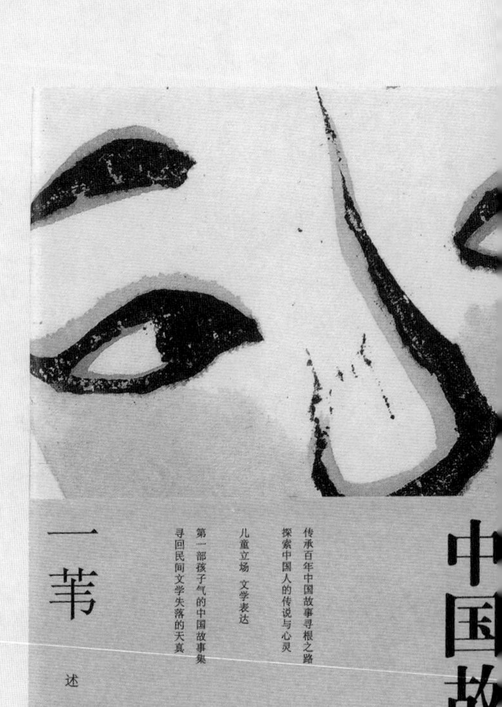

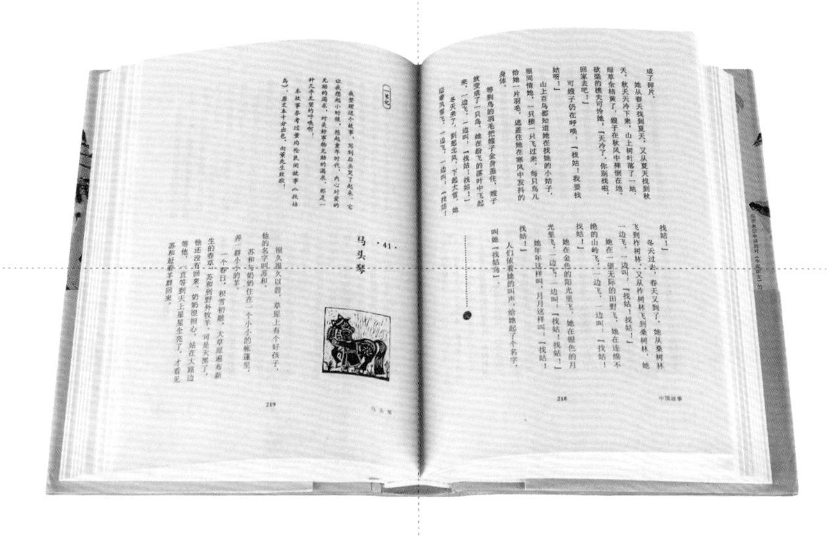

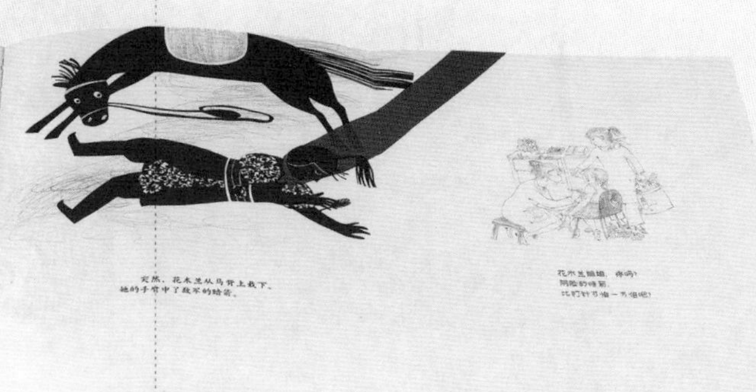

我是花木兰

–

钟山

–

中国少年儿童出版社

–

216×293mm

|

60p

|

555g

木兰诗
唧唧复唧唧，木兰当户织。
不闻机杼声，惟闻女叹息。

余晖下，迎风走来英气勃勃的花木兰。

当时，北方游牧民族——柔然族的首领为了掠夺财富，
连年率兵南下抢掠，黑暗笼罩，战火越烧越旺。

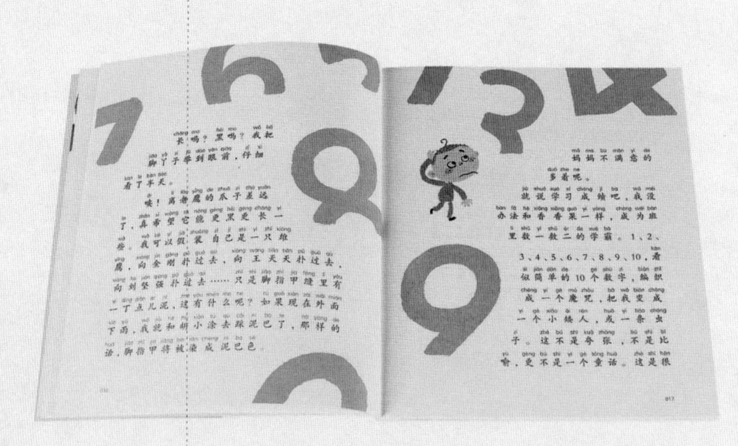

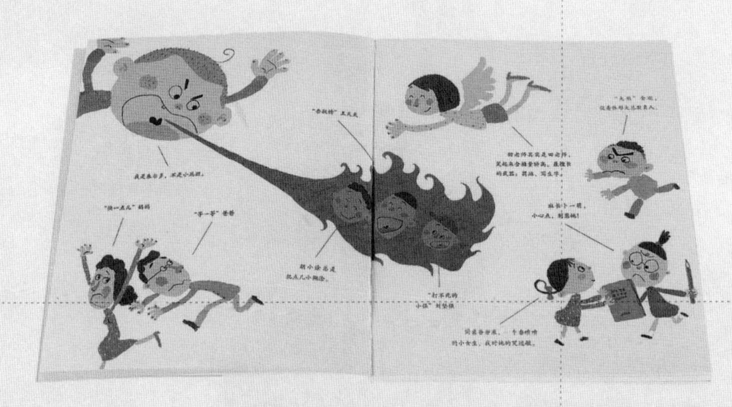

小屁孩励志成长日记·注音版·我要做个好小孩

–

杨思帆 workshop

–

吉林出版集团股份有限公司

–

180×210mm

小屁孩 励志成长日记 注音版 ★ 我要做个好小孩 黄宇 著 杨思帆 绘 吉林出版集团股份有限公司 全国百佳图书出版单位

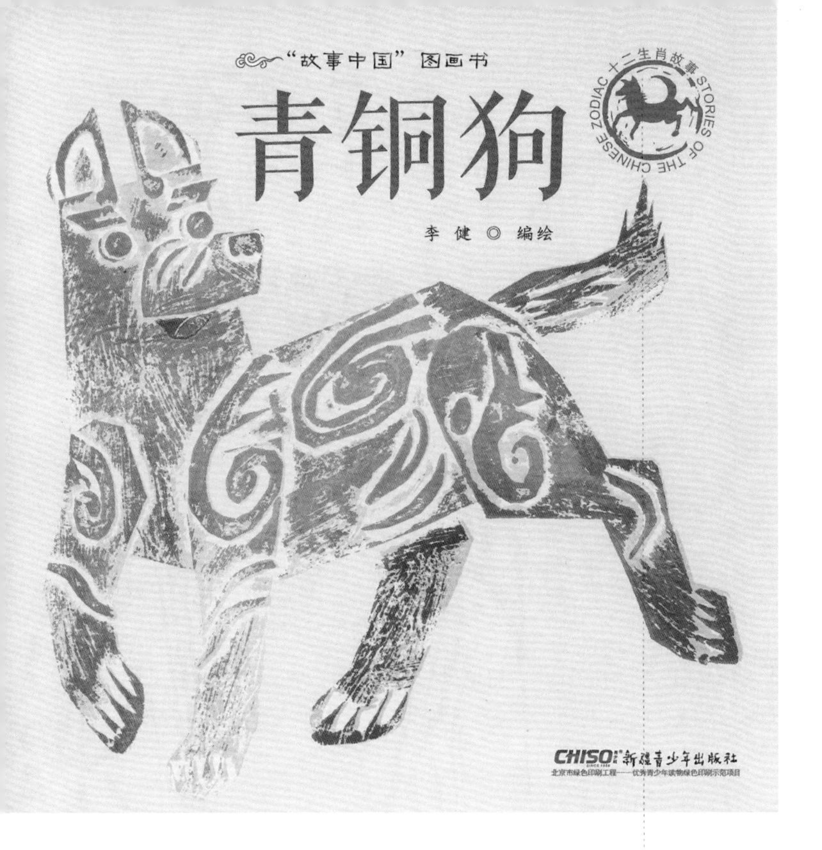


青铜狗

–

李健

–

新疆青少年出版社

–

240×240mm

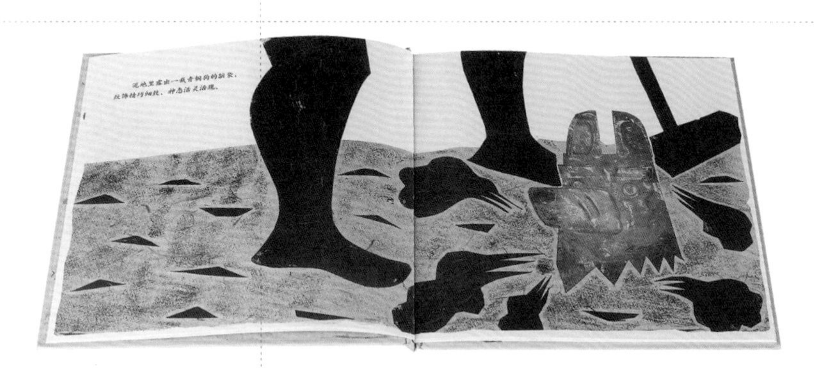

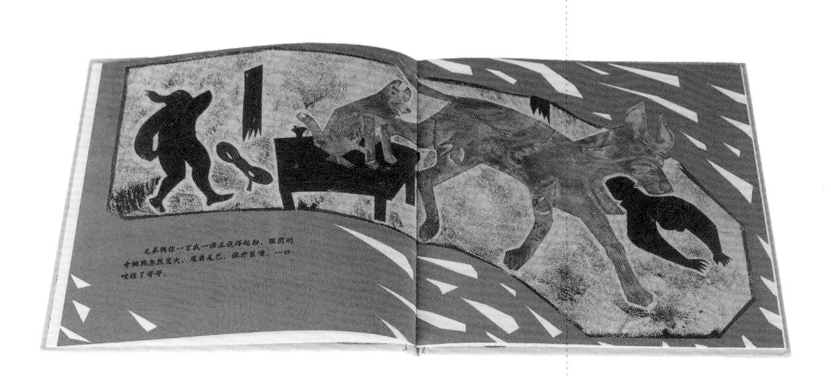

辫子

–

罗曦婷

–

天天出版社

–

202×267mm

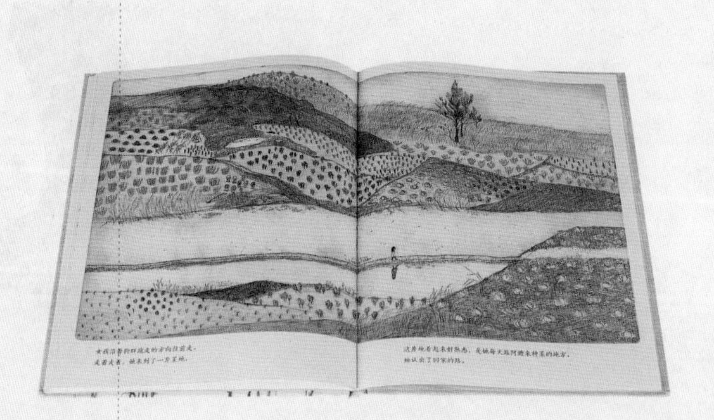

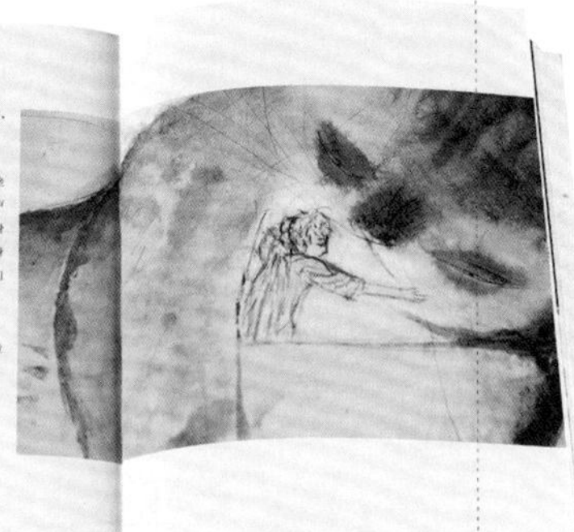

的有一只大沙猫，不，确切地说是一只大花猫的话，他们肯定都要来抓我。要是只有几个人见过我，就算和别人说，别人也不会信的。”

伊利亚尔爬上蓝花猫的脖子，以舒服的姿势坐好，随着“出发！”的一声令下，蓝花猫嗖的一声穿门而出。木门虽然已经够宽了，但蓝花猫的身形比门更庞大，不过别担心，猫在穿越时，便将身体缩小到足够富余的程度。他们来到动物园的大门前，蓝花猫用前爪轻轻一推，便顺利地跑了出去。就在他们准备全力加速时，身后突然传来一声大吼：“站住！否则我就开枪了！”蓝花猫和伊利亚尔像石化一样僵在原地。唉！不！伊利亚尔绝望地想，全身颤抖地转头向后看去。

114

115

样的形状。

伊利亚尔完全不知道接下去该怎么走。他身上一分钱也没有，对如何寻找蓝花猫也毫无头绪。他决定先放骆驼走。伊利亚尔摘下外公送的项链，放进系在骆驼脖子上的皮袋里，然后取出口袋里的巨无霸葡萄干，掰下一小块送到骆驼嘴边：“来，把它吃了！吃了它你就能跑得非常非常快！赶快去找外公！外——公！”他一字

74

一顿地高声重复着。

骆驼比人们以为的要聪明，伊利亚尔还在很小的时候就对此确定无疑。一次他从高处跌落下来，摔断了腿，除了他的骆驼，周围一个人也没有。他一直哭喊着“外公！外公！外公！”。通常只要一喊，外公很快就会赶来，可那次没有。骆驼知道不对劲，马上跑去找外公，不停地嘶吼。外公意识到出事了，赶紧跟着骆驼过来救起伊利亚尔。

伊利亚尔想到外公，胸口仿佛被重重揍了一拳，难过得喘不过气来。骆驼似乎并不反感巨无霸葡萄干，一口就吞了下去。没过多久，骆驼的肚子里就发出“咕噜咕噜”的声响，骆驼瞪大眼睛，惊恐万分。“没事，一会儿就好。”伊利亚尔笑着拍拍骆驼的肚子，安慰道。时间差不多了，伊利亚尔冲着骆驼屁股猛地一拍，骆驼便迅速跑了出去。它的速度越来越快，不过几秒钟就完

75

与沙漠巨猫相遇

–

罗曦婷

–

天天出版社

–

150×212mm

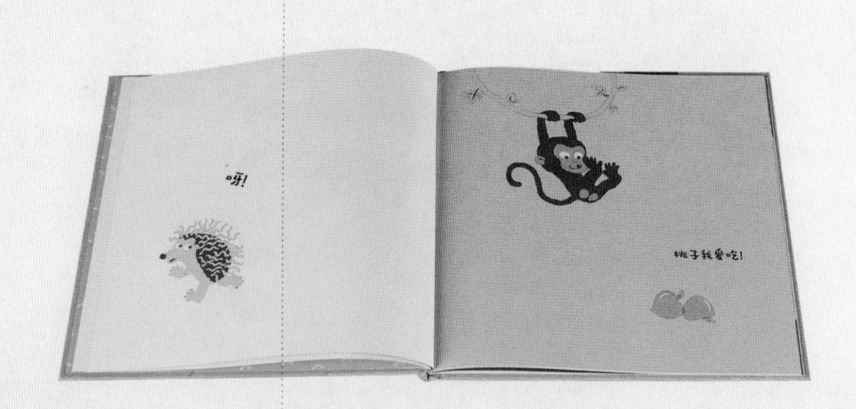


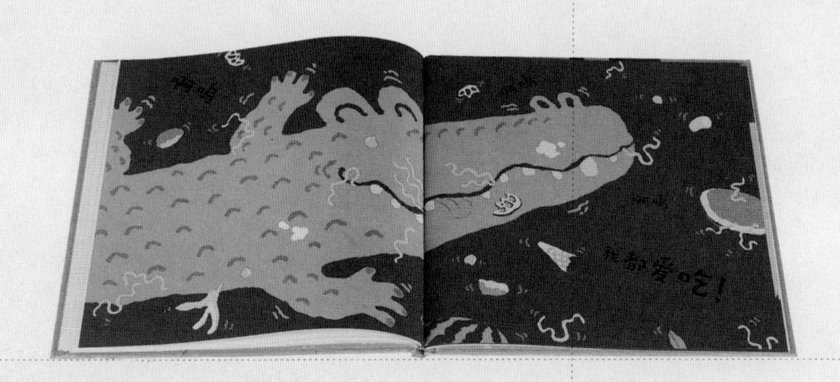


呀！+错了？

–

杨思帆

–

广西师范大学出版社

–

222×222mm

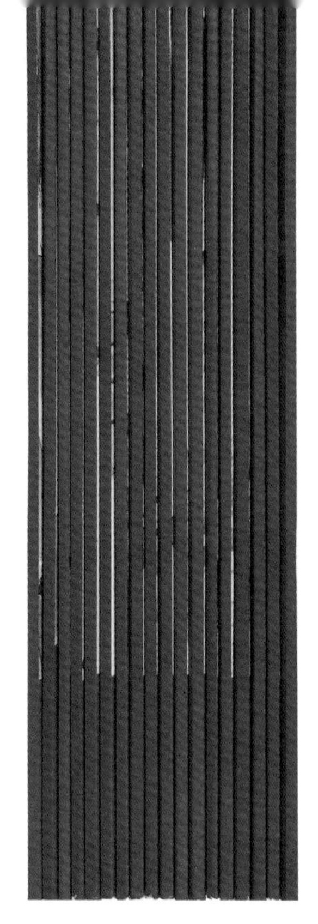

跟着桐桐学数学

–

原锐芳 + 王喆

–

人民教育出版社

–

220×244mm

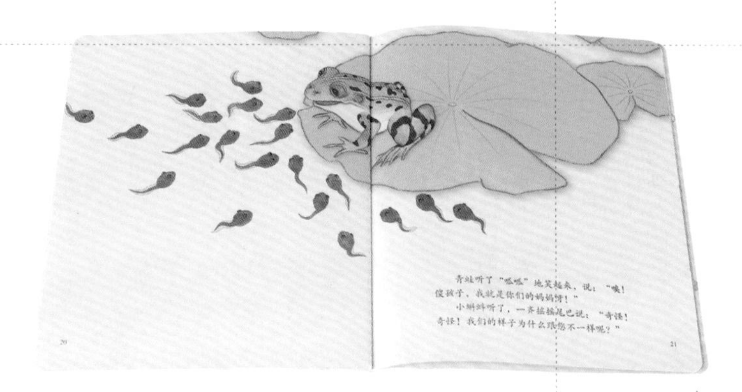

诗流双汇集
–
林蓓
–
天天出版社
–
172×240mm

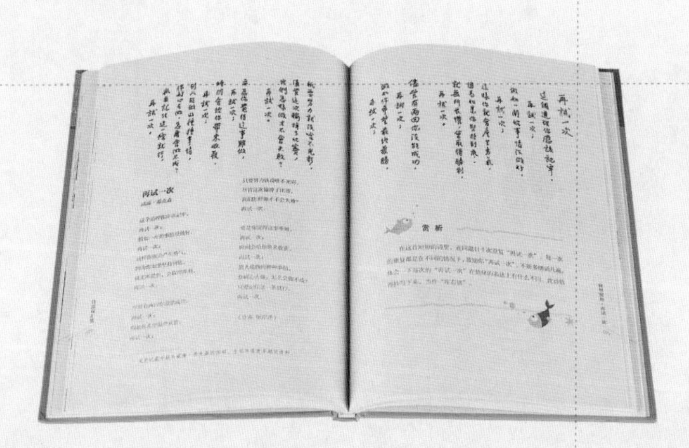

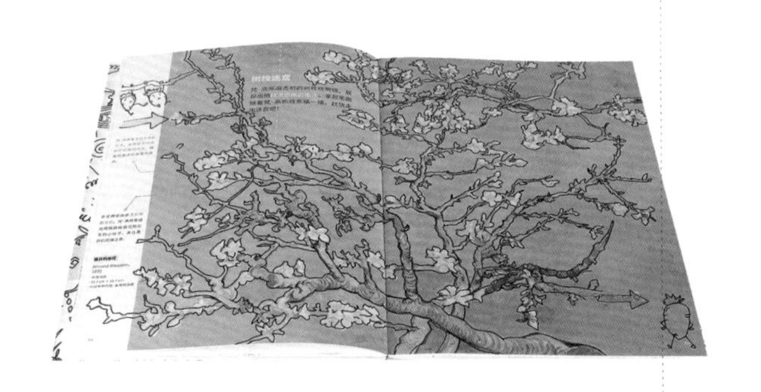

胡写乱画——遇见梵·高

–

萝卜研究所 + 牛兔 STUDIO

–

西安交通大学出版社

–

285×410mm

柠檬蝶
–
[巴西] 罗杰 · 米罗
–
中国少年儿童出版社
–
222×271mm

想象力激发翻翻书

–

许馥琳＋杨焘宁

–

中国和平出版社

–

185×185mm

世界上奇妙的词语＋世界上奇妙的俗语

–

王媚

–

湖南人民出版社

–

194×170mm

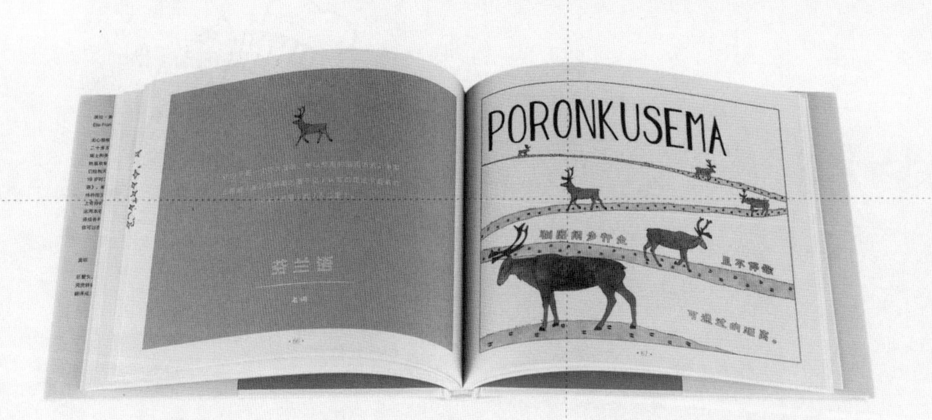

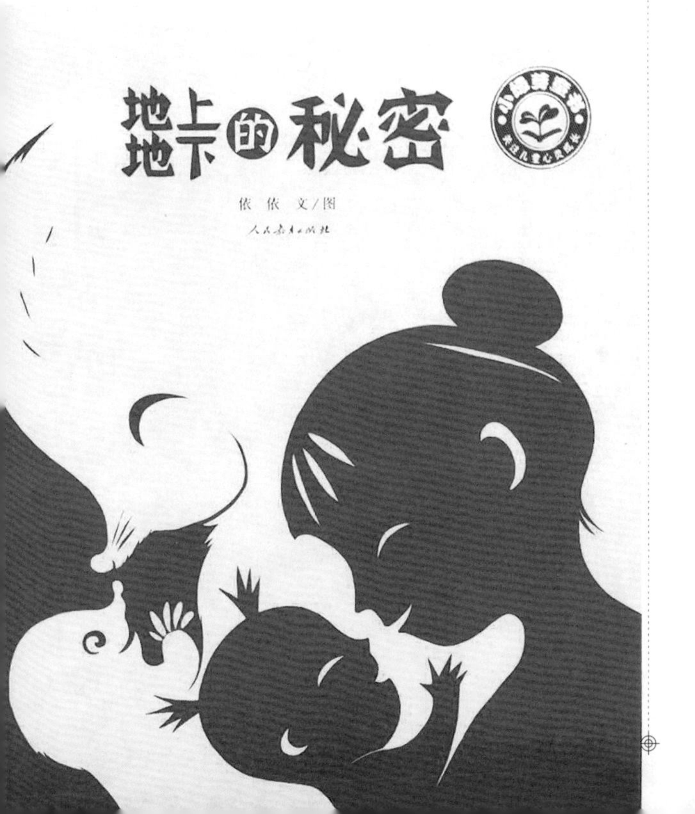


地上地下的秘密

–

依依

–

人民教育出版社

–

202×238mm

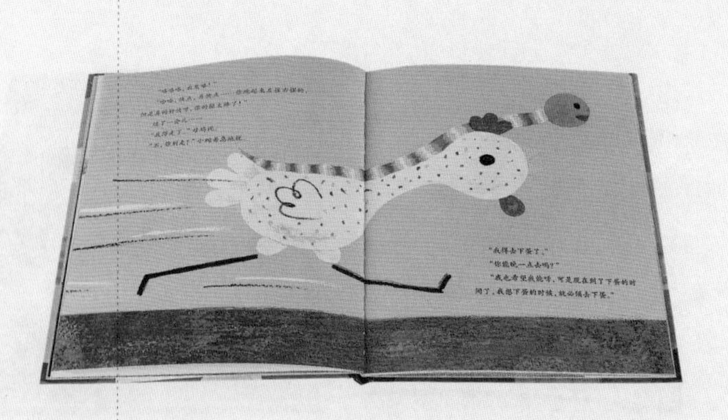

小小的蛇　大大的梦

–

敖翔

–

二十一世纪出版社

–

223×278mm

给孩子读诗

–

沈璜斌

–

浙江文艺出版社

–

190×235mm

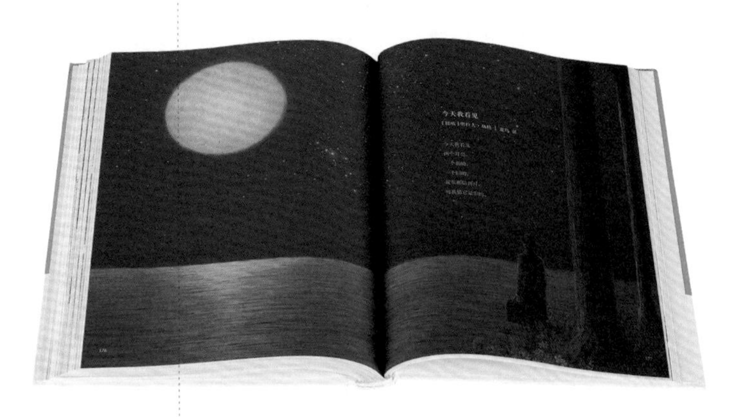

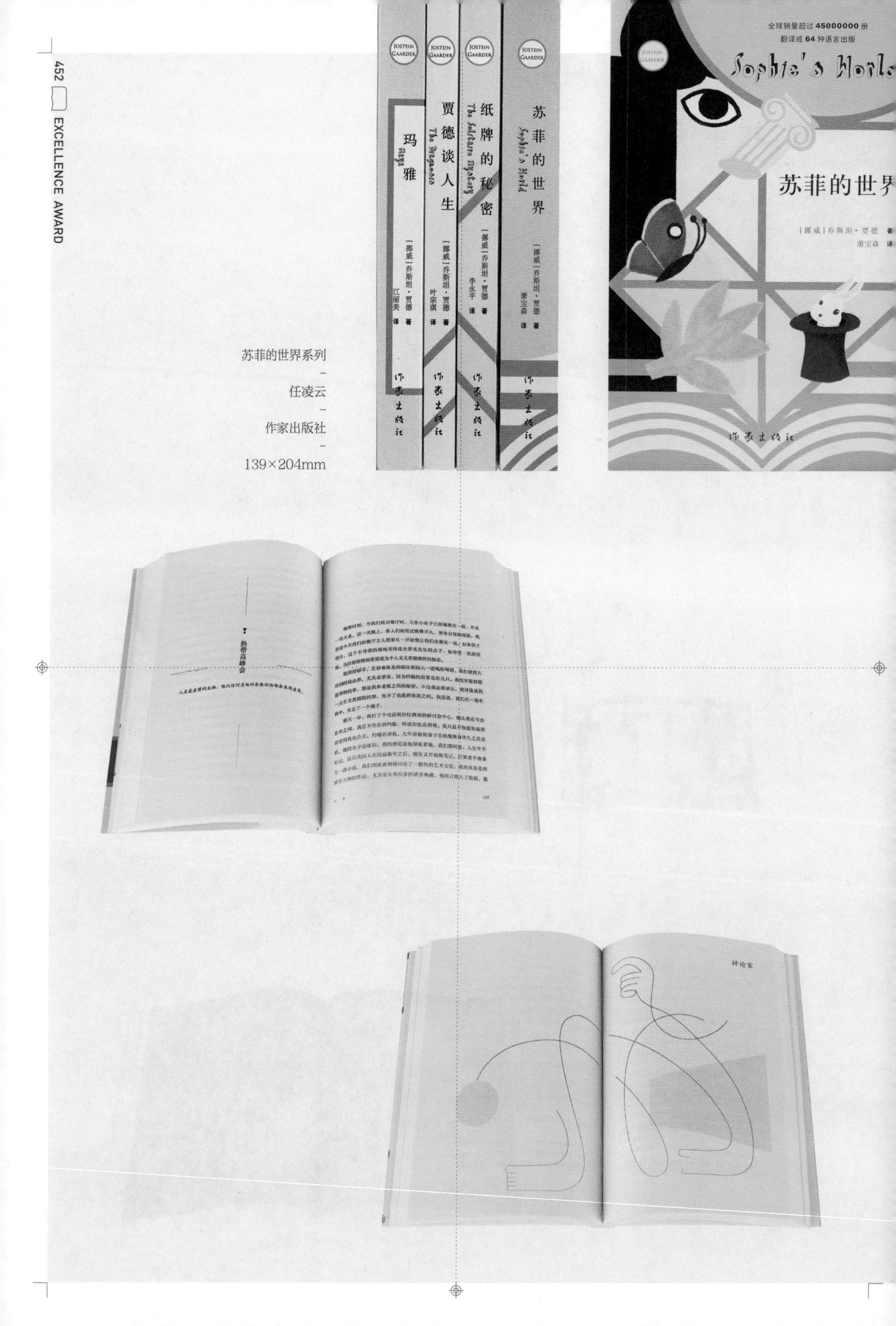


苏菲的世界系列

–

任凌云

–

作家出版社

–

139×204mm

# G

## NATION

## 民族类

# G

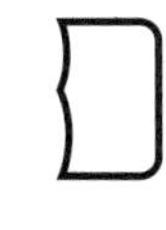

GOLD AWARD

金奖

SILVER AWARD

银奖

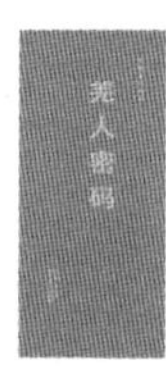

羌人密码

李云川

P468

BRONZE AWARD

铜奖

影观达茂丛书

墨鸣设计 / 郭萌 + 任悦

P472

## EXCELLENCE AWARD
## 优 秀 奖

A SOCIAL SCIENCES

B ARTS

C LITERATURE

D SCIENCE AND TECHNOLOGY

E EDUCATION

F CHILDREN

G NATION

H ILLUSTRATION

I PRINT

J EXPLORATION

# G

NATION

民族类

作　品

一个现代女裁缝搜集古代民间绣片的当代散文集，用书籍设计的方式，去还原作者作为一个女裁缝的视角，既保留当代文人的书卷气，又不失古代民间艺术的调性。

将纸张作为一种介质，去体现布料被裁切过的质朴味道，不是粗犷的质朴，而是活明白了的清雅，像作者刚刚拿手撕开的布料一样，线头四处飘零，那是老绣的味道，也是裁缝的手感。

翻阅过程中的层次，从真实的布料，到如布料一般的纸张，再至半透明的纸张，层层转换，好像作者收集的老绣，一张张一片片，妥妥地放在手中。

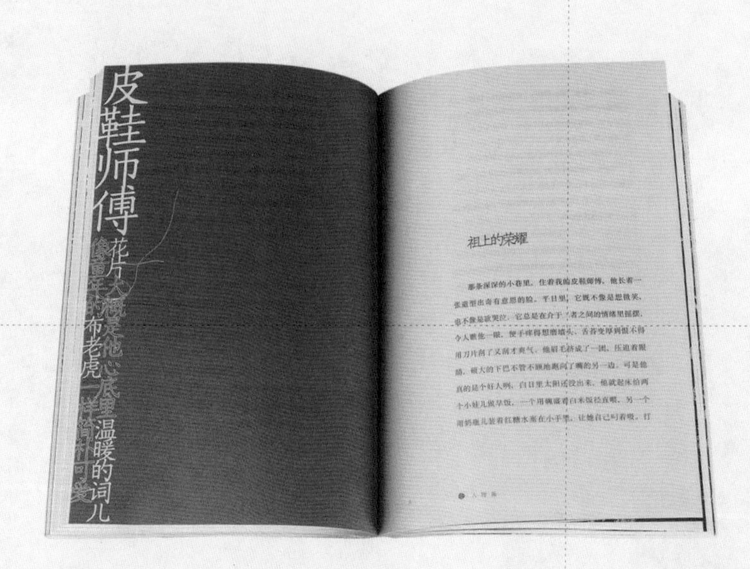


寻绣记
–
许天琪
–
成都时代出版社
–
135×205mm
|
280p
|
348g

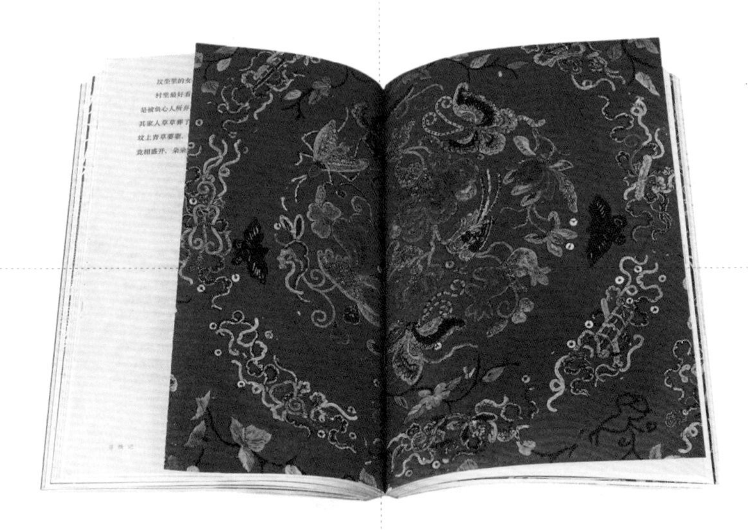

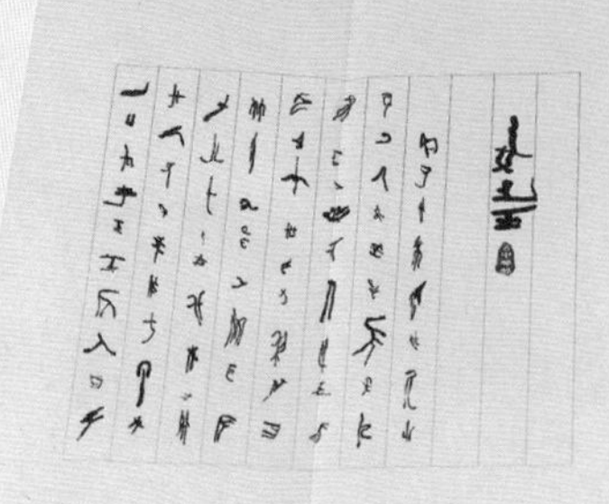

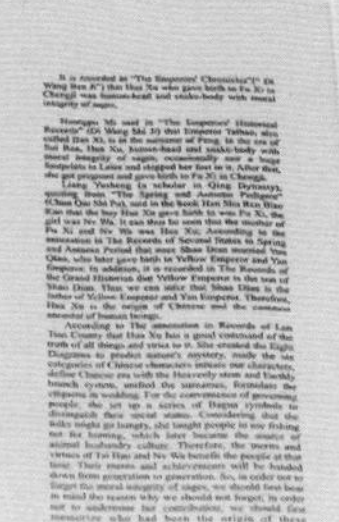

羌人密码

–

李云川

–

四川美术出版社

–

125×278mm

|

1489g

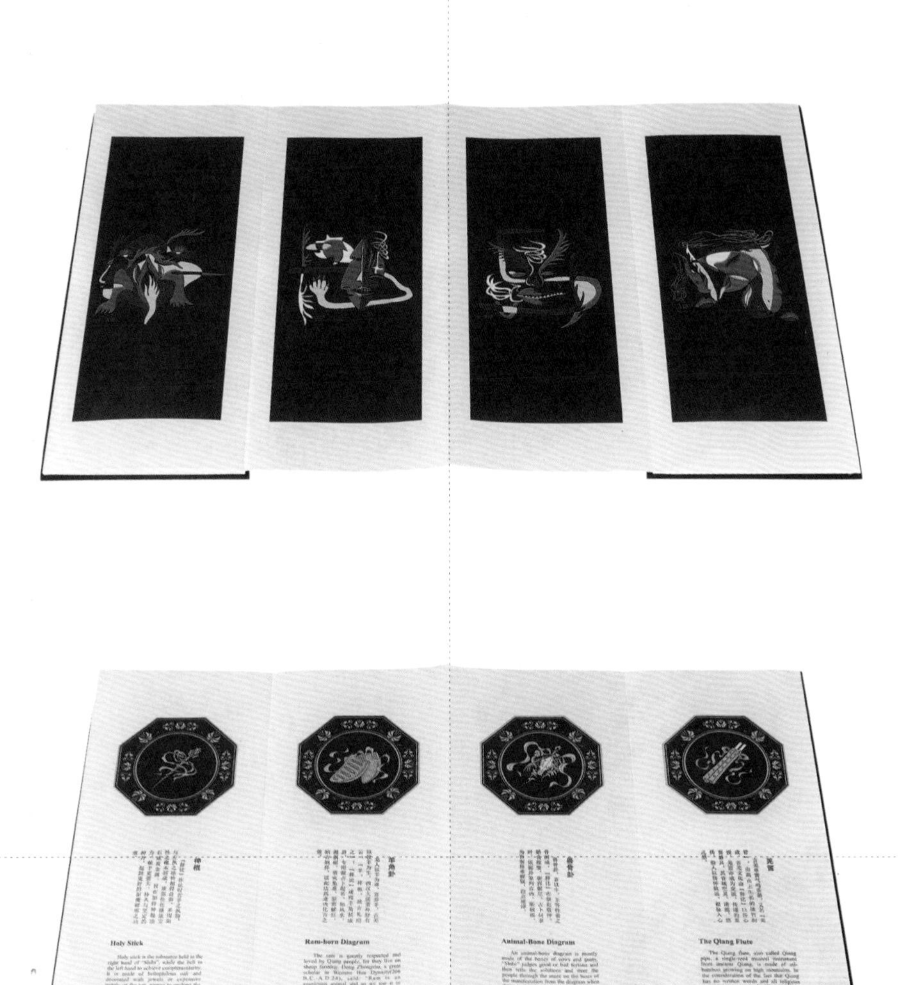
Holy Stick
Ram-horn Diagram
Animal-Bone Diagram
The Qiang Flute

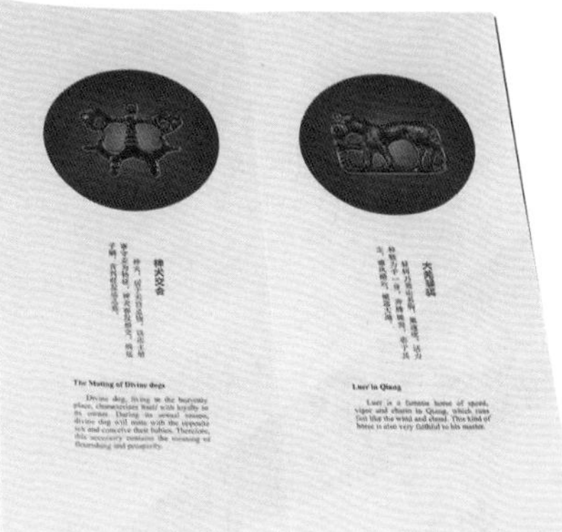
The Mating of Divine dogs

大光天铁
神棍
「释比」作法时右手之执物，与左手之法铃相得益彰，多用阳性之橡木制成，顶部往往镶嵌宝石或贵金属，旨在加持神棍法力，赋予更强大、持久与坚定的神力，起到更好的驱魔辟邪之功效。
Holy Stick
Holy stick is the substance held in the right hand of "Shibi", while the bell in the left hand to achieve complementarity. It is made of heliophilous oak and decorated with jewels or expensive metals on the top, aiming to enchant the stick with strong, long-lasting supernatural power so as to expel the evil spirits more efficiently.
羊角卦
Ram-horn Diagram
兽骨卦
Animal-Bone Diagram

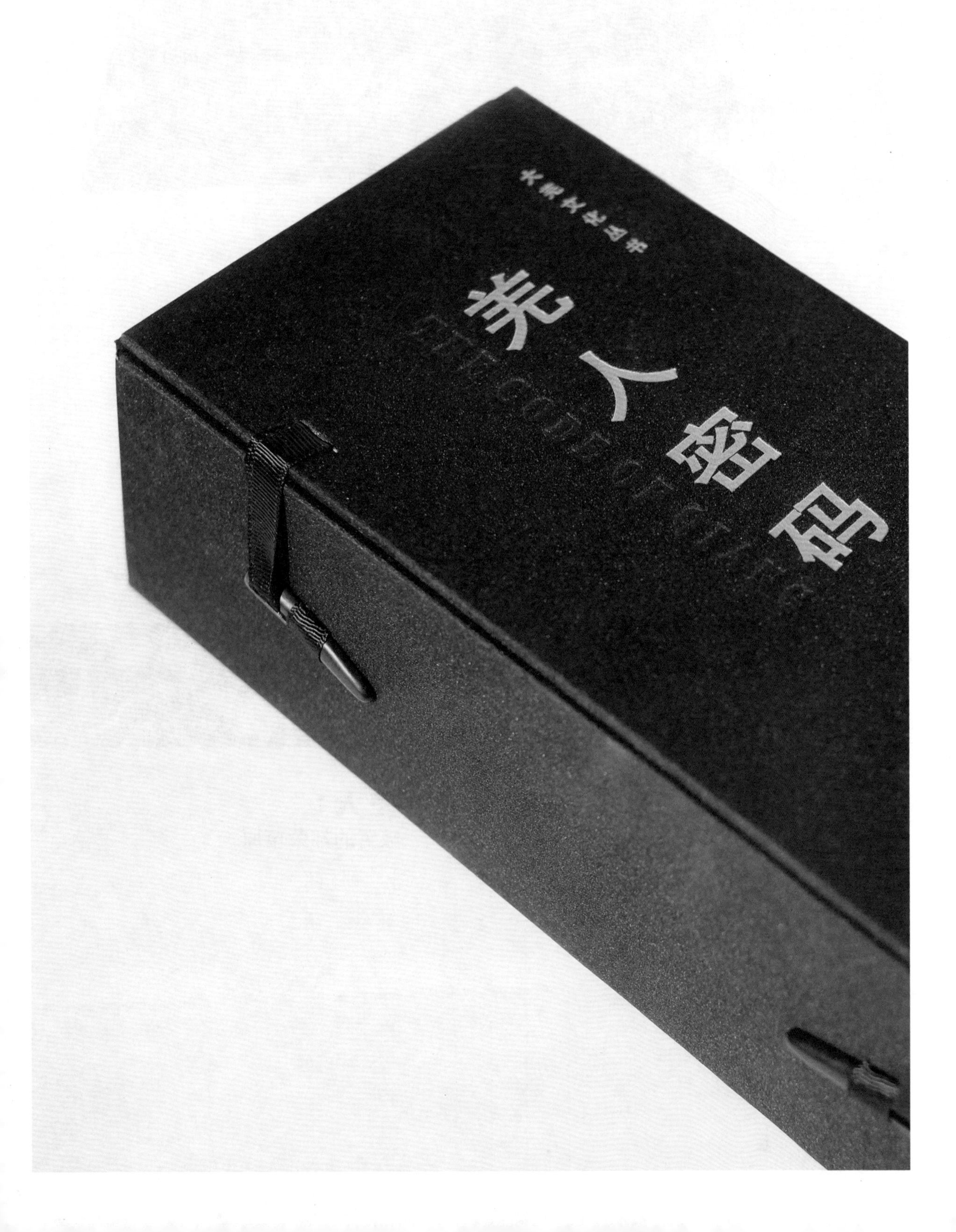
美人密码

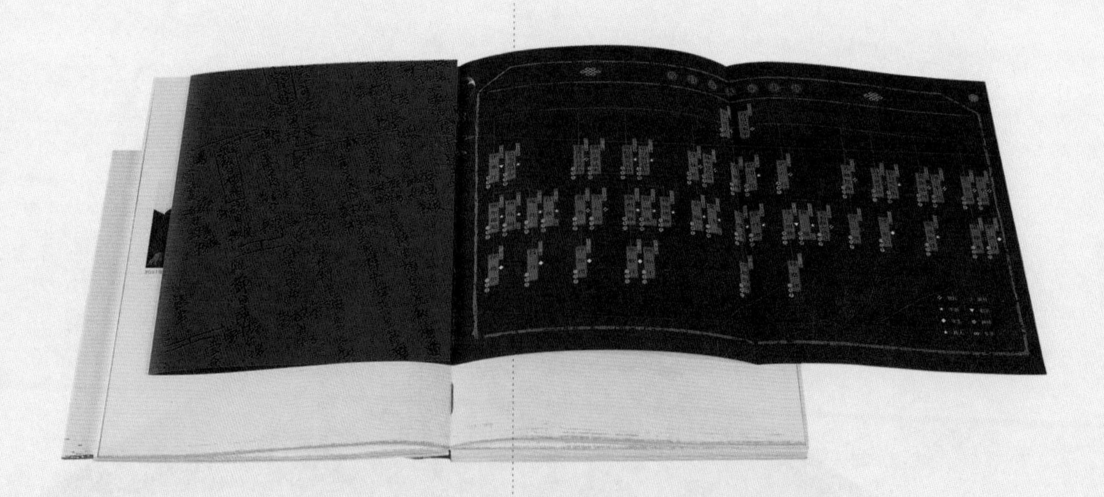

影观达茂丛书

–

墨鸣设计 / 郭萌+任悦

–

中国民族摄影艺术出版社

–

175×245mm

|

1464p

|

4536g

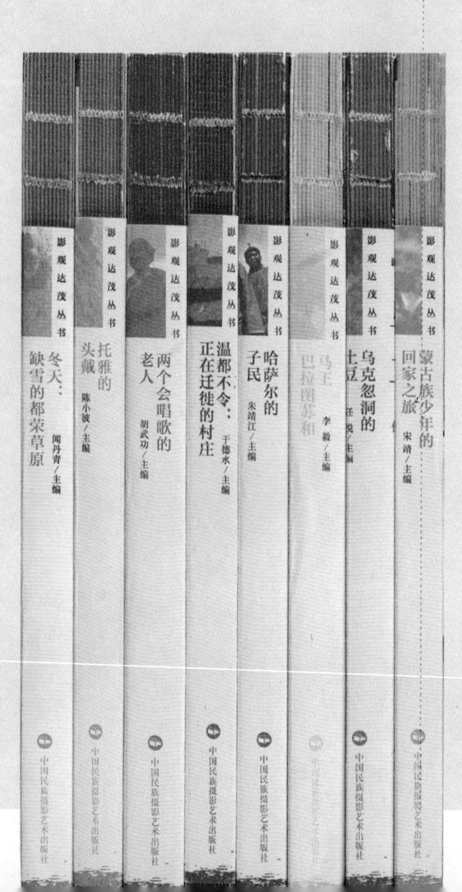

2

土豆博物馆

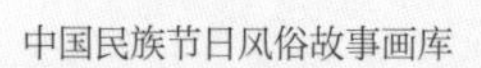

中国民族节日风俗故事画库

–

陈姗姗 + 陈泽新

–

湖南少年儿童出版社

–

240×258mm

中国民族节日风俗故事画库 汉族·龙舟竞渡端午节 贺旭 绘画 萧袤 撰文

中国民族节日风俗故事画库 朝鲜族·乌鸦唤来五谷祭 周伟钊 绘画 汤素兰 撰文

中国民族节日风俗故事画库 白族·苍山洱海三月街 宣森 绘画 方素珍 撰文

中国民族节日风俗故事画库 满族·年息花魂与五月节 朱红 绘画 萧袤 撰文

中国民族节日风俗故事画库 傣族·孔雀之乡的泼水节 朱训德 绘画 方素珍 撰文

中国民族节日风俗故事画库 布依族·神牛牵出牛王节 陈巽如 绘画 汤素兰 撰文

中国民族节日风俗故事画库 藏族·神圣吉祥的沐浴节 陈雅丹 绘画 冰波 撰文

中国民族节日风俗故事画库 黎族·欢歌曼舞三月三 郑小娟 绘画 冰波 撰文

中国民族节日风俗故事画库 土家族·晒龙袍的六月六 蔡皋 绘画 王一梅 撰文

中国民族节日风俗故事画库 苗族·万朵花开四月八 廖正华 绘画 王一梅 撰文

云南少数民族传统手工刺绣集萃

–

向云波 + 赵桂源

–

云南美术出版社

–

217×268mm

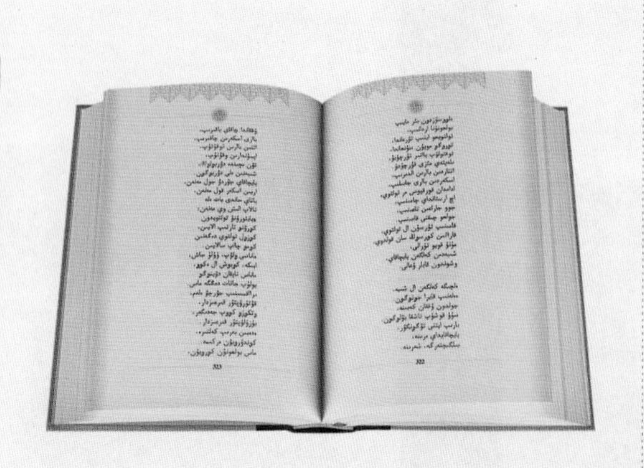

托里托依（柯尔克孜文）
–
刘堪海
–
新疆人民出版社
–
150×216mm

新疆文库丛书
–
宁成春 + 刘堪海
–
新疆人民出版社
–
220×291mm

# H

## ILLUSTRATION

## 插图类

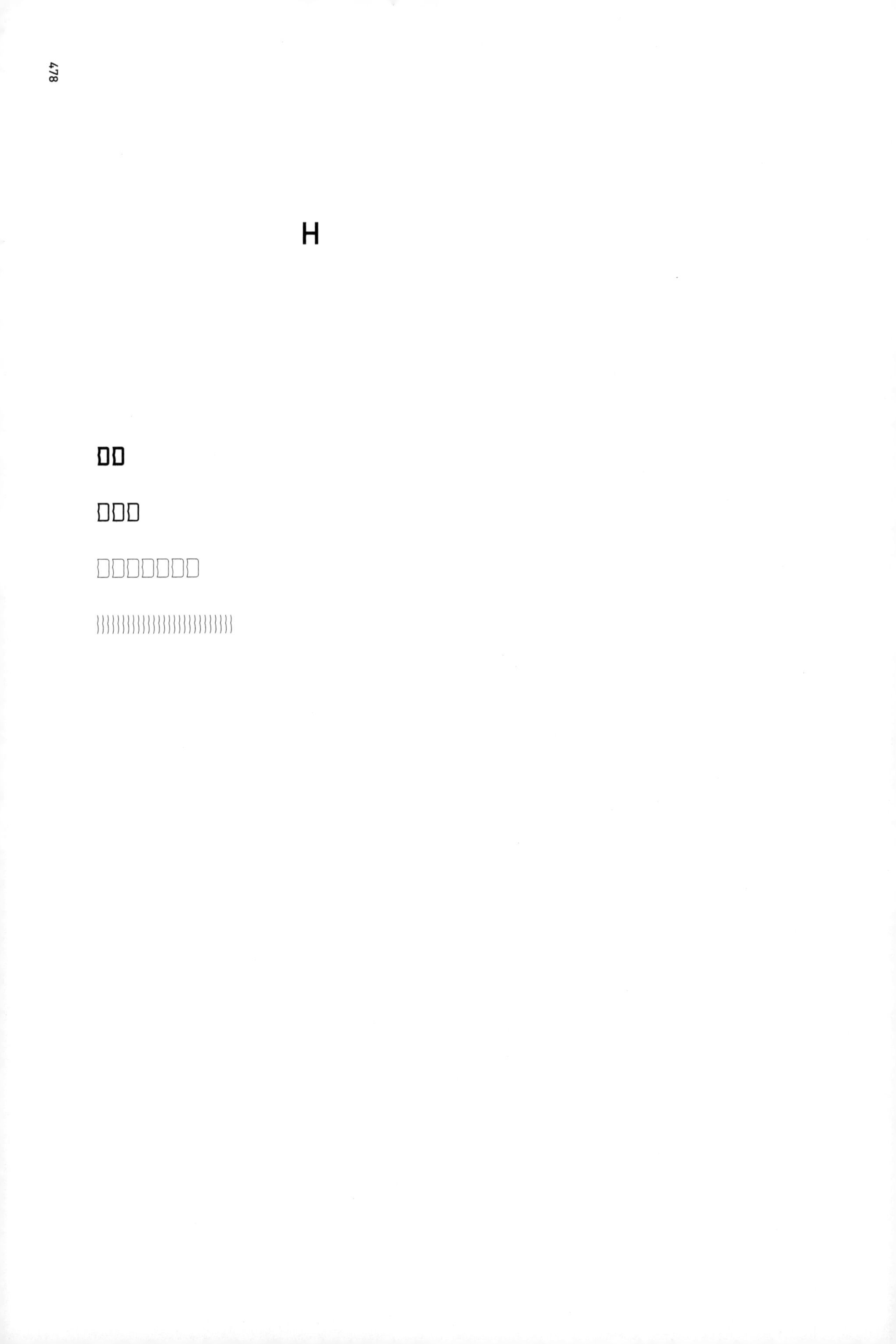

# H

GOLD AWARD

金奖

SILVER AWARD

银奖

十八描系列　人物插画

赵芳廷＋段殳

**P498**

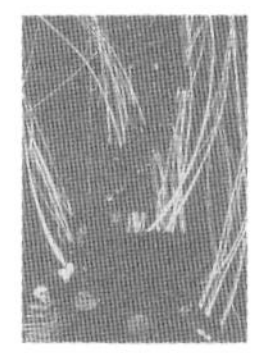

屠岸

——冷冰川　诗与画

冷冰川

**P502**

精神思维

刘羽欣

**P506**

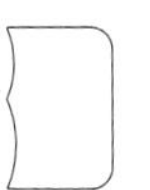

BRONZE AWARD
铜奖

## EXCELLENCE AWARD

## 优秀奖

A SOCIAL SCIENCES

B ARTS

C LITERATURE

D SCIENCE AND TECHNOLOGY

E EDUCATION

F CHILDREN

G NATION

H ILLUSTRATION

I PRINT

J EXPLORATION

# H

ILLUSTRATION

插图类

作　品

°°°°°°°°° 这一切源于凝视。总有一个时刻，忙碌的心平静下来，注视到身边的一些细节，对墙上或地上的斑痕产生丰富的联想，并惊叹于这些往往异于常识的造型。日本奈良市伊水园的院墙上斑痕累累，这里是想象力的舞台。灰墙上青苔遍布，爬山虎的脚印、泥巴胡乱抹过的痕迹、雨水及潮气浸染的颜色都被保留下来。这些痕迹叠加错落，彼此交谈，构成种种印象。有飞跃水面的鱼群，紧锣密鼓的乌云……时间将它们一一凝固，本书的这些插图就源于此。

°°°°°°°°° 触是心与物质世界最亲密的连接方式。纸为泥，心附着其上，撕碎的纸手中不断变幻，甚至是偶然的，生命如花朵般绽放出来。“生命”诞生之刻，它们的呼吸透过指尖传递到心，凝固成画面，记录之后被再次打乱化为元素。设计者怀着敬畏之心不断地破坏又重建，为读者呈现着生命的记忆。

°°°°°°°°° 在插图与内容的呼应上，设计者想创造场域氛围，尽量避免变成文字释义。所以，神可以是一位孩子，播种的人在散播智慧，独坐的武士看流星划过……希望读者能以自己的视角去品味。

英韵《三字经》(插图本)

–

张申申

–

高等教育出版社

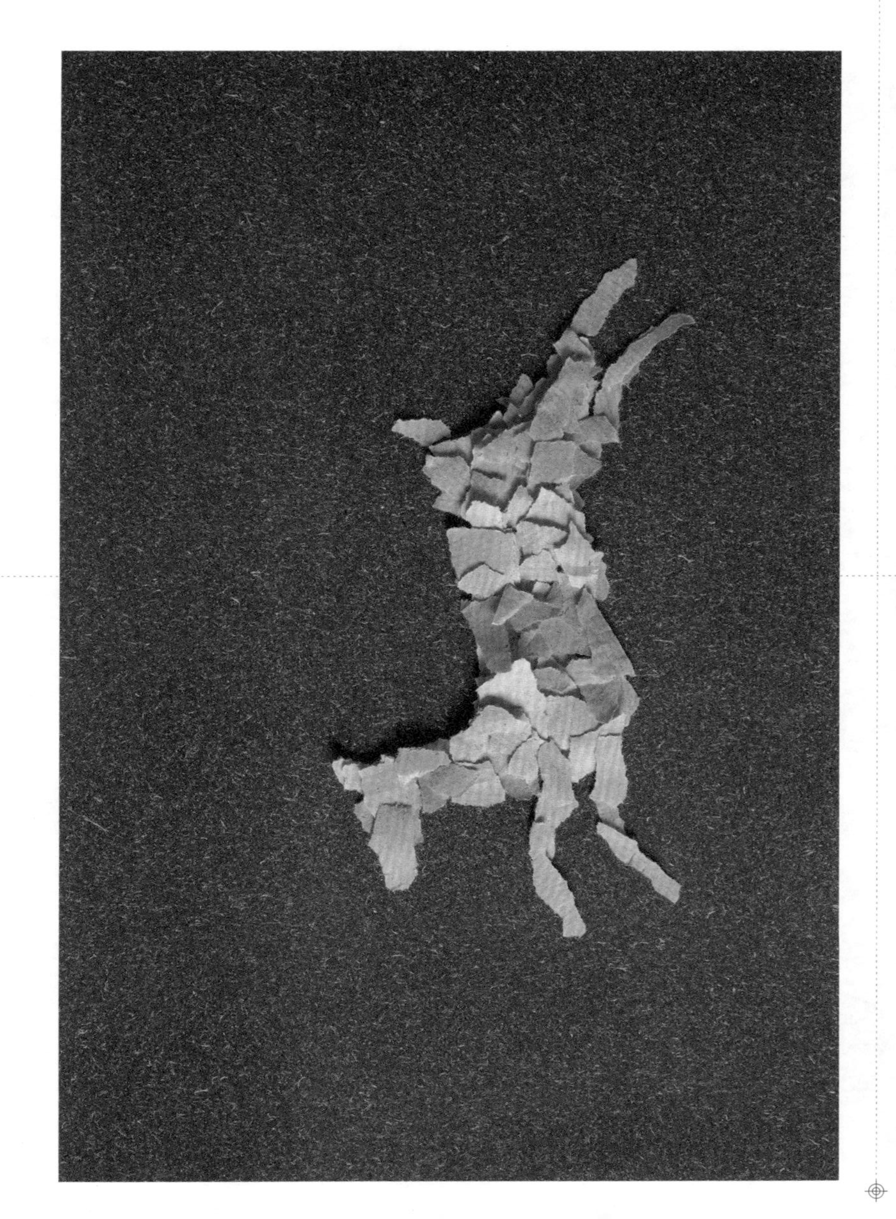

插图绘制者生于 20 世纪 80 年代，青年人的身份标签让他关注不同年代的青年人，审视自己与不同时代青年人的差异，他希望能够通过自己的视角，观察他们并感知他们，以一种超越物象的精神力量探求对历史的省思和感怀。

《小王子》是一个大众耳熟能详的故事，这套作品初稿创作于 2010 年，期间多次修改，于 2015 年重新制作，变成了现在的模样。《小王子》对齐鑫来说，不是一个属于儿童的童话，这是一个在迷茫困惑中可以指引前路的成人寓言。那个来自 B612 的小王子，那朵骄傲的玫瑰，那只狐狸和那条会说话的蛇，以及小王子遇到的形形色色的人，都是现实的缩影。"一千个人心中就会有一千个哈姆雷特。"对待相同题材的解读，每个人都会不同。从内容上、从内涵上、从反映的问题上，这解读有引申，也有重新解构。

《小王子》这套作品是齐鑫对同龄人的内心世界、情感生活的一种描绘和反思。随着成长我们开始面对更多的来自现实社会的压力，伴随着梦想而生的担忧和茫然随着时间的推移，对同一个事物也是可以存在不同的解读，一个相同的题材在某个特定时期总会被赋予之前不同的新的概念。"但反思还在延续，不会停止，最终我们会发现，也许最应该珍爱的东西，就在我们的身边。"

小王子
–
齐鑫
–
中央编译出版社

十八描系列　人物插画

–

赵芳廷 + 段殳

–

山东美术出版社

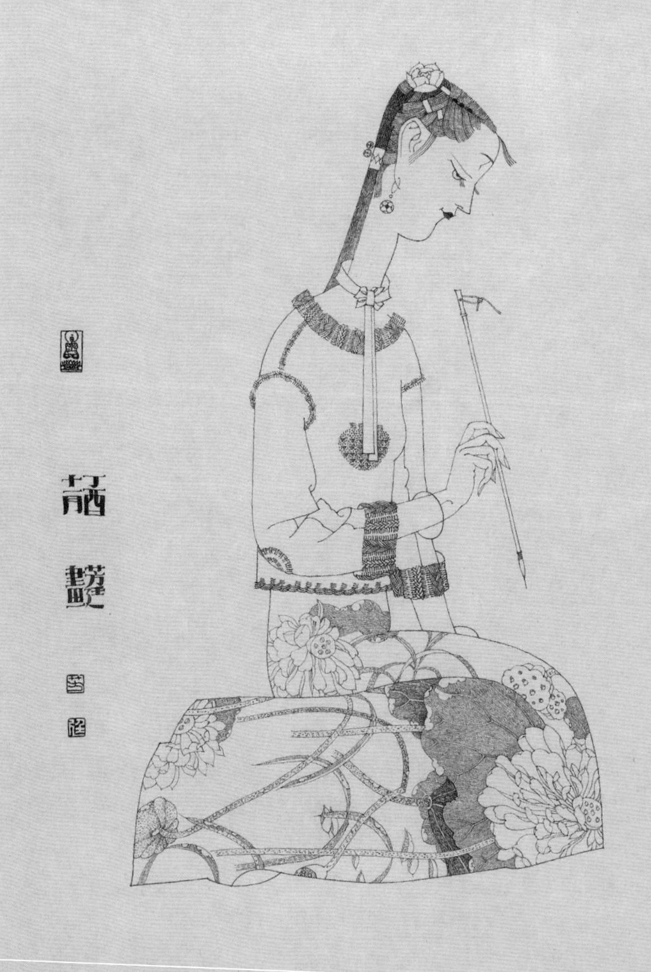

十八描係列之四
丁酉歲末

十八描系列之九

# 十八描系列之二

屠岸——冷冰川 诗与画

–

冷冰川

–

生活 · 读书 · 新知三联书店

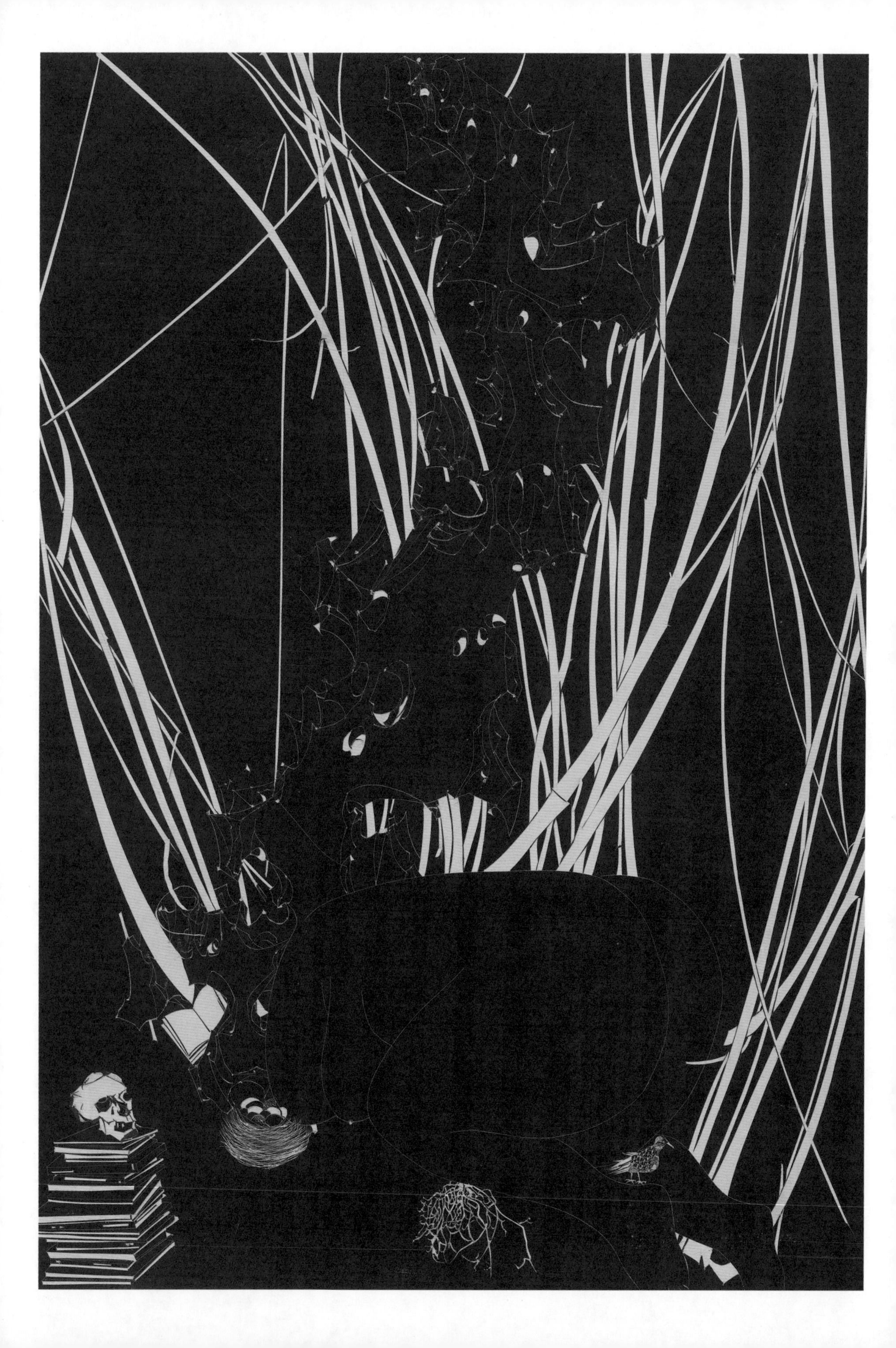

精神思维
–
刘羽欣
–
指导教师：李瑾

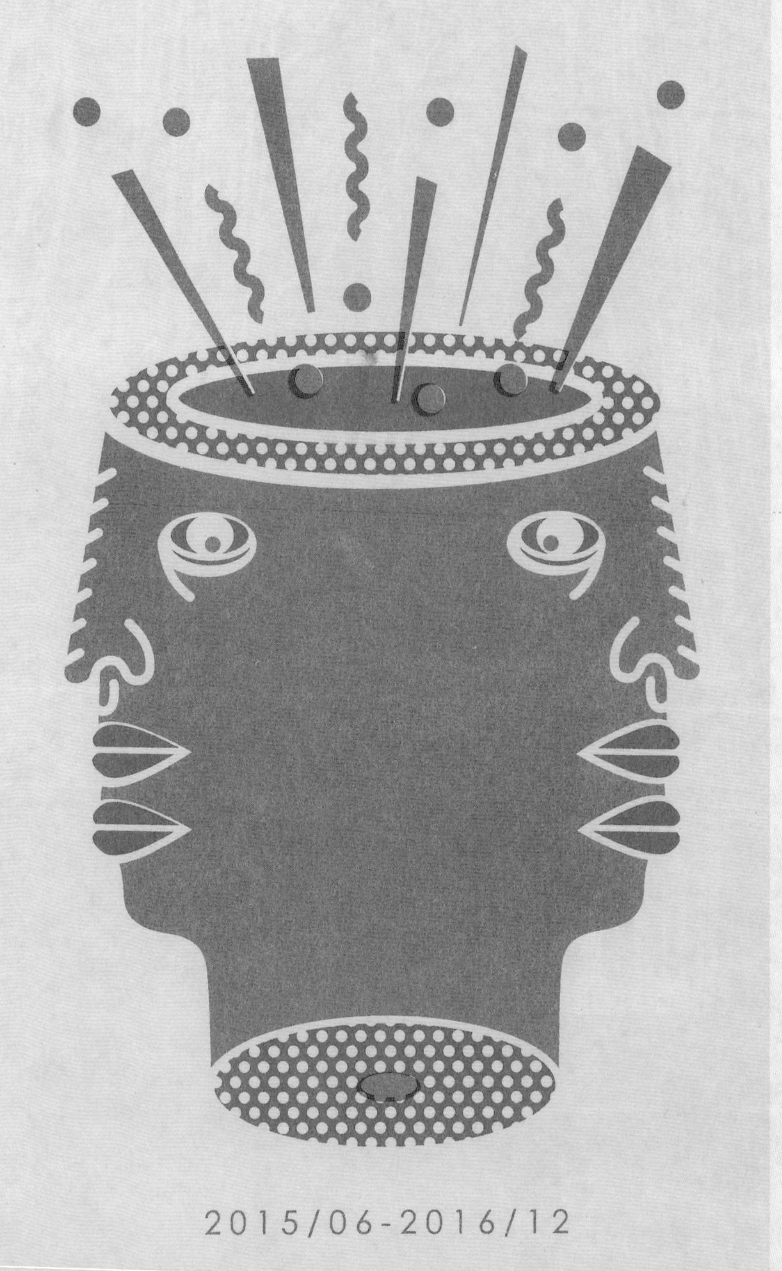

FEBRUARY - 02

| 1 | 2 | 3 | 4 | 5 | 6 | 7 | 8 | 9 | 10 | 11 | 12 | 13 | 14 | 15 | 16 | 17 | 18 | 19 | 20 | 21 | 22 | 23 | 24 | 25 | 26 | 27 | 28 | 29 |
|---|---|---|---|---|---|---|---|---|---|---|---|---|---|---|---|---|---|---|---|---|---|---|---|---|---|---|---|---|
| 祭灶节 | 湿地日 | | 立春 | | | 除夕 | 春节 | | | | | | 情人节 | | | | | 雨水 | | | 元宵节 | | | | | | | |

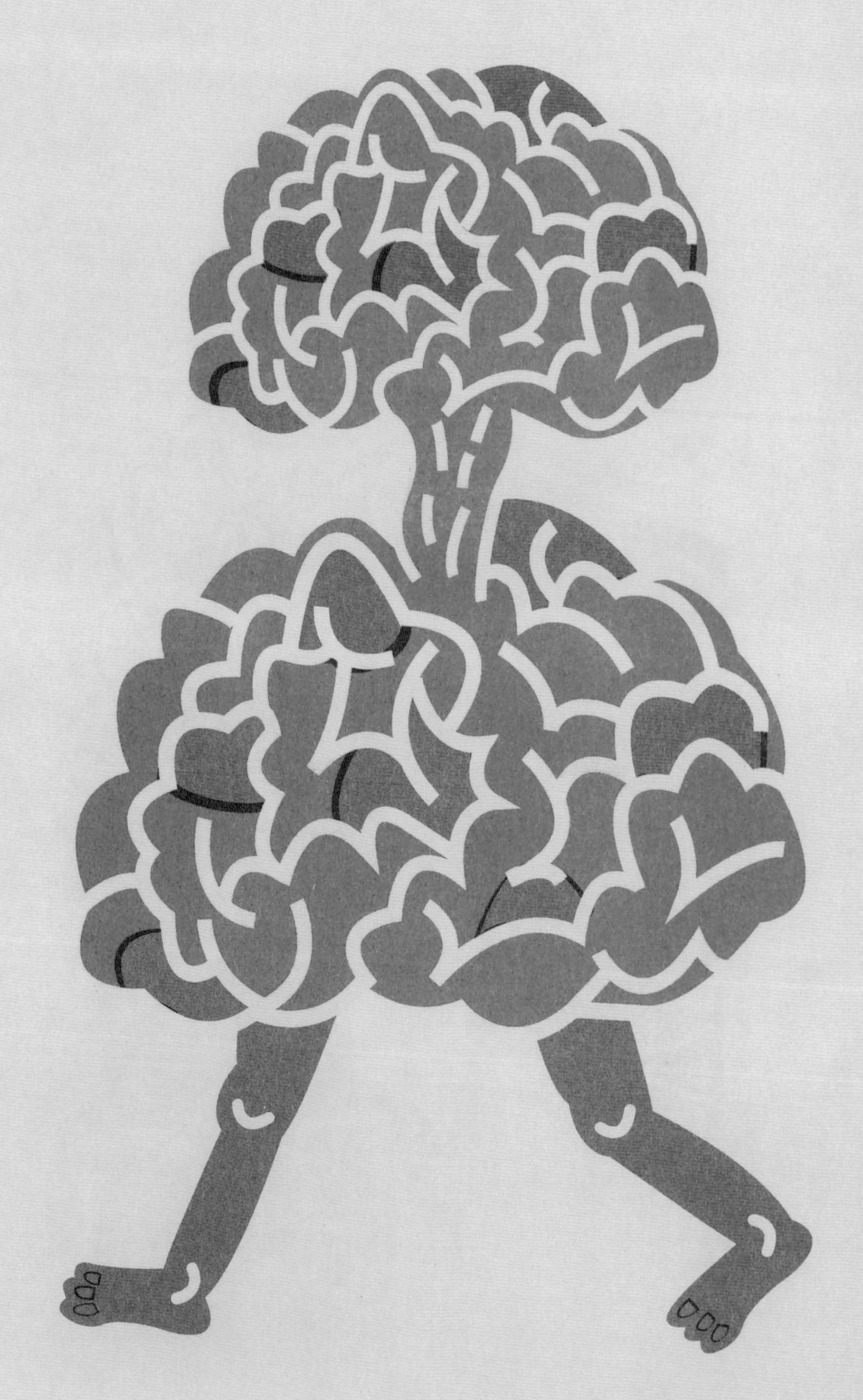

JULY - 07

1 2 3 4 5 6 7 8 9 10 11 12 13 14 15 16 17 18 19 20 21 22 23 24 25 26 27 28 29 30 31

建党节 小暑 大暑

OCTOBER - 10

1 2 3 4 5 6 7 8 9 10 11 12 13 14 15 16 17 18 19 20 21 22 23 24 25 26 27 28 29 30 31

| 1 | 8 | 9 | 10 | 20 | 23 | 31 |
|---|---|---|---|---|---|---|
| 国庆节 | 寒露 | 重阳 | 感恩节 | 骨质疏松日 | 霜降 | 寒衣节 |

大自然的灵魂 + 大自然的日历 + 醒来的森林

–

友雅（李让）

–

新星出版社

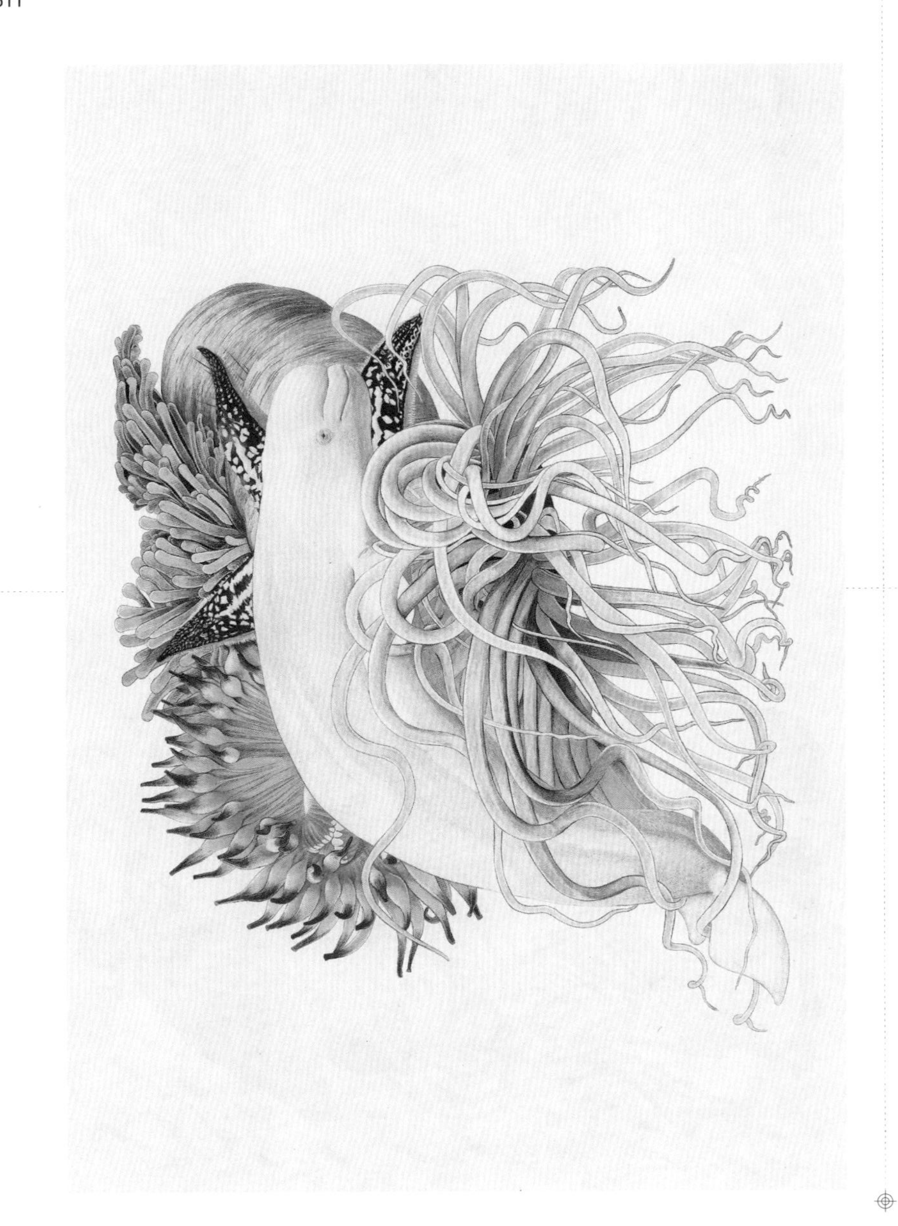

中国故事
–
萧翱子 + 孙亚楠 + 刘培培
–
中信出版社

形形色色－大头贴

–

王萌

–

指导教师：唐国俊

统编义务教育教科书中学语文

–

李晨 + 查家伍

–

人民教育出版社

梨树枝头

–

陈钧

–

青年与社会杂志社

和谐世界

–

李旻

–

中国日报社

今日最宜

–

夏渊

–

指导教师：吴勇

妙手回春

本草植物（《发现本草之旅》插图

–

徐灿

–

中国医药科技出版社

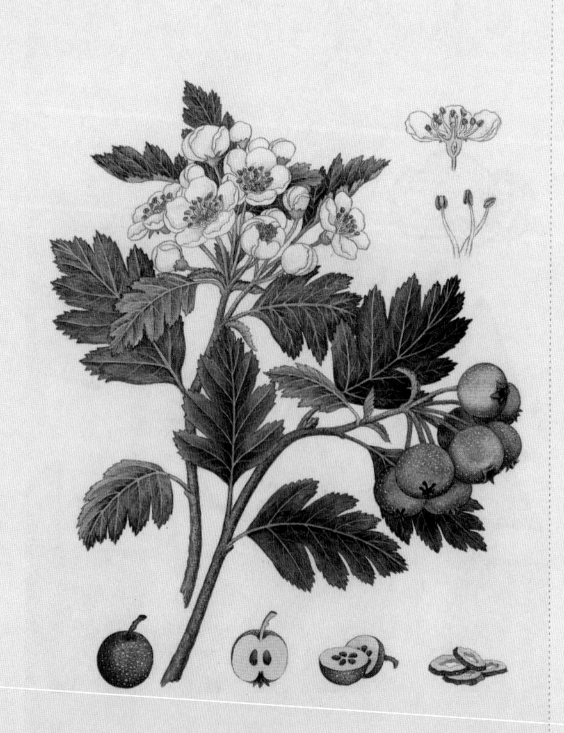

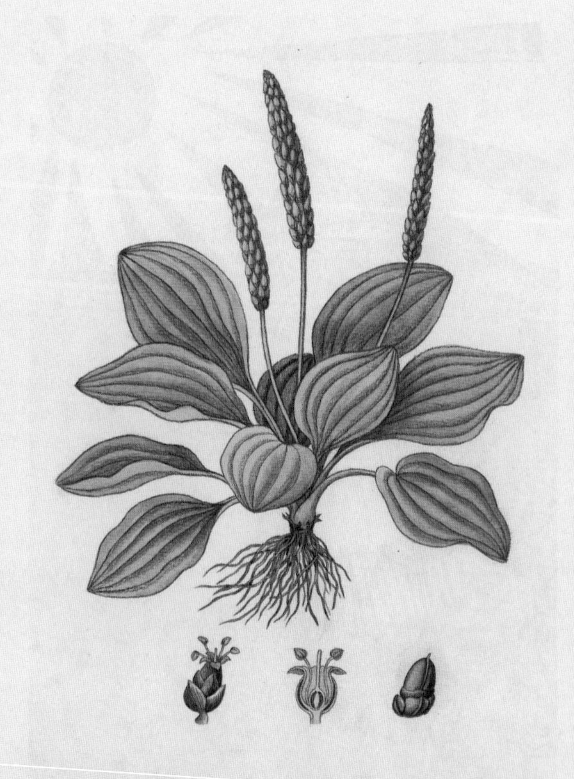

中国美丽故事
–
蔡皋
–
湖南少年儿童出版社

节气插画设计

–

许超纪

–

指导教师：曲展

跟着桐桐学数学　四十九只风筝和四十九只纸船的故事

-

金葆

-

人民教育出版社

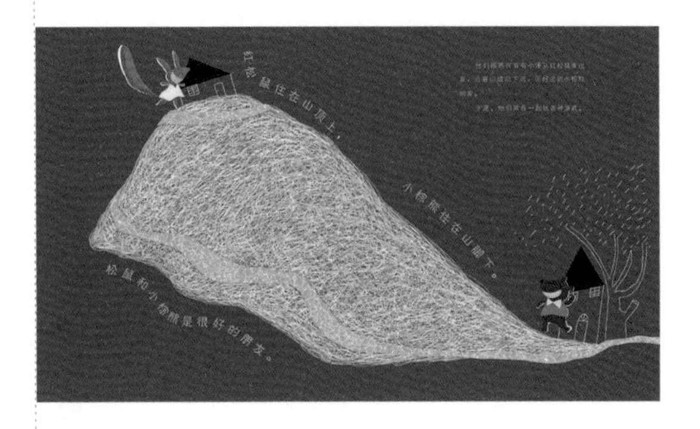

不要害怕

–

金葆

–

人民教育出版社

小朋友讲卫生

–

金葆

–

人民教育出版社

音乐剧《伊丽莎白》纪念画集

–

陈嘉凝

–

浙江人民美术出版社

豆子的时光料理小店

-

黄隽娴

小老鼠又上灯台喽
–
赵晓音
–
中国少年儿童出版社

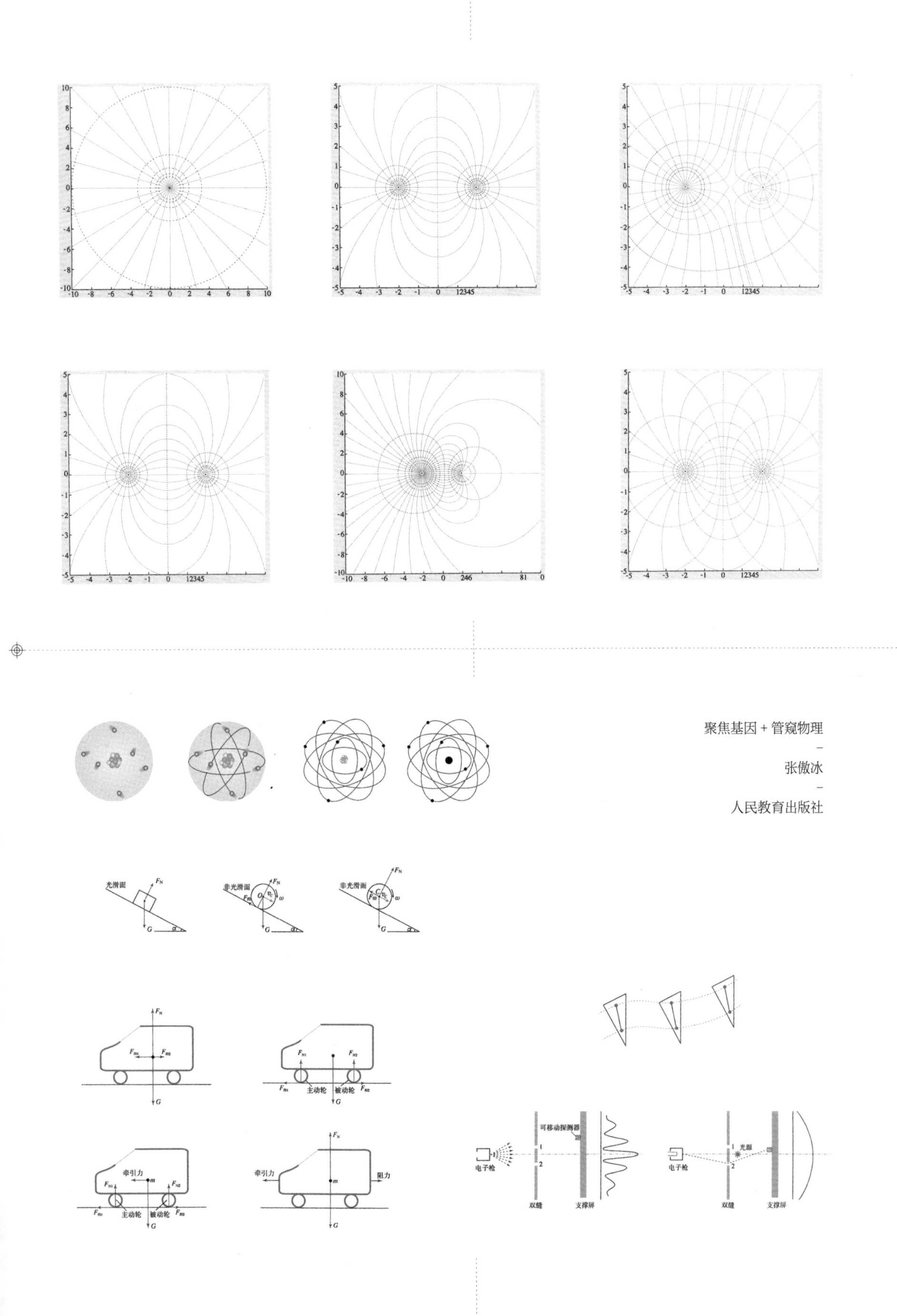

光滑面
非光滑面
主动轮
被动轮
牵引力
阻力
可移动探测器
电子枪
双缝
支撑屏
光源
聚焦基因 + 管窥物理
张傲冰
人民教育出版社

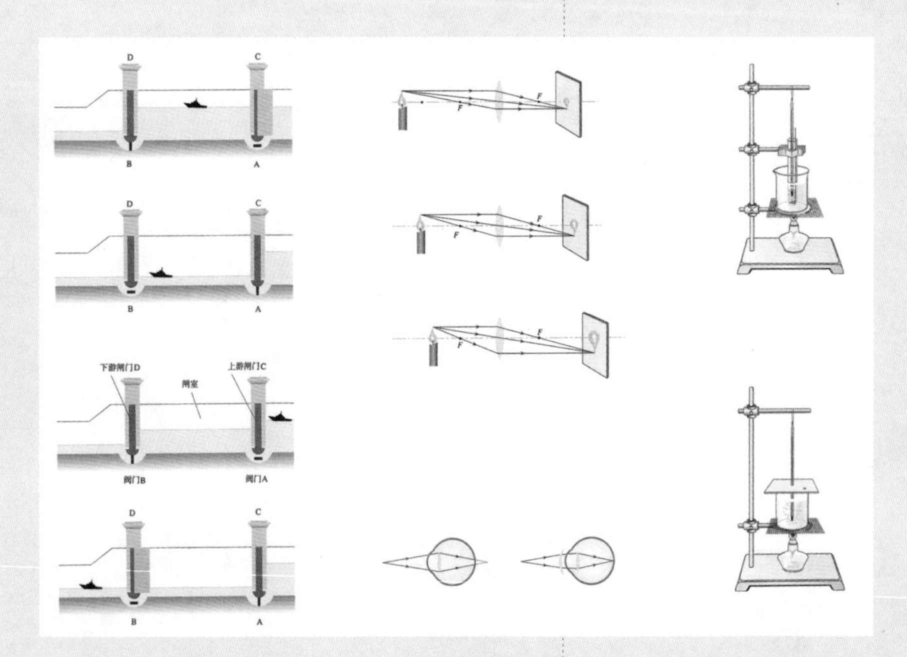


盲校义务教育实验教科书物理
–
张傲冰 + 郭威
–
人民教育出版社

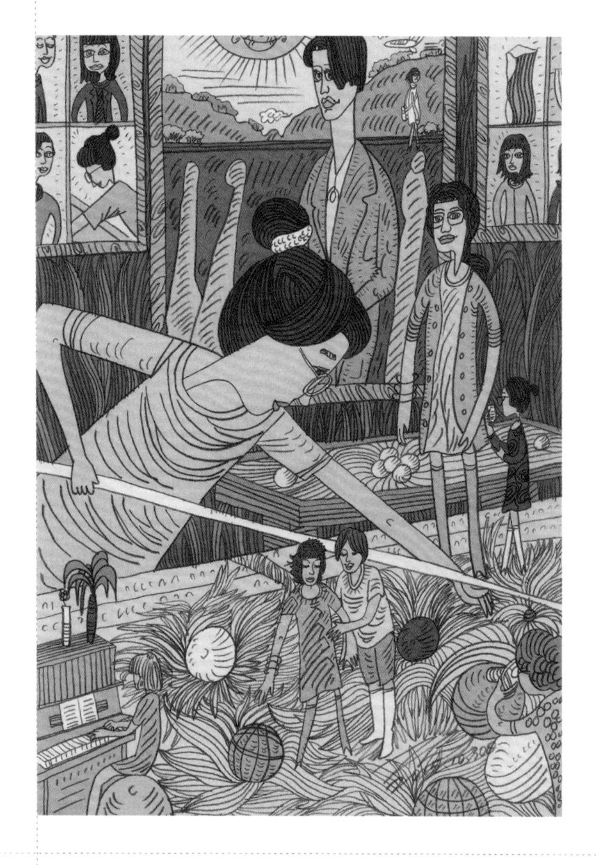

爱　美丽绘·美　美丽绘

—

周莉

曹文轩绘本馆《烟》
–
[英] 郁蓉
–
二十一世纪出版社

别让太阳掉下来
–
朱成梁
–
中国和平出版社

曹文轩绘本馆《夏天》
–
[英] 郁蓉
–
二十一世纪出版社

承德老街
–
马唯驰
–
学苑出版社

日本字游行
–
王晓林
–
浙江工商大学出版社

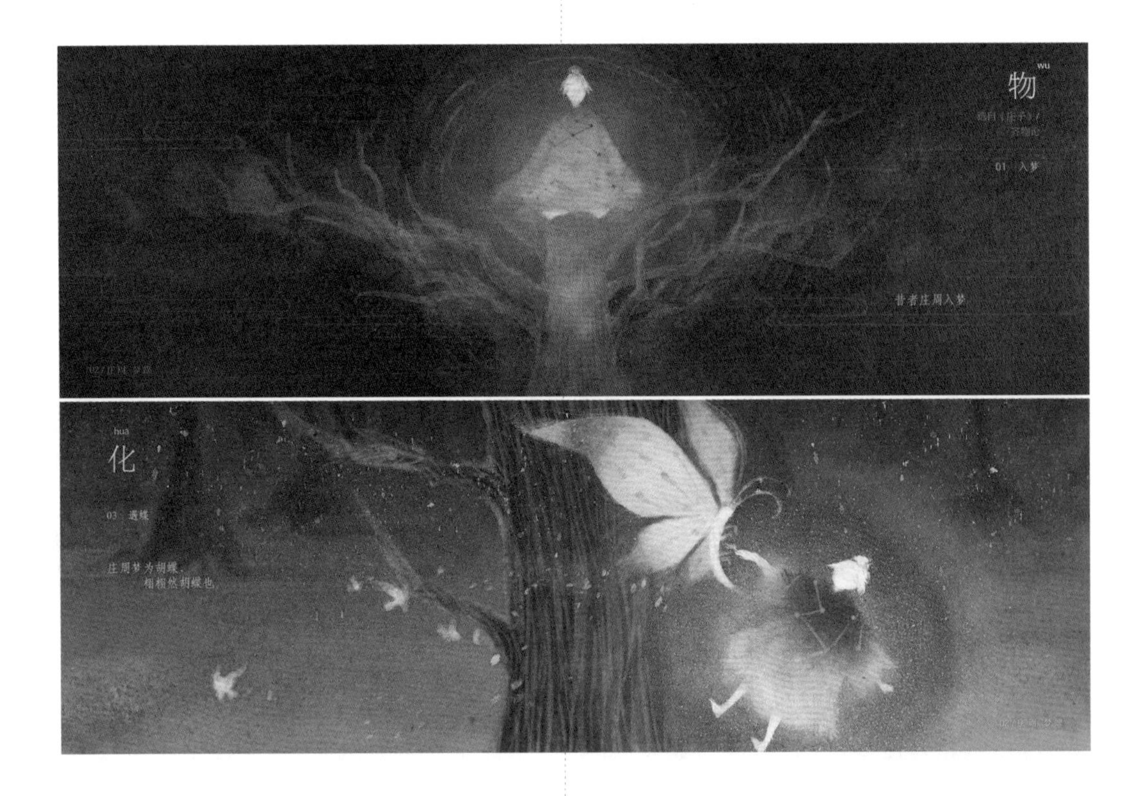
wu
物
01 入梦
昔者庄周入梦
hua
化
庄周梦为胡蝶，
栩栩然胡蝶也。

游　系列插图四则

李振玲

不知周之梦为胡蝶与，
胡蝶之梦为周与？
物
06 梦醒
周与胡蝶，则必有分矣。
此之谓物化。

大英国小宇宙

–

扫把

–

重庆出版社

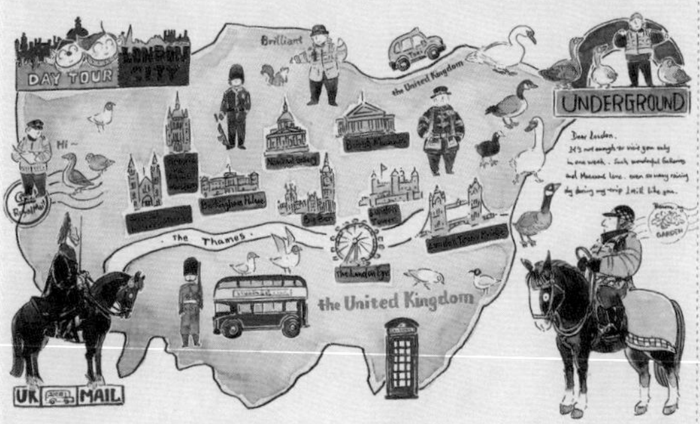

钓鱼城抗蒙（元）之战（公元 1243-1279 年）

–

丁骥 + 林倩倩 + 周红 + 施哥

–

学苑出版社

智能时代

–

宋晨

–

中国日报社

中国日报科技图表

–

马雪晶

–

中国日报社

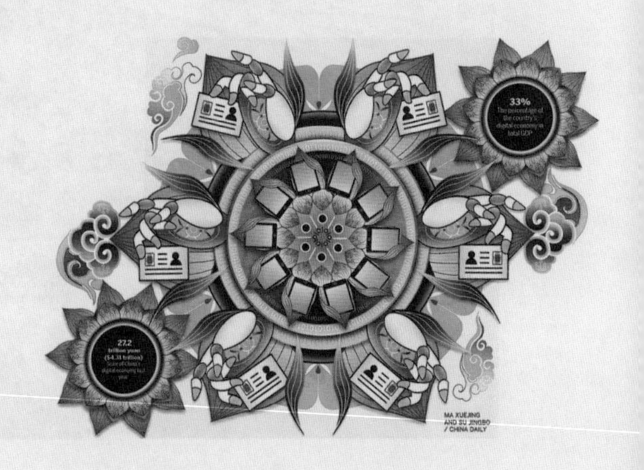

Come on! China

–

李旻

–

中国日报社

生活碎片

–

朱冰冰

–

指导教师：吴勇

一个人的旅行

–

蚁冬纯

–

指导教师：吴勇

自然梦
–
庞棋匀
–
指导教师：吴勇

窥探
–
蔡婕环
–
指导教师：吴勇

PRINT

印制类

GOLD AWARD

金奖

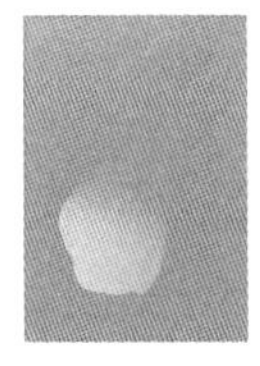

纸上端砚博物馆

北京雅昌艺术印刷有限公司

P558

## SILVER AWARD

## 银奖

为何写意

深圳市国际彩印有限公司

P564

BRONZE AWARD
铜 奖

经龙装红楼梦诗词
北京博图彩色印刷有限公司
P568

## EXCELLENCE AWARD
## 优秀奖

A SOCIAL SCIENCES

B ARTS

C LITERATURE

D SCIENCE AND TECHNOLOGY

E EDUCATION

F CHILDREN

G NATION

H ILLUSTRATION

I PRINT

J EXPLORATION

PRINT

印制类

作　品

以“纸上端砚博物馆”概念为设计核心，多维度地展现了端砚的起源、特点及收藏、观赏价值。大8开M形折叠页和多种尺寸的页面以及非常薄的纸张，包括16kg的重量，挑战了印刷和装订的工艺难度。

黑色书盒用三方端砚构成设计主体，采用不同工艺形成砚池、水、墨等意向，坚固的亚麻布封面是书盒设计理念的延展。

《纸上端砚》产品采用富士樱花纸张+无水印刷工艺印制，富士樱花纸张是非涂布纸，吸墨性较强，无水印刷工艺较普通胶印可排除水的因素，避免纸张吸水造成收缩变形，导致套印不准，同时可保证印刷网点油墨饱满，图文色彩鲜艳光亮，实地黑的墨色结实有力，有利于突出端砚的细腻温润和光泽。

无水印刷的网点扩散小，网点边缘平滑，有利于突出端砚雕琢物的立体感，提高端砚本身的细小花纹的表现力，细节层次能够真实再现。无水印刷的墨色稳定，不易“干褪”印刷品可长期保存。

本书装帧难度很高，从内至外，无一不凸显工匠精髓。外壳为粗麻材料，烫黑漆片难以烫实，更何况大面积反烫形式，经过多次不同形式测试，最终采用先丝印黑色特制油墨，再进行烫黑，保证很久不脱落。而内文共达48个M形折叠方式，全部采用刀线形式压线，再全手工折页方式，公差必须控制在0.5mm以内。为保证前口平齐，设计专门模具，使质量得到控制。本书书芯厚度达60mm，重量16kg，特采用书脊钻孔、穿绳形式固定，并在孔间放入纸屑，填满，使其更加固定，紧实，保证翻阅不松动。

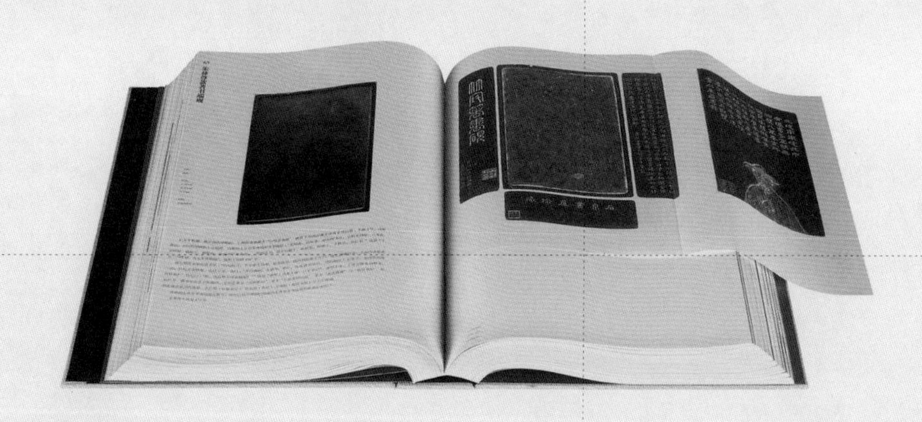

纸上端砚博物馆
–
北京雅昌艺术印刷有限公司
–
广东教育出版社
–
300×425mm
|
1076p
|
16000g

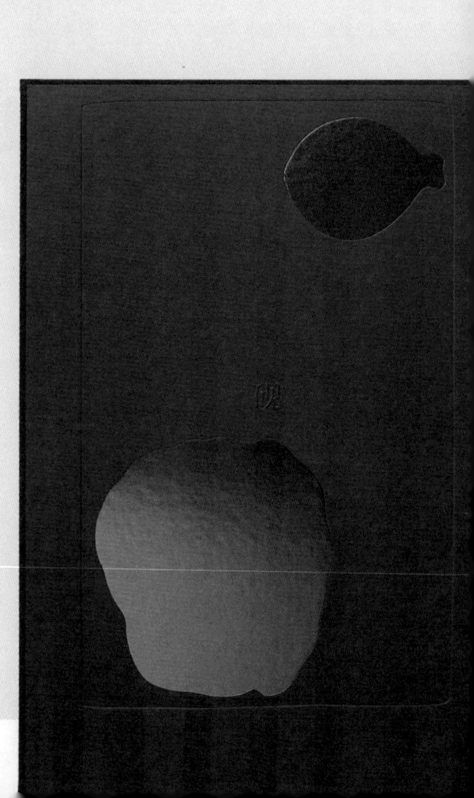

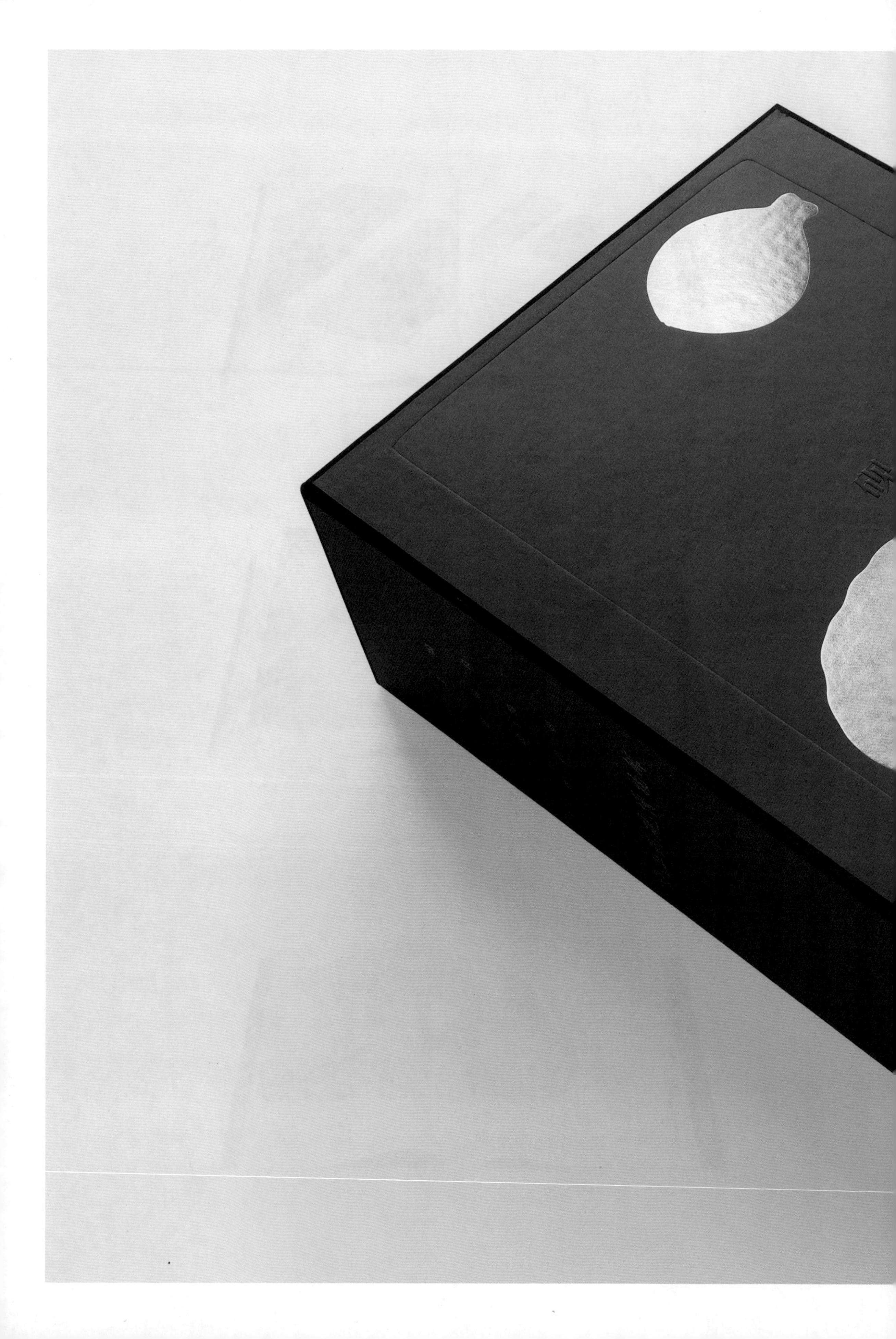

硯

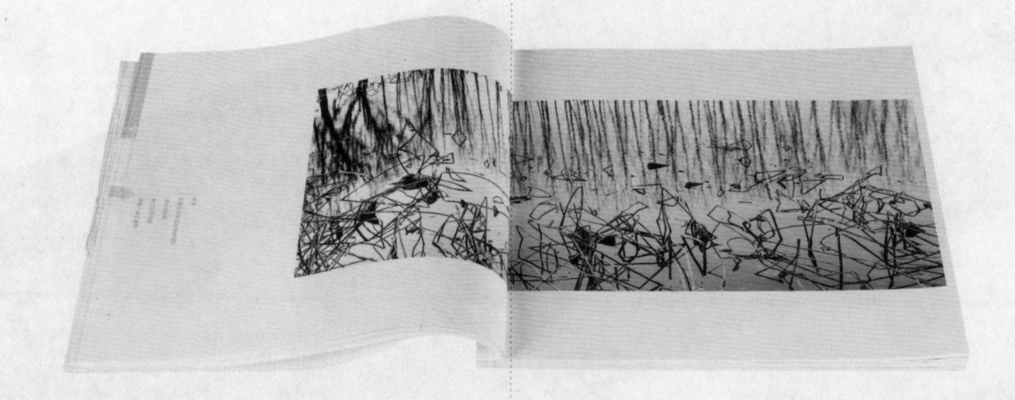

为何写意
–
深圳市国际彩印有限公司
–
中国摄影出版社
–
260×246mm
–
156p
–
522g

爲何寫意

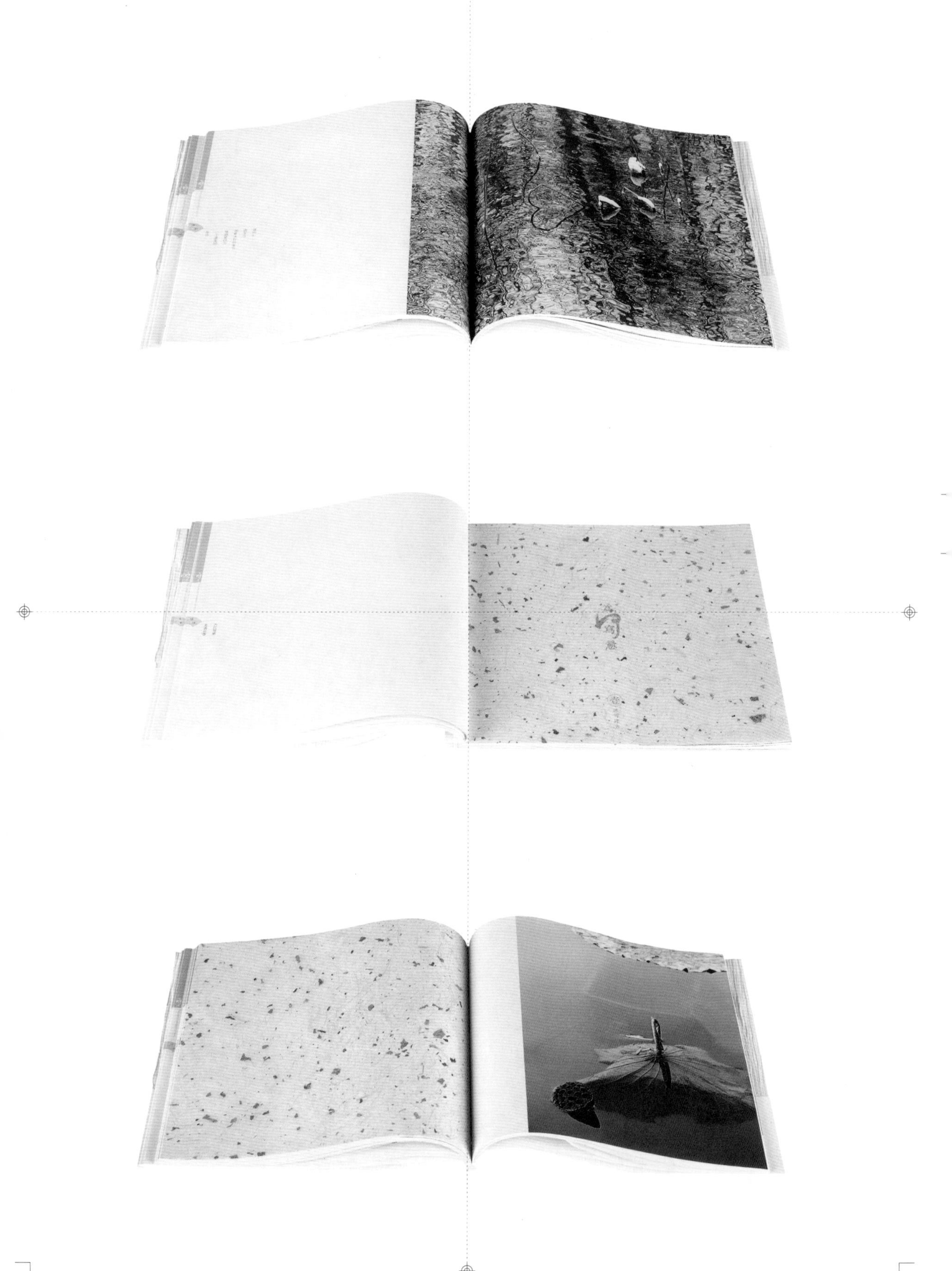

经龙装红楼梦诗词

–

北京博图彩色印刷有限公司

–

文物出版社

–

305×525mm

|

132p

|

3304g

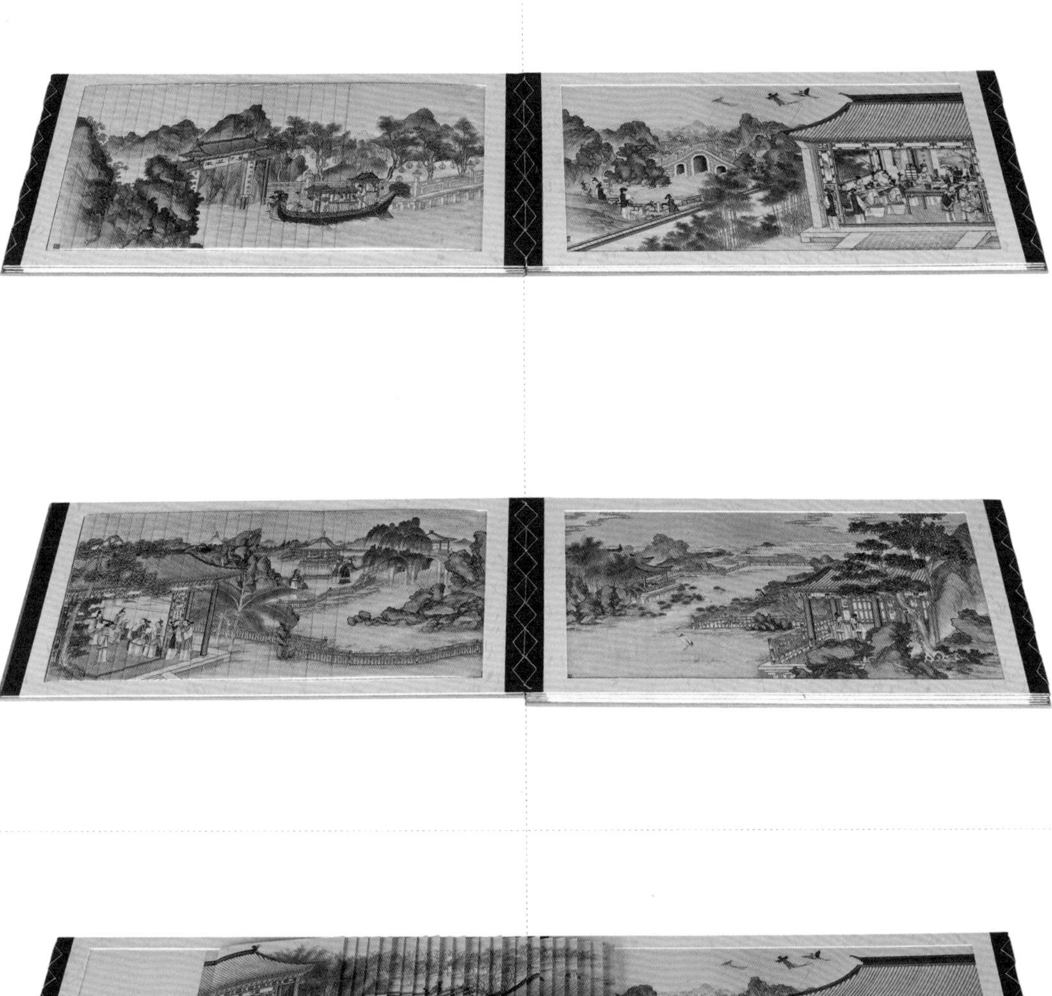

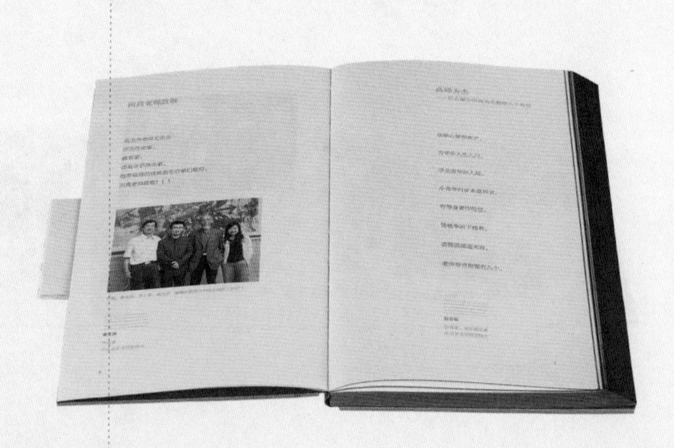

智者、严师、乐人、挚友——高为杰 80 寿辰庆贺纪念雅集

–

安徽新华印刷股份有限公司

–

西南师范大学出版社

–

153×240mm

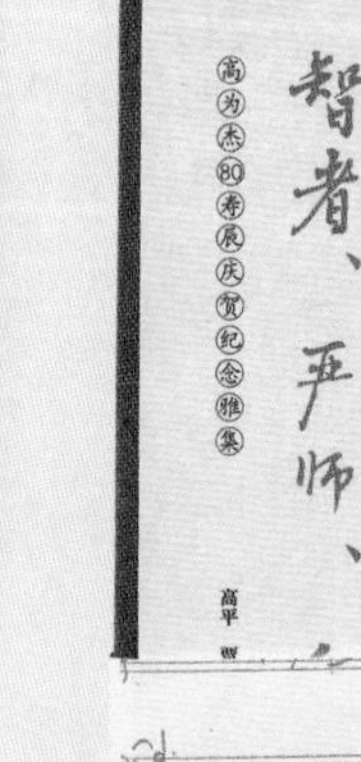

A Concise Illustrated Atlas of Chinese Materia Medica

–

北京盛通印刷股份有限公司

–

人民卫生出版社

–

222×300mm

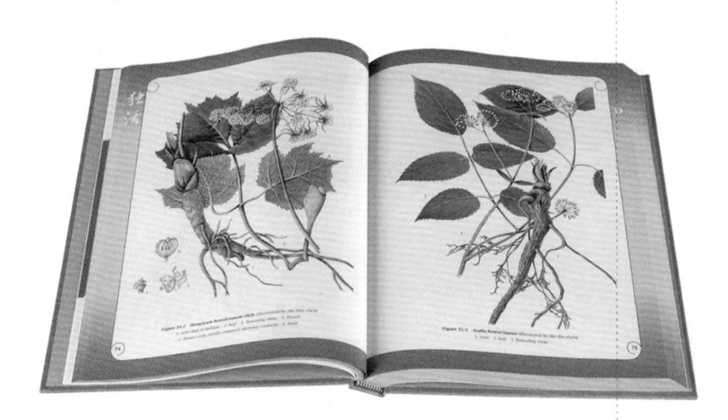

世界记忆名录——南京大屠杀档案

–

上海雅昌艺术印刷有限公司

–

南京出版社

–

220×292mm

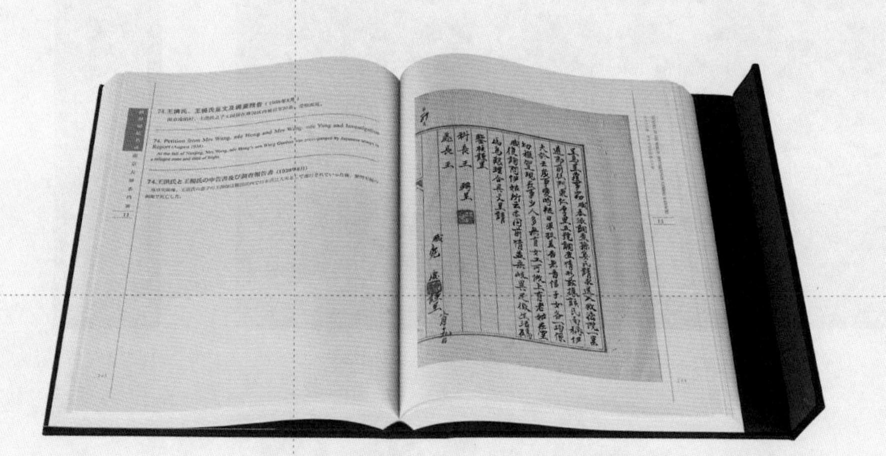

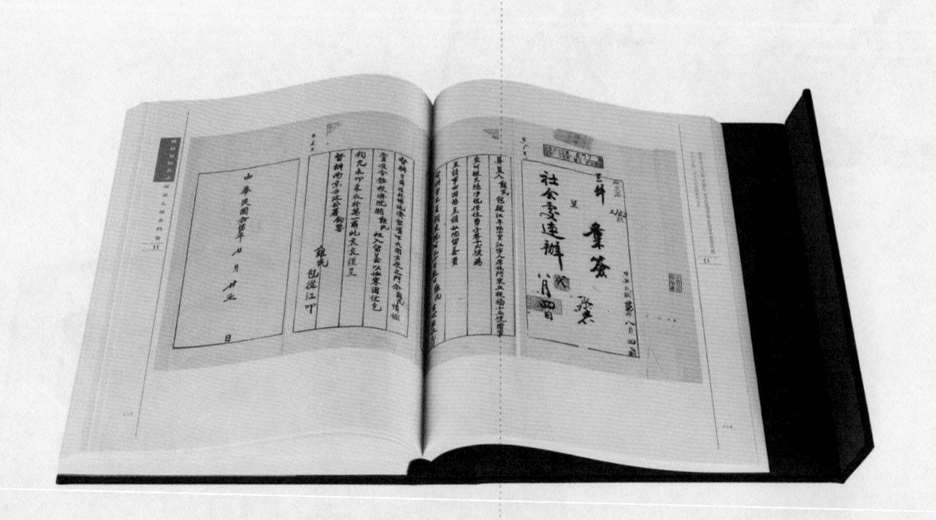

红色天空[1]下

有一个小男孩，有一个小女孩
他们住在一条小巷在红色的天空下
有一个小男孩，有一个小女孩
他们住在一条小巷在红色的天空下

有一个老人住在月亮上
夏日的一天他打此地经过
有一个老人住在月亮上
有一天他打此地经过

有一天小女孩，所有事对你来说将变成新的
有一天小女孩，你将得到像你肚子一样大的钻石

让风低低吹，让风高高吹
一天小男孩和小女孩双双在一个馅饼中烤着
让风低低吹，让风高高吹
一天小男孩和小女孩双双在一个馅饼中烤着

这是通往王国的钥匙，这是那小镇
这是那匹瞎马它领着你乱转

让鸟儿唱，让鸟儿飞
一天月亮上的人回家了河流变得干涸
让鸟儿唱，让鸟儿飞
月亮上的人回家了河流变得干涸

鲍勃·迪伦诗歌集（1961-2012）

–

山东临沂新华印刷物流有限责任公司

–

广西师范大学出版社

–

400×210mm

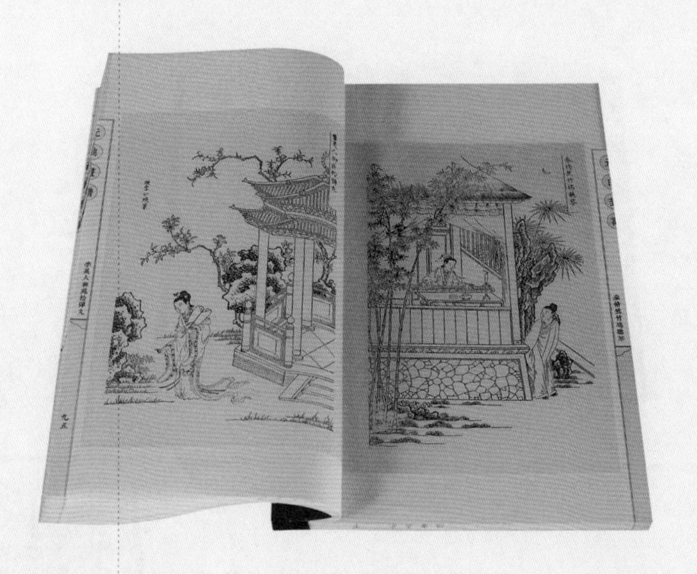

元曲画谱：《元曲选》绣像全编
–
常州市金坛古籍印刷厂有限公司
–
广陵书社
–
230×334mm

EVERYTHING ON EARTH
万 物

PHOTOGRAPHER / Luo Hong 摄 影/罗红

中国民族摄影艺术出版社

万物 EVERYTHING ON EARTH 中国民族摄影艺术出版社

万物
–
北京雅昌艺术印刷有限公司
–
中国民族摄影艺术出版社
–
403×360mm

# J

## EXPLORATION

## 探索类

J

GOLD AWARD
金奖

SILVER AWARD

银 奖

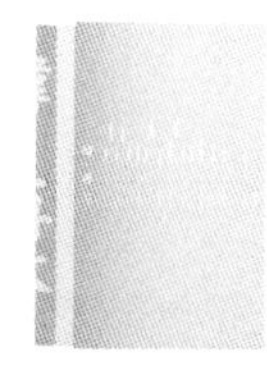

韩 · 再芬

连杰 + 部凡

P604

证明你不是一个机器人

——神谱

蒋可欣

P608

田流沙作品

吴绮虹

P612

标签 × 地域

谢宇

P616

破繁

钟晓彤

P620

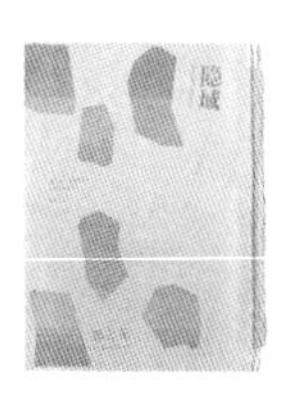

隐域

——恶之花

杨家豪

P624

## BRONZE AWARD
## 铜奖

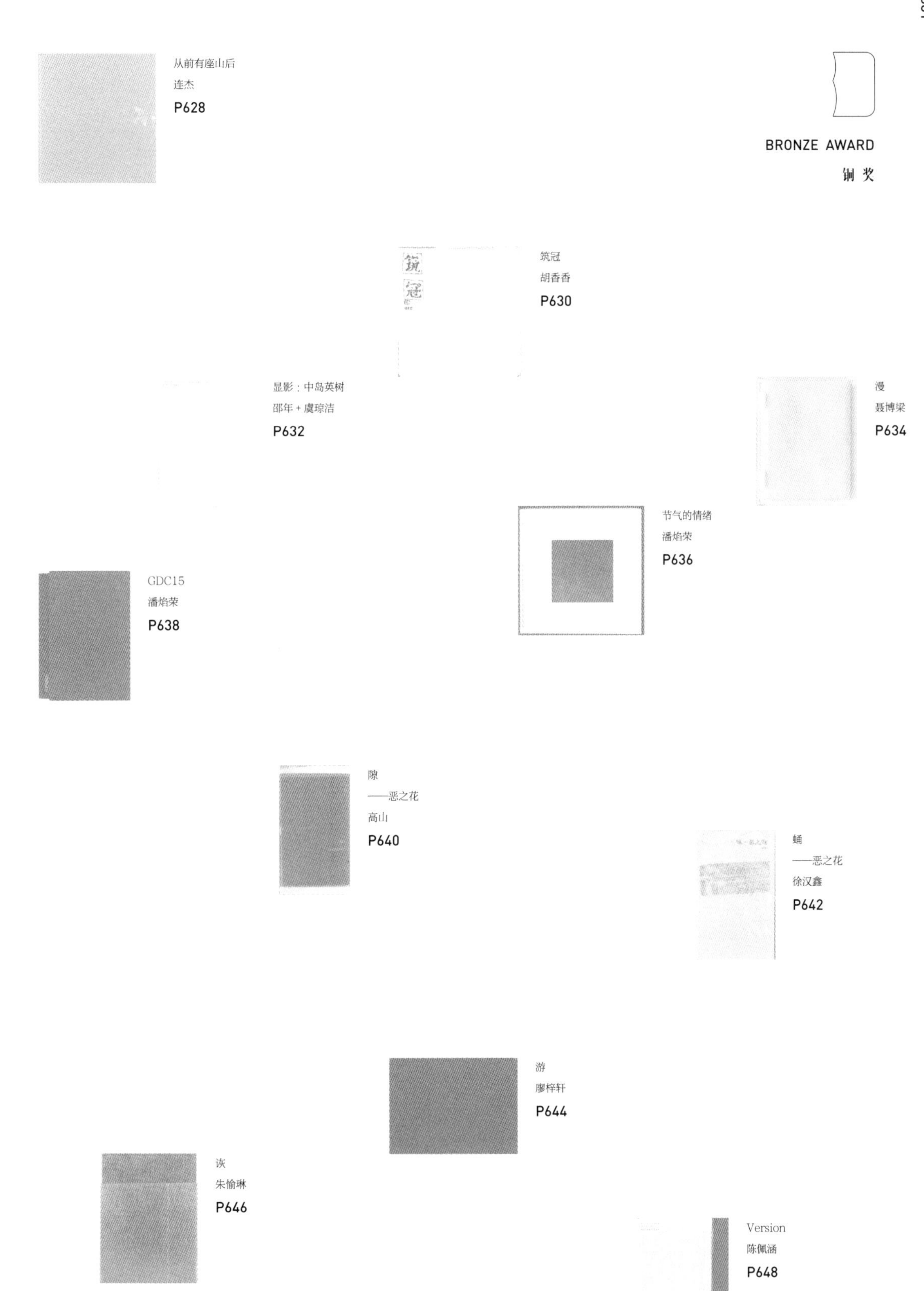

EXCELLENCE AWARD

优秀奖

A SOCIAL SCIENCES

B ARTS

C LITERATURE

D SCIENCE AND TECHNOLOGY

E EDUCATION

F CHILDREN

G NATION

H ILLUSTRATION

I PRINT

J EXPLORATION

J

EXPLORATION

探索类

作 品

每个人对于“信仰”都有自己独特的见解，对于设计者来说，它不仅是生命的内驻，亦是生命的外流。设计者邀请一百五十个人写了一百五十首诗歌以完成一百五十人的信仰告白，同时又完成一百五十首诗歌的排版研究。诗歌文本由四部分组成，第一部分为个人简介；第二部分为英文文本版式研究；第三部分是手抄文本呈现的诗歌；第四部分是以中文印刷文本呈现的诗歌。以上四个部分构成每一首诗歌的文本版面。以互动的形式，使诗篇文本呈现形式从平面阅读走向“互动参与”，通过手抄的形式，读者主动参与设计，主动去阅读，主动去设计，真正实现一对一的作者与读者、读者与读者之间的互动交流，这是设计的需要，更是文化交流的需要，这种作品之间的“多元对话”使得诗歌的阅读形式从平面阅读走向“互动参与”，注入作品更多温度及精髓。

一百五十人的信仰告白

计珍芹

指导教师：赵清

145×210mm

921g

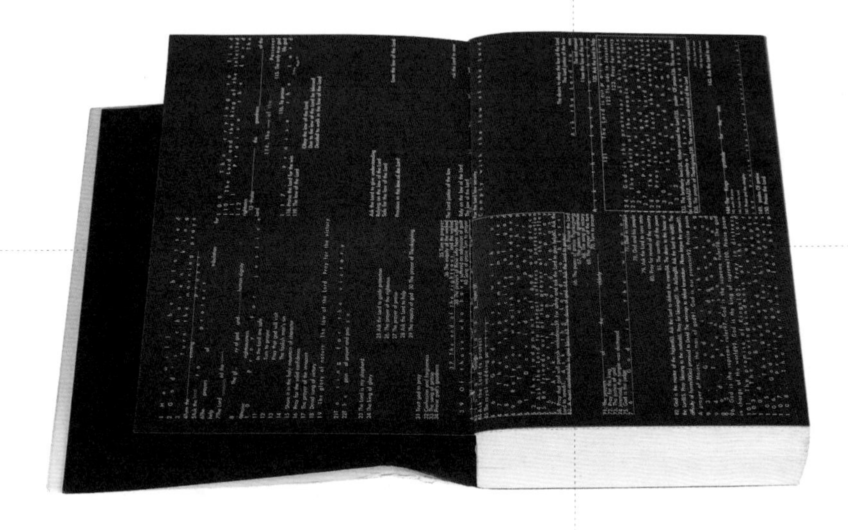

4.
Through you, nothing is impossible
我虽然行过死荫的幽谷，
也不怕遭害，
因为你与我同在；
你的杖，你的竿，
都安慰我。

°°°°°°°°° 书名为《Forever-ism》，-ism 为某种主义。爱情是人类永恒的话题，却是永远解不开的答案。

°°°°°°°°° 这是一本关于爱情的书，分左右两边翻阅，左页翻开部分是摩尔斯电码，是特务之间通讯的一种方式，有点像爱人之间的语言，这种语言只有两个人能相互知道。

°°°°°°°°° 书籍强调爱情的简单和挫折，两性关系需要慢慢地积累、沉淀。阅读掉下来的纸屑就像流逝的时间，为你留下最珍贵的人。这种内与外的关系构成书籍，左边的密码是恋爱的谜语，右边的是世人对于爱情的各种描述。

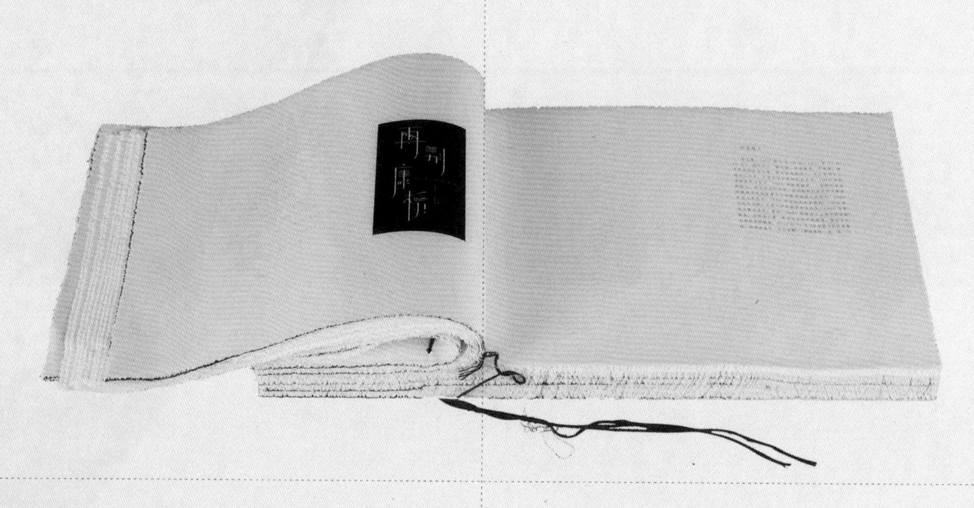

Forever-ism

–

刘莹莹

–

指导教师：吴绮虹

–

420×220mm

|

1513g

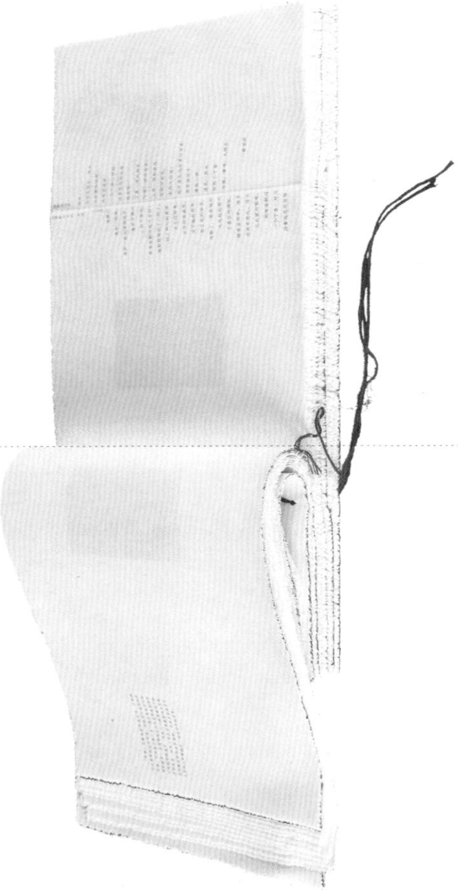

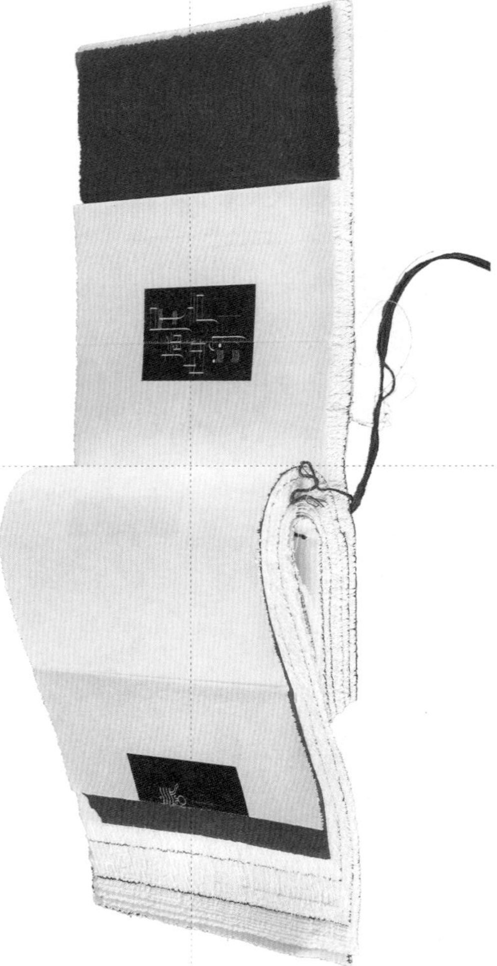

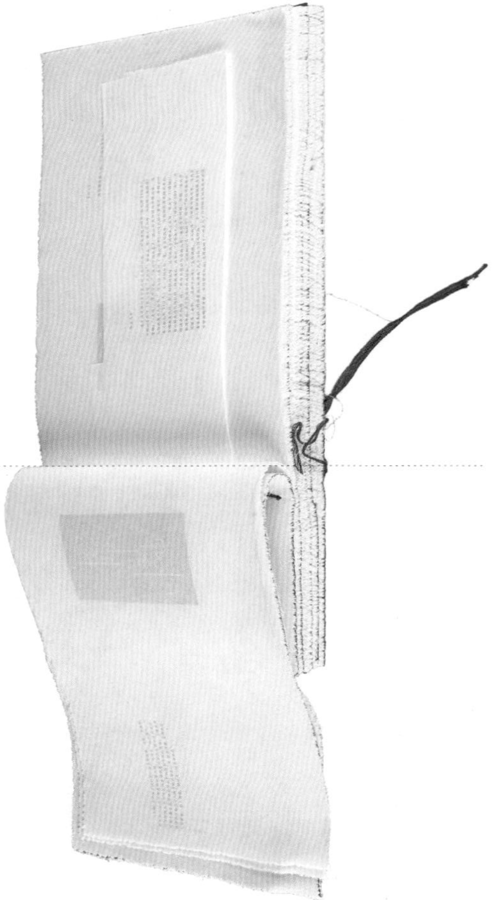

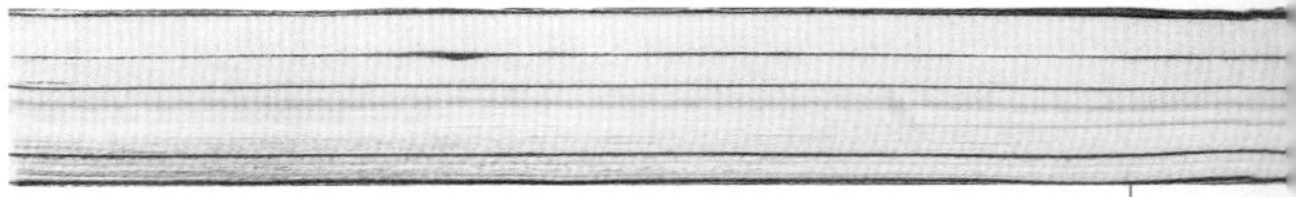

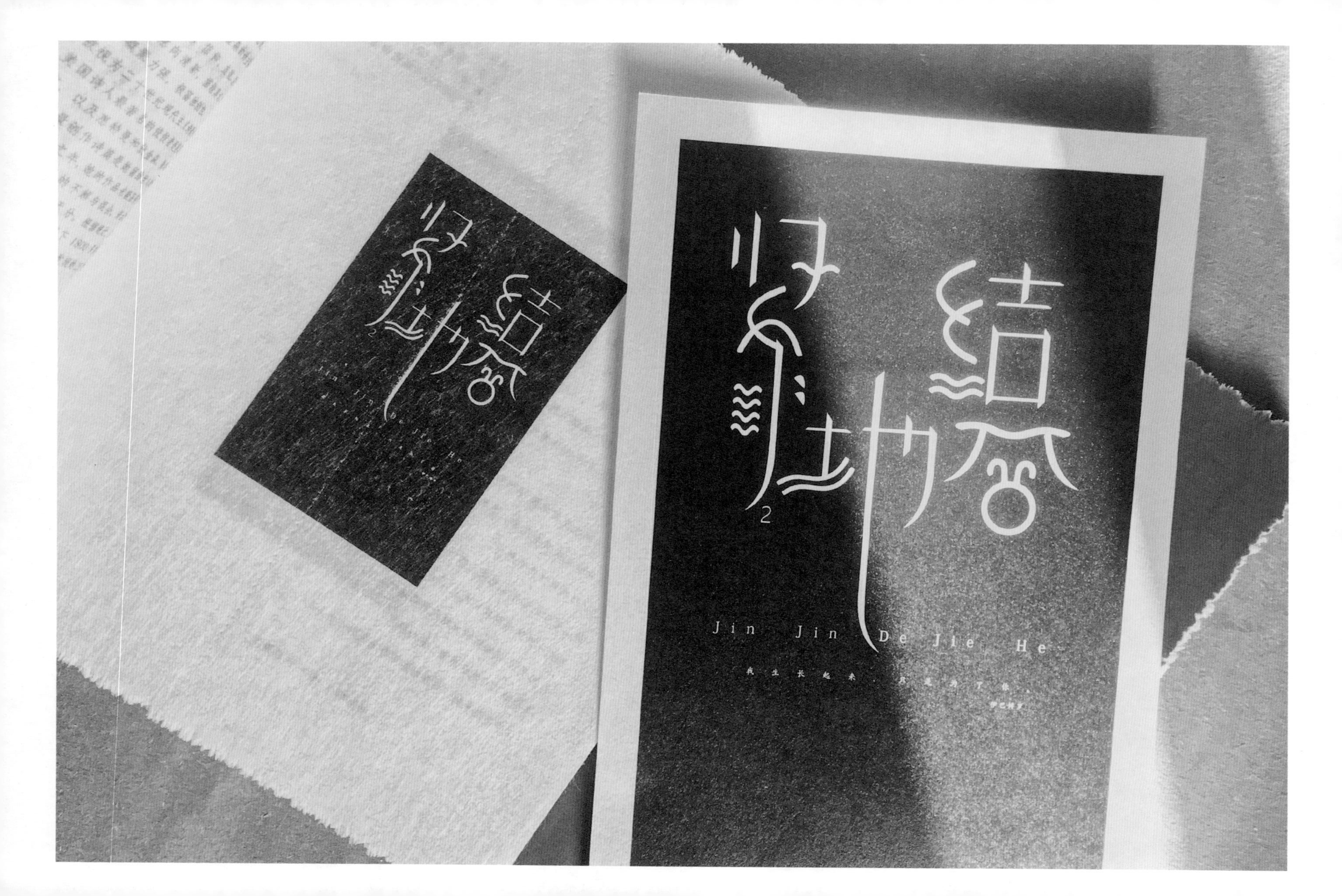
Jin Jin De Jie He

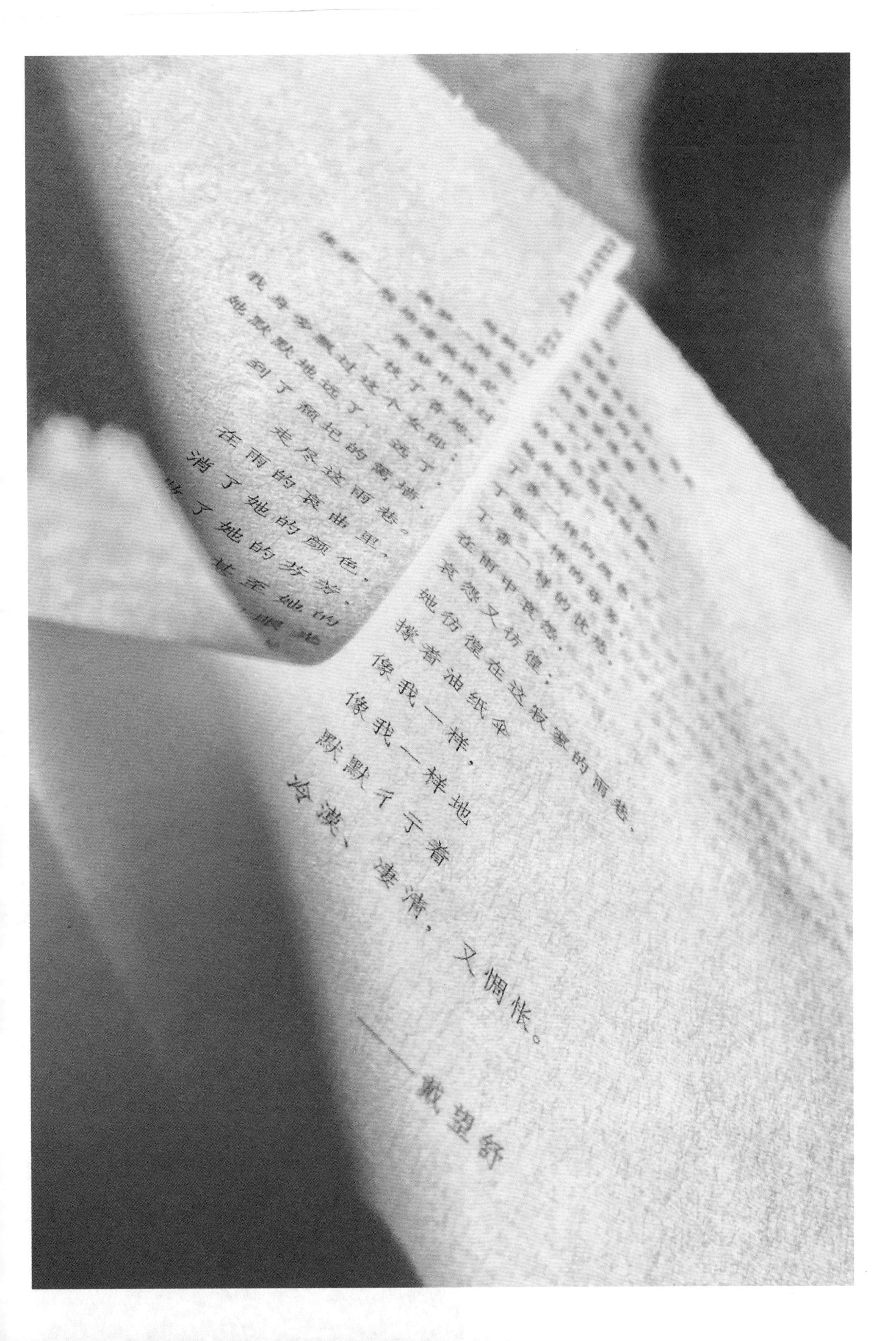
我身旁飘过这女郎；
她默默地远了，远了，
到了颓圮的篱墙，
走尽这雨巷。
在雨的哀曲里，
消了她的颜色，
散了她的芬芳，
丁香一样的忧愁，
在雨中哀怨，
哀怨又彷徨；
她彷徨在这寂寥的雨巷，
撑着油纸伞
像我一样，
像我一样地
默默彳亍着
冷漠、凄清，又惆怅。
——戴望舒

《线》是受法国摄影收藏家托马斯·苏文（Thomas Sauvin）委托所设计的银矿系列的最新作品，这本作品里的所有的图片也全部来自于垃圾回收厂收集的民间摄影照片，它是关于中国一个时代的图像记忆。书籍设计上设计者受到了一个来自中国民间的缝纫工具包的启发，这种完全手工制作的折叠迷宫在20世纪60年代是中国家庭主妇的重要日常工具，于设计中采用这种已经自然发生、存在于民间的智慧，它的介入对于《线》内容的表达和融入再合理不过。《线》有59个不同层级大小可开启的盒子，它的阅读方式并不像常规书籍，更像网络似的散点式层级浏览，读者每次都会不自觉地以不同的路径进行阅读，设计者希望通过对工艺的改良和结构重新设定能带给阅读者在图像中重塑故事的线索。

线

–

梅数植

–

255×400mm

–

1763g

苏文 THOMAS SAUVIN 线 2016

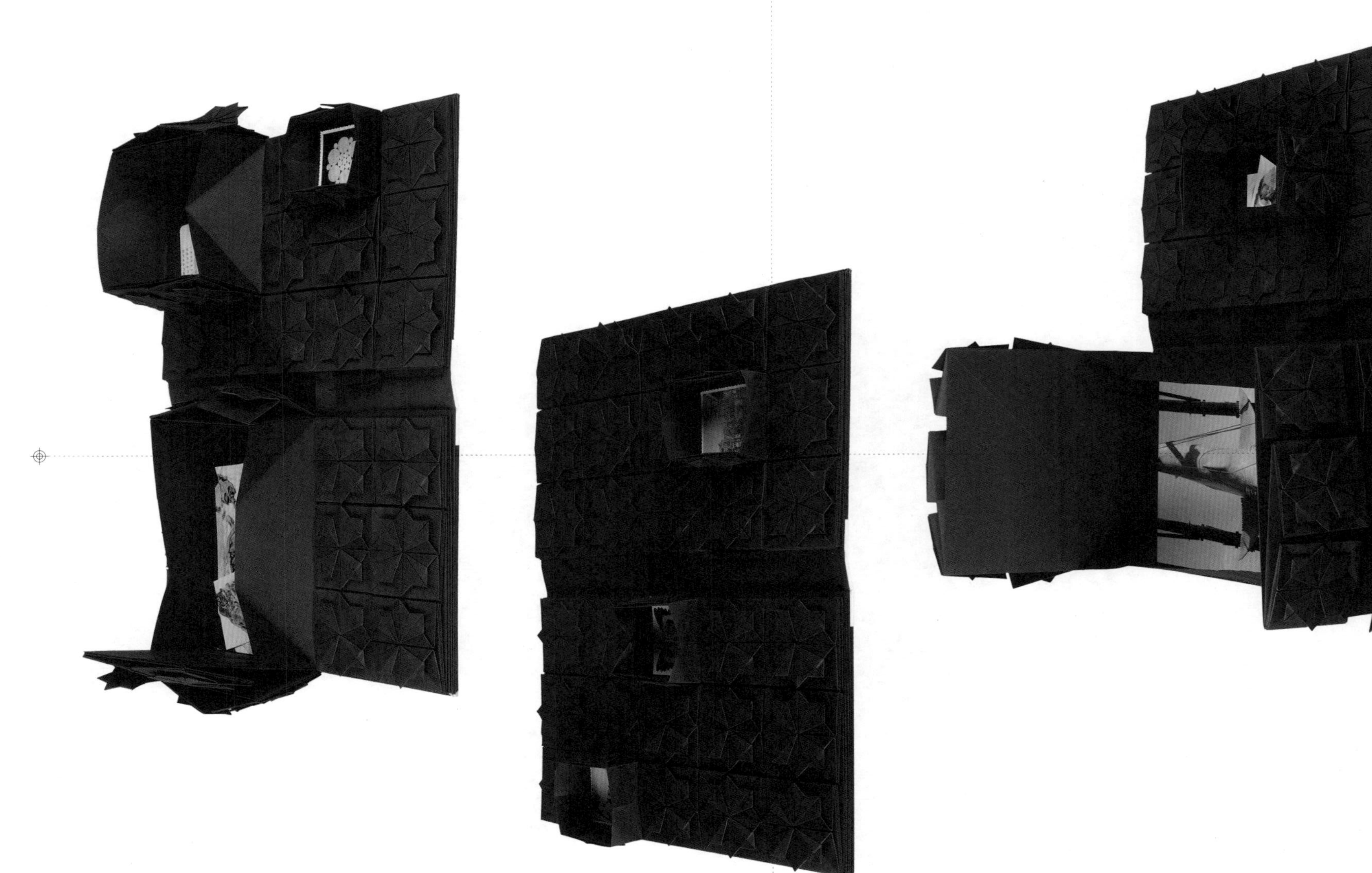

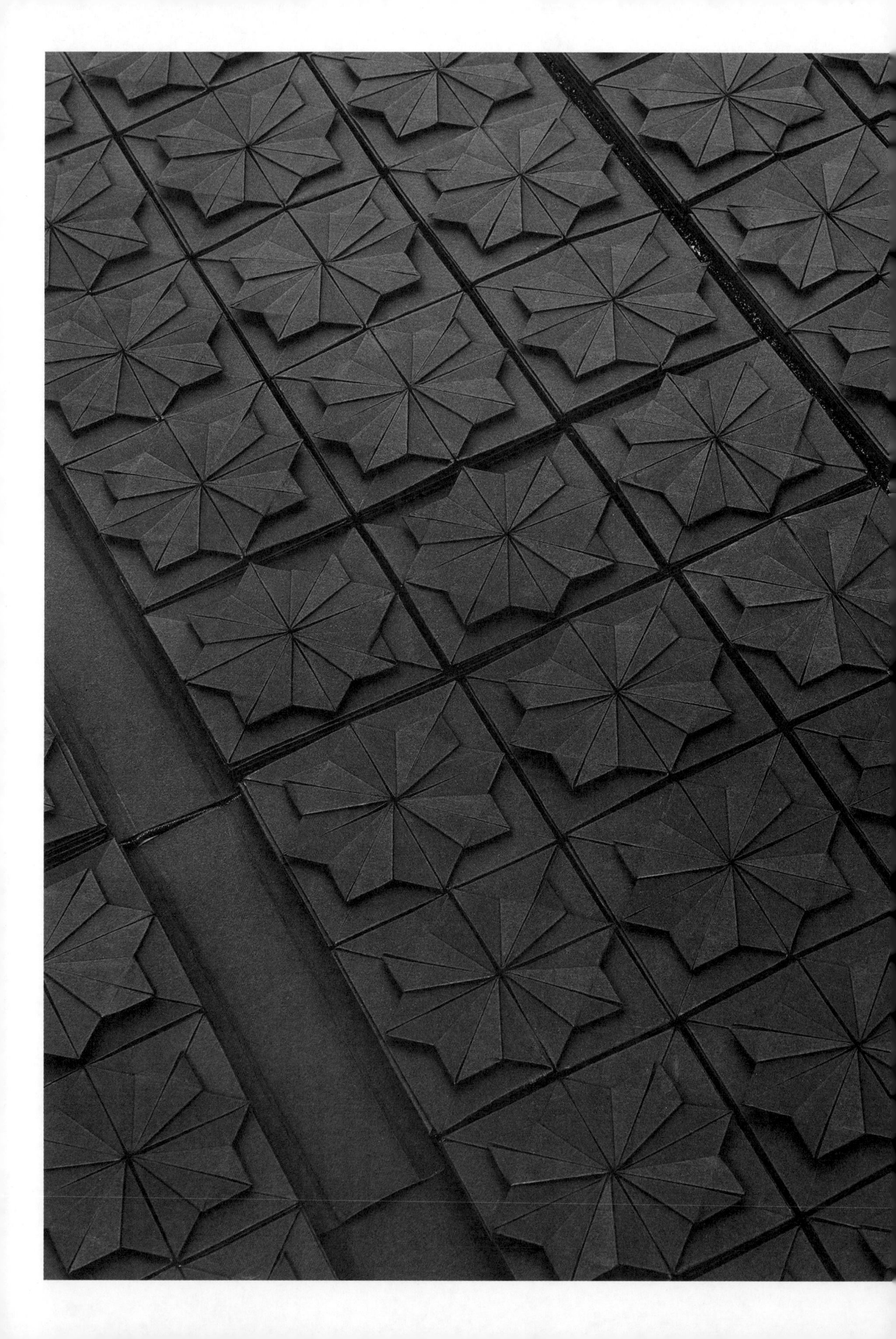

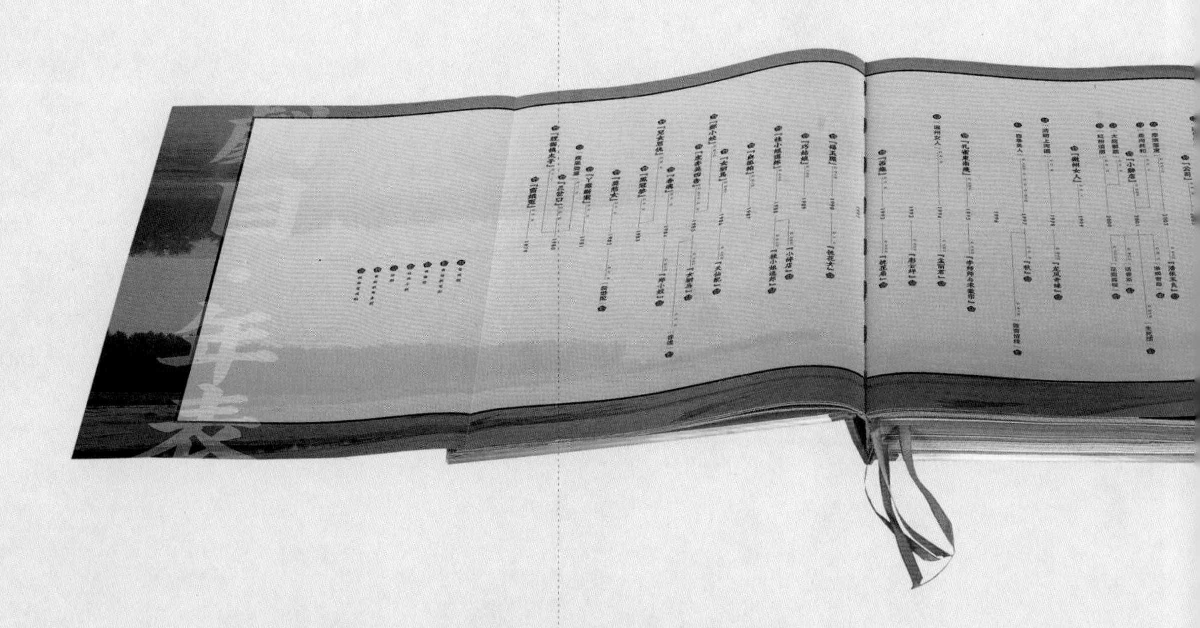

韩·再芬
–
连杰+部凡
–
240×335mm
|
2531g

目
錄
鄭
小
姣
HAN ZAIFEN
ZHENG XIAOJIAO

# 花園·獨嘆

HAN ZAIFEN

韓再芬

『花園

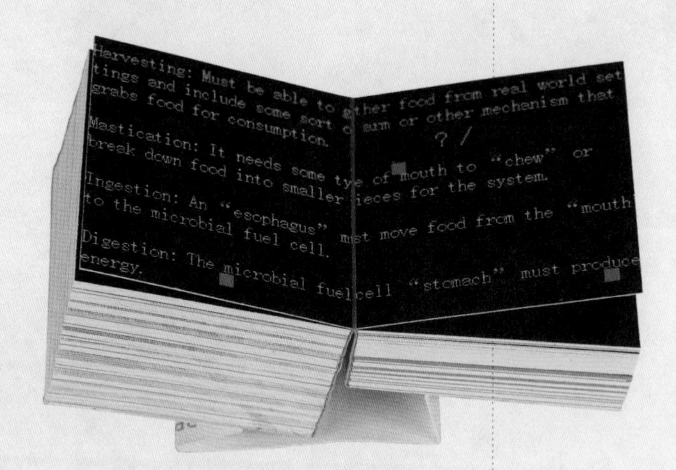

证明你不是一个机器人——神谱

-

蒋可欣

-

55×56mm

|

553g

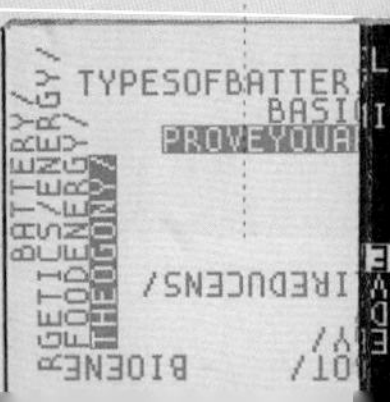

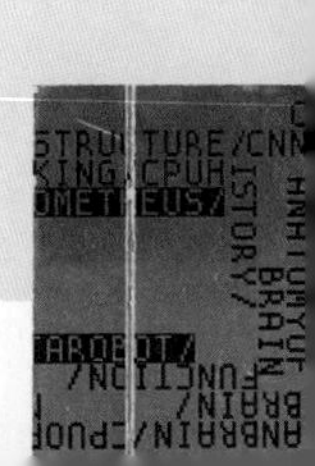

Segmentation of image into nested scene architecture comprised foreground, object groups, single objects or salient object parts (also referred to as spatial-taxon scene hierarchy)
High-level processing –
At this step the input is typically a small set of data, for example a set
高级处理 –
到了这一步，数据往往具有很小的
数量，例如图像中经先前处理被认

(23,16)

THEOGONY
COMPUTERCOLOR/
PINHOLECAMERA/
THERMALORMAGNETIC
HERCULES
DCMOTOR

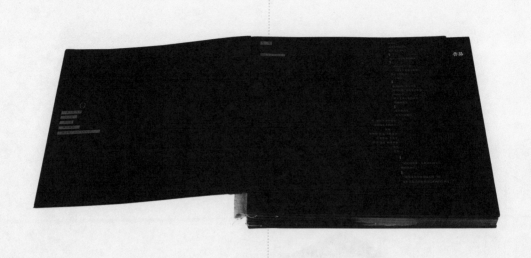

田流沙作品
–
吴绮虹
–
282×280mm
|
1591g

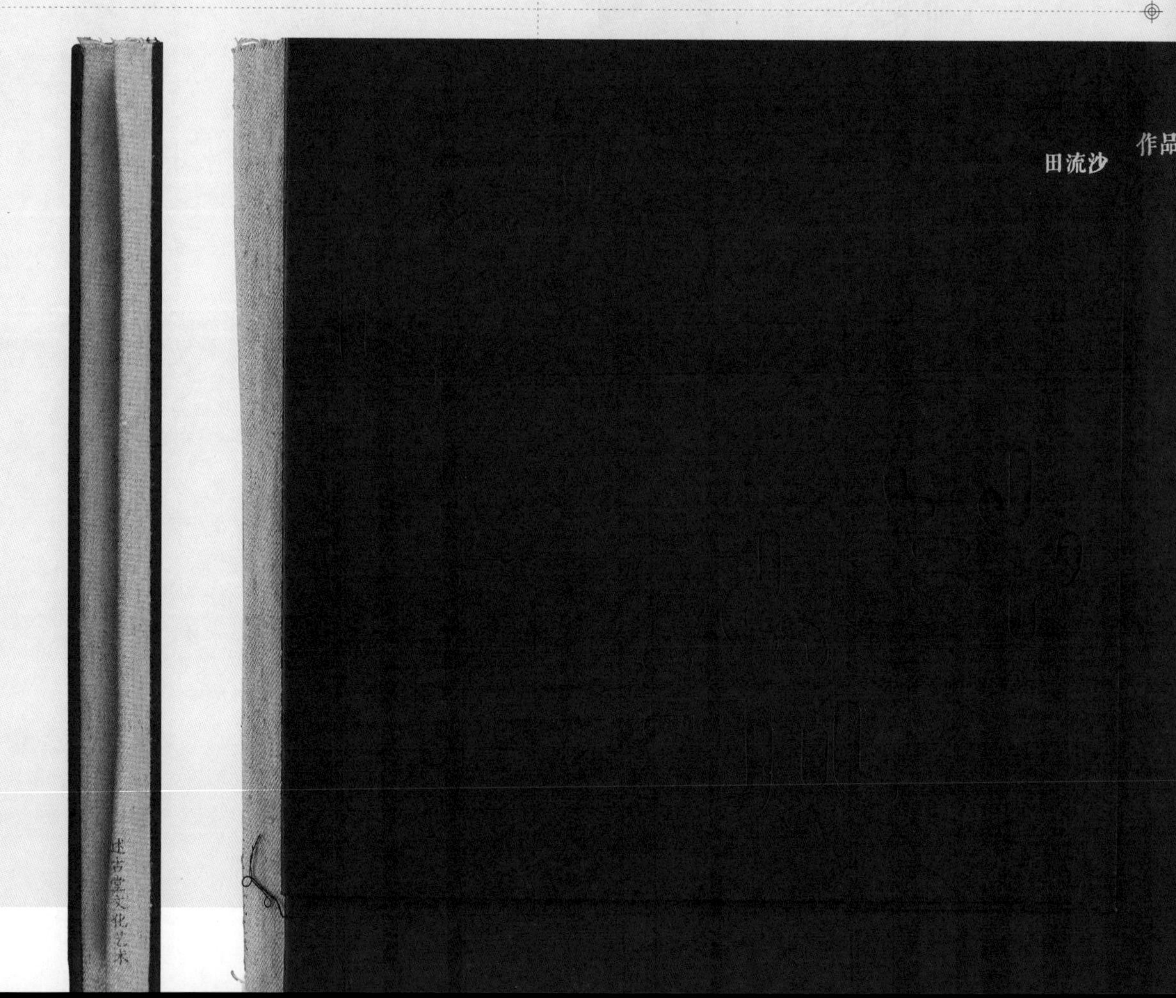

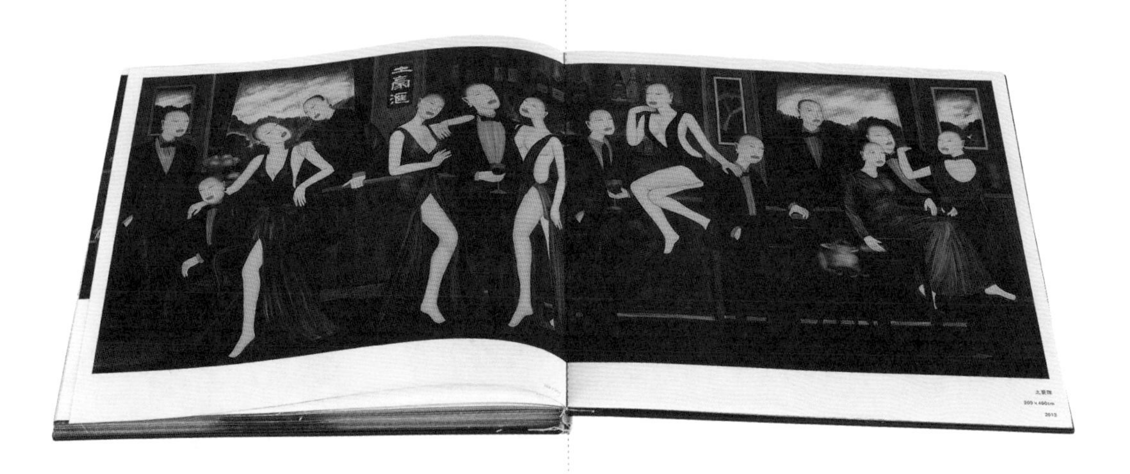

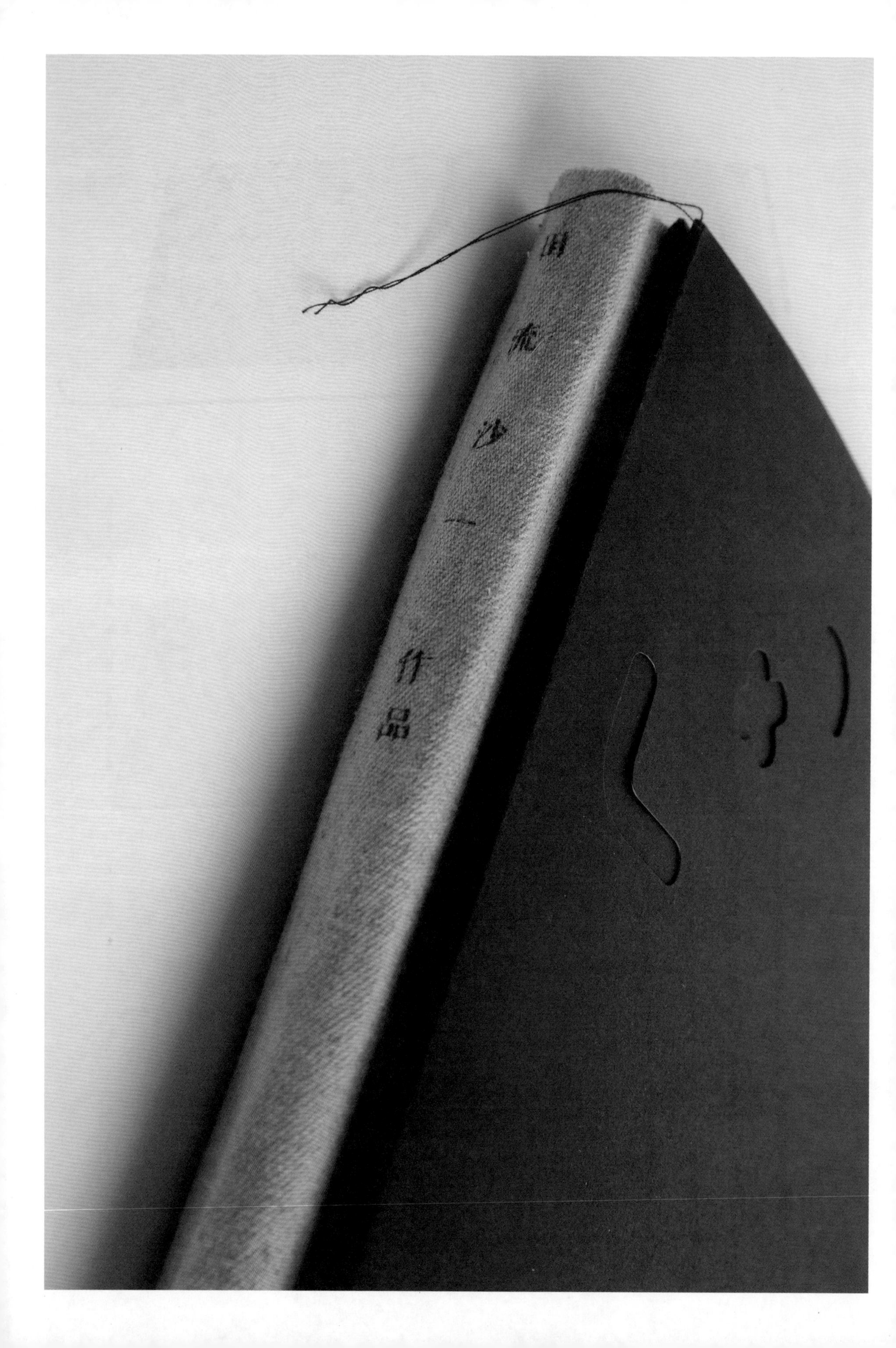

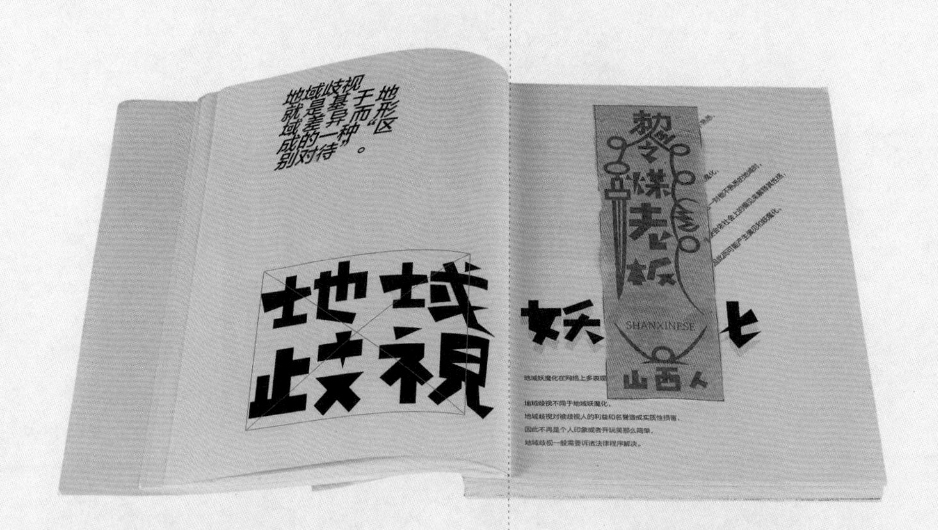

标签 × 地域

–

谢宇

–

指导教师：吴绮虹 + 熊强

–

210×263mm

|

933g

河南人偷大龙
河南人偷大龙
河南人偷大龙
河南人偷大龙

内蒙古人
都住
蒙古包

湖南盛产美女，
精干聪慧，
做事麻利，
素有“湘女多情”之说，
从事服务行业的人数与川妹、东北妹齐名，
笑贫不笑娼，
甚至老公也帮老婆拉皮条。
“二奶”输出大省。

TAG
200%
STEREOTYPE

破繁

–

钟晓彤

–

指导教师：吴勇

–

160×235mm

–

698g

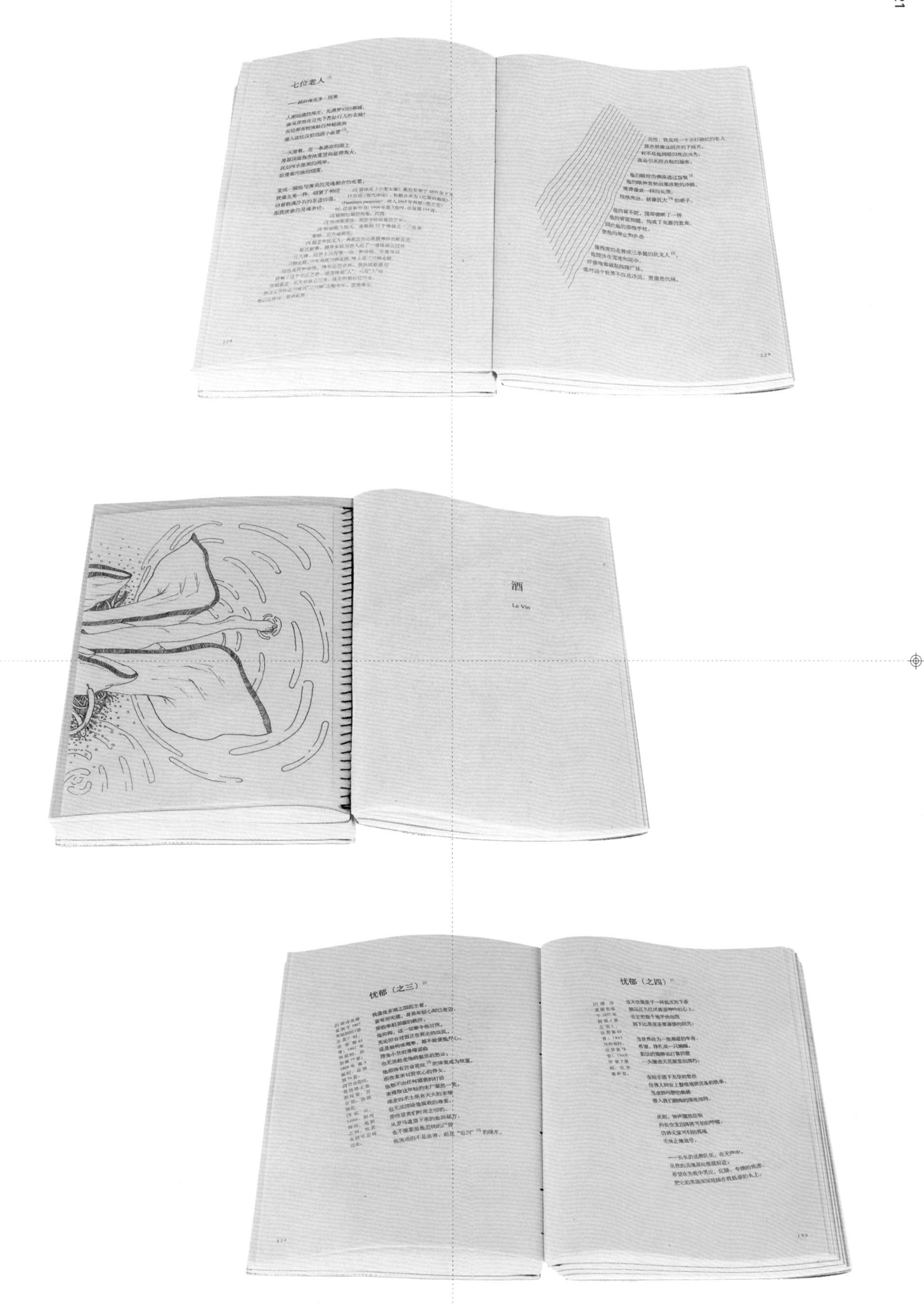
七位老人
酒
Le Vin
忧郁（之三）
忧郁（之四）

隐域——恶之花

–

杨家豪

–

指导教师：吴勇

–

210×297mm

|

890g

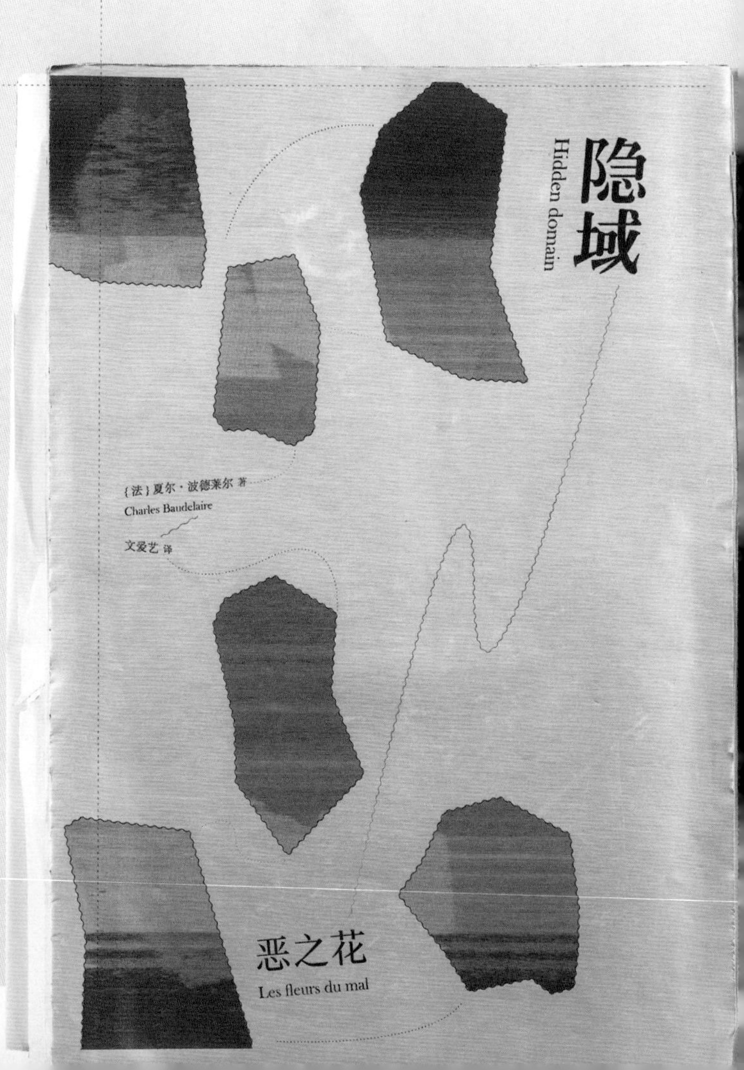

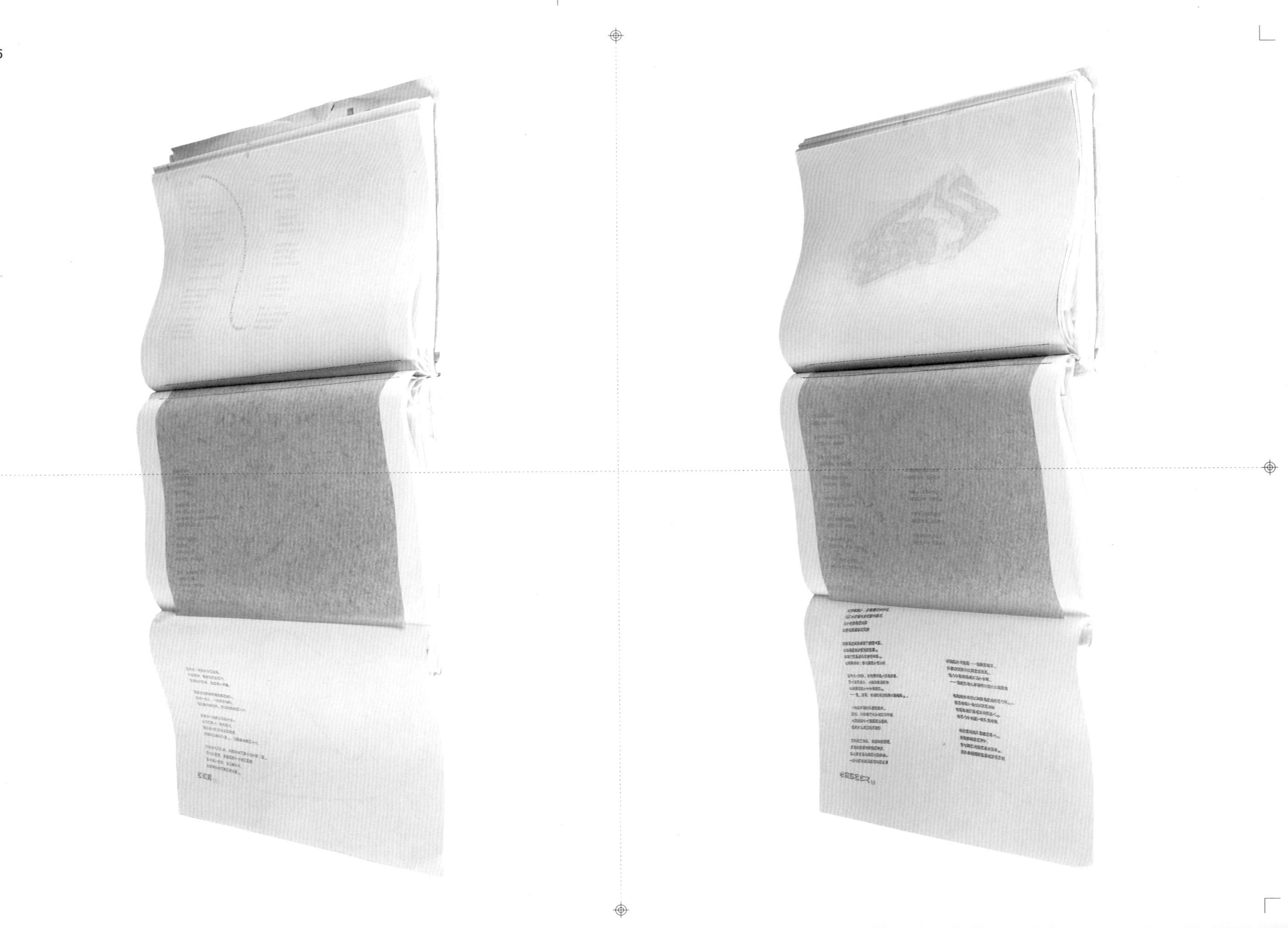

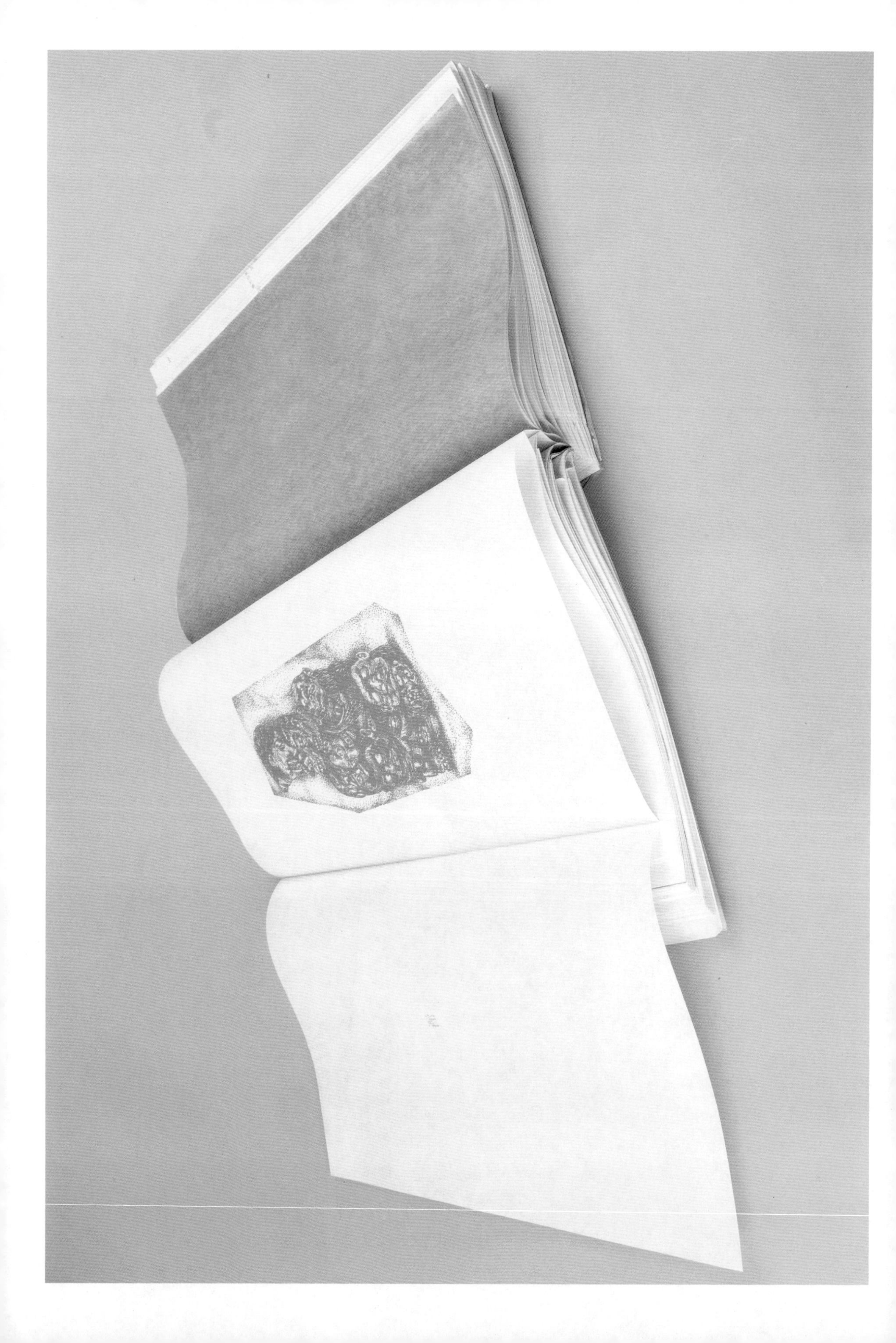

从前有座山后
–
连杰
–
208×220mm
|
268g

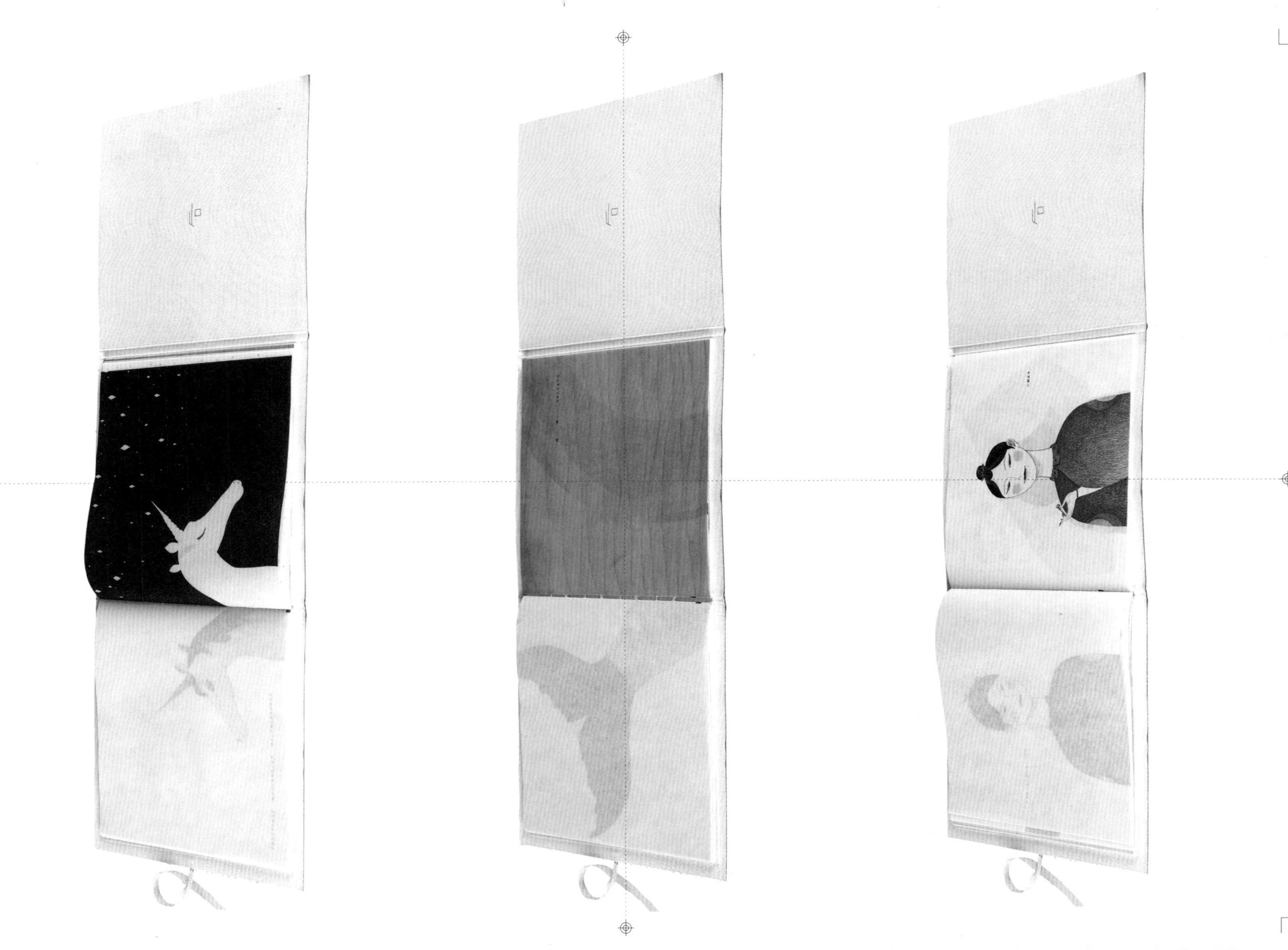

筑冠

–

胡香香

–

指导教师：蒋志龙

–

225×215mm

|

704g

龙与凤代表至高无上的尊贵，
能在水中游，云中飞，陆上走，
龙的角似鹿、鳞似鱼，爪似鹰。
唐宋两朝视为祥瑞的象征。
明清将之象征帝王，
皇帝称自己为真龙天子，
由此这龙是皇权的象征。
龙最喜欢四处眺望，常饰于屋檐上。
龙

显影：中岛英树

–

邵年＋虞琼洁

–

188×248mm

|

90g

FADE INTO BLACK: HIDEKI NAKAJIMA
显影：中島英樹

Nakajima Thin

ABCDEFG
HIJKLMN
OPQRSTU
VWXYZ&
abcdefghi
jklmnopq
rstuvwxyz
12345678
90(.,:?!-/)

Nakajima Light

ABCDEFG
HIJKLMN
OPQRSTU
VWXYZ&
abcdefghi
jklmnopq
rstuvwxyz
12345678
90(.,:?!-/)

Nakajima Medium

ABCDEFG
HIJKLMN
OPQRSTU
VWXYZ&
abcdefghi
jklmnopq
rstuvwxyz
12345678
90(.,:?!-/)

Nakajima Bold

ABCDEFG
HIJKLMMN
OPQRSTU
VWWXYZ&
abcdefghi
jkllmmnopq
rstuvwwxyz
1234567890
(“”;:?!=+×%/)
[©℗@¥$¢£]

Nakajima Extra Bold

ABCDEFG
HIJKLMN
OPQRSTU
VWXYZ&
abcdefghi
jklmnopq
rstuvwxyz
12345678
90(.,:?!-/)

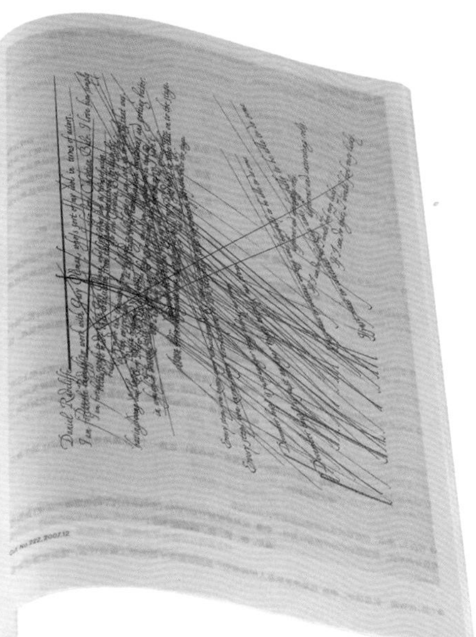

漫

–

聂博梁

–

指导教师：王宏香

–

168×208mm

–

656g

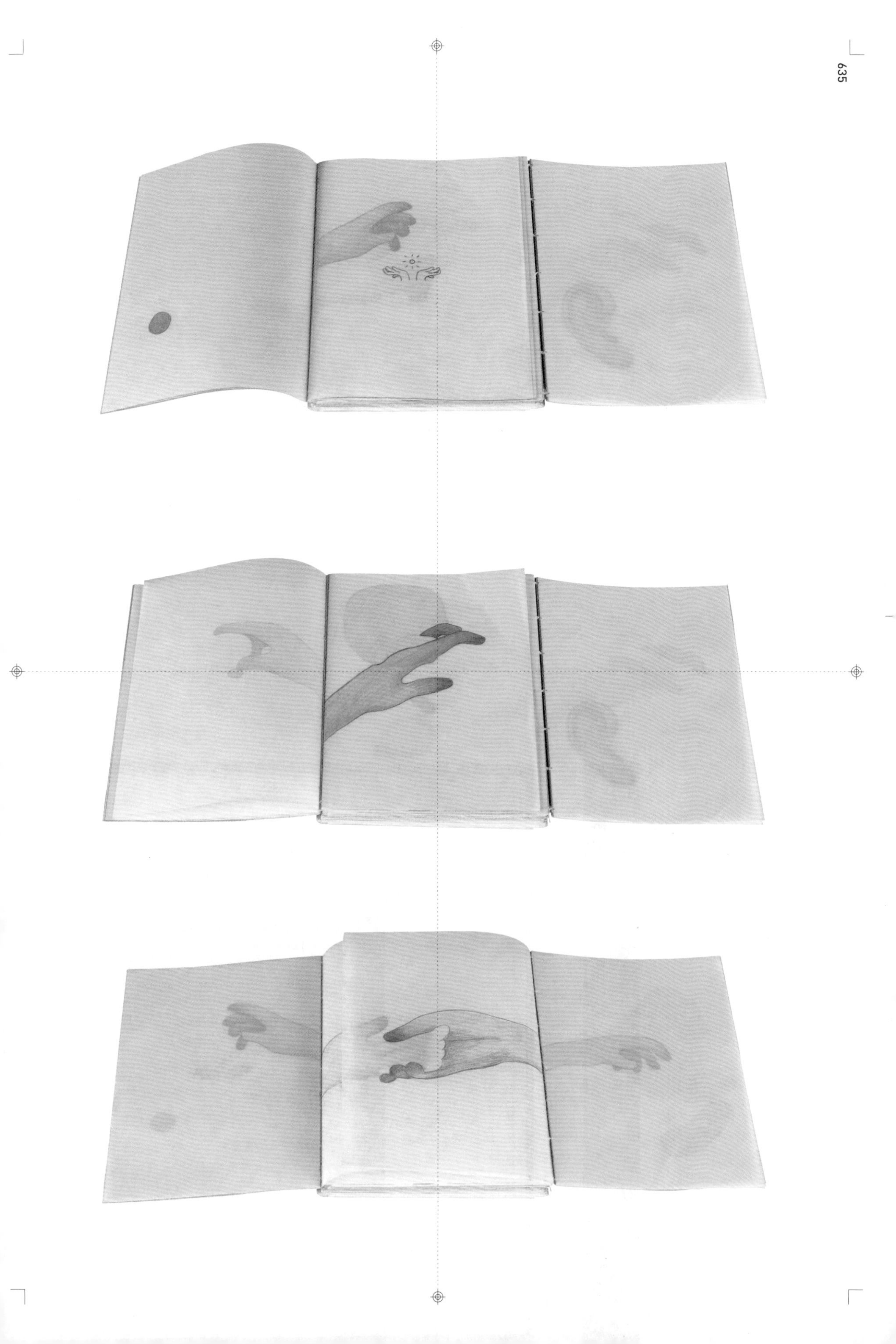

节气的情绪
–
潘焰荣
–
250×250mm
|
783g

GDC15

–

潘焰荣

–

191×266mm

|

1195g

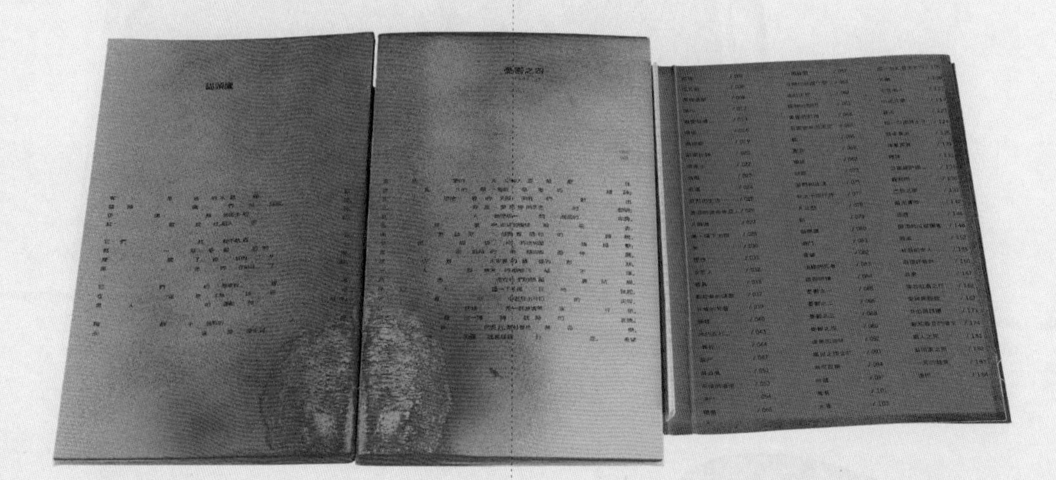

隙——恶之花

–

高山

–

指导教师：吴勇

–

118×211mm

|

193g

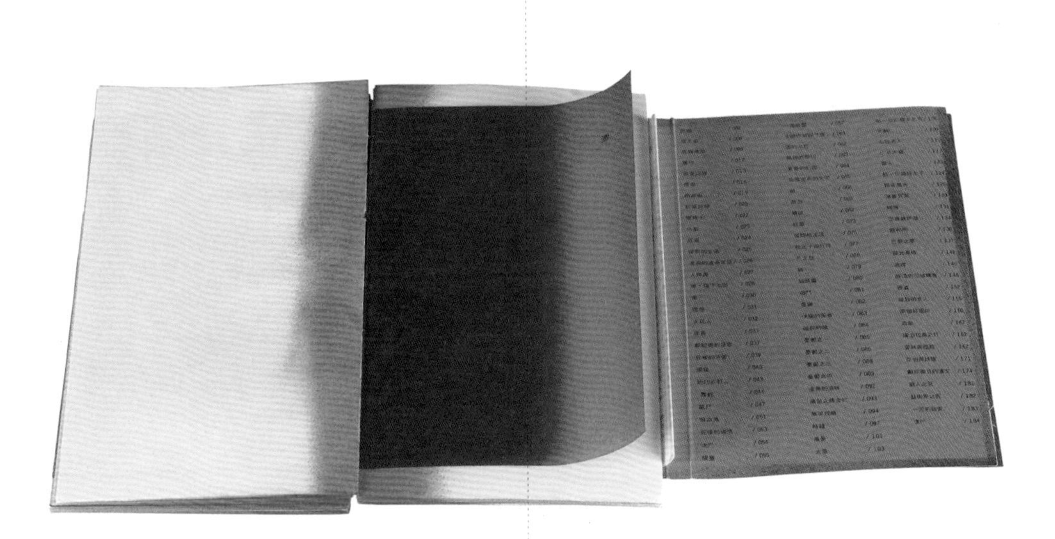

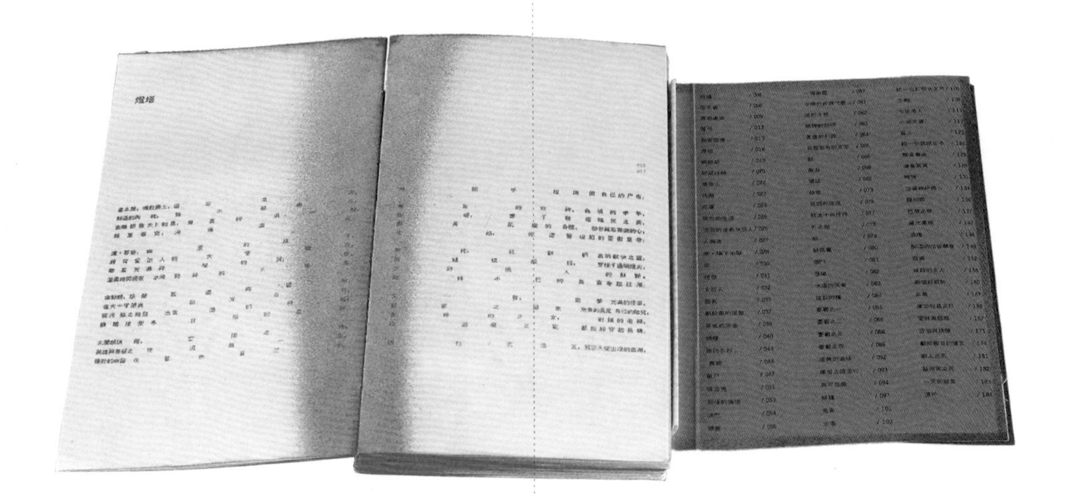

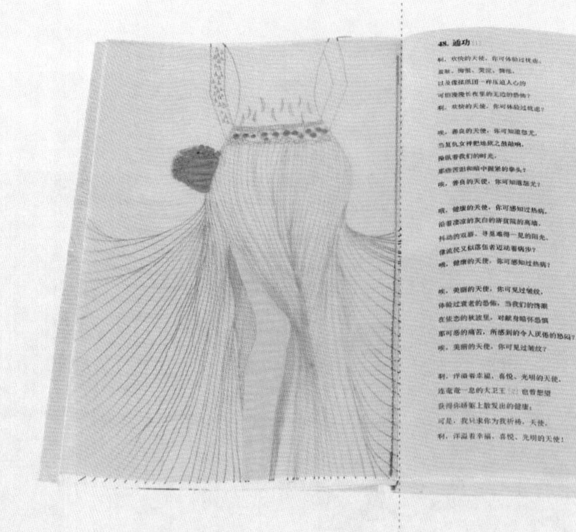

48. 通功[1]

啊，欢快的天使，你可体验过忧虑、
羞耻、悔恨、哭泣、烦恼，
以及像揉纸团一样压迫人心的
可怕漫漫长夜里的无边的恐怖？
啊，欢快的天使，你可体验过忧虑？

唉，善良的天使，你可知道怨尤，
当复仇女神把地狱之鼓敲响，
操纵着我们的时光，
那些苦泪和暗中握紧的拳头？
唉，善良的天使，你可知道怨尤？

哦，健康的天使，你可感知过热病，
沿着凄凉的灰白的济贫院的高墙，
抖动的双唇，寻觅难得一见的阳光，
像流民又似落伍者迈动着病步？
哦，健康的天使，你可感知过热病？

唉，美丽的天使，你可见过皱纹，
体验过衰老的恐怖，当我们的馋眼
在依恋的秋波里，对献身暗怀恐惧
那可恶的痛苦，所感到的令人厌倦的恐惧？
唉，美丽的天使，你可见过皱纹？

啊，洋溢着幸福、喜悦、光明的天使，
连奄奄一息的大卫王[2]也曾想望
获得你娇躯上散发出的健康；
可是，我只求你为我祈祷，天使，
啊，洋溢着幸福、喜悦、光明的天使！

蛹——恶之花

–

徐汉鑫

–

指导教师：吴勇

–

145×233mm

|

337g

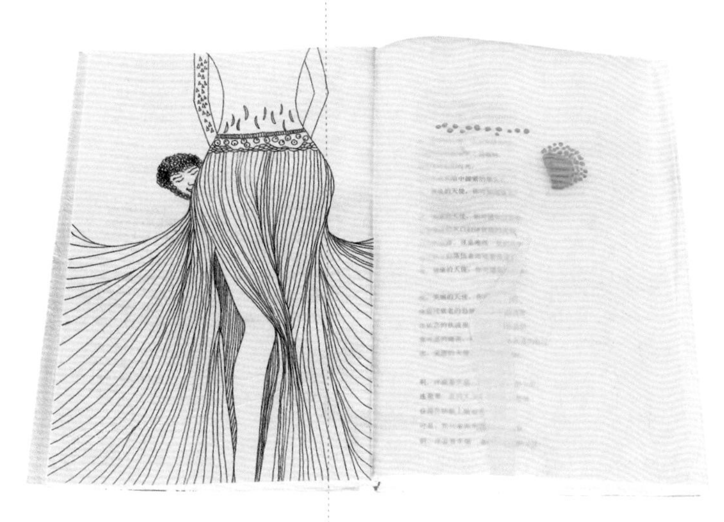

6. 灯塔[1]

鲁本斯[2]，懒散乐土，遗忘之河[3]，
鲜活的肉枕，虽不能相恋，
但生机却像天上的风，海里的浪一般，
纷至沓来，汹涌澎湃；

达·芬奇[4]，幽深的镜子，
将可爱迷人的天使映现
带着充满神秘的笑意
温柔地闪现在冰河松林的天国里；

伦勃朗[5]，怨声载道的医院，
在大十字架里孤芳自赏，
从污秽之地发出含泪的祈祷，
瞬间接受冬日阳光的普照；

米开朗琪罗[6]，空阔之地
英雄与基督之徒混杂一处
强壮的幽灵在暮色苍茫中

无耻的牧神[7]，文痞的拳手，
你呀，善于发掘贱民[8]之美，
面黄肌瘦的身体，却包藏着高傲的心，
比勃[9]，你这苦役犯的忧郁皇帝；

华托[10]，狂欢节里的欢快之灵，
像蝴蝶纷纷，穿梭于透明灯火，
光彩照人的鲜艳

旋转不已的舞会卷起狂澜。

戈雅[11]，噩梦充满的怪事，

对镜的老妇，
为恶魔之宠都纷纷穿起长袜。

德拉克洛瓦[12]，恶苦天使出没的血湖，
掩映在四季常青的松林间，
奇异的号声从忧郁的天空下飘过
宛如韦伯[13]被压制的叹息；

这些诅咒，这些亵渎，这些悲叹，
这些狂喜，这些呼号，这些哭泣，
往复回荡在无数的迷宫里，
如同食神圣的凡夫俗子！

这是无数哨兵重复的呐喊，
是无数个号角传递的命令；
这是无数个城堡上点燃的灯塔，
是在密林中迷路猎人的呼唤！

上帝，这确是我们为自己的尊严
所能提供的最有力的证据
是世代相传，直达永恒的岸边
才可能逐渐消失的声音！

106. 伊卡洛斯的悲叹[1]

107. 沉思[1]

乖些，我的痛苦，你要安静。
你盼黄昏，瞧，它已来临，
夜幕笼罩了全城，
有人安享太平，有人平添烦闷。

当芸芸众生成群结队地惶受，
欢乐，这个无情的刽子手的鞭打，
在奴隶般的盛会上搜集悔恨，
我的痛苦啊，请伸出手来拉我一把。

远离这嫌恶之地，请看岁月斜倚，
在天国的阳台上，身着古装，
从水底涌现出微笑般的惆怅。

夕阳在拱桥下进入梦乡，

一条长长的裹尸布拖向东方，
亲爱的，听，黑夜正缓步走来！

游

–

廖梓轩

–

指导教师：吴勇

–

197×270mm

|

920g

恶之花

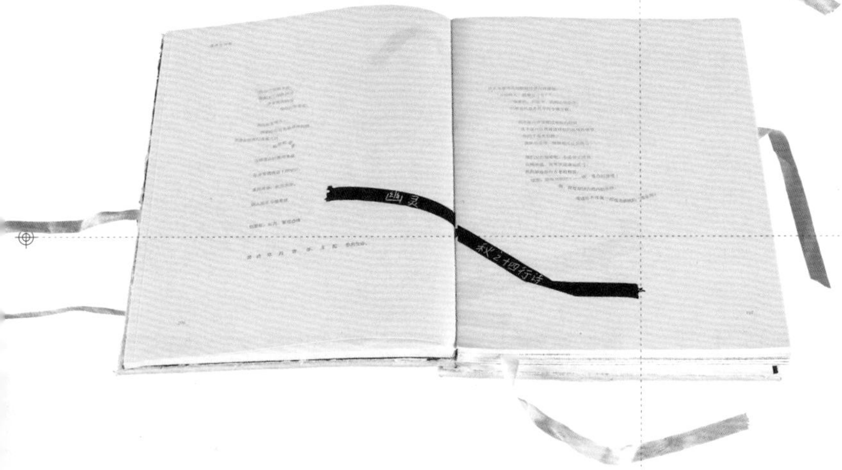

幽灵

秋之十四行诗

一对好姐妹

血泉

诙

–

朱愉琳

–

指导教师：吴勇

–

193×260mm

|

1292g

SPLEEN[1]
忧郁（二）
198
199

Tableaux Parisiens
巴黎即景

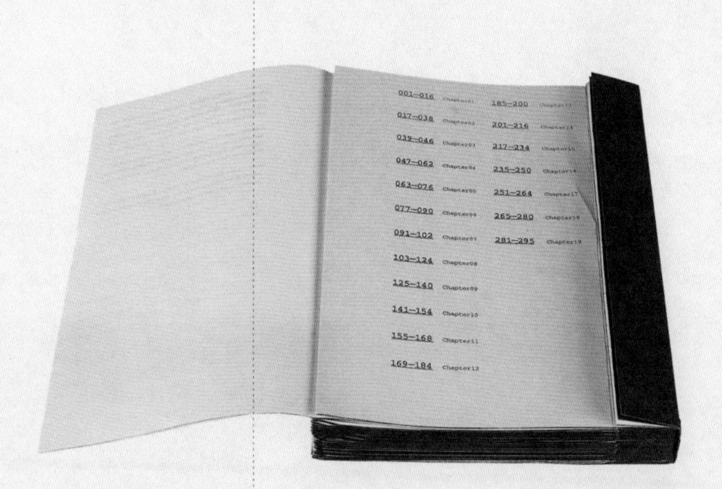


Version
–
陈佩涵
–
217×297mm
|
1556g

Version:2016.No.18
Barrage:1040
Size:1440×1008px

www.thedevotionofsuspectx.cn

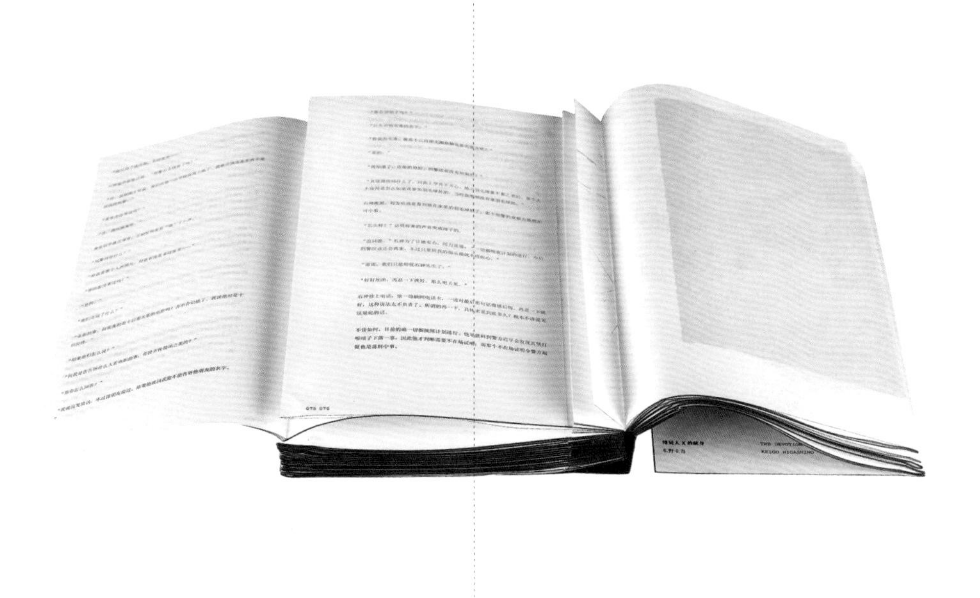

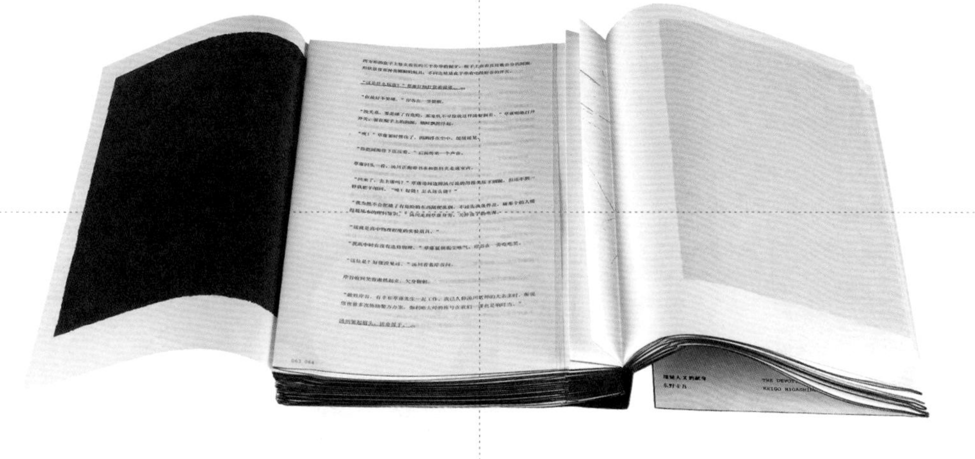

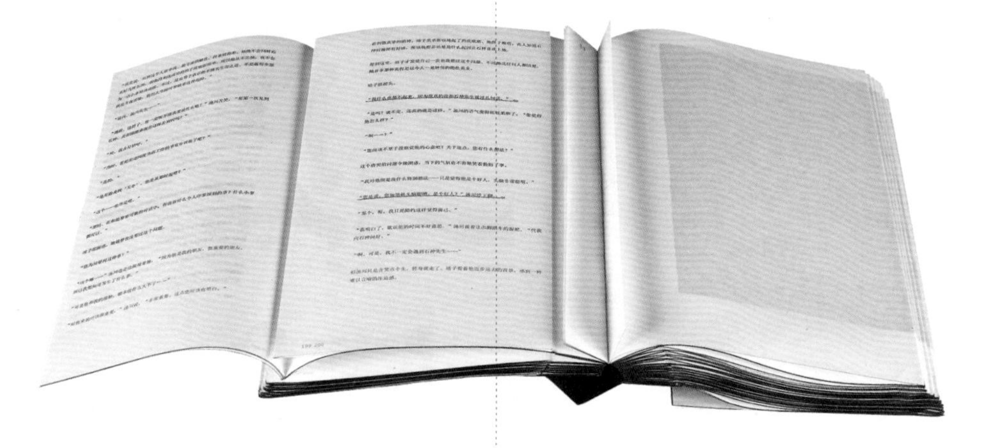

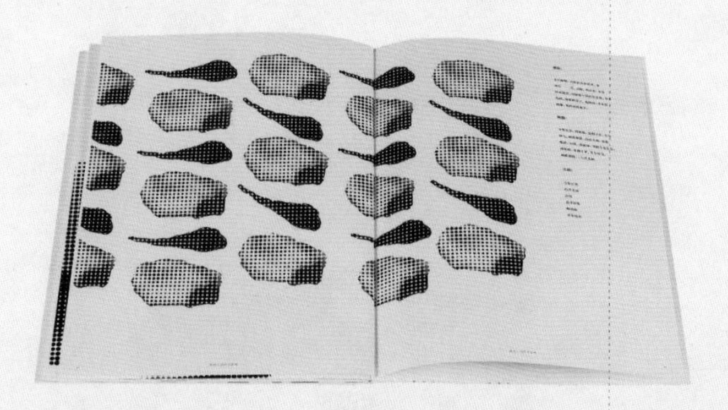

本草纲目

–

郁琛

–

指导教师：曹方

–

211×281mm

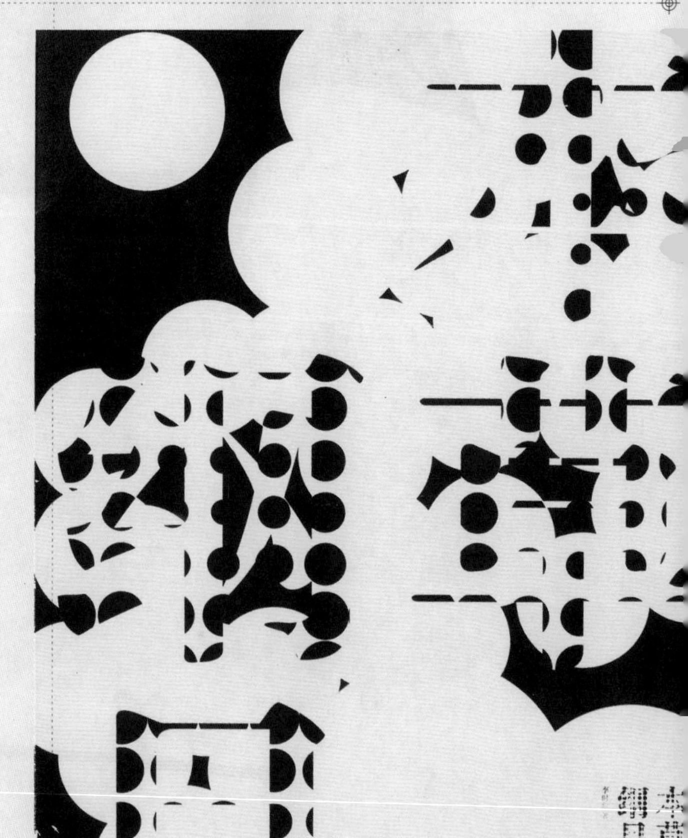

本草纲目

–

陈柳馨

–

指导教师：曹方

–

146×205mm

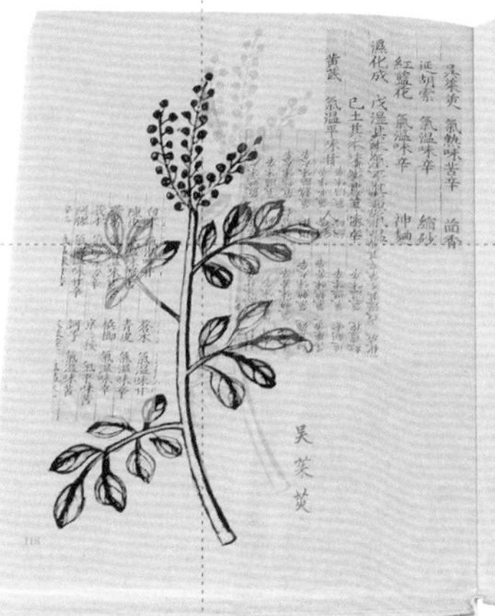


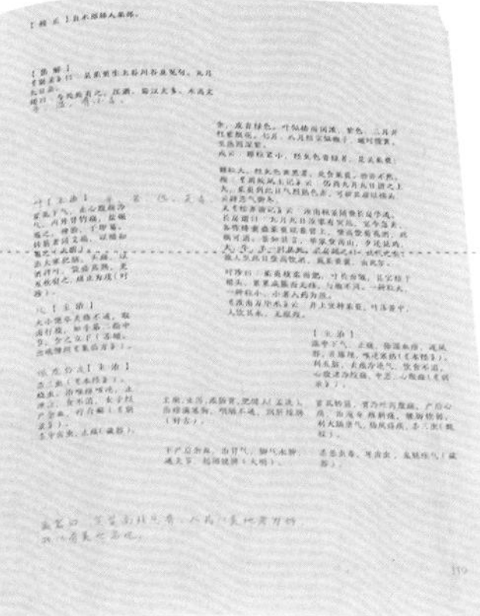

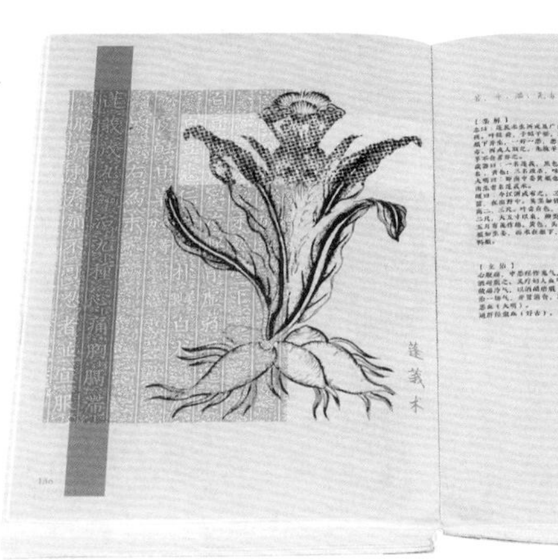


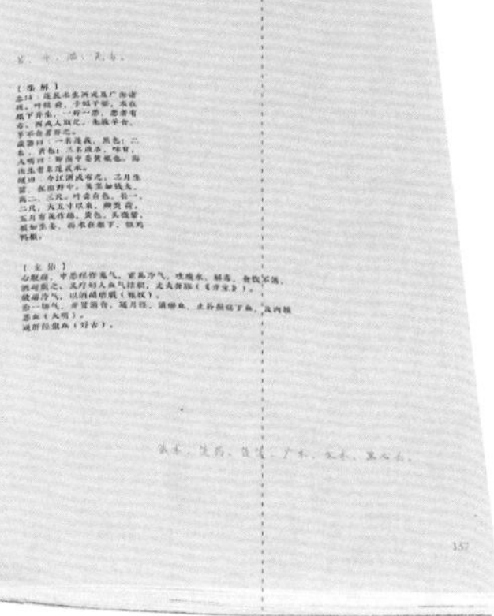

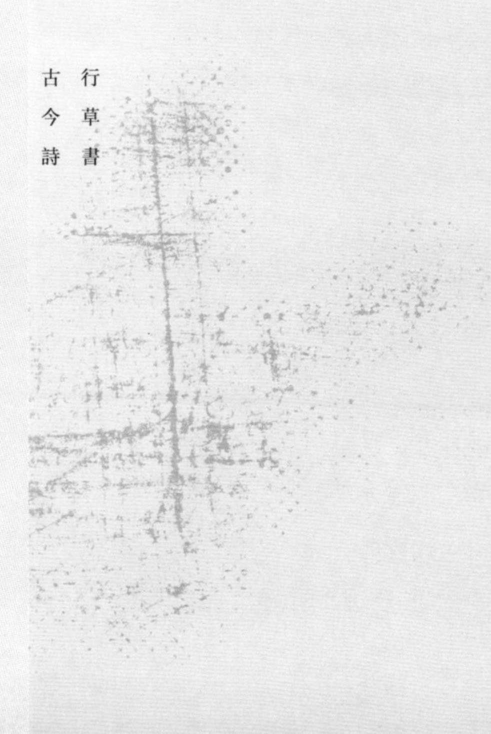


翰墨怡情

–

王鹏

–

190×280mm

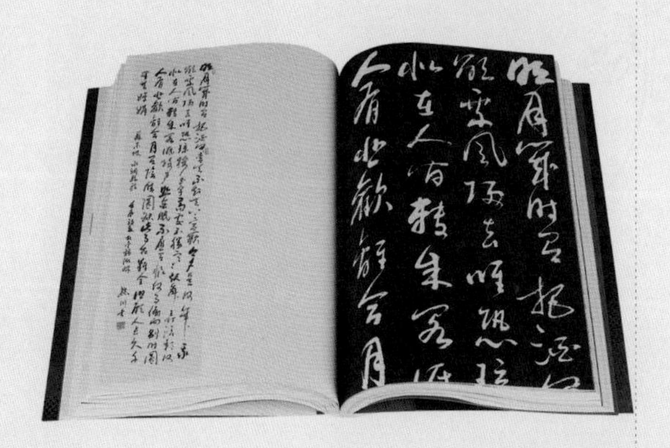

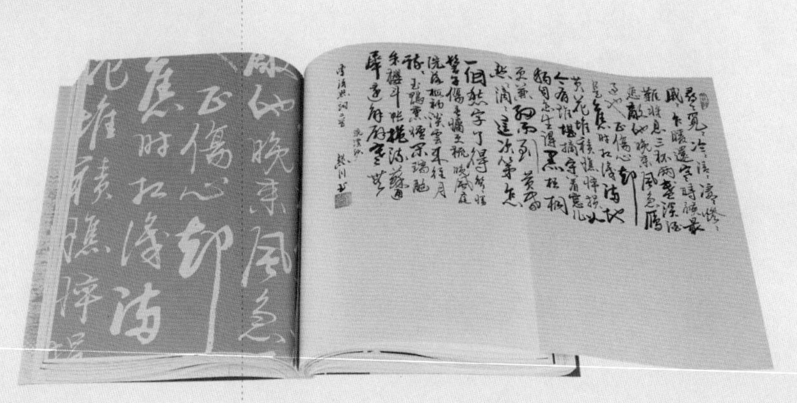

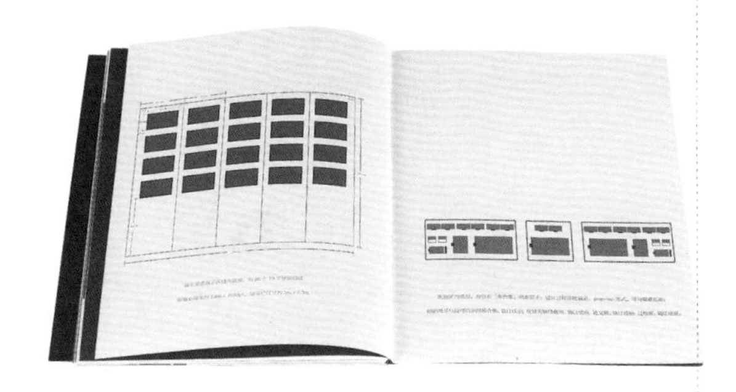

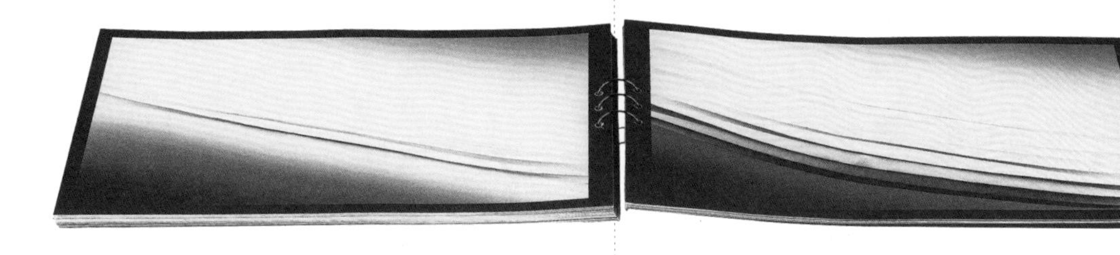

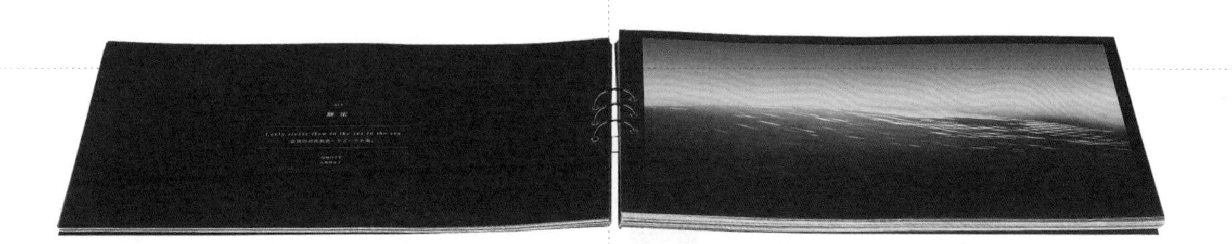

发生过

–

苏晓丹

–

指导教师：赵健

–

425×220mm + 185×220mm

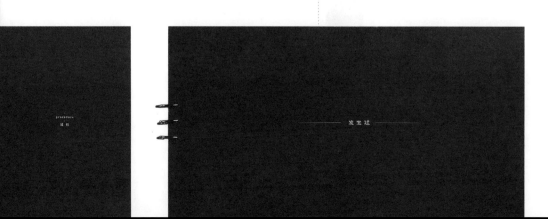


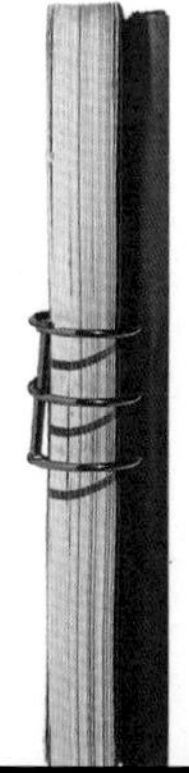

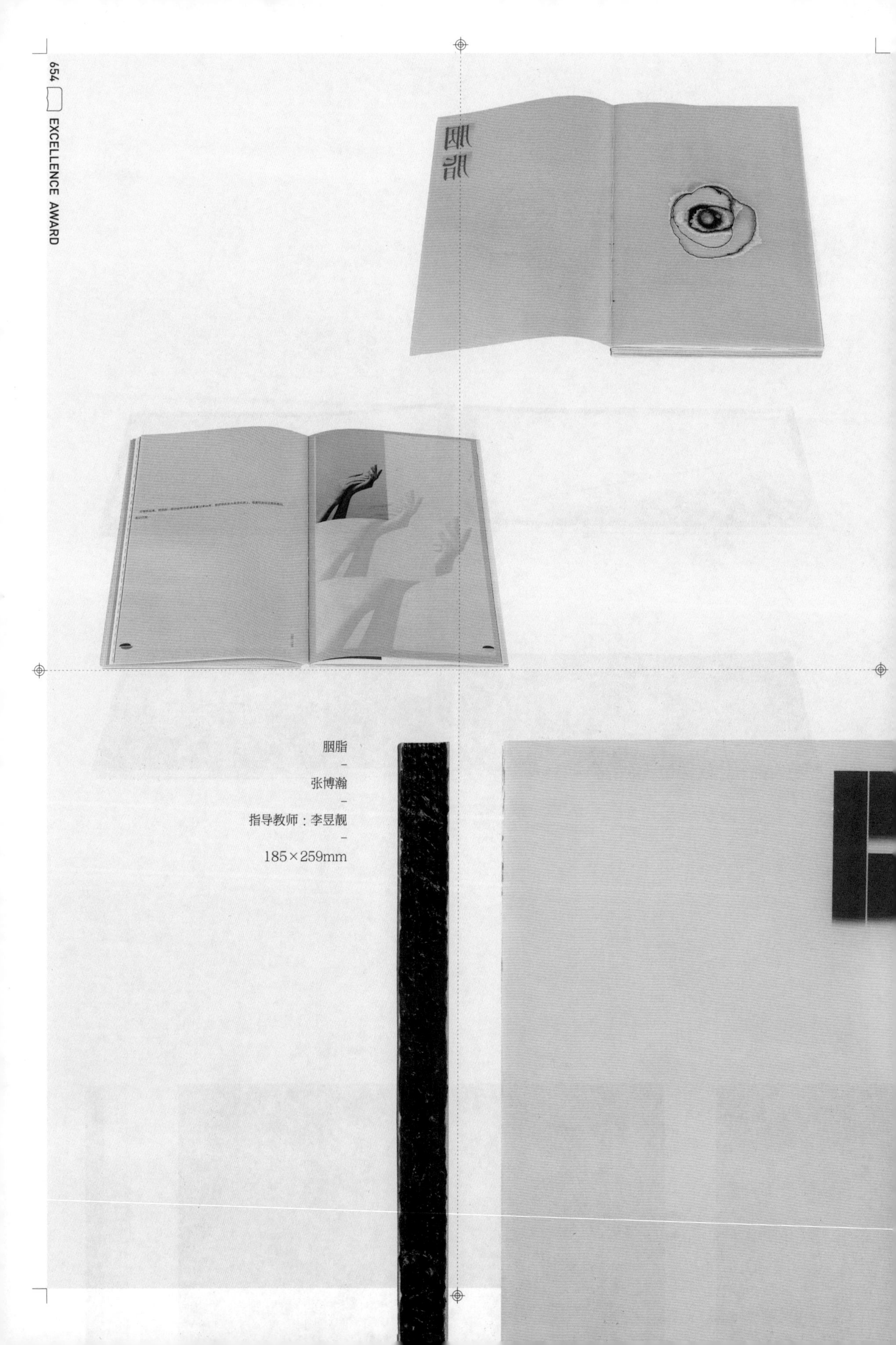

胭脂

–

张博瀚

–

指导教师：李昱靓

–

185×259mm

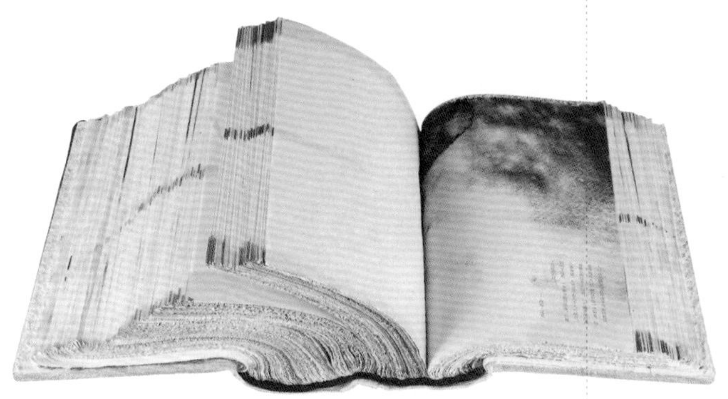

一根红线

-

李昱靓

-

190×297mm

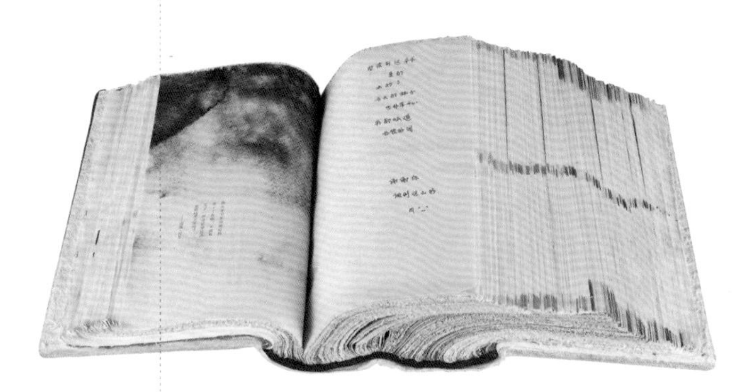

大家贺岁（邮册）

–

陈玲

–

210×288mm

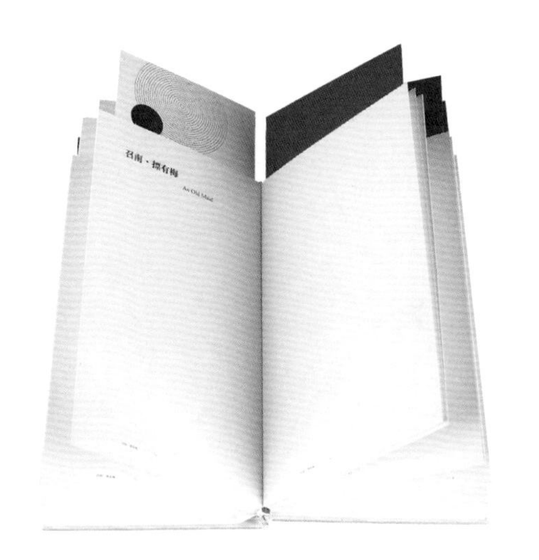

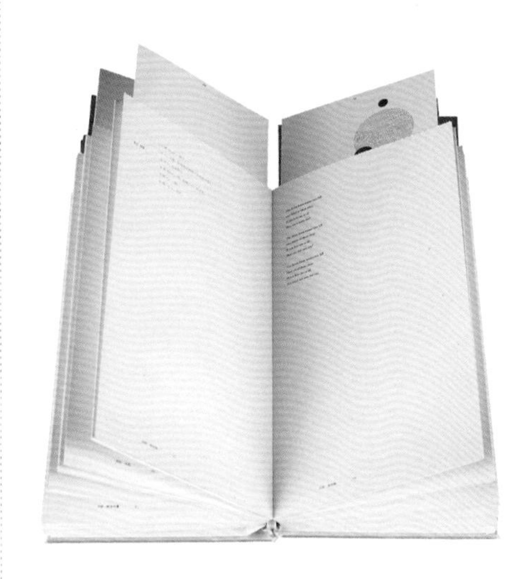

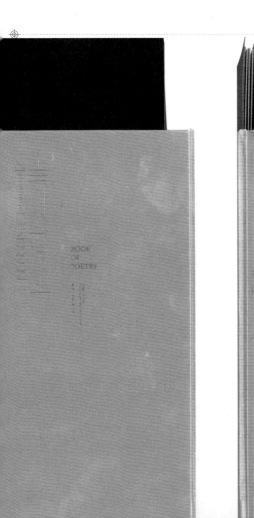


诗经－原初·汉字音乐会

–

中国集邮总公司

–

128×292mm

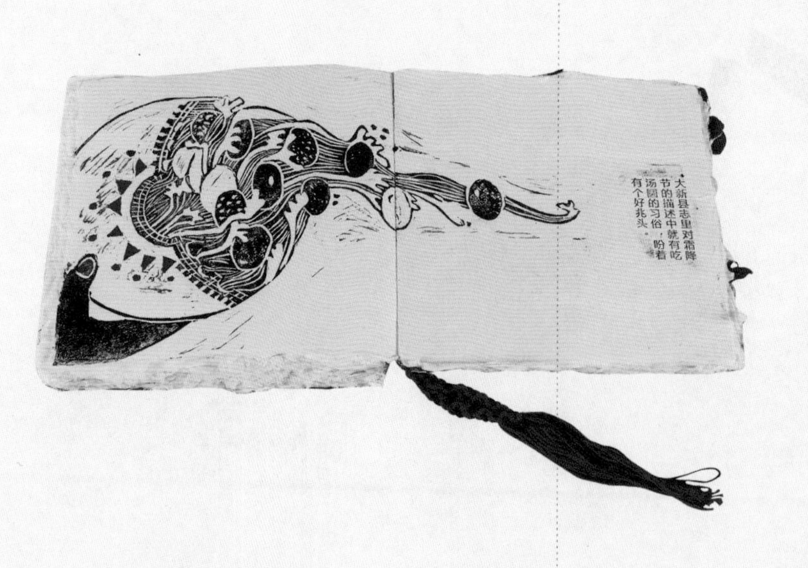

霜之语
–
谭婉梅
–
指导教师：蒋志龙
–
188×183mm

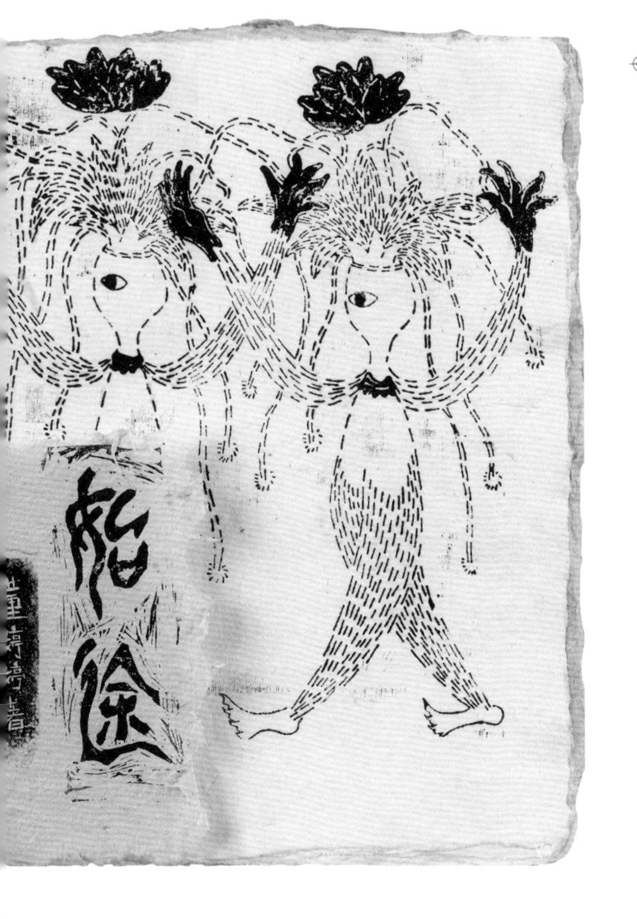

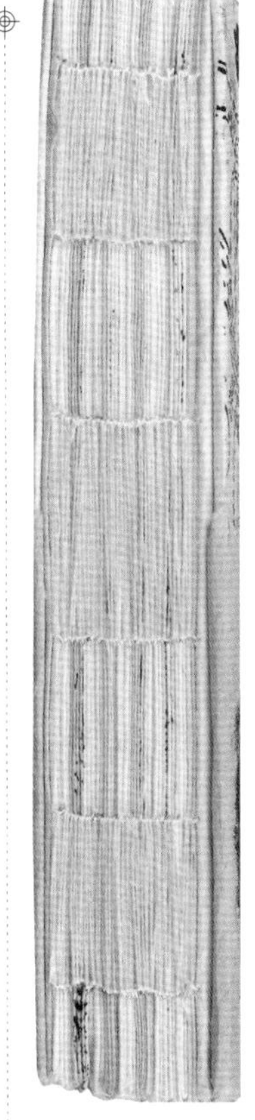

始途
–
董婷婷
–
指导教师：蒋志龙
–
190×255mm

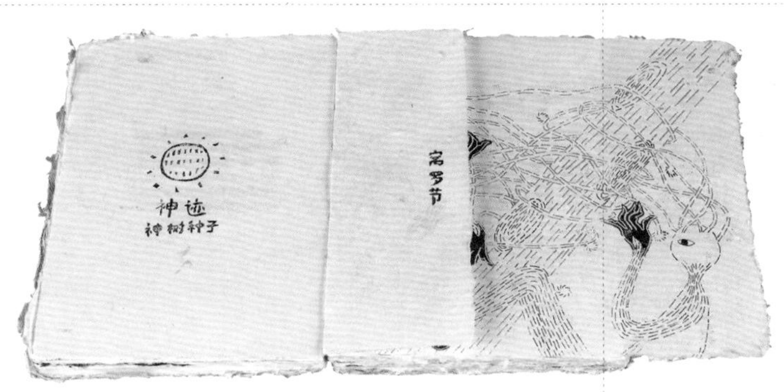

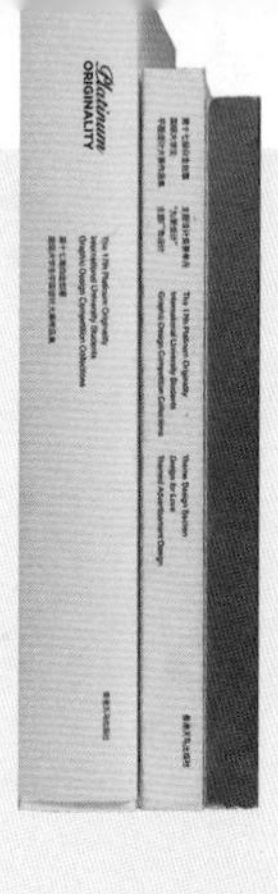

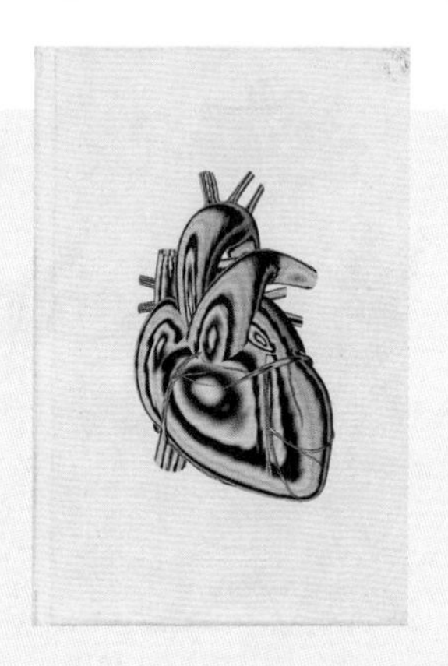

2016 白金创意国际大赛作品册

–

吴炜晨

–

180×244mm + 146×250mm + 146×240mm

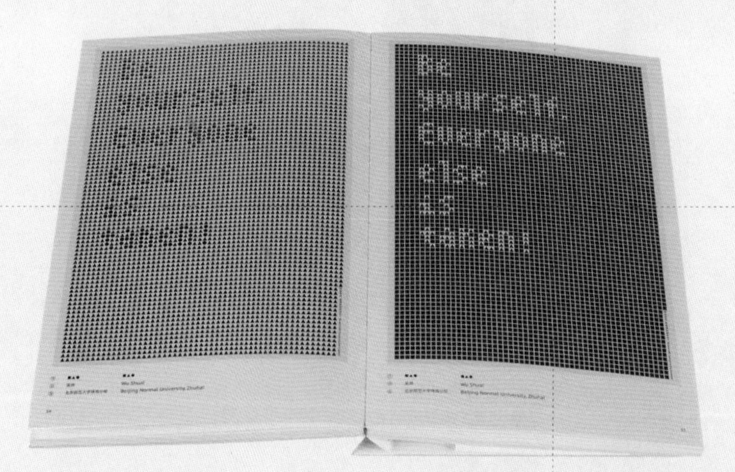

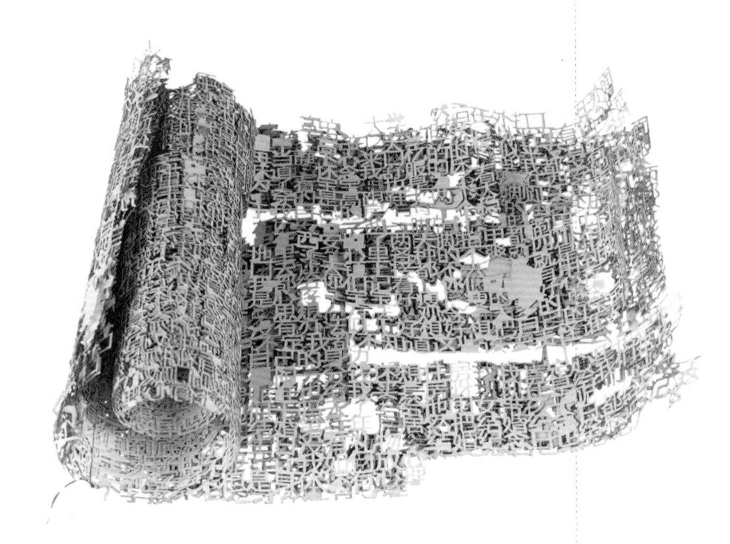

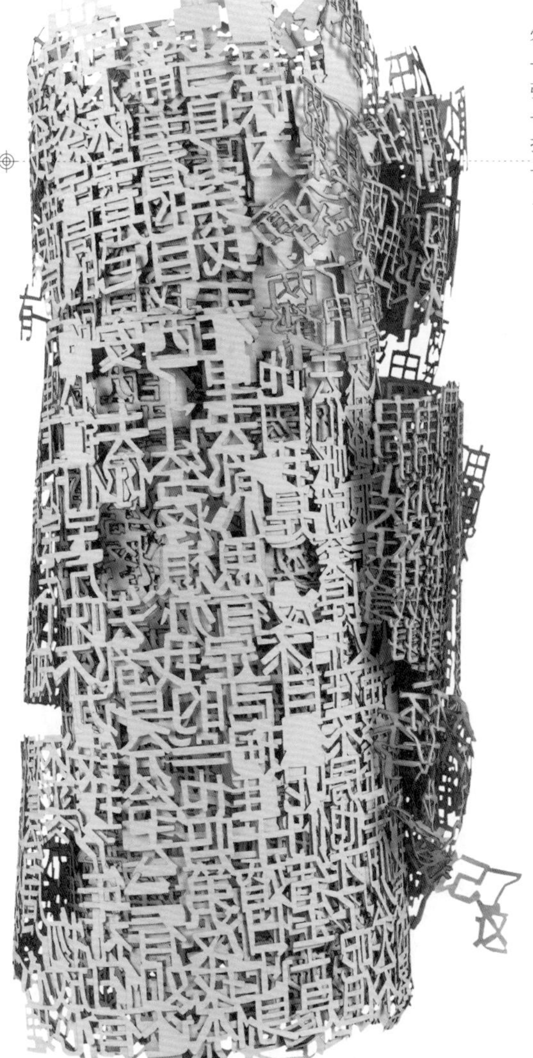

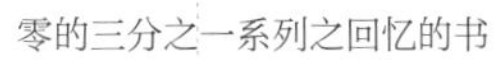

零的三分之一系列之回忆的书

–

张超 + 李嵘

–

指导教师：张东明

–

140×330mm

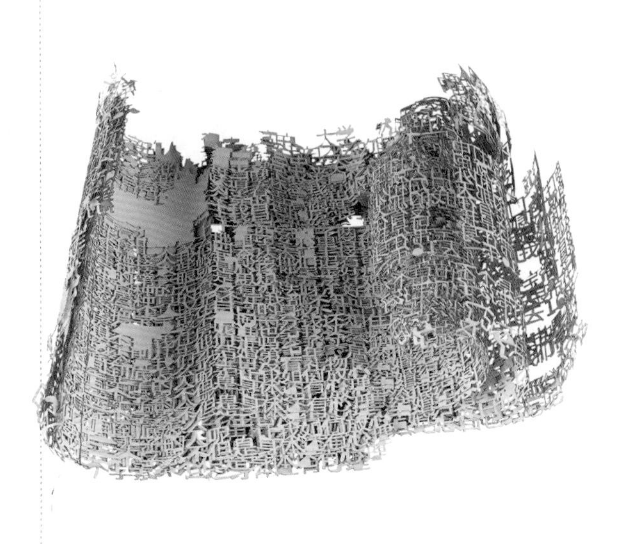

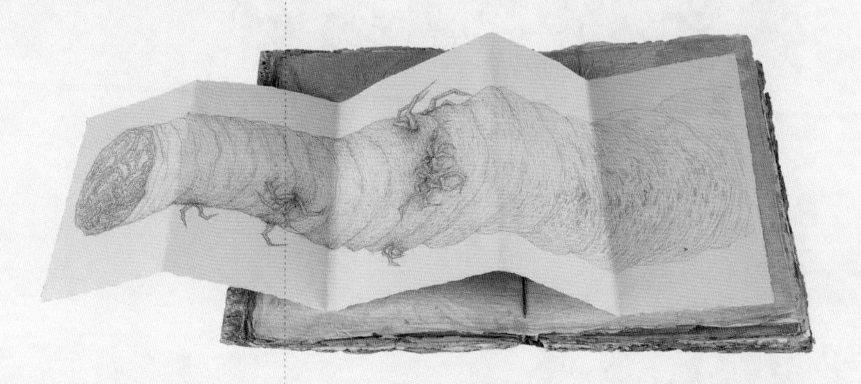

百鬼夜行

–

林思思

–

指导教师：吴玮 + 黄肖铭

–

210×300mm

凡音有痕——洪和胜作品选
–
洪嘉蔚
–
指导教师：李瑾
–
195×236mm

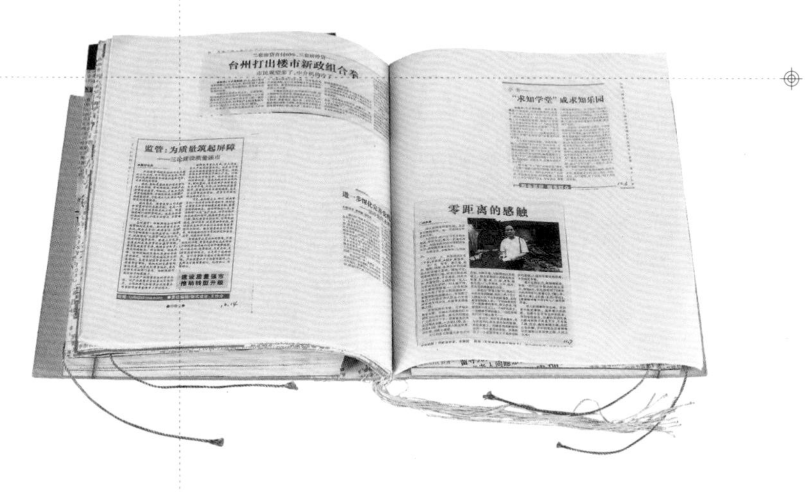

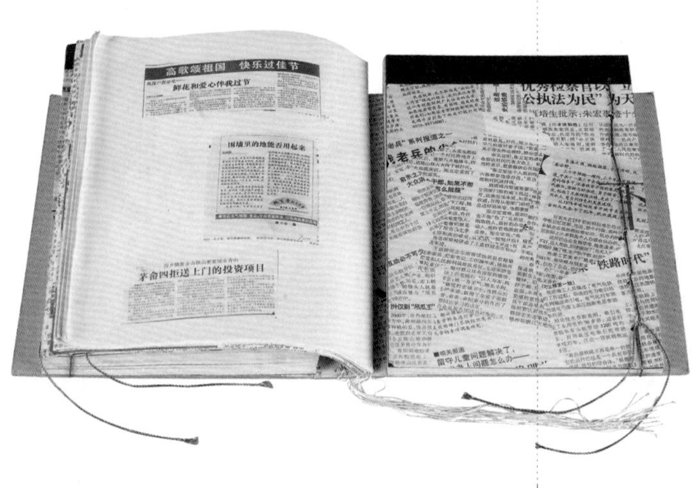

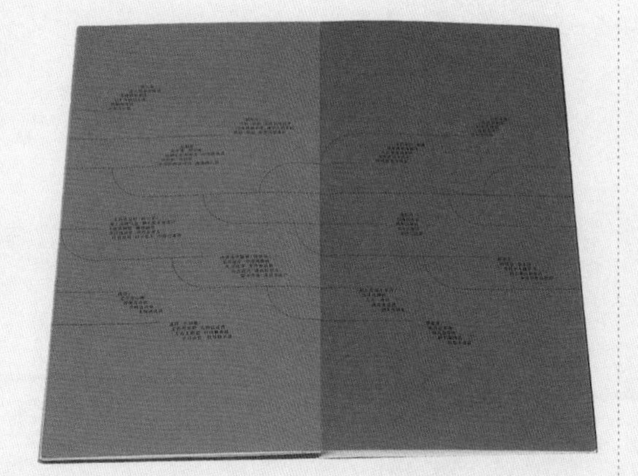

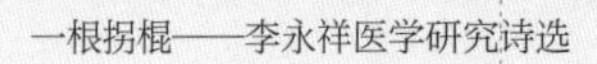

一根拐棍——李永祥医学研究诗选

–

徐成钢

–

140×278mm

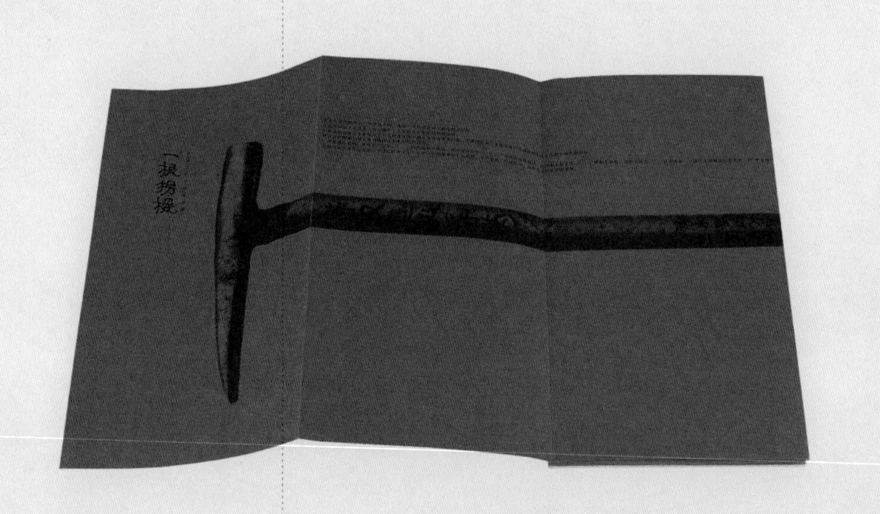

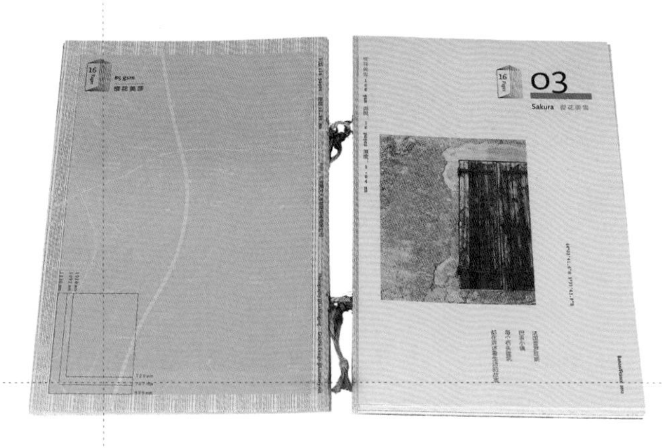

16Pages 纸样样品设计

–

鲁明静

–

161×245mm

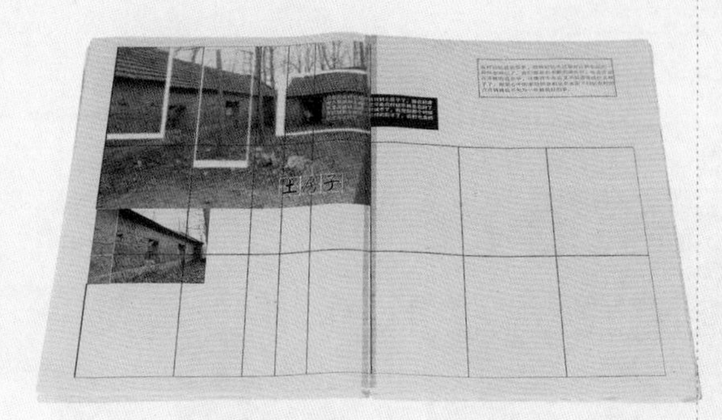

怀旧了

–

韩湘

–

指导教师：李瑾

–

235×320mm

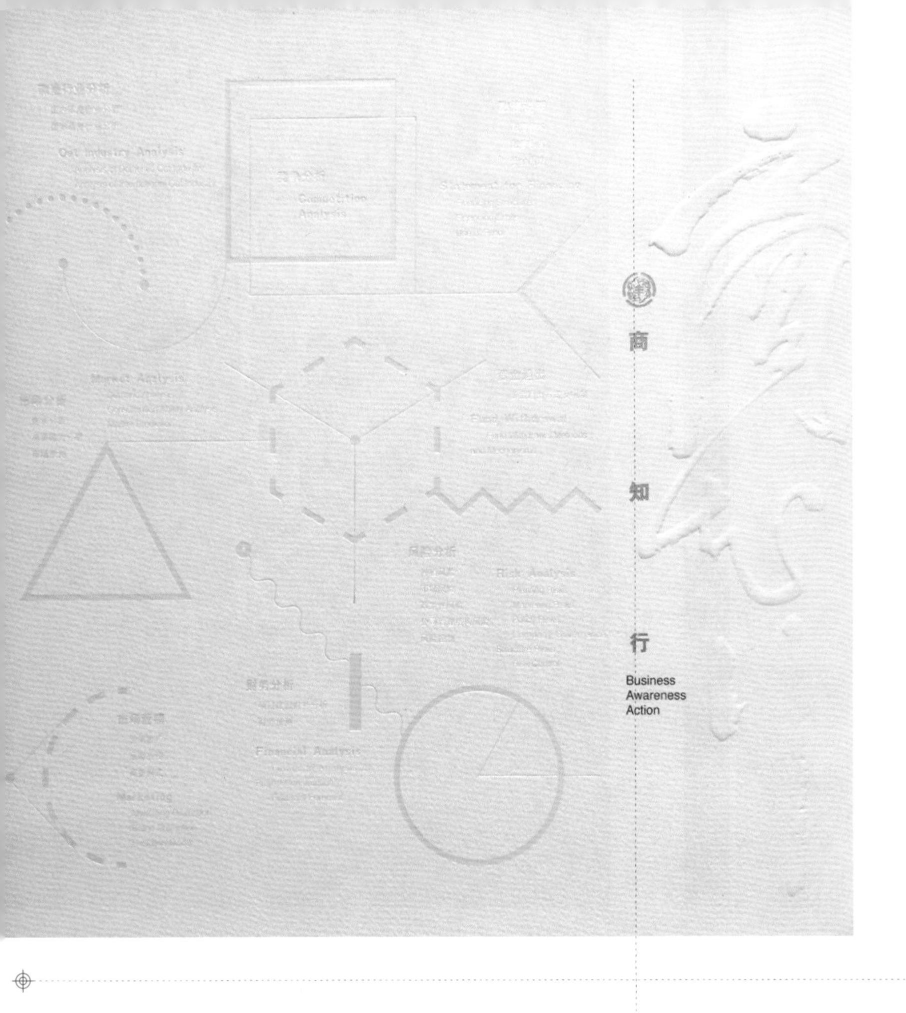


商知行
–
王薇
–
276×276mm

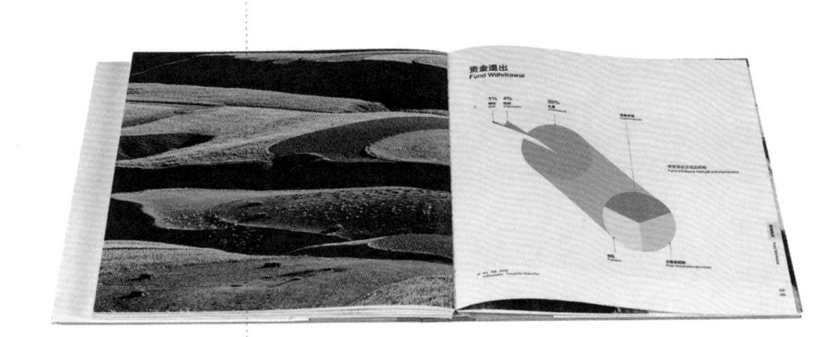

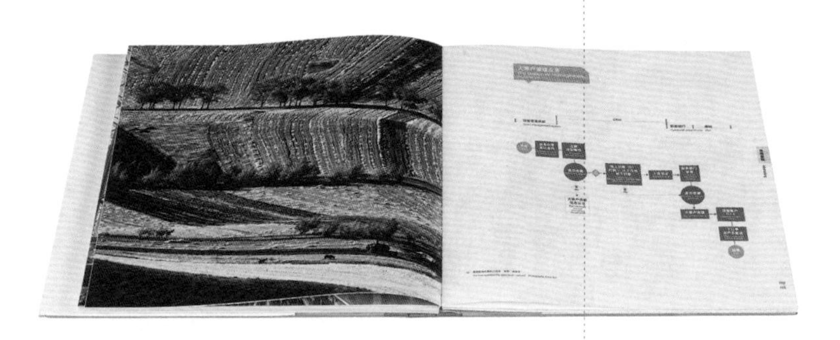

此时彼刻

–

韩璐

–

190×267mm

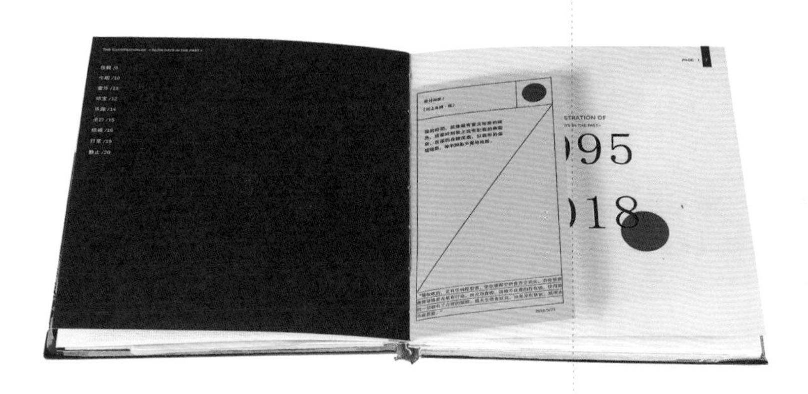

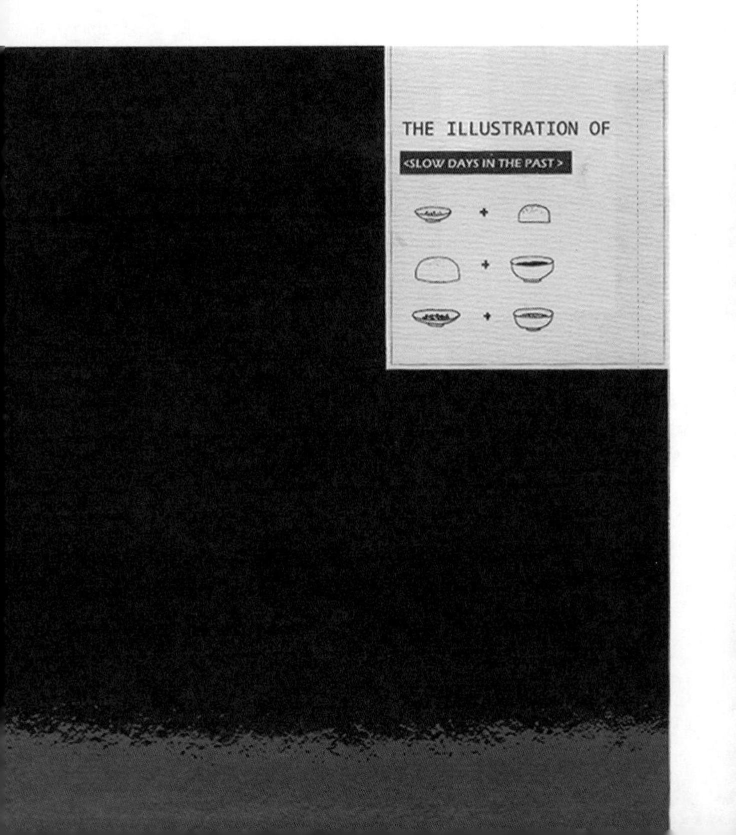


THE ILLUSTRATION OF
<SLOW DAYS IN THE PAST>

–

朱佳琪

–

215×231mm

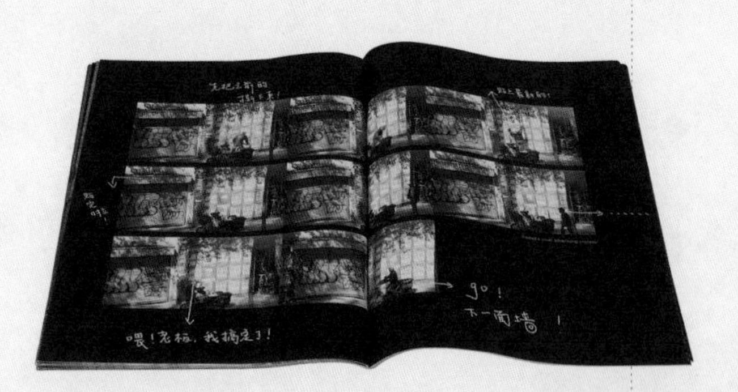


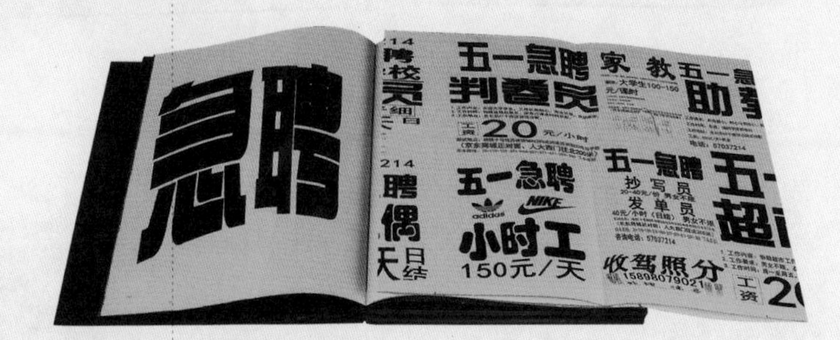


北京

–

郭玉峰

–

240×320mm

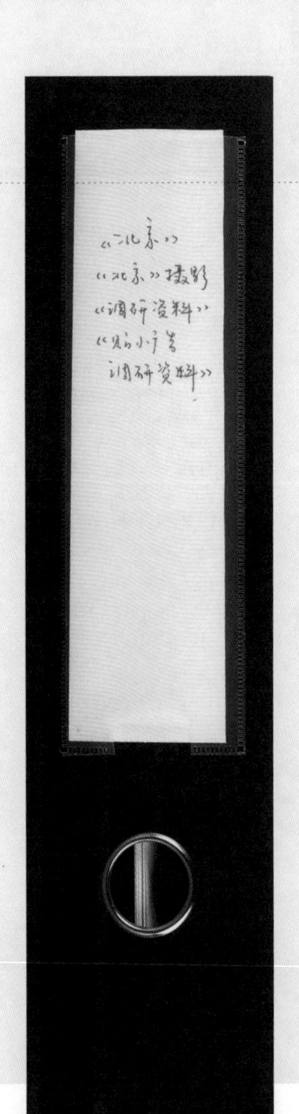

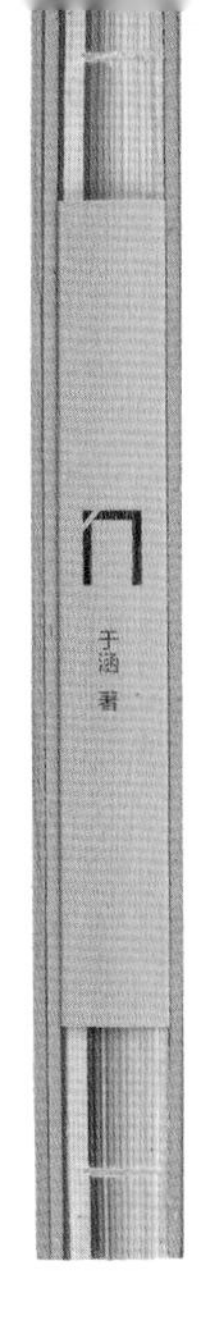


门

–

于涵

–

130×183mm

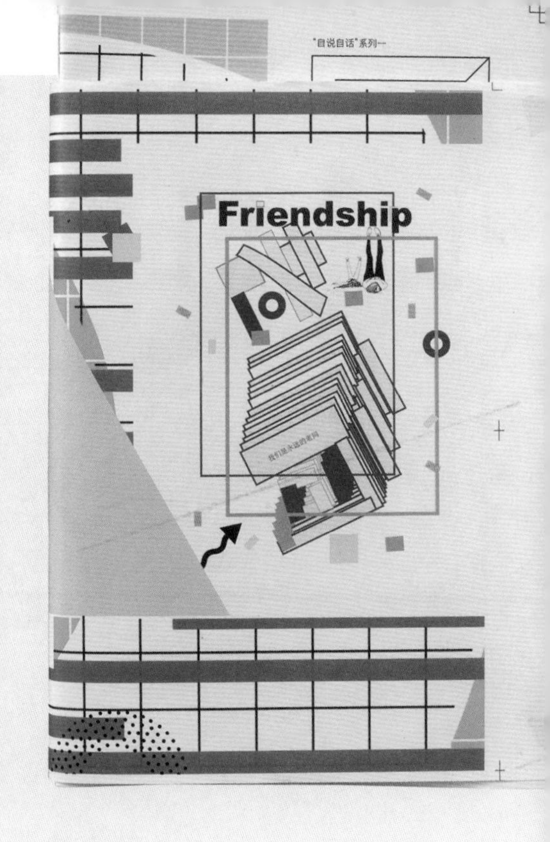


自说自话
–
卢熔希
–
160×234mm

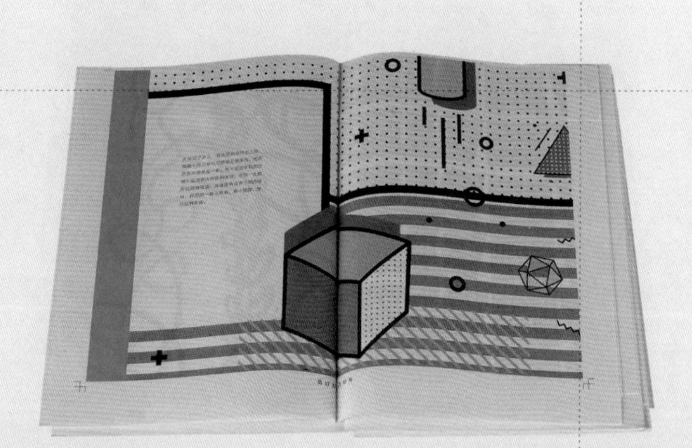

GDC17

–

潘焰荣

–

192×265mm

GDC2018 全球巡展手册

–

潘焰荣

–

240×323mm

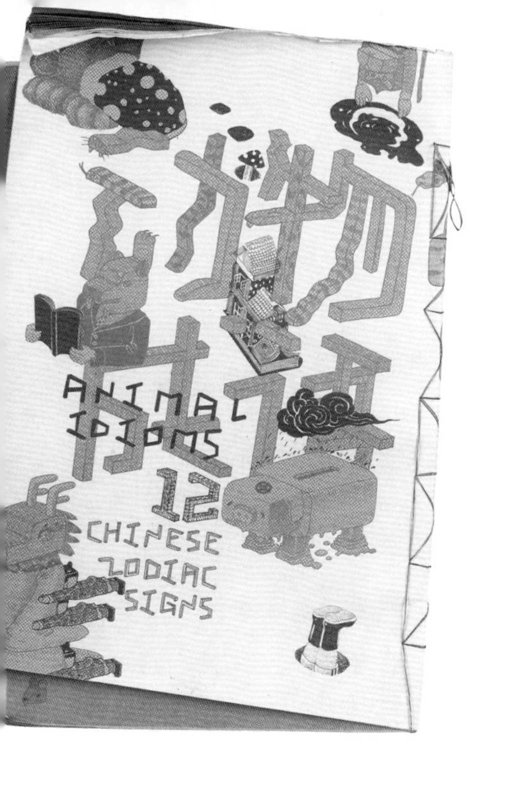


动物成语
-
荣琪
-
指导教师：吴勇
-
270×423mm

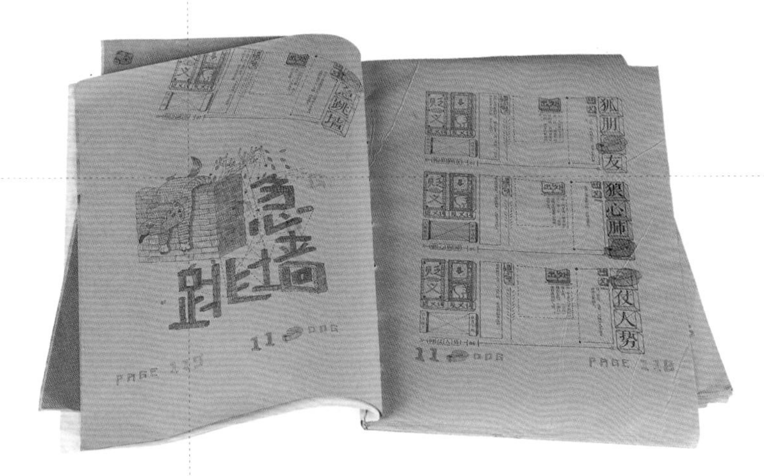

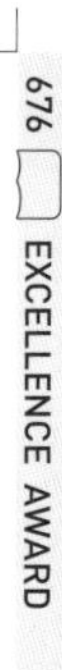


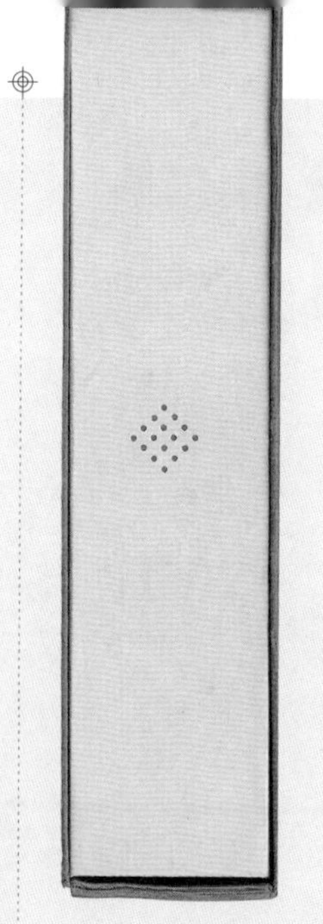

寻光集

–

邱钰

–

指导教师：吴勇

–

125×200mm

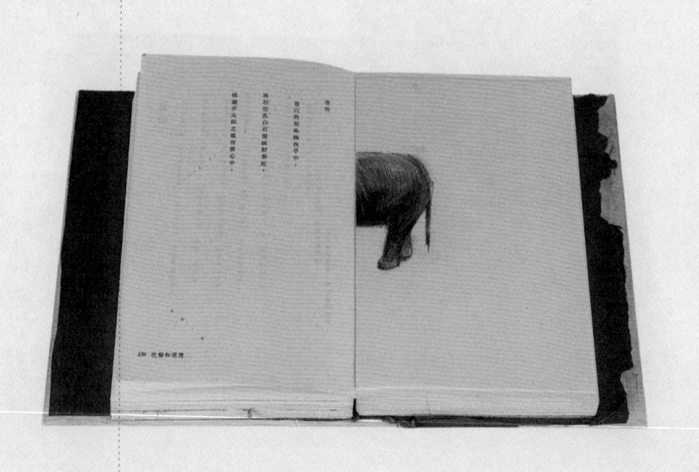

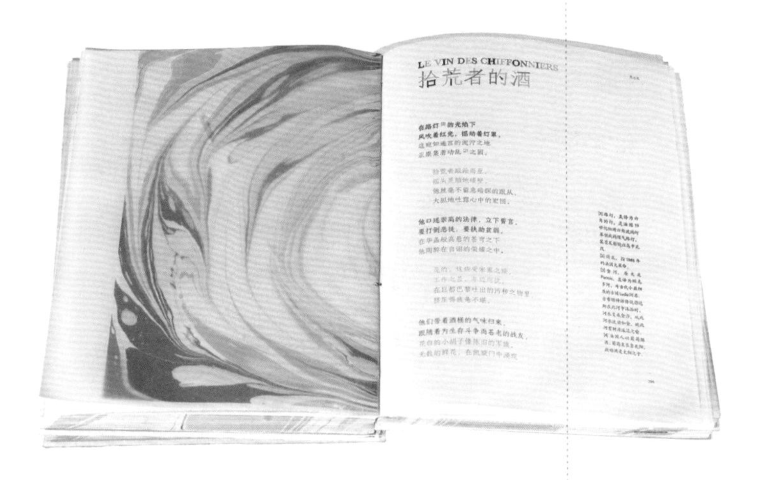

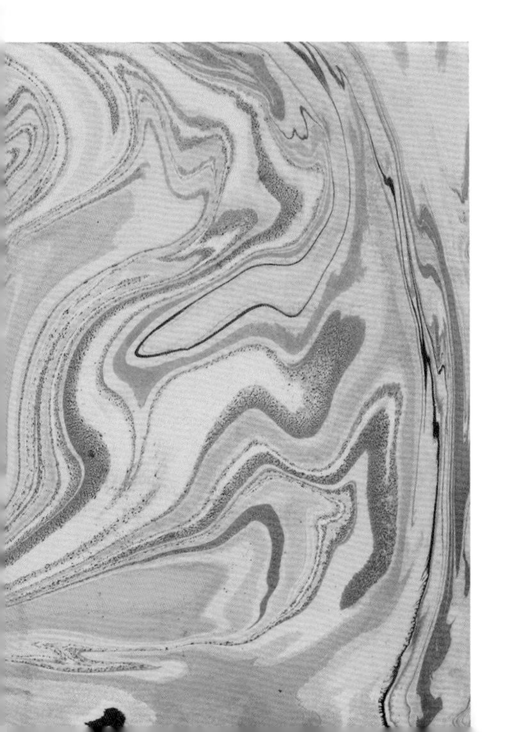

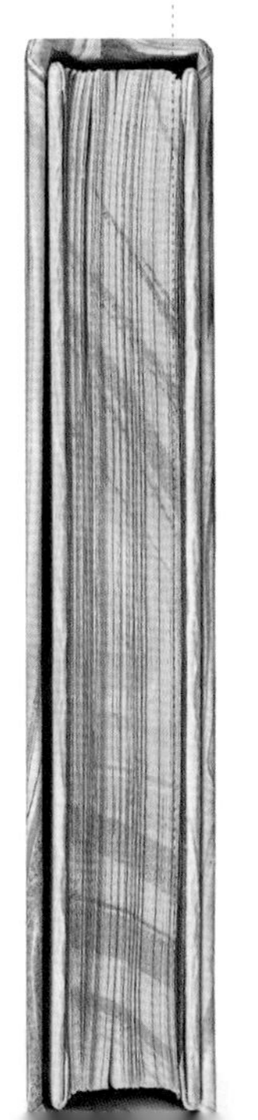

幻——恶之花

-

李楚楚

-

指导教师：吴勇

-

155×203mm

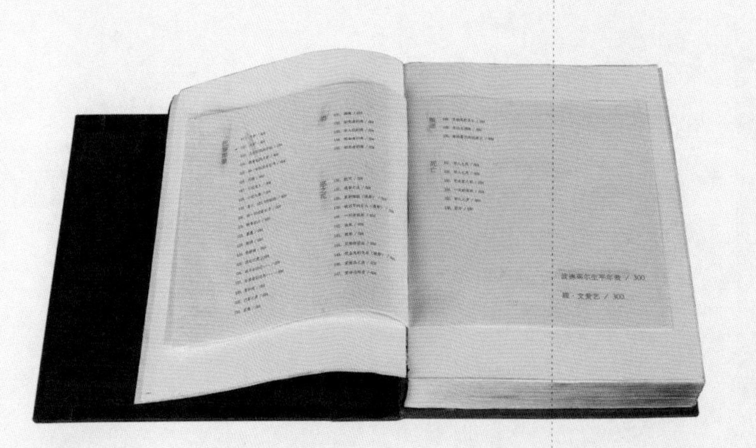

再生
-
王中丽
-
指导教师：吴勇
-
155×203mm

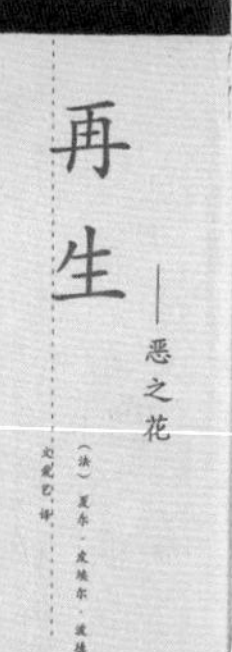

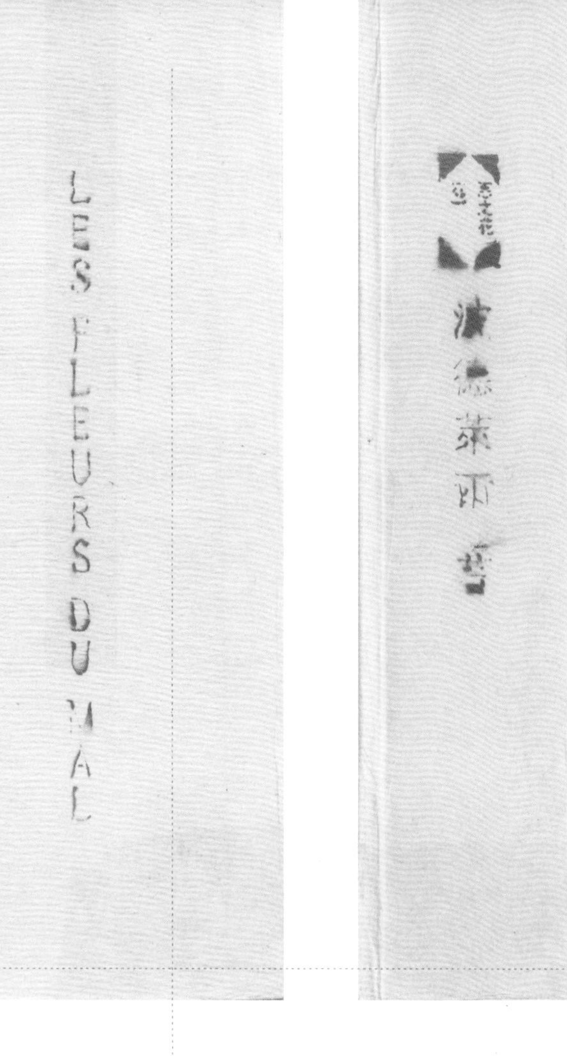


磁

–

伍召武

–

指导教师：吴勇

–

248×298mm

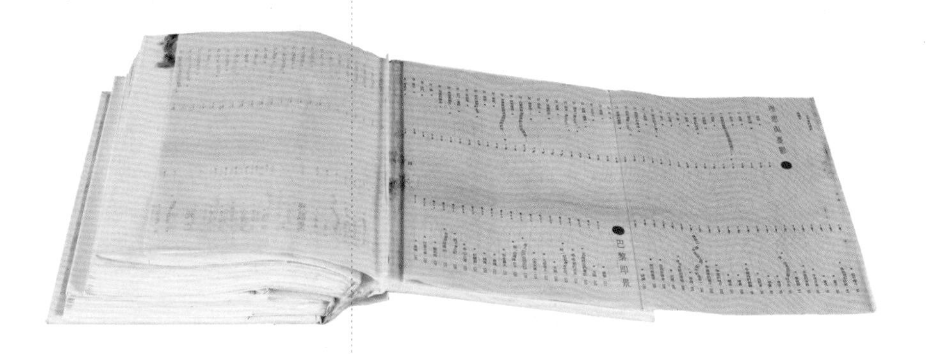

黑眼圈

–

朱永豪

–

143×200mm

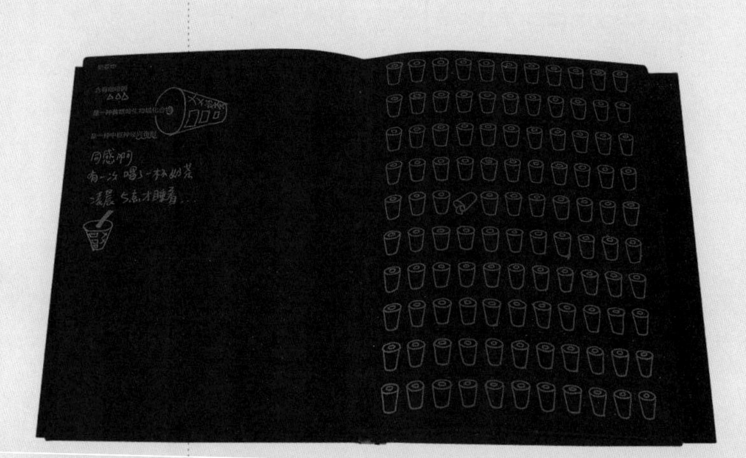

入围名单 FINALISTS

社科类

SOCIAL SCIENCES

| 书名<br>BOOK NAME | 设计者<br>DESIGNER | 出版单位<br>PUBLISHER |
|---|---|---|
| 字绘上海 | 张岩 | 湖北美术出版社 |
| 字绘武汉．典藏版 | 何轩 | 湖北美术出版社 |
| 字绘台湾 | 李一鑫 | 湖北美术出版社 |
| 步枪之王 AK－47：俄罗斯的象征 | 马宁 | 社会科学文献出版社 |
| 鼓浪屿百年影像 | 文化设计工作室 / 张文化＋赵榕榕＋陈彦霏＋蔡信弘 | 厦门大学出版社 |
| 全图本茶经 | 张志奇工作室 | 中国农业出版社 |
| 泰顺历史人物 | 陈天佑 | 中国民族摄影艺术出版社 |
| 博望志——另一块砖 | 气和宇宙 | 广西师范大学出版社 |
| 中国年轮：从立春到大寒 | 韩以晨＋马力 | 宁波出版社 |
| 椿园笔记 | 王萌 | 海天出版社 |
| 小家，越住越大 | 门乃婷工作室 | 中信出版社 |
| 美学史：从古希腊到当代 | 王凌波 | 高等教育出版社 |
| 另眼观法 | 伍毓泉 | 经济管理出版社 |
| 小舒请教 1 贵州文化名人访谈录 | 刘津 | 贵州人民出版社 |
| 勒·柯布西耶：元素之融合 | 张申申＋李莜溪 | 天津大学出版社 |
| 启航：南湖基金小镇发展报告 | 正在设计＋伍毓泉 | 经济管理出版社 |
| 眼泪与圣徒 | 李明轩 | 商务印书馆 |
| 发现之旅·博物之旅·探险之旅 | 李明轩 | 商务印书馆 |
| 我们去美术馆吧! | @broussaille 私制 | 北京联合出版公司 |
| 步客口袋书·通识系列 | 奇文云海·设计顾问 | 外语教学与研究出版社 |
| 步客口袋书·博物系列 | 奇文云海·设计顾问 | 外语教学与研究出版社 |
| 场域·黄建成设计 | 王猛＋张而旻＋张海棠＋陈新＋谢俊平 | 湖南人民出版社 |
| 建筑师唐葆亨 | 黄晓飞＋刘枝忠 | 中国林业出版社 |
| 母乳喂养零基础攻略——红房子国际认证哺乳专家为你支招 | 杨静 | 上海科技教育出版社 |
| 侨日瞧日丛书 | 李宁 | 中国法制出版社 |
| 安徽省地图集．2015 | 叶超 | 中国地图出版社 |
| 共产党宣言、资本论（纪念版） | 肖辉＋王欢欢＋林芝玉＋周方亚＋汪莹 | 人民出版社 |
| 联合国教科文组织吴哥古迹国际保护行动研究 | 王小松＋程晨＋黄雪 | 浙江大学出版社 |
| 苏韵流芳 | 郭凡 | 译林出版社 |
| 纽约寻书＋猎书家的假日＋我在德国淘旧书 | 乔智炜 | 法律出版社 |

| 书名<br>BOOK NAME | 设计者<br>DESIGNER | 出版单位<br>PUBLISHER |
| --- | --- | --- |
| 从传统到现在 | 汪奇峰 | 法律出版社 |
| 世界记忆名录：南京大屠杀档案 | 王俊 | 南京出版社 |
| 纪念世界反法西斯战争胜利 70 周年系列 | 王俊 | 南京出版社 |
| 中国人的二十四节气 | 今亮后生 | 化学工业出版社 |
| 微醺手绘 | 今亮后生 | 中信出版社 |
| 厨房里的人类学家 | 鲁明静 | 广西师范大学出版社 |
| 居伊·德波：遭遇景观 | 周伟伟 | 南京大学出版社 |
| 物种起源·插图收藏版 | 周伟伟 | 译林出版社 |
| 风格不朽：绅士着装的历史与守则 | 周伟伟 | 重庆大学出版社 |
| 埃德蒙·伯克评传 | 黄婧昉 | 上海社会科学院出版社 |
| 你，会回来吗? | 黄婧昉 | 上海社会科学院出版社 |
| 大美摩崖．徂徕山篇 | 武斌 | 山东人民出版社 |
| 内衣课 | 鲁明静 | 中信出版社 |
| 诗性 当代江南乡村景观设计与文化理路 | 徐成钢 | 中国美术学院出版社 |
| 古文字读本丛书 | 徐慧 | 凤凰出版社 |
| 园冶 | 张悟静 | 中国建筑工业出版社 |
| 丝绸之路全史 | 晓笛设计工作室 / 舒刚卫 + 刘清霞 + 王萌 | 辽宁教育出版社 |
| 征服海洋 + 钢铁之路 | 渡非 | 中信出版社 |
| 瘟疫与人 | 渡非 | 中信出版社 |
| 极端的年代：1941-1991 | 渡非 | 中信出版社 |
| 太阳底下的新鲜事 | 渡非 | 中信出版社 |
| 茶之路 | 李炜平 | 广西师范大学出版社 |
| 30 年 300 本书 | 姚明聚 | 广西师范大学出版社 |
| 无常素描——追忆基耶斯洛夫斯基 | 林林 + 李浩丽 | 广西师范大学出版社 |
| 知·道：石窟里的中国道教 | 广大迅风艺术 + 徐俊霞 | 广西师范大学出版社 |
| 真相：永不褪色的国家记忆 | typo_d | 重庆出版社 |
| 传统节日的故事 | 王海涛 | 山东美术出版社 |
| 方氏墨谱 + 唐诗画谱 + 宋词画谱 + 竹谱详录 | 王芳 | 山东画报出版社 |
| 姑苏食话 | 王芳 | 山东画报出版社 |
| 樗下读庄 + 老子演义 | 王芳 | 山东画报出版社 |

| 书名<br>BOOK NAME | 设计者<br>DESIGNER | 出版单位<br>PUBLISHER |
| --- | --- | --- |
| 纪念中国人民抗日战争暨世界反法西斯战争胜利<br>70 周年交响管乐作品精选 | 陈晓燕 | 人民音乐出版社 |
| 齐鲁文化精萃 | 李海峰 | 山东画报出版社 |
| 教我如何不想他：庆祝人民音乐出版社六十周年华诞 | 陈晓燕 | 人民音乐出版社 |
| 明代以来汉族民间服饰变革与社会变迁（1368-1949 年） | 杨涛 | 武汉理工大学出版社 |
| 马歇尔·麦克卢汉：无意而成的符号学家 | 罗薇 | 南京师范大学出版社 |
| 阅读看见未来：对我影响最大的书 | 韩湛宁 | 海天出版社 |
| 马世芳作品系列（昨日书＋地下乡愁蓝调） | 任凌云 | 广西师范大学出版社 |
| 北京地理色彩研究．老城历史文化街区色彩卷 | 林则全＋陈虹 | 中国建筑工业出版社 |
| 清华大学艺术博物馆开馆展丛书——<br>《营造中华》《竹简上的经典》《对话达·芬奇》《尺素情怀》 | 顾欣 | 清华大学出版社 |

| 书名 BOOK NAME | 设计者 DESIGNER | 出版单位 PUBLISHER |
| --- | --- | --- |
| 洛阳纸贵 · 杨和平作品集 | 时代艺品 / 朱嫣然 | 安徽美术出版社 |
| 集贤影书——中华思想文化术语周历 2018 | 覃一彪 | 外语教学与研究出版社 |
| 角落——熬路水彩旧画 | 杨军 | 湖北美术出版社 |
| 中国风 - 王心耀 | 袁小山 + 余桂铃 + 陈辉 + 谢赫 | 武汉出版社 |
| 魏光庆：正负零 | 袁小山 + 许健 + 余桂玲 | 河北美术出版社 |
| 不存在的照片 | 孙晓曦 | 重庆出版社 |
| 美的交响世界：川端康成与东山魁夷<br>+ 侘寂之美与物哀之美：川端康成和安田靫彦 | 具见之 | 青岛出版社 |
| 阅读 · 设计：书籍设计 10 人作品集 | 书窗设计工作室 / 赵焜森 + 钟清 + 张雪烽 + 陈逸旋 | 岭南美术出版社 |
| 水浒乱弹 | 韩羽 + 黄秋实 + 王倍佳 | 河北美术出版社 |
| 毛里求诗—可乐鸡翅卷 | 李沐 | 河北美术出版社 |
| 木趣居——家具中的嘉具 | 李猛工作室 | 生活 · 读书 · 新知三联书店 |
| 水墨心象：广州美术学院美术教育学院教师中国画作品集 | 陈海宁 | 岭南美术出版社 |
| 髹行：李伦作品集 | 陈海宁 + 吴绮虹 | 岭南美术出版社 |
| 髹漆之深度 :2015 中外髹漆艺术教学研究展作品集 | 陈海宁 + 吴绮虹 | 岭南美术出版社 |
| 古拙——梁思成笔下的古建之美 | 白凤鹏 | 中国青年出版社 |
| 江南清赏：馆藏近代绘画器物特展 | 王欣 | 中国美术学院出版社 |
| 潘天寿变体画研究 | 王欣 + 戴世杰 | 浙江人民美术出版社 |
| 中国篮子 | 王欣 | 西泠印社出版社 |
| 四时幽赏 | 王欣 | 西泠印社出版社 |
| 角度：吴晓洵油画作品集 | 莫军华 + 张常畅 | 江苏凤凰美术出版社 |
| Hiii Illustration 国际插画作品集第四辑 | 张正甜 | 江苏凤凰美术出版社 |
| Hiii Illustration 国际插画作品集第三辑 | 张正甜 | 江苏凤凰美术出版社 |
| 佛宫寺 · 释迦塔 | 墨鸣设计 / 郭萌 | 中国摄影出版社 |
| 萨克森：逄小威摄影作品 | 墨鸣设计 / 郭萌 | 光明日报出版社 |
| 程砚秋演出剧目志 | 孙利 | 时代文艺出版社 |
| 灵羽寻踪：宋立国鸟类系列摄影作品 | 晓笛设计工作室 / 刘清霞 | 中国摄影出版社 |
| 法本 | 丁鼎 + 刘玉宝 | 人民法院出版社 |
| 赵大钧 | 北京雅昌设计中心 / 孙杰（文彬） | 黑龙江美术出版社 |
| 将进酒 | 孙晓曦 | 新星出版社 |

| 书名<br>BOOK NAME | 设计者<br>DESIGNER | 出版单位<br>PUBLISHER |
|---|---|---|
| 国家图书馆馆藏精品大展系列 | 奇文云海 · 设计顾问 | 国家图书馆出版社 |
| 中国笺纸笺谱 | 张磊 | 浙江摄影出版社 |
| 音乐剧《伊丽莎白》纪念画集 | 陈嘉凝 | 浙江人民美术出版社 |
| 黑白江南 | 沈钰浩 | 浙江摄影出版社 |
| 2018 · 音乐日历 | 观止堂 | 西南师范大学出版社 |
| 草间乐活 · 杜玉寒草虫画谱 | 丁煜（丁奔亮） | 人民美术出版社 |
| 设计书：铃木成一装帧手记 | 周伟伟 | 中信出版集团 |
| 楚辞飞鸟绘：古风水彩彩铅手绘技法 | 张岩 + 孟庆昕 | 湖北美术出版社 |
| 诗经草木绘 | 张岩 + 孟庆昕 | 湖北美术出版社 |
| 阿里壁画：托林寺白殿 | 王小松 + 吕玮 + 马超 + 赵巧妍 | 浙江大学出版社 |
| 艺术的故事丛书 | 微言视觉工坊 + 龙 · 麦 · 苗 | 贵州教育出版社 |
| 中国国家博物馆馆藏经典系列丛书．四部医典曼唐 | 申少君（蠹鱼阁） | 安徽美术出版社 |
| 再影像：光的试验场——2015 三宫殿 1 号艺术展 | 乔杰 | 河北美术出版社 |
| 再识方力钧 | 乔杰 | 河北美术出版社 |
| 再偶像中的原形：岳敏君 | 乔杰 + 黄利 | 河北美术出版社 |
| 野风：董克俊六十年艺术记 | 曹琼德 | 贵州人民出版社 |
| 遇见手拉壶（珍藏版） | 余子骥设计事务所 / 余子骥 + 蒋佳佳 | 华东师范大学出版社 |
| 书法没有秘密 | 李晌 | 北京联合出版公司 |
| 南京不哭 | 王俊 | 南京出版社 |
| 庞虚斋藏清朝名贤手札 | 姜嵩 | 凤凰出版社 |
| 素描故事 | 汪宜康 | 四川美术出版社 |
| 李有行 | 汪宜康 | 重庆出版社 |
| 龙虾派对 | Bad Taste Studio | 重庆出版社 |
| 谢海的画 | 朱珺 | 河北美术出版社 |
| 中国工业设计断想 | 潘焰荣 | 江苏凤凰美术出版社 |
| 小作芊绵 | 姜嵩 | 广陵书社 |
| 谪仙诗象——历代李白诗意书画 | 姜嵩 | 凤凰出版社 |
| 能画就多画点：赵奇在教室里讲绘画 | 王哲明 + 洪小冬 | 辽宁美术出版社 |
| 中国出版政府奖装帧设计奖获奖作品 | 赵璐 + 刘清霞 + 尹香华 + 黄林 + 张超 | 辽宁美术出版社 |
| 地球的红飘带 | 肖祥德 | 上海人民美术出版社 |

| 书名<br>BOOK NAME | 设计者<br>DESIGNER | 出版单位<br>PUBLISHER |
|---|---|---|
| 中国当代艺术研究 中国的美术馆世界 | 包晨晖 + 朱天池 | 上海人民美术出版社 |
| 人体解剖与素描 | 汪宜康 + 谭璜 | 四川美术出版社 |
| 织色入史笺 | 王铭基 | 中华书局 |
| 苹果：学习方式的设计，设计的学习方式 | [日] 三木健 +[日] 沼田朋久 +[日] 梅泽万贵子 +[日] 犬山蓉子 | 上海人民美术出版社 |
| 图式生成逻辑：庞茂琨艺术风格发生研究 | 夏建波 | 四川美术出版社 |
| 心有一亩田——刘明孝与西池 | 彭俊 | 四川美术出版社 |
| 植田正治小传记 | 渡非 | 中信出版社 |
| 古乐之美 | 李响 | 人民音乐出版社 |
| 数风流人物还看今朝——山东省青年中国人物画家作品集 | 袁硕 + 张笑菲 | 山东画报出版社 |
| 肌理之下：一个人探寻台湾摄影 | 融象工作室 | 浙江摄影出版社 |
| GANG | 联合设计实验室（United Design Lab） | 中国艺术家出版社 |
| 问我——不可思议的答案之书 | 宇宙尘埃工作室 + 覃佐腾 + 玄潇悦 | 清华大学出版社 |
| 来自洪卫的礼物 | 潘焰荣 | 江苏凤凰美术出版社 |

文学类

LITERATURE

| 书名<br>BOOK NAME | 设计者<br>DESIGNER | 出版单位<br>PUBLISHER |
| --- | --- | --- |
| 这个世界上的一切都是瘦子的 | 友雅（李让） | 中信出版社 |
| 遇见动物的时刻 | 友雅（李让） | 浙江文艺出版社 |
| 蝴蝶狮 + 岛王 | 友雅（李让） | 光明日报出版社 |
| 不存在的照片 | 孙晓曦 | 重庆出版社 |
| 花朵里花开 | 杨林青工作室 | 台海出版社 |
| 恶之花：比亚兹莱插花艺术 | 马海云 | 江苏凤凰文艺出版社 |
| 浮生六记 | 邵年 | 北岳文艺出版社 |
| 乐海远帆：音乐少年杨远帆 | 张申申 | 高等教育出版社 |
| 三乐记 | 北京看好艺术设计 / 曹群 + 孙帅 + 赵格 | 同济大学出版社 |
| 白氏杌语 | 北京看好艺术设计 / 赵格 + 曹群 | 同济大学出版社 |
| 慢慢长大 | 晓笛设计工作室 / 刘清霞 | 线装书局 |
| 真幌站前三部曲 | @broussaille 私制 | 上海人民出版社 |
| 三重门 | 言炎美术馆 | 作家出版社 |
| 纳博科夫短篇小说全集 | @broussaille 私制 | 上海译文出版社 |
| 纳博科夫文学讲稿三种 | @broussaille 私制 | 上海译文出版社 |
| 上手 – 一场有关于青瓷的跨界对话 | 俞佳迪 + 麻勇 | 中国美术学院出版社 |
| 枕上三千 | 熊琼工作室 / 熊琼 + 龙梅 | 北京联合出版公司 |
| 江苏读本 | 周伟伟 | 南京大学出版社 |
| 窗：50 位作家，50 种视野 | 周伟伟 | 中信出版集团 |
| 三国志异 | 周伟伟 | 华东师范大学出版社 |
| 什么人需要什么人：林奕华的心之侦探学 | 周伟伟 | 上海人民出版社 |
| 你别无选择（中英文版） | 周伟伟 | 南京大学出版社 |
| 台湾草木记 | 周伟伟 | 江苏凤凰文艺出版社 |
| 花儿为什么不那么红 | 速泰熙 + 单建东 | 南京出版社 |
| 小说药丸 | 周伟伟 | 上海人民出版社 |
| 寓言 + 大街 + 巴比特 | 石绍康 | 漓江出版社 |
| 郁达夫手稿《她是一个弱女子》（珍藏版） | 周晨 | 中华书局 |
| 姑苏行 | 周晨 | 江苏凤凰教育出版社 |
| 梅事儿 | 周晨 | 山东画报出版社 |
| 倚兰书屋自珍集 | 周晨 | 江苏凤凰教育出版社 |

| 书名<br>BOOK NAME | 设计者<br>DESIGNER | 出版单位<br>PUBLISHER |
|---|---|---|
| 张枣译诗 | 陶雷 | 人民文学出版社 |
| 东京一年 | 孙晓曦 | 中信出版社 |
| 最美诵读系列 | 天目文化 | 希望出版社 |
| 阿特伍德系列 | 鲁明静 | 河南大学出版社 |
| 回望 | 黄越 | 广西师范大学出版社 |
| 鲍勃·迪伦诗歌集（1961-2012） | 彭振威 | 广西师范大学出版社 |
| 哲学家与狼 | 王媚 | 广西师范大学出版社 |
| 大海截句集 | 周伟伟 | 广西师范大学出版社 |
| 没什么意思 | 融象设计工作室 | 浙江摄影出版社 |
| 《日瓦戈医生》出版记 | 李婷婷 | 广西师范大学出版社 |
| 文字生涯 | 崔欣晔 | 人民文学出版社 |
| 马的天边：千夫长中篇小说三部曲 | 韩湛宁 | 花城出版社 |
| 你是我的主场——一个媒体人的深漂笔记 | 韩湛宁 + 任敏 | 深圳报业集团出版社 |
| 红马 | 韩湛宁 | 海天出版社 |
| 流金文丛 第一辑 | 潘焰荣 | 商务印书馆 |
| 敌人的樱花 | 任凌云 | 译林出版社 |
| 大人故事集 | 任凌云 | 作家出版社 |
| 莫迪亚诺系列 | 任凌云 | 上海译文出版社 |
| 给所有昨日的诗 | 任凌云 | 湖南文艺出版社 |
| 樱桃之书 | 胡靳一 + 金雅迪设计中心 + 周瑜 + 杨帆 | 重庆出版社 |

科技类

SCIENCE AND TECHNOLOGY

| 书名<br>BOOK NAME | 设计者<br>DESIGNER | 出版单位<br>PUBLISHER |
|---|---|---|
| BBC经典纪录片图文书系列 | 李菲+芦博+钱诚+田雨秾 | 中国水利水电出版社 |
| 中国古代河工技术通解 | 李菲 | 中国水利水电出版社 |
| 马卡龙艳遇 | 丁文娟+魏铭+叶德勇 | 青岛出版社 |
| 极客厨房 | 冷暖儿 unclezoo | 新星出版社 |
| 中国古籍修复纸谱（一函二册） | 甯成春 | 国家图书馆出版社 |
| 人与机器共同进化 | 杨林青 | 电子工业出版社 |
| 量子世界巡游记——来自宇宙的洪荒之力 | 傅瑞学 | 清华大学出版社 |
| 基础美术教育中的设计教育 | 王凌波 | 高等教育出版社 |
| 方寸格致：邮票上的物理学史 | 王凌波 | 高等教育出版社 |
| 太湖石与正面体：园林中的艺术与科学 | 锋尚设计 | 中国电力出版社 |
| 远逝的辉煌——数字圆明园建筑园林研究与保护 | 房惠平 | 上海科学技术出版社 |
| 数学之书+生物学之书+工程学之书+心理学之书+天文之书 | 鲁明静 | 重庆出版社 |
| 物种100：贵州智慧 | 天目文化 | 中国文史出版社 |
| 首都计划 | 王俊 | 南京出版社 |
| 水墨黔乡：66个贵州生态地标 | 天目文化 | 科学出版社 |
| 无痕设计 | 程甘霖+周维娜 | 中国建筑工业出版社 |
| 2017第三届中建杯西部5+2环境设计双年展成果集 | 程甘霖+鲁潇 | 中国建筑工业出版社 |
| 走神的艺术与科学 | 云中客厅/熊琼 | 北京时代华文书局 |
| 伟大的海洋 | 鲁明静 | 重庆大学出版社 |
| 虚无：从绝对零度到宇宙中被遗忘的角落 | 单佳佳 | 商务印书馆 |
| 中国三十大发明 | 王莉娟 | 大象出版社 |
| 增订宣南鸿雪图志 | 付金红 | 中国建筑工业出版社 |
| 走在运河线上——大运河沿线历史城市与建筑研究 | 付金红 | 中国建筑工业出版社 |
| 雪山中的曼荼罗——藏传佛教大型佛塔研究 | 付金红 | 中国建筑工业出版社 |
| 圣域传灯录 | 付金红 | 中国建筑工业出版社 |
| 寻觅建筑之道 | 付金红 | 中国建筑工业出版社 |
| 中国近代思想史与建筑史学史 | 付金红 | 中国建筑工业出版社 |
| 城市规划常识 | 康羽 | 中国建筑工业出版社 |
| 海绵城市十讲 | 张悟静 | 中国建筑工业出版社 |
| 匠心随笔——牛腿 | 康羽 | 中国建筑工业出版社 |

| 书名<br>BOOK NAME | 设计者<br>DESIGNER | 出版单位<br>PUBLISHER |
|---|---|---|
| 山水经 | 张悟静 | 中国建筑工业出版社 |
| 祖先之翼 明清广州府的开垦、聚族而居与宗教祠堂的衍变 | 张悟静 | 中国建筑工业出版社 |
| 北美当代展陈建筑 | 康羽 | 中国建筑工业出版社 |
| 生态园林城市建设实践与探索 · 徐州篇 | 张悟静 | 中国建筑工业出版社 |
| 苏州传统民居营造探原 | 张悟静 | 中国建筑工业出版社 |
| 建筑大师自宅（1920s-1960s） | 张悟静 + 韩蒙恩 | 中国建筑工业出版社 |
| 李时珍《本草纲目》500 年大事年谱 | 郭淼 + 白亚萍 | 人民卫生出版社 |
| 中华本草彩色图典 | 郭淼 | 人民卫生出版社 |
| 本草光阴——2018 中药养生文化日历 | 郭淼 + 白亚萍 | 人民卫生出版社 |
| 《增补食物本草备考》校注与研究 | 尹岩 + 单斯 | 人民卫生出版社 |
| 医生你好：协和八的温暖医学故事 | 尹岩 + 单斯 | 人民卫生出版社 |
| 实用人体解剖彩色图谱第 3 版 | 尹岩 + 郑阳 | 人民卫生出版社 |
| 2018 养生手账 | 徐雪 + 静舍设计机构 | 人民卫生出版社 |
| 岁月菁华：化石档案与故事 | 程晨 + 尤含悦 | 浙江大学出版社 |
| 1500 种中草药野外识别彩色图鉴 | 张辉 | 化学工业出版社 |
| 药用植物亲缘学导论 | 王晓宇 | 化学工业出版社 |
| 化学武器：防御与销毁 | 韩飞 | 化学工业出版社 |
| 本草纲目影校对照 | 黄华斌 | 龙门书局 |
| 我的简史 | 谢颖 | 湖南科学技术出版社 |
| 考工记 | 李海峰 | 山东画报出版社 |
| 鲁班绳墨：中国乡土建筑测绘图集（全 8 卷） | 今亮后声 | 电子科技大学出版社 |
| 前牙美学微创修复临床案例画册 | 李嵘 + 甘家耀 | 辽宁科学技术出版社 |
| 凤凰中心 | typo_d | 同济大学出版社 |
| 达 · 芬奇笔记 | 谢颖 | 湖南科学技术出版社 |
| 中国出土古医书考释与研究 | 房惠平 | 上海科学技术出版社 |

教育类

EDUCATION

| 书名<br>BOOK NAME | 设计者<br>DESIGNER | 出版单位<br>PUBLISHER |
|---|---|---|
| 线·实——3D 打印的文创设计 | 赵阳 + 刘一珂 | 陕西人民美术出版社 |
| 红色家书 | 艺达创展 | 党建读物出版社 |
| 中国现代文学史精编：1917—2012 | 张志奇 | 高等教育出版社 |
| 西方影视美学（第二版） | 张志奇 | 高等教育出版社 |
| 写意花鸟的形式与结构 | 张志奇 | 高等教育出版社 |
| 日语教育基础理论与实践系列丛书 | 张志奇 | 高等教育出版社 |
| 中文字体应用手册 I 方正字库：1986-2017 | 杨林青 | 广西师范大学出版社 |
| 美国数学会经典影印系列 | 张申申 | 高等教育出版社 |
| 草书字法解析：文字学视角下的草法研究 | 王凌波 | 高等教育出版社 |
| 妙思统计（第四版） | 张申申 | 高等教育出版社 |
| 设计素描（第二版） | 王鹏 | 高等教育出版社 |
| 开放·未来：凤凰英国大数据研修班作品集 | 郑晓 | 江苏凤凰教育出版社 |
| 动画美术设计 | 王凌波 | 高等教育出版社 |
| 悠游阅读·成长计划 | 刘昱莲 | 外语教学与研究出版社 |
| 美源于心 境成于行：青少年环境教育项目“美境行动”的实践与思考 | 李宏庆 + 房海莹 | 人民教育出版社 |
| BCT 标准教程 | 奇文云海·设计顾问 | 人民教育出版社 |
| 汉字与汉字教学探微 | 李悦 | 人民教育出版社 |
| 多少只大象 = 一只蓝鲸? | 张伟 | 河南科学技术出版社 |
| 中国文学概论 | 王鹏 | 高等教育出版社 |
| 中国岩彩绘画概论 | 王鹏 | 高等教育出版社 |
| 影视艺术概论 | 王鹏 | 高等教育出版社 |
| 音乐欣赏 第四版 | 张申申 | 高等教育出版社 |
| 物理学与人类文明十六讲 | 王鹏 | 高等教育出版社 |
| 舞蹈解剖学（第二版） | 赵阳 | 高等教育出版社 |
| 语言文字应用论集 | 李宏庆 + 惠凌峰 | 人民教育出版社 |
| 语文教学的回归性改革 | 何安冉 | 人民教育出版社 |
| 上海本帮菜 | 朱懿 | 上海交通大学出版社 |
| 系统治疗与咨询教科书：基础理论 | 李明轩 | 商务印书馆 |
| 老师没讲过的语文课 | 秦志超 | 人民日报出版社 |

| 书名<br>BOOK NAME | 设计者<br>DESIGNER | 出版单位<br>PUBLISHER |
|---|---|---|
| 中华思想文化术语 | 孙莉明 | 外语教学与研究出版社 |
| 诗经全译 | 徐慧 | 凤凰出版社 |
| 平衡力——超级女人自我实现精进指南 | 周周设计局 | 中国妇女出版社 |
| 美好住宅设计破解法 | 鲁明静 | 华中科技大学出版社 |
| 汉字王国 | 鲁明静 | 人民美术出版社 |
| 上大学值得吗？一生最重要的经济决策指南 | 王媚 | 广西师范大学出版社 |
| 他缔造了哈佛——查尔斯·W·艾略特传 | 王媚 | 广西师范大学出版社 |
| 剖面策略 | 张悟静 | 中国建筑工业出版社 |
| 旅游规划七议 | 张悟静 | 中国建筑工业出版社 |
| 本科护理教材套书 | 尹岩 + 视通嘉业 | 人民卫生出版社 |
| 迎刃而解：寻解聚焦辅导 | 方加青 + 周晓亮 + 季晨 | 清华大学出版社 |
| 构建手记：展示设计实题图解 | 毕淼 | 江西美术出版社 |
| 宿白集：白沙宋墓 | 蔡立国 | 生活·读书·新知三联书店 |
| “原话语”2017 四川美术学院设计艺术学院本科毕业设计优秀作品集 | 王玺 | 重庆大学出版社 |
| 寻找莫奈：全国特殊青少年综合艺术作品集 | 雅昌设计中心（上海） | 江苏凤凰美术出版社 |
| 管饱 10 年的漫画家入门 | typo_d | 重庆大学出版社 |
| 魅力黑白论道东西 | 锋尚设计 | 中国轻工业出版社 |

儿童类

CHILDREN

| 书名 BOOK NAME | 设计者 DESIGNER | 出版单位 PUBLISHER |
| --- | --- | --- |
| 带你看故宫 | 王悦 | 天天出版社 |
| 最美的幼儿文学系列 | 刘莹 | 教育科学出版社 |
| 大闹天宫 | 乐乐趣童书 | 未来出版社 |
| 金子美铃童谣集 · 我和小鸟和铃铛 | 张志奇工作室 | 中信出版社 |
| 恐龙的宝藏（精读本） | 门乃婷工作室 | 吉林出版传媒集团股份有限公司 |
| 穷人 | 罗慧琴 | 新疆青少年出版社 |
| 万物启蒙 · 竹 + 万物启蒙 · 茶 | 焦萍萍 + 刘畅 | 济南出版社 |
| 小青虫的梦 | 王雨铭 | 湖南少年儿童出版社 |
| 四合院里的小时候 | 邓茜 | 天天出版社 |
| 这是谁的脚印? | 罗曦婷 | 天天出版社 |
| 噗噜噗噜蜜 | 王悦 | 天天出版社 |
| 名家童话天天读 | 王悦 | 天天出版社 |
| 动物小说大王沈石溪精华爱读本 · 升级版 | 王悦 | 天天出版社 |
| 殷健灵"温暖你"系列 | 罗曦婷 | 天天出版社 |
| 金雨滴 | 罗曦婷 | 天天出版社 |
| 穿堂风 | 罗曦婷 | 天天出版社 |
| 男孩的冒险书（少儿绘图版） | 今亮后声 | 广西科学技术出版社 |
| 神鸟 | 郭丽娟 | 希望出版社 |
| 乌丢丢的奇遇 · 十五年美绘纪念版 | 李璐 | 江苏凤凰少年儿童出版社 |
| 小白快跑 | 王超男 | 中国轻工业出版社 |
| 梦旅行 · 念头集 | 廖耀雄 + 海人 | 新世纪出版社 |
| 金子美玲童谣（全三册） | 子文工作室 | 山东人民出版社 |
| 中国故事 | 萧睿子 | 中信出版社 |
| 封神传 | 缪惟 | 中国少年儿童出版社 |
| 借东西的小人系列 | 周伟伟 | 译林出版社 |
| 竹久梦二童谣集 | 张弥迪 | 浙江人民美术出版社 |
| 竹久梦二图案集 | 张弥迪 | 浙江人民美术出版社 |
| 洋葱心里的小勺猫 | 俞文强 + 刘怡霖 | 华东师范大学出版社 |
| 爸爸小时候 | 鲁明静 + 王吉辰 | 广西师范大学出版社 |
| 教孩子读伟大的唐诗 | 鲁明静 + 汤妮 | 中信出版社 |

| 书名<br>BOOK NAME | 设计者<br>DESIGNER | 出版单位<br>PUBLISHER |
| --- | --- | --- |
| 我是博学家系列 | 鲁明静 | 北京联合出版公司 |
| 慕士塔格冰山的传说 | 巨木创意 | 学苑出版社 |
| 可以玩的儿童百科书 | 敖翔 | 二十一世纪出版社 |
| 哈哈哈 | 敖翔 | 二十一世纪出版社 |
| 刺藤 | 敖翔 | 二十一世纪出版社 |
| 中国孩子中国年：AR 版 | 唐剑 + 林鑫辰 + 陈蒙 | 晨光出版社 |
| 最美古中国・虎印传奇 | 卜翠红 + 布老虎和它的朋友们工作室 + 纽钮文创工作室 | 广西师范大学出版社 |
| 感触生命主题绘本 | 崔晓楠 | 未来出版社 |
| 中国绘・诗韵童年系列 | 高豪勇 + 刘慧 | 新世纪出版社 |
| 废墟上的白鸽 | 林蓓 | 天天出版社 |

民族类

NATION

| 书名<br>BOOK NAME | 设计者<br>DESIGNER | 出版单位<br>PUBLISHER |
| --- | --- | --- |
| 中国哈萨克民间达斯坦解析（哈萨克文） | 王洋 | 新疆人民出版社 |
| 广西铜鼓（上下卷） | 陈凌 | 广西民族出版社 |
| 毛南傩：傩神面具神话故事传说及其冠帽图文札记 | 黄晨子 | 广西师范大学出版社 |
| 羌族影像志——从叠溪大地震到汶川大地震 | 陈维 | 四川美术出版社 |
| 贵州自驾三十六计 | 朱鑫意 + 冯文杰 | 云南美术出版社 |

插图类

ILLUSTRATION

| 书名<br>BOOK NAME | 绘制者<br>ILLUSTRATOR | 出版单位<br>PUBLISHER |
|---|---|---|
| 我已经结婚了，我心情还不好 | 友雅（李让） | 浙江文艺出版社 |
| 蝴蝶狮 + 岛王 | 友雅（李让） | 光明日报出版社 |
| 北京站（《回家》P4-5 插图） | 徐灿 | 中国中福会出版社 |
| 废墟上的白鸽 | 林娴（林蕾） | 天天出版社 |
| 成吉思汗 | 李健 | 新疆青少年出版社 |
| 西厢记 | 王以 | 新疆青少年出版社 |
| 音乐欣赏 | 姜磊 | 高等教育出版社 |
| 牛肚子里的旅行 | 郭媛 | 希望出版社 |
| 神鸟 | 赵静 | 希望出版社 |
| 原始人俱乐部 | 宋晨（指导教师：唐国俊） | |
| “宅”家族 | 杨景烜（指导教师：宋晓军） | |
| 6 号工厂 | 张志良（指导教师：宋晓军） | |
| 图书插画 | 林梦琪（指导教师：耿岳敏） | |
| 图书插画 | 蒙玮（指导教师：耿岳敏） | |
| 物语 | 孙宇（指导教师：曲展） | |
| 解忧杂货铺 | 兰天（指导教师：赵芳廷） | |
| 花木兰 | 刘昱辰（指导教师：张楠） | |
| 日出之际 | 孙泽浩（指导教师：段殳） | |
| 跟着桐桐学数学 · 想长高的小熊　学习自然测量 | 金葆 | 人民教育出版社 |
| 我要吸尘器 | 金葆 | 人民教育出版社 |
| 我的生日在过年 | 杨毅弘 | 浙江人民美术出版社 |
| 龙隐镇 | 黄隽娴 | |
| 奇妙的书 | 杨思帆 | 广西师范大学出版社 |
| 童年回忆 | 彭雅玲 | |
| 禅行丝路 | 邓皓博 | |
| 快乐读书吧丛书 | 赵光宇 + 赵鑫媛 + 高婧 + 张延慧 + 皮痞祖 | 人民教育出版社 |
| 会通汉语 | 金葆 | 人民教育出版社 |
| 跟着桐桐学数学 | 金葆 + 赵光宇 + 刘伟龙 + 倪晓雁<br>+ 宋明 + 原锐芳 + 孙以伟 + 费嘉 | 人民教育出版社 |
| 聋校义务教育实验教科书俄语 | 金葆 | 人民教育出版社 |

| 书名<br>BOOK NAME | 绘制者<br>ILLUSTRATOR | 出版单位<br>PUBLISHER |
|---|---|---|
| 统编义务教育教科书小学语文 | 王平 + 李红专 + 焦洁 + 赵晓宇 + 徐开云 + 张智<br>胡博综 + 黄国想 + 王晓鹏 | 人民教育出版社 |
| 统编义务教育教科书道德与法治 | 乔思瑾 | 人民教育出版社 |
| PEP High five | 金葆 | 人民教育出版社 |
| 刻心 | 渡非 | 中信出版社 |
| 孔孟乡俗志 | 王世会 | 泰山出版社 |
| 爱丽丝的奇幻仙境 | 隆珊珊（指导教师：高平平） | |
| 唐亮人物速写：牵线 | 周周设计局 | 中国林业出版社 |
| 哈哈哈 | [美] 麦克・格雷涅茨 | 二十一世纪出版社 |
| 饿龙谷 吃 | 扫把 | 重庆出版社 |
| 慕士塔格冰山的传说 | 曾雨希 | 学苑出版社 |
| 平遥古城　保存完整的明清建筑画卷 | 王慧群 | 学苑出版社 |
| 重庆母城老地图（英文版） | 陆伟 + 张陟 + 陈景琦 | 学苑出版社 |
| 不同的 Thing，不同的 Sad | 黄梦林（指导教师：陆红阳） | |
| 花桥流水 | 黄梦林（指导教师：陆红阳） | |
| 绿色生活 | 宋晨 | 中国日报社 |
| 新・时代 | 李旻 | 中国日报社 |
| 中国日报新闻话题类图表 | 马雪晶 | 中国日报社 |
| 友谊长存 | 宋晨 | 中国日报社 |
| 中国梦 | 宋晨 | 中国日报社 |
| 一带一路 | 李旻 | 中国日报社 |
| 你我的故事 | 李旻 | 读者杂志社 |
| 万物静默如谜 | 任凌云 | 湖南文艺出版社 |
| 藏獒渡魂 | 郑曦 | 长江少年儿童出版社 |

| 书名 BOOK NAME | 承印单位 PRINTING UNIT | 出版单位 PUBLISHER |
| --- | --- | --- |
| 企鹅冰书：哪里才是我的家? | 深圳当纳利印刷有限公司 | 湖南少年儿童出版社 |
| 油画材料与技法基础 | 浙江海虹彩色印务有限公司 | 安徽美术出版社 |
| 金陵印记 | 南京爱德印刷有限公司 | 南京出版社 |
| 炫彩童年：中国百年童书精品图鉴 | 北京雅昌艺术印刷有限公司 | 人民教育出版社 |
| LED 与室内照明设计 | 北京市京津彩印有限公司 | 中国建筑工业出版社 |
| 立体视觉检查图（第 3 版） | 北京铭成印刷有限公司 | 人民卫生出版社 |
| 五岁风华 广东崇正五周年庆祝纪念合集 | 广州市金骏彩色印务有限公司 | |
| 蒙学读本全书（复制版） | 杭州萧山古籍印务有限公司 | 人民教育出版社 |
| 2014-2015 年度人教墨香全国中小学生书法展作品集 | 北京雅昌艺术印刷有限公司 | 人民教育出版社 |
| 本草——生长在时光的柔波里 | 北京盛通印刷股份有限公司 | 人民卫生出版社 |
| 尊生日历——2018 经络穴位养生日历 | 北京顶佳世纪印刷有限公司 | 人民卫生出版社 |
| 共命鸟 | 北京智慧源印刷有限公司 | 人民文学出版社 |
| 一席之地：席华 + 艺术 + 工作室 + 民宿 | 广西广大印务有限责任公司 | 广西师范大学出版社 |
| 最美古中国 · 虎印传奇 | 北京尚唐印刷包装有限公司 | 广西师范大学出版社 |
| 本草光阴——2018 中药养生文化日历 | 北京顶佳世纪印刷有限公司 | 人民卫生出版社 |
| 伤寒论选读（英文）+ 金匮要略选读（英文）+ 温病学（英文）+ 黄帝内经选读（英文） | 北京顶佳世纪印刷有限公司 | 人民卫生出版社 |
| 教学档案 | 上海雅昌艺术印刷有限公司 | 天津人民美术出版社 |
| 中国亭园 | 北京吾尚智鼎文化发展有限公司 | |

探索类

EXPLORATION

| 书名<br>BOOK NAME | 设计者<br>DESIGNER | 指导教师<br>ADVISER |
|---|---|---|
| 千里江山 | 郭志义 | |
| 2014 世界经典邮票赏析 | 郭志义 | |
| 父爱之舟 | 郭志义 | |
| 红楼珍馔 | 郭志义 | |
| 百鬼 阴阳 | 智煜文化 | |
| 水经注节选 | 陈奥林 | 谭璜 |
| 老汤语录 | 赵榕榕 | |
| 时代·信仰 | 朱天航 | 何方 + 陶霏霏 + 王帆 |
| 以为 | 宋哲琦 | |
| 本草纲目 | 陈官凤 | 曹方 |
| 本草纲目 | 陈伊婷 | 曹方 |
| 本草纲目 | 胡瑶 + 王蕴珩 | 曹方 |
| 骆越丹方 | 杨得祺 | 张大鲁 + 何峰 |
| TURN | 王欣 | |
| 竹编工艺 | 马明萱 | 谢燕淞 |
| 垂直迷失 | 王鹏 | |
| 双城记 | 奇文云海·设计顾问 | |
| 千年马约里卡 | 北京雅昌设计中心 / 田之友 | |
| 不住于相 | 北京雅昌设计中心 / 孙杰（文彬） | |
| 瓶塑 | 杨梓靖 | 刘时燕 |
| 我的胡萝卜掉了 | 成慧 | 李昱靓 |
| 十月 | 李林霏 | 李昱靓 |
| 其实幸福很简单 | 姚国栋 | 李昱靓 |
| 线 | 罗茜 | 李昱靓 |
| 他说 | 刘萍 | 李昱靓 |
| 黑暗中的星光 | 李桐阳 | |
| 主 | 张敏 | 李昱靓 |
| 虫虫天团 | 单卿 | 李昱靓 |
| 沙龙沙龙——1972-1982<br>以北京为视角的现代美术实践侧影 | 顾瀚允 + 张婧睿 + 杨春晓 + 李月梅 | |

| 书名<br>BOOK NAME | 设计者<br>DESIGNER | 指导教师<br>ADVISER |
|---|---|---|
| 笔墨为邻（邮册） | 陈玲 | |
| 打花 | 谢宇＋伍志萍 | 吴绮虹 |
| 2015 中国国际海报双年展作品集 | 吴炜晨 | |
| 2014 白金创意作品集 | 吴炜晨 | |
| 时光荏苒 | 吴炜晨 | |
| 2015 白金创意作品集 | 吴炜晨 | |
| FUTURE | 曾景冰 | |
| 茶则玖拾玖 贰 | 王俊 | |
| 惊蛰——乡土之后 | 樊响 | |
| 化设计——速泰熙设计理论与艺术实践 | 胡家彬＋刘薇＋许婷云 | 速泰熙 |
| 今天我想慢吞吞 | 林晓佳 | 吴玮＋黄肖铭 |
| 撒哈拉的故事 | 陈奕伶 | |
| 她说 | 朱竣凡 | 李瑾 |
| 新月 | 顾瀚允＋杨桂聪 | |
| 小红帽 | 毛勇梅 | |
| 窥探 | 张超＋李嵘 | 张东明 |
| 成见 | 谢宇 | 吴绮虹 |
| 筑创造 | 顾瀚允＋张婧睿 | |
| 文化新生 | 顾瀚允＋吕少贤＋张婧睿 | |
| 年味 | 李瑶 | 李瑾 |
| 念念 | 薛舒文 | 刘时燕 |
| 为你读诗 | 顾瀚允＋吕少贤＋范静 | |
| 怀旧了 | 韩湘 | 李瑾 |
| 夏天，玻璃和文字 | 李家祺 | |
| 无聊…… | 李瑞琪 | 夏小奇 |
| 三味志 | 李卓颖 | |
| 同志群体 # 话题 # 册 | 康欢 | |
| 颜料盒 | 余欣瑶 | |
| 怪癖 | 江宛妮 | |
| 消费 | 韩雨洋 | |

| 书名<br>BOOK NAME | 设计者<br>DESIGNER | 指导教师<br>ADVISER |
| --- | --- | --- |
| 基因怪人 | 叶宝岩 | |
| 窥 | 韩艳 | |
| 救赎 | 李佩桦 | |
| JANA CLATT | 刘凤足 | 董大维 |
| 从前慢 | 朱佳琪 | |
| 残瓷碎忆 | 石林 | |
| 自说自话 | 卢熔希 | |
| 藏猫猫 | 李净荷 | |
| 查令十字街 84 号 | 李伟娟 | 吴玮 黄肖铭 |
| 醇视觉 2016 | 王海波 | |

# POSTSCRIPT 跋

伴随着分享喜悦与收获的金秋十月，第九届全国书籍设计艺术展览也一同拉开了帷幕。迎接每四到五年一次，属于书籍的视觉盛宴，我们这些组织者内心的激动之情是难以言喻的。

当书籍与古都相遇，一同沉淀于历史烟云里，就是这座城市与书籍设计间最好的文化渊源。文化与设计的力量就像是一针强心剂，让日复一日的生活充满妙趣并变得鲜活澎湃起来。也正由于此，我们的每个团队在面对收集作品前每周如约而至的文宣，收集作品中的焦虑与繁忙，评审前条理清晰的准备，评审中虽有争议但又为最后的结果而欣喜……正是因为团队中每个成员的共同努力，在完成巨大工作量的同时，才能依然保持着井然有序的高效状态。《第九届全国书籍设计艺术展览优秀作品集》，也是在这种高效状态下与纸业和印刷企业合作，夜以继日地完成并如期和大家见面了。

一路走来，个中滋味苦乐兼具，当然，在所有工作都圆满完成之际，更多的还是一种成就与喜悦，以及道不尽的感激。

非常感谢与中国出版协会装帧艺术工作委员会一起主办本届展览的中共南京市委宣传部，感谢承办第九届全国书籍设计艺术展览的南京出版传媒集团、南京市文化广电新闻出版局和提供展览论坛等活动场地的金陵美术馆、金陵图书馆、江宁博物馆，本届展览的评选和举办离不开你们的辛苦和做出的巨大努力。南京出版传媒集团为展览付出了大量心血，许多同事的热切与努力让我们非常感动，保障了大展的整体策划、评审组织、事务联络等的顺畅进行。

雅昌文化集团一直是中国版协装帧艺委会的坚实合作伙伴。从初期的展览到后期的印刷，雅昌文化集团都给予了极大的帮助与支持。在我们选出优秀作品以后，他们投入了大量人力物力，全方面进行配合，使得作品集的印刷工作能够顺利进行。

金华盛纸业从第七届展览开始与艺委会合作，也是老朋友了。在第九届作品集的印刷过程中，一如既往地用心、慷慨，纸张品质高，态度认真，克服了许多困难，以绝对的诚意保证了本次大展作品集的质量。

康戴里纸业也在印制方面给予了许多帮助和支持，进行了大量繁复冗杂的工作，用一片赤诚之心使得宣传与执行的工作得以畅通无阻。

我们还要感谢南京瀚清堂设计有限公司的全体工作人员。他们在这段时间加班加点，不顾辛劳，设计、处理了评审、展览中的各项平面事务，尤其是《第九届全国书籍设计艺术展览优秀作品集》的付梓，更是集精彩创意和辛苦耕耘之大成。

最后，感谢所有参与展览的设计师和评委们，正是因为他们的积极参与和对于书籍设计艺术高涨的热情，我们的历届书籍艺术展览才能如此圆满。

希望中国的书籍艺术能够蒸蒸日上，如日方升！

中国出版协会装帧艺术工作委员会
2018.10.18

雅昌艺术大书
MORE THAN A BOOK
永不落幕的展览
超凡尺寸，超大容量
专利装帧，顶级印艺
云图多媒体功能，线上＋线下完美集合
从阅读体验出发，创造独属于“大书”的阅读方式
她不仅是一本书
亦是一件艺术与科技相融的艺术品
她不仅是云端的一个数据库
亦是永不落幕的展览
她开启私人订制时代
一本起印，按需出品
685mm
500mm
策划 → 设计 → 印制 → 销售
雅昌秉承工匠精神，为您提供全方位贴心服务
艺术大书标准
尺寸：500x685mm
页数：400P（可容纳10个展览内容）
厚度：57mm
纸张：200g日本进口王子哑粉纸
印刷：喷墨4C印刷+传统过油工艺（可选）
装订：7.0mm密度板，方脊精装

Artron 雅昌
融科技之力 传艺术之美
25th

APP 金华盛纸业
GOLD HUA SHENG PAPER
金光集团 APP
于 1996 年投资建设的现代化大型造纸企业
投资总额 13.8652 亿美元
占地 273.8 公顷
多元化的特殊纸供应商

**认证 荣誉**

质量管理体系认证 ISO9001:2008

环境管理体系认证 ISO14001:2004

职业健康安全管理体系 OHSAS18001:2007

森林认证体系认可计划产销监管链认证证书 (PEFC/COC)

能源管理体系认证证书

**设备 产品**

金华盛纸业装备四台大型纸机以及多台涂布机，其中一号纸机在2002年7月以1532米/分之车速打破世界纪录。公司产品在国内外具有较高评价，曾被2008年奥运会，2009年全国“两会”，2010年上海世博会，2011年世界园艺博览会，2015年米兰世博会等指定用纸。

**品牌**

立可得

金球

金彩蝶

金彩印象

**纸种**

无碳复写纸

双胶纸

东方书纸

雅质纸

艺术纸

铜版卡

热敏纸

办公用纸等系列产品

GOLD HUA SHENG PAPER

地址 江苏省苏州市工业园区胜浦镇金胜路2号 网址 www.goldhs.com.cn

康戴里中国是「Arjowiggins Creative Papers」产品在中国唯一被授权的独家经销商

旗下知名品牌包括：

Conqueror 刚古

Curious Collection 星域系列

Rives 丽芙

Keaykolour 卡昆

Pop'Set 波普

Creative Packaging 创意包装

星域柔感　奶白 300g

唯美　自然色 150g

丽芙创意　米白 250g

卡昆　深灰 300g

波普　灰色 120g

波普　云灰 120g

星域 Matter　白色 125g

星域描图　半透明 112g

金华盛道林纸　米黄 78g

金华盛图画纸　纯白 110g

金华盛东方书纸　象牙白 80g

金华盛热敏原纸　40g

金东单面铜版纸　120g

图书在版编目（CIP）数据

第九届全国书籍设计艺术展览优秀作品集 / 中国出版协会装帧艺术工作委员会主编．-- 南京：南京出版社，2018.9

ISBN 978-7-5533-2432-6

Ⅰ．①第… Ⅱ．①中… Ⅲ．①书籍装帧－设计－作品集－中国－现代 Ⅳ．①TS881

中国版本图书馆 CIP 数据核字 (2018) 第 217980 号

书　　名　第九届全国书籍设计艺术展览优秀作品集
主　　编　中国出版协会装帧艺术工作委员会
出版发行　南京出版传媒集团
　　　　　南 京 出 版 社
社　　址　南京市太平门街 53 号　　邮　　编　210016
网　　址　http://www.njcbs.cn　　电子信箱　njcbs1988@163.com
天猫 1 店　https://njcbcmjtts.tmall.com/　　天猫 2 店　https://nanjingchubanshets.tmall.com/
联系电话　025-83283893、83283864（营销）025-83112257（编务）

出 版 人　项晓宁
出 品 人　卢海鸣
责任编辑　李雅凡　王俊
书籍设计　瀚清堂 / 赵清 + 朱涛
责任印制　杨福彬

印　　刷　上海雅昌艺术印刷有限公司
开　　本　787mm×1092mm　1/16
印　　张　45.75
字　　数　1300 千字
版　　次　2018 年 9 月第 1 版
印　　次　2018 年 9 月第 1 次印刷
书　　号　ISBN 978-7-5533-2432-6
定　　价　380.00 元